# Physique Chimie

## Term STI2D
## Term STL

nouveau programme

**Sous la direction de Jean-Luc Azan**

Nicolas Jury
Daniel Meur
Michel Pullicino
Guillaume Saget
Albert Terras
Pierre-François Thomas

Nathan TECHNIQUE

*Nous remercions le lycée Hélène-Boucher (Paris 20e)*
*pour son accueil lors de la réalisation des photos d'expérience.*

Édition : Isabelle Ravilly
Conception maquette : Killiwatch
Conception couverture : Laurence Durandau
Coordination artistique : Isabelle Jalfre
Composition et photogravure : Irilys
Fabrication : Maria Pauliat
Iconographie : Véronica Brown
Schémas : Corédoc, Jean-Louis Goussé, Hubert Blatz


ISBN 978-2-09-161884-5

# Sommaire

## THÈME 1 Habitat



## THÈME 2 Transport



## THÈME 3 Santé



**Rabats de la couverture :**

# Programme

**D'après B.O. du 13 octobre 2011**

(Les indications entre parenthèses correspondent aux spécificités du programme STL spécialité biotechnologies).

| **Habitat** *(Locaux professionnels)* | |
|---|---|
| **Notions et contenus** | **Capacités exigibles** |
| **Gestion de l'énergie dans l'habitat** *(Gestion de l'énergie)* | |
| Énergie solaire : conversions photovoltaïque et thermique.<br>Modèle corpusculaire de la lumière, le photon.<br>Énergie d'un photon. | Citer les modes d'exploitation de l'énergie solaire au service de l'habitat.<br>Schématiser les transferts et les conversions d'énergie mises en jeu dans un dispositif utilisant l'énergie solaire dans l'habitat ; donner des ordres de grandeur des échanges.<br>Interpréter les échanges d'énergie entre lumière et matière à l'aide du modèle corpusculaire de la lumière.<br>Mettre en œuvre une cellule photovoltaïque. Effectuer expérimentalement le bilan énergétique d'un panneau photovoltaïque. |
| **Les fluides dans l'habitat** *(Gestion des fluides)* | |
| Pression dans un fluide parfait et incompressible en équilibre : pressions absolue, relative et différentielle.<br>Équilibre d'un fluide soumis à la pesanteur.<br>Écoulement stationnaire.<br>Débit volumique et massique. | Mesurer des pressions (absolue et relative)<br>Citer et exploiter le principe fondamental de l'hydrostatique.<br>Expliciter la notion de vitesse moyenne d'écoulement dans une canalisation<br>Mesurer un débit.<br>Citer et appliquer la loi de conservation de la masse. |
| États de la matière. Transfert thermiques et changements d'état.<br>Transformations physiques et effets thermiques associés | Différencier les différentes transformations liquide-vapeur pour l'eau : évaporation, ébullition.<br>Associer un changement d'état au niveau macroscopique à l'établissement ou la rupture d'interactions entre entités au niveau microscopique.<br>Utiliser un diagramme d'état (P, T) pour déterminer l'état d'un fluide lors d'une transformation<br>Utiliser l'enthalpie de changement d'état pour effectuer un bilan énergétique. |
| **La communication dans l'habitat** *(Gestion de la communication)* | |
| Ondes électromagnétiques.<br>Spectre des ondes utilisées en communication.<br>Champ électrique, champ magnétique. | Classer les ondes électromagnétiques selon leur fréquence et leur longueur d'onde dans le vide.<br>Positionner le spectre des ondes utilisées pour les communications dans l'habitat.<br>Définir et mesurer les grandeurs physiques associées à une onde : période, fréquence, longueur d'onde, célérité.<br>Énoncer qu'une onde électromagnétique se propage dans le vide.<br>Décrire la structure d'une onde électromagnétique : champ magnétique, champ électrique.<br>Relier qualitativement le champ électrique d'une onde électromagnétique en un point à la puissance et à la distance de la source. |
| Mesure des grandeurs physiques dans l'habitat. | Citer quelques exemples de capteurs et de détecteurs utilisés dans l'habitat.<br>Préciser les grandeurs d'entrée et de sortie ainsi que le phénomène physique auquel la grandeur d'entrée est sensible.<br>Distinguer les deux types de grandeurs : analogiques ou numériques.<br>Mettre en œuvre expérimentalement une chaîne de mesure simple utilisée en communication dans l'habitat. |
| **Entretien et rénovation dans l'habitat** *(Entretien et hygiène)* | |
| Réactions acide-base et transferts de protons. Solutions acides, basiques. pH | Citer des produits d'entretien couramment utilisés dans l'habitat (détartrants, déboucheurs, savons, détergents, désinfectants, dégraissants,..) ; reconnaître leur nature chimique et leur précaution d'utilisation (étiquette, pictogramme).<br>Définir les termes suivant : acide, base, couple acide/base.<br>Écrire une réaction acide-base, les couples acide/base étant donnés.<br>Citer le sens de variation du pH en fonction de l'évolution de la concentration en $H^+(aq)$. |
| Solubilisation.<br>Solvants de nettoyage. | Choisir un solvant pour éliminer une espèce chimique à partir de données sur sa solubilité ou à partir d'une démarche expérimentale. |

| **Transport** *(Déplacement de matière ou de personne)* | |
|---|---|
| Notions et contenus | Capacités exigibles |
| **Mise en mouvement** | |
| Actions mécaniques : forces, moment de force, couples et moment d'un couple.<br>Transfert d'énergie par travail mécanique (force constante ; couple constant). Puissance moyenne.<br>Conservation et non conservation de l'énergie mécanique.<br>Frottements de contact entre solides ; action d'un fluide sur un solide en mouvement relatif. | Identifier, inventorier, caractériser et modéliser les actions mécaniques s'exerçant sur un solide.<br>Associer une variation d'énergie cinétique au travail d'une force ou d'un couple.<br>Relier l'accélération à la valeur de la résultante des forces extérieures ou au moment du couple résultant dans le cas d'un mouvement uniformément accéléré.<br>Écrire et exploiter l'expression du travail d'une force constante ou d'un couple de moment constant.<br>Associer la force de résistance aérodynamique à une force de frottement fluide proportionnelle à la vitesse au carré et aux paramètres géométriques d'un objet en déplacement. |
| Transformation chimique et transfert d'énergie sous forme thermique.<br>Combustion. | Citer différents carburants utilisés et leur mode de production (pétrochimie, agrochimie, bio-industries, ...).<br>Utiliser le modèle de la réaction pour prévoir les quantités de matière nécessaires et l'état final d'un système.<br>Déterminer expérimentalement l'énergie libérée au cours de la combustion d'un hydrocarbure, puis confronter à la valeur calculée à partir d'enthalpies de combustion tabulées.<br>Citer les dangers liés aux combustions et les moyens de prévention et de protection. |
| Transformation chimique et transfert d'énergie sous forme électrique.<br>Piles, accumulateurs, piles à combustible. | Citer les caractéristiques des piles et leurs évolutions technologiques.<br>Identifier l'oxydant et le réducteur mis en jeu dans une pile. à partir de la polarité de la pile ou des couples oxydant/réducteur.<br>Écrire les équations des réactions aux électrodes.<br>Expliquer le fonctionnement d'une pile, d'un accumulateur, d'une pile à combustible.<br>Utiliser le modèle de la réaction pour prévoir la quantité d'électricité totale disponible dans une pile.<br>Associer charge et décharge d'un accumulateur à des transferts et conversions d'énergie.<br>Définir les conditions d'utilisation optimales d'une batterie d'accumulateurs : l'énergie disponible, le courant de charge optimum et le courant de décharge maximal. |
| Chaines énergétiques.<br>Énergie et Puissance.<br>Puissance absorbée ; puissance utile ; réversibilité ; rendement.<br>Convertisseurs électromécaniques d'énergie ; réversibilité.<br>Rendement de conversion. | Décrire et schématiser les transferts ou les transformations d'énergie mises en jeu dans le déplacement d'un objet en mouvement en distinguant notamment les mouvements à accélération constante et les mouvements à vitesse constante.<br>Comparer des ordres de grandeur des énergies stockées dans différents réservoirs d'énergie.<br>Écrire et exploiter la relation entre une variation d'énergie et la puissance moyenne.<br>Évaluer l'autonomie d'un système mobile autonome ; la comparer aux données du constructeur.<br>Décrire les étapes conduisant de la combustion à l'énergie mécanique. Donner un ordre de grandeur du rendement.<br>Déterminer expérimentalement le rendement d'un moteur électrique.<br>Exploiter la caractéristique mécanique d'un moteur électrique et déterminer un point de fonctionnement. |
| **Longévité et sécurité** | |
| Des matériaux résistants :<br>contraintes mécaniques et thermiques, corrosion. | Distinguer les différentes familles de matériaux présentes dans un dispositif de transport et relier leurs propriétés physico-chimiques à leur utilisation.<br>Illustrer le rôle des différents facteurs agissant sur la corrosion des métaux et le vieillissement des matériaux.<br>Prévoir différents moyens de protection et vérifier expérimentalement leur efficacité. |

| Notions et contenus | Capacités exigibles |
|---|---|
| **L'assistance au déplacement** | |
| Mesure des grandeurs physiques dans un dispositif de transport. | Citer quelques exemples de capteurs et de détecteurs utilisés dans un dispositif de transport.<br>Préciser les grandeurs d'entrée et de sortie ainsi que le phénomène physique auquel la grandeur d'entrée est sensible.<br>Distinguer les deux types de grandeurs : analogiques ou numériques.<br>Interpréter le spectre d'un signal périodique: déterminer la fréquence du fondamental, déterminer les harmoniques non nuls<br>Mettre en œuvre expérimentalement une chaîne de mesure simple (conditionneur de capteur, conditionneur de signal, numérisation,..) |

## Santé *(Imagerie médicale, exploration fonctionnelle et radiothérapie)*

| Notions et contenus | Capacités exigibles |
|---|---|
| **Quelques outils du diagnostic médical** *(Imagerie médicale)* | |
| Ondes électromagnétiques; rayonnements gamma, X, UV, visible, IR. | Classer les ondes électromagnétiques selon leur fréquence, leur longueur d'onde dans le vide et leur énergie.<br>Expliciter la dépendance entre la puissance rayonnée par un corps et sa température.<br>Exploiter le lien entre la température d'un corps et la longueur d'onde pour laquelle l'émission de lumière est maximale. |
| Réflexion, absorption et transmission des ondes électromagnétiques. | Associer l'absorption d'une onde électromagnétique à la nature du milieu concerné. |
| Champ magnétique : sources de champ magnétique (Terre, aimant, courant)<br>Sources de champ magnétique intenses : électro-aimant supraconducteur | Mettre en évidence expérimentalement l'existence d'un champ magnétique et déterminer ses caractéristiques.<br>Citer quelques ordres de grandeur de champ magnétique. |
| **Prévention et soin** *(Exploration fonctionnelle et radiothérapie)* | |
| Radioactivité.<br>Isotopes<br>Activité. Décroissance radioactive et demi-vie.<br>Protection contre les risques de la radioactivité. | Citer les différents types de radioactivité et préciser la nature des particules émises ou des rayonnements émis.<br>Définir l'isotopie et reconnaître des isotopes.<br>Positionner le rayonnement gamma dans le spectre des ondes électromagnétiques.<br>Interpréter les échanges d'énergie entre rayonnement et matière à l'aide du modèle corpusculaire.<br>Exploiter une courbe de décroissance radioactive et le temps de demi-vie d'une espèce radioactive<br>Citer l'unité de mesure de la dose d'énergie absorbée.<br>Citer les risques liés aux espèces radioactives et exploiter une documentation pour choisir des modalités de protection. |

THÈME 1

# Habitat

La gestion d'un habitat au quotidien présente de multiples facettes, de la gestion de l'eau à celle de l'énergie, de la domotique aux produits d'entretien.

THÈME 1 **Habitat**

CHAPITRE 1

# Énergie solaire et habitat

Le rayonnement solaire offre une énergie renouvelable encore peu exploitée parmi les autres énergies disponibles. Dans l'habitat, elle doit être convertie sous une forme d'énergie utilisable.

➔ **Quels sont les différents modes d'exploitation de l'énergie solaire dans l'habitat ?**
**Quel est le bilan énergétique d'un panneau photovoltaïque ?**

**Capacités**

- Citer les modes d'exploitation de l'énergie solaire au service de l'habitat.
- Schématiser les transferts et les conversions d'énergie mis en jeu dans un dispositif utilisant l'énergie solaire dans l'habitat ; donner un ordre de grandeur des échanges.
- Interpréter les échanges d'énergie entre lumière et matière à l'aide du modèle corpusculaire de la lumière.
- Mettre en œuvre une cellule photovoltaïque. Effectuer expérimentalement le bilan énergétique d'un panneau photovoltaïque.

# Découvrir

1 Activité documentaire

## Les utilisations de l'énergie solaire

- *Solaire photovoltaïque*

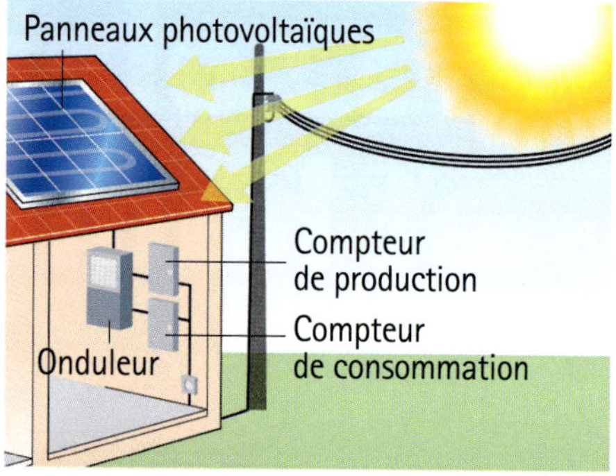


La lumière du soleil est captée par des panneaux solaires photovoltaïques. Le silicium composant les cellules photovoltaïques produit un courant électrique continu. Cette énergie électrique est transmise à un onduleur, qui convertit la tension continue en tension alternative 230 V-50 Hz pour être directement utilisée dans l'habitat ou réinjectée sur le réseau EDF.

- *Solaire thermique*

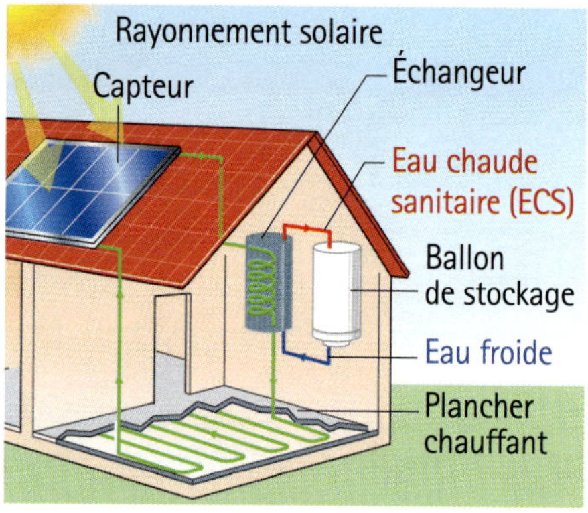


Des capteurs solaires thermiques permettent de convertir le rayonnement solaire en chaleur. Un fluide caloporteur est chauffé par ces capteurs thermiques, et un échangeur transmet la chaleur produite à l'eau chaude sanitaire (ECS). On peut également utiliser le solaire thermique pour chauffer une maison.
On utilise un plancher chauffant basse température qui sert à la fois de stockage et d'émetteur de chaleur, sans échangeur intermédiaire.

- *Dômes de lumière*

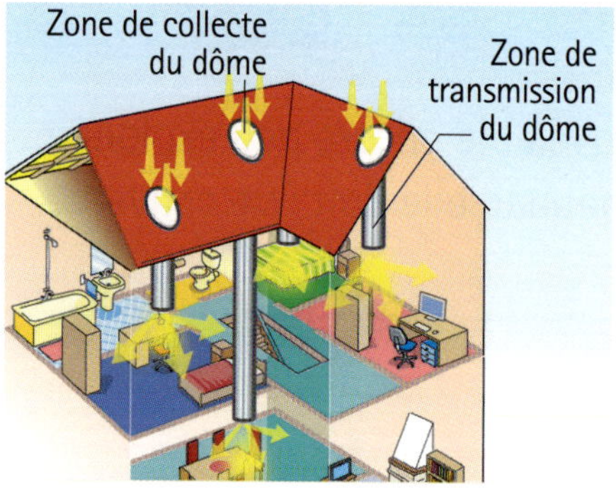


Les fenêtres de toit classiques ne permettent de collecter qu'une faible partie de la lumière solaire. On utilise un dôme qui permet :
- de collecter la lumière ;
- de concentrer la lumière ;
- de dévier la lumière à l'aide de prismes afin de réorienter la lumière naturelle émise à angles faibles.

Ce système optique créé un éclairage uniforme tout au long de la journée et permet de gagner une heure d'éclairage le matin et le soir.

**Exploiter**

**1.** Indiquer les types d'énergie à l'entrée et à la sortie d'un panneau photovoltaïque.

**2.** Quelle est la fonction réalisée par l'onduleur associé aux panneaux photovoltaïques ?

**3.** Quel est le dispositif qui permet la production d'ECS ?

**4.** Une habitation utilise une puissance de 800 W pour s'éclairer. Estimer l'énergie en kWh économisée sur une année grâce à l'utilisation de dômes de lumière.

**Quels sont les différents modes d'exploitation de l'énergie solaire dans l'habitat ?**

2 Activité expérimentale

## Pourquoi une douche solaire est-elle de couleur noire ?

Les douches solaires trouvées dans le commerce sont de couleur noire.
On souhaite montrer expérimentalement l'efficacité supérieure d'un récipient noir concernant le stockage de l'énergie thermique.

### Dispositif expérimental

On dispose d'une plaque de cuivre peinte en blanc, d'une plaque de cuivre peinte en noir, d'un thermomètre numérique et d'une source de chaleur (une lampe 100 W par exemple).

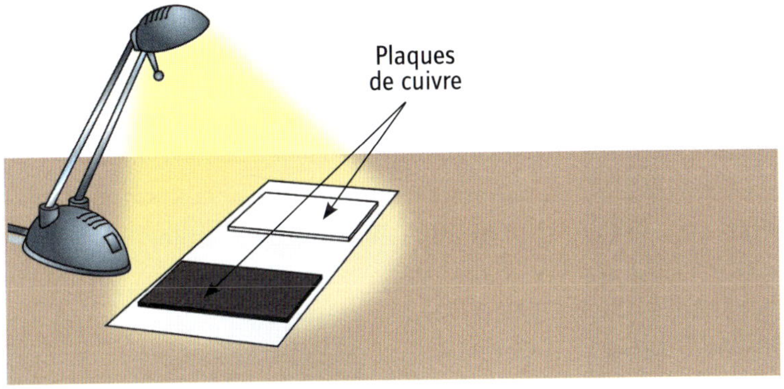


▲ *Schéma du dispositif expérimental.*

### Réaliser et observer

Éclairer de la même façon les deux plaques et mesurer leur température en régime permanent.

**Exploiter**

1. Conclure sur l'intérêt de peindre en noir les parois d'une douche solaire.
2. Formuler une hypothèse pour expliquer la différence de température mesurée entre les deux plaques.

3 Démarche d'investigation

## Quelle est la quantité d'énergie stockée par une douche solaire ?

On dispose d'une douche solaire de 20 L, d'un thermomètre numérique et d'un thermoplongeur.

**Travail à réaliser**

1. Proposer un protocole pour mesurer la quantité d'énergie stockée dans une douche solaire lorsqu'elle atteint la température maximale de 40 °C.
2. Vérifier à l'aide d'un calcul le résultat obtenu.
3. En déduire le temps d'exposition au soleil nécessaire pour obtenir la température de 40 °C.

Habitat

# 1 Énergie solaire et habitat

## a) Besoin énergétique et énergie solaire

La consommation mondiale actuelle d'énergie est actuellement de l'ordre de $10^{14}$ kWh (10 Gtep) par an. L'**énergie solaire** reçue par la Terre est de l'ordre de $10^{18}$ kWh par an ($10^5$ Gtep/an), soit 10 000 fois plus.

C'est une énergie **renouvelable** qui pourrait couvrir les besoins énergétiques de la planète. Elle présente par rapport aux autres sources d'énergie un **caractère intermittent** (alternance jour-nuit, conditions climatiques) et une **difficulté de stockage**.

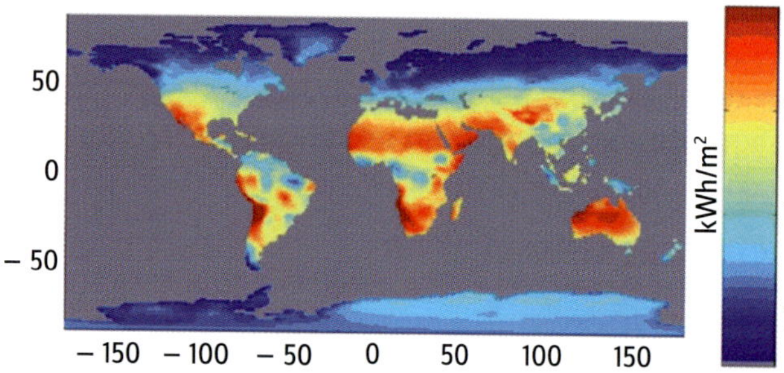


▲ *En moyenne sur l'année, l'énergie lumineuse reçue par m² au niveau du sol varie de 750 à 2 500 kWh/m².*

*Source :* Gregor Czisch, ISET, Kassel, Germany

## b) Solutions dans l'habitat

- **Utilisation passive de l'énergie solaire**

Le rayonnement lumineux est exploité directement à travers des ouvertures vitrées (fenêtre, puits de lumière, véranda) pour les besoins en éclairage de jour et de chauffage.

- **Conversion thermique de l'énergie solaire**

Des capteurs solaires thermiques permettent de convertir le rayonnement solaire en chaleur. Un fluide caloporteur transmet cette chaleur à l'eau chaude sanitaire (ECS) à l'aide d'un échangeur.

- **Conversion photovoltaïque de l'énergie solaire en électricité**

L'énergie lumineuse du soleil est convertie en énergie électrique grâce à des cellules photovoltaïques. Un onduleur est utilisé pour convertir la tension continue fournie par le panneau solaire en une tension alternative 230 V-50 Hz afin de le coupler au réseau.

- **Centrale solaire**

Les rayons du soleil sont concentrés par des miroirs vers un récepteur pour produire de la vapeur surchauffée qui fait tourner une turbine couplée à un alternateur afin de produire de l'électricité.

▲ *Cellules photovoltaïques utilisant des semi-conducteurs à base de silicium.*

# 2 Conversion thermique

## a) Capteur solaire thermique

Un capteur solaire thermique est constitué :

- d'un caisson isolant ;
- d'une vitre en verre qui ferme le caisson et piège le rayonnement lumineux par effet de serre ;
- d'une feuille métallique noire qui absorbe le rayonnement du soleil et qui le convertit en énergie interne dans la plaque ;
- d'un fluide caloporteur qui voit sa température augmenter du fait du transfert thermique provenant de la feuille métallique.

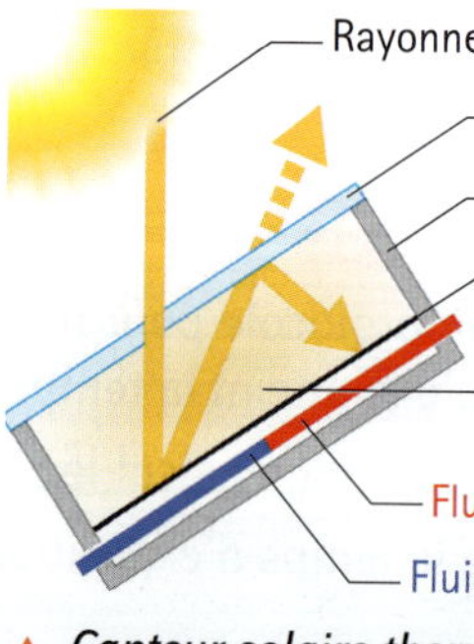


▲ *Capteur solaire thermique.*

Selon l'usage souhaité (chauffage ou eau chaude), le fluide caloporteur est généralement un mélange eau + glycol, qui restitue directement, ou via un échangeur, la chaleur emmagasinée.

### b) Rayonnement thermique

Un **corps noir** est un objet qui absorbe toute l'énergie lumineuse qu'il reçoit. Lorsqu'il est en équilibre thermique, sa température et son énergie ne varient plus.

> Un corps porté à une température $T$ émet un rayonnement électromagnétique. La puissance rayonnée $P$ se calcule par la loi **de Stefan** :
>
> $P = \sigma \cdot S \cdot T^4$
>
> $P$ : puissance rayonnée en watts (W)
> $\sigma$ : constante de Stefan ($\sigma = 5{,}67 \times 10^{-8}$ W·m$^{-2}$·K$^{-4}$)
> $S$ : surface en mètres carrés (m$^2$)
> $T$ : température du corps en kelvins (K)

Cette loi permet de prévoir la température atteinte par la feuille métallique noire qui absorbe le rayonnement solaire.

### c) Chaîne énergétique

## 3 Conversion photovoltaïque

### a) Interaction lumière-matière

Pour les électrons d'un cristal de silicium (semi-conducteur), il existe deux bandes d'énergie appelées **bande de conduction** et **bande de valence**. Ces deux bandes sont séparées par une bande interdite inaccessible aux électrons.

> Pour le silicium, l'énergie nécessaire pour faire passer un électron de la bande de valence vers la bande de conduction, appelée gap, est $E_g = 1{,}12$ eV.

- Si l'énergie d'un photon est inférieure à $E_g$, le photon n'est pas absorbé, et le semi-conducteur est dit transparent pour cette longueur d'onde.
- Si l'énergie d'un photon est supérieure à $E_g$, alors un électron passe de la bande de valence à la bande de conduction, et cela génère un courant électrique. L'excédent d'énergie est perdu sous forme thermique.

Les rayonnements visible et UV fournis par le soleil ont une énergie suffisante pour permettre le passage des électrons de la bande de valence dans la bande de conduction.

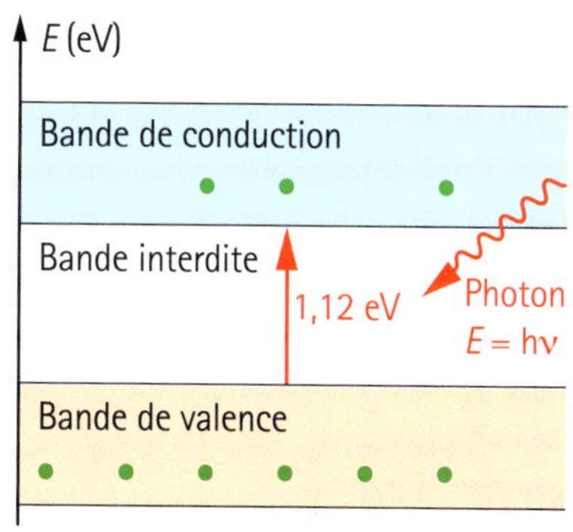


▲ *Diagramme énergétique.*

> **Énergie d'un photon** : $E = h \cdot \nu$
> avec $h = 6{,}63 \times 10^{-34}$ J·s

## b) Chaîne énergétique

## c) Caractéristique électrique d'une cellule photovoltaïque

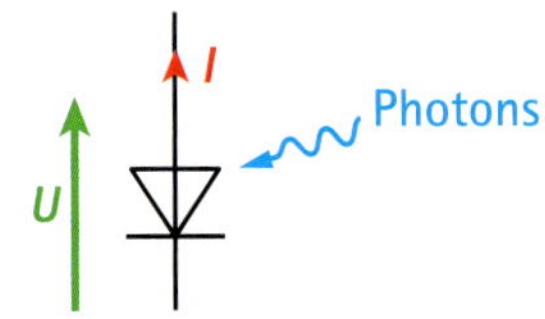


▲ *Symbole de la diode (fonctionnement en inverse).*

> Une **cellule photovoltaïque élémentaire** est une diode qui fonctionne en inverse. Elle produit un courant électrique qui dépend directement de l'éclairement de la cellule.

Pour une plage de tension comprise entre 0 V et 0,6 V, le courant *I* débité par la photodiode varie proportionnellement à son éclairement.
Les photodiodes d'une cellule sont associées en série et en parallèle pour augmenter la tension et la puissance de sortie.

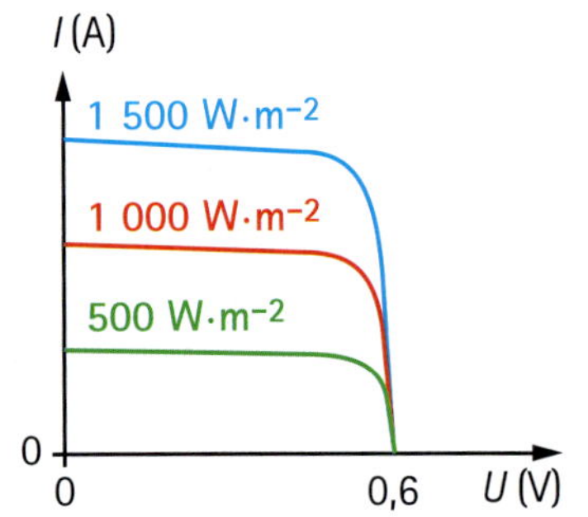


▲ *Caractéristique courant-tension d'une photodiode.*

## d) Puissance fournie

Pour un éclairement donné, la puissance $P = U \cdot I$ délivrée par la cellule photovoltaïque varie de manière importante avec l'intensité du courant débité.

> La puissance fournie est maximale ($P_C$) pour une intensité donnée.

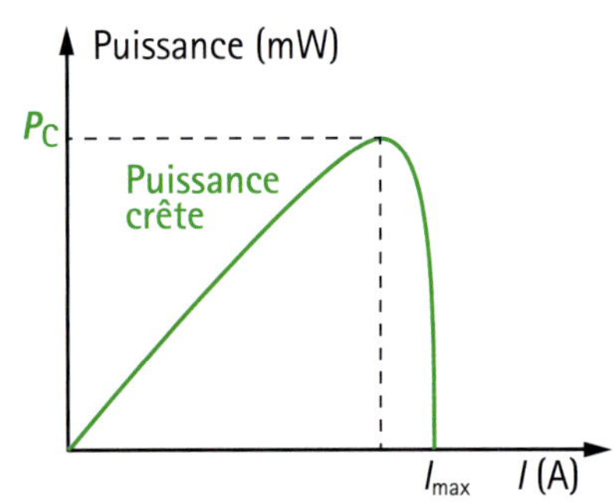


▲ *Puissance maximale.*

## e) Rendement d'une cellule photovoltaïque

> Le rendement d'une cellule photovoltaïque est défini par :
>
> $$\eta = \frac{P_C}{P_L}$$
>
> $\eta$ : rendement de la cellule compris entre 0 et 1 (0 % et 100 %)
> $P_C$ : puissance électrique crête (maximale) délivrée par la cellule en watts (W)
> $P_L$ : puissance lumineuse reçue par la cellule en watts (W)

| **Cellule PV** | Si monocristallin | Si polycristallin | Si amorphe |
|---|---|---|---|
| **Rendement typique** | 17 % | 15 % | 8 % |

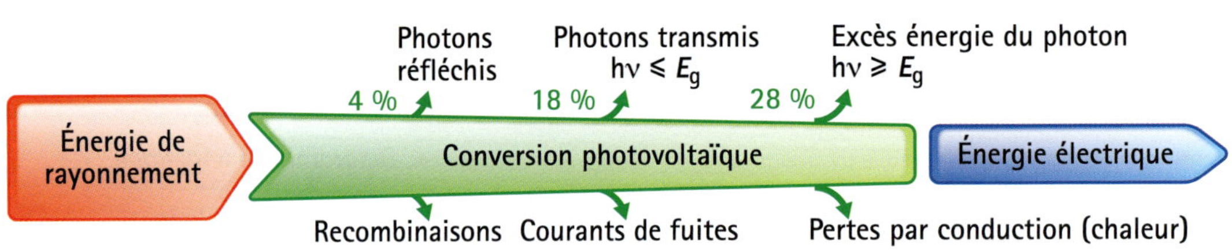


### It's in English

- Énergie solaire : *solar energy*
- Cellule photovoltaïque : *solar cell*
- Énergie de rayonnement : *radiation energy*
- Capteur solaire thermique : *thermal solar sensor*
- Bande de conduction : *conduction band*
- Bande de valence : *valence band*
- Rendement : *yield*

# L'essentiel

- **L'énergie solaire est une énergie renouvelable** qui présente des différences par rapport aux sources exploitées actuellement (charbon, gaz, pétrole, nucléaire) :
  - son **caractère intermittent** (alternance jour-nuit, conditions climatiques) ;
  - sa **difficulté de stockage**.

- **L'énergie lumineuse reçue** en moyenne sur l'année et par m$^2$ au niveau du sol varie de 750 à 2 500 kWh/m$^2$.

- **Conversion thermique**

- **Rayonnement thermique : puissance rayonnée par un corps (modèle du corps noir)**

La puissance rayonnée $P$ se calcule par la **loi de Stefan** :

| | |
|---|---|
| $P = \sigma \cdot S \cdot T^4$ | $P$ : puissance rayonnée en watts (W)<br>$\sigma$ : constante de Stefan ($\sigma = 5{,}67 \times 10^{-8}$ W·m$^{-2}$·K$^{-4}$)<br>$S$ : surface en mètres carrés (m$^2$)<br>$T$ : température du corps en kelvins (K) |

- **Conversion photovoltaïque**

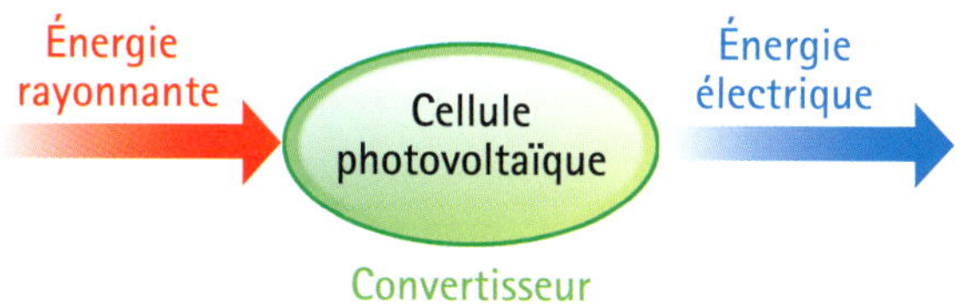


- **Pour le silicium, l'énergie nécessaire $E_g$** pour faire passer un électron de la bande de valence vers la bande de conduction est de 1,12 eV.

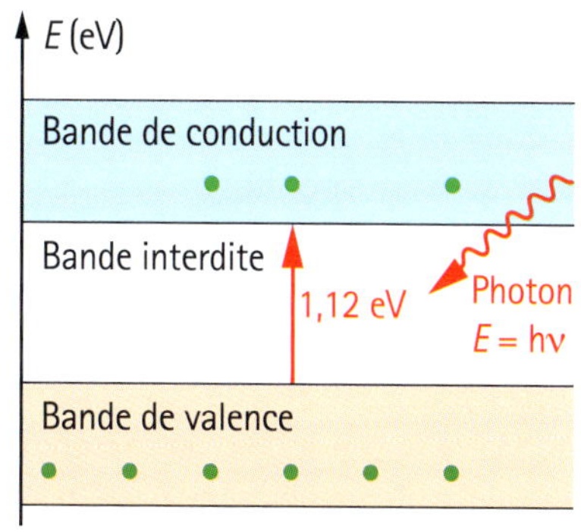


- **Une cellule photovoltaïque élémentaire** est une diode qui fonctionne en inverse. Elle produit un courant électrique qui dépend directement de l'éclairement reçu.

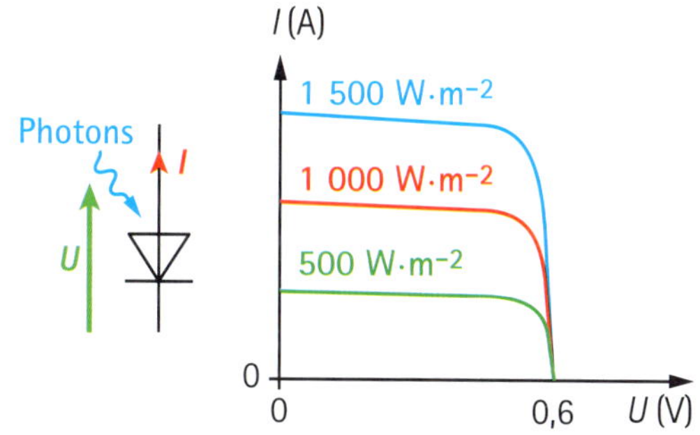


- **La puissance fournie par une cellule photovoltaïque** est maximale pour une intensité donnée.

- **Le rendement d'une cellule photovoltaïque est défini par :**

| | |
|---|---|
| $\eta = \dfrac{P_C}{P_L}$ | $\eta$ : rendement de la cellule compris entre 0 et 1 (0 % et 100 %)<br>$P_C$ : puissance électrique crête (maximale) délivrée par la cellule en watts (W)<br>$P_L$ : puissance lumineuse reçue par la cellule en watts (W) |

| Cellule PV | Si monocristallin | Si polycristallin | Si amorphe |
|---|---|---|---|
| Rendement typique | 17 % | 15 % | 8 % |

# Extraire l'information utile

## Centrale solaire thermique à concentration

• Une centrale solaire thermique à concentration exploite le rayonnement du soleil à l'aide de miroirs orientables. Ce système thermique concentré permet d'atteindre des niveaux de température bien supérieurs à ceux des systèmes thermiques classiques non concentrés. Alors que les chauffe-eau domestiques produisent une eau à une cinquantaine de degrés, il est possible, par la concentration, de chauffer des fluides à des températures de l'ordre de 250 à 1 000 °C. Il devient alors envisageable de les utiliser dans des processus industriels comme la génération d'électricité : on parle « d'électricité solaire thermodynamique ».

**Le saviez-vous ?**

**Unités de mesure et chiffres-clés**

- Chaque km$^2$ de désert reçoit annuellement une énergie solaire équivalente à l'énergie contenue dans 1,5 million de barils de pétrole.
- Une grande éolienne fournit une puissance de 5 MW.
- Une centrale solaire thermique à concentration de type Andasol fournit une énergie de 180 GW·h par an.
- Un réacteur nucléaire de Flamanville fournit une puissance de 1 600 MW.

▲ *Centrale solaire d'Andasol, Espagne.*

• Les centrales solaires thermodynamiques utilisent une grande quantité de miroirs qui font converger les rayons solaires vers un fluide caloporteur chauffé à haute température. Pour ce faire, les miroirs réfléchissants doivent suivre le mouvement du Soleil afin de capter et de concentrer les rayonnements tout au long du cycle solaire quotidien. Le fluide produit de l'électricité par le biais de turbines à vapeur ou à fluide organique. Il existe quatre grands types de centrales solaires thermodynamiques : les centrales à miroirs cylindro-paraboliques et les centrales à miroirs de Fresnel, les centrales à tour, et enfin les concentrateurs paraboliques Dish-Stirling.

• Contrairement aux installations solaires photovoltaïques qui produisent directement de l'électricité, les centrales solaires thermiques génèrent de la chaleur. Le fluide chauffé ayant une certaine inertie thermique (capacité à stocker de la chaleur), la production d'électricité thermodynamique est donc moins « saccadée » que la production d'électricité photovoltaïque. De surcroît, des systèmes de stockage de la chaleur peuvent être intégrés aux installations, prolongeant la génération d'électricité jusqu'à plusieurs heures après la disparition des rayonnements solaires.

*Source :* http://www.connaissancedesenergies.org/

**Exploiter**

**1.** À partir des informations du texte, représenter la chaîne énergétique d'une centrale solaire en indiquant les différentes formes d'énergie et les convertisseurs utilisés.

**2.** En admettant que l'EPR fonctionne tout le temps, combien faut-il de centrales solaires de type Andasol pour fournir autant d'électricité que l'EPR de Flamanville ?

**3.** Quels sont les avantages et les inconvénients des systèmes solaires thermiques et photovoltaïques pour produire de l'électricité ? Quels sont les moyens mis en œuvre pour pallier les variations de l'ensoleillement ?

# Bilan énergétique d'une cellule photovoltaïque

**Objectifs :** tracer la caractéristique courant/tension d'un capteur solaire photovoltaïque, mettre en évidence le point de fonctionnement correspondant à la puissance maximale et mesurer le rendement du panneau solaire

## Dispositif expérimental

- Un panneau solaire 2 V-10 A
- Un rhéostat 10 W-1 Ω
- Une lampe halogène 300 W avec un variateur
- Un luxmètre
- Un voltmètre
- Un ampèremètre

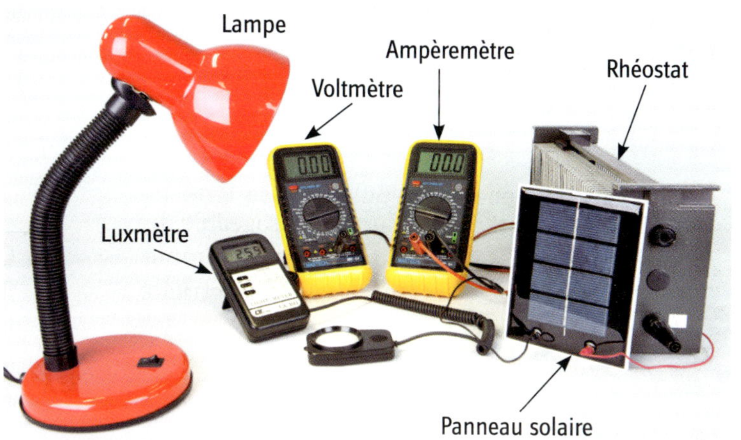


*Photo du dispositif expérimental.*

## Réaliser et observer

- Réaliser le montage électrique.
- Éclairer le panneau solaire avec la lampe halogène en veillant à ne pas modifier les conditions d'éclairement pendant toutes les mesures. Mesurer la valeur de l'éclairement avec le luxmètre.
- Pour un éclairement donné, faire varier le rhéostat de charge, mesurer la tension $U$ aux bornes du panneau solaire et l'intensité $I$ dans le circuit.
- À l'aide d'un tableur, tracer les graphes $U = f(I)$ et $P_{el} = f(I)$ où $P_{el}$ est la puissance électrique fournie par le panneau solaire.

Refaire les mêmes mesures pour deux autres valeurs d'éclairement.

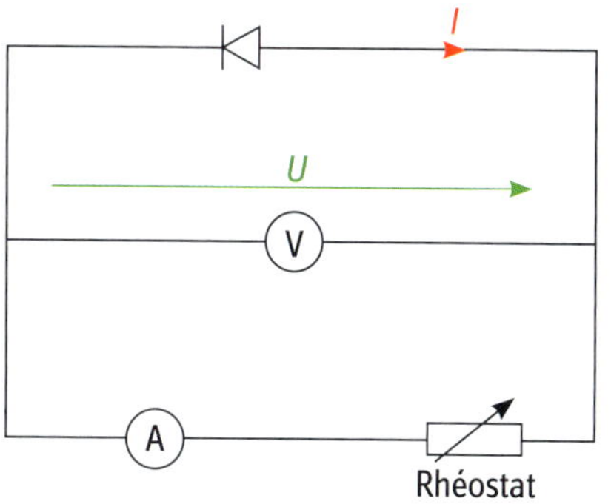


*Schéma du montage.*

## Exploiter

**1.** Tracer le courant de court-circuit en fonction de l'éclairement. Que constatez-vous ?

**2.** Pour les trois valeurs d'éclairement, relever les coordonnées du point de fonctionnement lorsque la puissance délivrée par le panneau solaire est maximale.

**3.** Calculer le rendement du panneau solaire lorsqu'il délivre sa puissance maximale.

Habitat

# Testez vos connaissances

*Cochez la ou les réponses exactes.*

**1** **L'énergie solaire est d'origine :**

☐ **a)** chimique

☐ **b)** physique

☐ **c)** nucléaire

**2** **Le transfert d'énergie du Soleil vers la Terre se fait par :**

☐ **a)** convection

☐ **b)** rayonnement

☐ **c)** conduction

**3** **Un capteur solaire thermique convertit l'énergie solaire :**

☐ **a)** en absorbant le rayonnement lumineux à l'aide d'un corps noir

☐ **b)** en réfléchissant le rayonnement lumineux grâce à des miroirs

☐ **c)** en transformant la lumière en électricité

**4** **Un capteur solaire thermique nécessite :**

☐ **a)** un fluide caloporteur

☐ **b)** une feuille métallique de couleur noire

☐ **c)** un onduleur

**5** **Une cellule photovoltaïque convertit l'énergie de rayonnement en énergie :**

☐ **a)** thermique

☐ **b)** chimique

☐ **c)** électrique

**6** **Des panneaux photovoltaïques ont un rendement de 12 %. Ils reçoivent une puissance de rayonnement de 830 $W \cdot m^{-2}$. La puissance électrique produite par $m^2$ de panneau vaut :**

☐ **a)** 100 W

☐ **b)** 830 W

☐ **c)** 12 W

**7** **Les panneaux photovoltaïques précédents sont éclairés 8 h par jour et 200 jours par an. Ils fournissent une énergie électrique par an égale à :**

☐ **a)** 160 kW·h

☐ **b)** $5{,}7 \times 10^7$ J

☐ **c)** 100 kW·h

**8** **On dispose de modules photovoltaïques fournissant une puissance de 50 W sous une tension de 12 V. Pour alimenter une installation qui nécessite une puissance de 200 W sous une tension de 24 V :**

☐ **a)** il faut associer 2 modules en série

☐ **b)** il faut associer 4 modules en dérivation

☐ **c)** il faut associer 2 modules en série avec 2 modules en dérivation

**9** **Pour le silicium, le gap est de 1,12 eV. Sachant que la valeur de la constante de Planck vaut $h = 6{,}63 \times 10^{-34}$ J·s, la valeur de la longueur d'onde dans le vide de la radiation lumineuse nécessaire pour faire passer un électron dans la bande de conduction est égale à :**

☐ **a)** 590 nm

☐ **b)** $1{,}1 \times 10^{-6}$ m

☐ **c)** 1,12 nm

**10** **Une plaque de couleur noire de surface $S = 2$ $m^2$ est éclairée par un rayonnement solaire d'une intensité de 1 000 $W \cdot m^{-2}$. En régime permanent, la température de la plaque donnée par le modèle du corps noir vaut :**

☐ **a)** 306 K

☐ **b)** 91 °C

☐ **c)** 45 °C

▶ **Corrigés p. 265**

# Comment résoudre un exercice

## ÉNONCÉ Étude d'un panneau photovoltaïque

On a relevé la caractéristique courant-tension d'un panneau solaire pour un éclairement de 1 000 W·m$^{-2}$ :

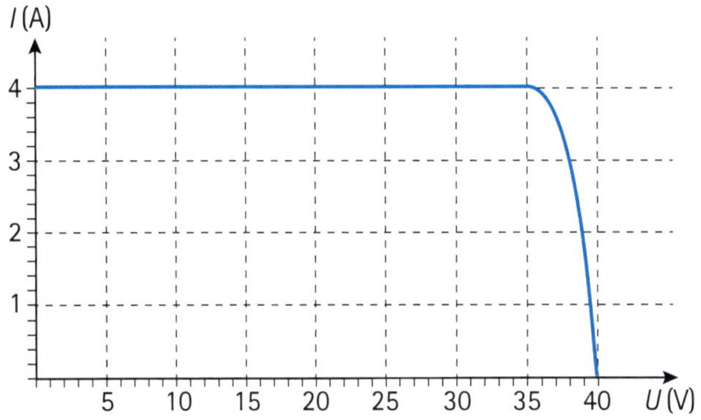


**1.** Relever la valeur du courant de court-circuit $I_{CC}$.

**2.** Relever la valeur de la tension à vide $U_0$.

**3.** On branche une résistance $R = 10\ \Omega$ aux bornes du panneau solaire. Tracer la droite de charge $U = R \cdot I$ sur le graphique et en déduire les coordonnées du point de fonctionnement ($I_1$, $U_1$). **Méthode 1 ▶**

**4.** Calculer la puissance $P_1$ fournie par le panneau solaire.

**5.** En déduire son rendement $r$ sachant que le panneau a une surface de 0,85 m$^2$. **Méthode 2 ▶**

**6.** On utilise le panneau solaire pour charger une batterie de capacité 28 A·h et de tension nominale 24 V. Combien de temps faut-il pour recharger complètement la batterie à l'aide du panneau solaire ?

**Méthode 1**
On trace la droite d'équation $I = \frac{U}{R} = 0{,}1$ U, puis on lit les coordonnées du point d'intersection avec la caractéristique $I(U)$ du panneau solaire.

**Méthode 2**
On calcule la puissance absorbée $P_a = S \cdot E$, avec $S$ la surface du panneau et $E$ l'éclairement, puis on utilise la formule du rendement $r = \frac{P_1}{P_a}$.

## SOLUTION

**1.** Courant de court-circuit $I_{CC} = 4$ A. **Conseil 1 ▶**

**2.** Tension à vide $U_0 = 40$ V. **Conseil 2 ▶**

**3.** On lit $I_1 = 3{,}7$ A et $U_1 = 37$ V.

**4.** $P_1 = U_1 \cdot I_1 = 0{,}14$ kW.

**5.** Pour le rendement, on a : $r = \frac{P_1}{P_a}$ avec $P_a = 0{,}85 \times 1\,000 = 850$ W soit $r = \frac{0{,}14}{0{,}85} = 0{,}16$ donc $r = 16$ %.

**6.** Pour $U = 24$ V, le panneau solaire débite un courant $I = 4$ A. Il faut donc $\frac{28}{4} = 7$ heures pour charger complètement la batterie.

**Conseil 1**
On lit sur le graphe l'intensité correspondant à $U = 0$ V.

**Conseil 2**
On lit sur le graphe la tension correspondant à $I = 0$ A.

Habitat

Exercice avec résultat (page 265)

## Applications directes du cours

### 11 Énergie solaire, énergie inépuisable !

Le rayonnement solaire reçu au sol correspond à une puissance moyenne d'environ 200 W·m$^{-2}$ en tenant compte de l'alternance jour-nuit et des périodes nuageuses.

**1.** Calculer l'énergie solaire $E_{SR}$ récupérable par an sur toute la surface de la France (550 000 km$^2$) en kWh.

**2.** La consommation annuelle d'énergie en France $E_F$ est égale à 260 Mtep. Calculer sa valeur en kWh sachant que 1 tep = 11 611 kWh.

**3.** Calculer le rapport $\frac{E_{SR}}{E_F}$ et commenter le résultat trouvé.

### 12 Mon photon a de l'énergie

Un flux de photons solaires d'énergie voisine de 1,1 eV est composé de $4{,}5 \times 10^{17}$ photons par cm$^2$ et par seconde.

**1.** Calculer la puissance $P$ de ce rayonnement en W·m$^{-2}$.

**2.** En supposant que le rendement de la conversion photon-électron est égal à 100 % dans une cellule photovoltaïque, calculer l'intensité du courant fourni par une cellule de 1 cm$^2$.

*Données* : 1 eV = $1{,}6 \times 10^{-19}$ J ;
constante de Planck h = $6{,}63 \times 10^{-34}$ J·s.

### 13 Ça ondule pas mal !

L'installation de panneaux photovoltaïques dans une habitation conduit souvent à coupler l'installation au réseau EDF par l'intermédiaire d'un onduleur.

**1.** Quelle est la fonction assurée par un onduleur ?

**2.** Quel est l'intérêt de coupler son installation au réseau ?

### 14 Tu es tombé dans le panneau

On observe derrière la vitre noircie d'un panneau des tubes noircis. La notice indique qu'un fluide caloporteur chauffé par les rayons du soleil y circule.

**1.** S'agit-il d'un panneau photovoltaïque, d'un panneau solaire thermique ?

**2.** Le fluide caloporteur échange ensuite son énergie avec l'eau domestique dans un ballon. Représenter la chaîne énergétique de conversion d'énergie de l'installation.

**3.** Quand le panneau est éclairé par un rayonnement qui lui fournit 4,0 kWh, l'eau de l'installation domestique reçoit 1,2 kWh. Calculer le rendement de l'installation.

### 15 En série ou en dérivation

Un panneau solaire de tension nominale 12 V est composé de cellules photovoltaïques. Chaque cellule peut fournir une puissance $P_1$ = 1,2 W sous une tension nominale $U_1$ = 0,48 V.

**1.** Calculer l'intensité nominale $I_1$ du courant que peut fournir une cellule.

**2.** Les cellules sont-elles montées en série ou en dérivation ? Calculer le nombre de cellules utilisées pour ce panneau solaire.

**3.** Ce panneau solaire est de forme rectangulaire, de largeur 427 mm et de longueur 633 mm. Il est éclairé par un rayonnement de puissance 900 W·m$^{-2}$. Calculer la puissance $P_a$ absorbée par ce panneau solaire.

**4.** Calculer son rendement lorsqu'il fonctionne dans les conditions nominales.

### 16 Infos ou intox ?

Les chiffres annoncés dans le schéma suivant publié dans le livre *La Chimie et l'Habitat* (Min-Thu Dinh, Edp Sciences) sont-ils vraisemblables ? Y a-t-il un facteur 100 entre l'hydraulique et le photovoltaïque ?

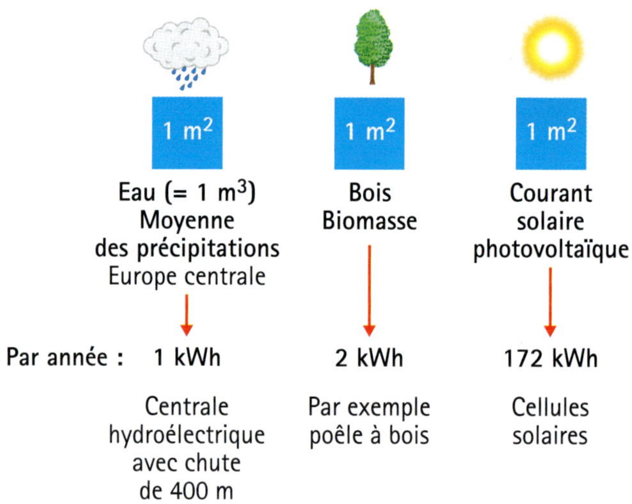


Dans l'article, on apporte les précisions suivantes :

« - la pluviométrie annuelle est de l'ordre de 1 m$^3$ par m$^2$ ;

- pour la biomasse : 2 à 10 t de matière sèche sont produites par hectare, et son pouvoir calorifique est de l'ordre de 18 000 kJ/kg ;

- pour le photovoltaïque : l'éclairement solaire de référence est de 1 000 W/m$^2$, et le rendement actuel des cellules photovoltaïques est compris entre 10 % et 20 %. »

Vérifier les ordres de grandeur des valeurs d'énergie fournies dans le document.

## Exercices d'entraînement

### 17 Du noir pour chauffer

Une plaque de métal de surface 1 m$^2$ est peinte en noire. Elle est exposée à un rayonnement solaire de puissance 1 200 W·m$^{-2}$.

**1.** Calculer la température de la plaque $\theta_1$ en degrés Celsius à l'équilibre si l'on admet que la plaque se comporte comme un corps noir.

**2.** On recouvre cette plaque d'un revêtement brillant qui conduit à un coefficient d'absorption de 40 % pour le rayonnement solaire. Calculer la nouvelle température $\theta_2$ de la plaque à l'équilibre.

### 18 Carte de France solaire

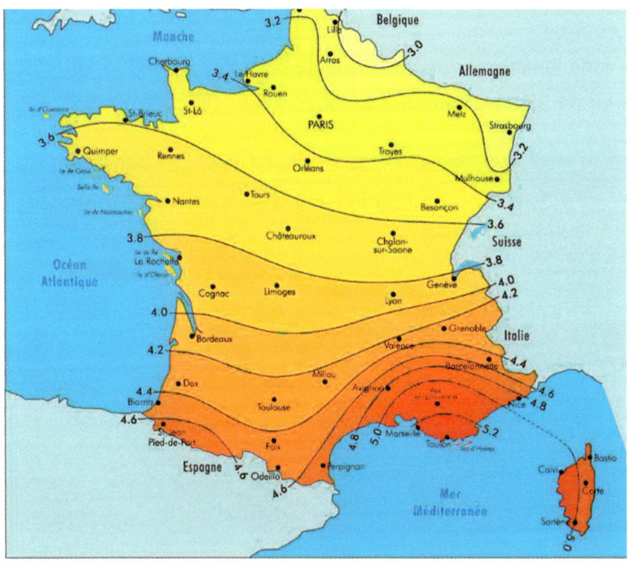


Moyennes annuelles de l'énergie reçue sur une surface orientée au sud et inclinée d'un angle égal à la latitude (en kWh/m2.jour).
(D'après l'Atlas européen du rayonnement solaire - Commission des Communautés Européennes)

Une habitation consomme une énergie électrique de 6 000 kWh par an. On installe des panneaux solaires de rendement 20 % sur le toit pour fournir 50 % de l'énergie électrique consommée.

Calculer la surface nécessaire des panneaux solaires à installer pour une maison située à Lille, à Rennes et à Toulon.

### 19 Sortez vos tableurs

On dispose d'une cellule photovoltaïque dont on relève la caractéristique courant/tension pour un éclairement constant.

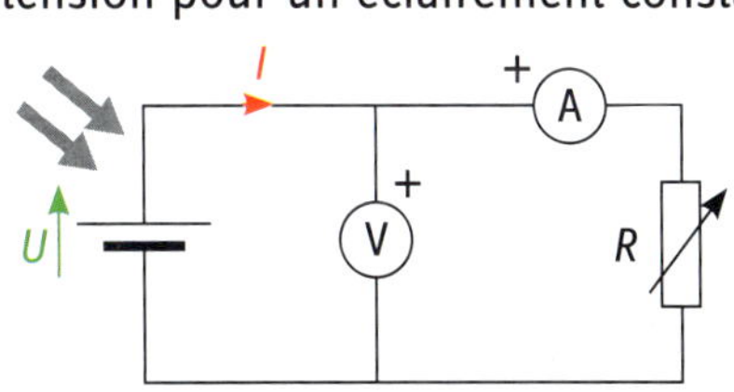


| $I$ (A) | $U$ (V) |
|---|---|
| 0,04 | 0,18 |
| 0,19 | 0,18 |
| 0,22 | 0,18 |
| 0,96 | 0,18 |
| 1,83 | 0,17 |
| 1,92 | 0,04 |
| 1,93 | 0,02 |

**1.** À propos des conditions expérimentales, préciser comment on peut s'assurer que l'éclairement est constant. Comment peut-on faire varier la valeur de l'intensité du courant dans le circuit ?

**2.** Dans un tableur-grapheur, tracer les graphes $U = f(I)$ et $P = f(I)$, où $P$ est la puissance électrique fournie par la cellule.

**3.** Commenter les courbes obtenues et conclure.

### 20 Extraire et analyser des données constructeurs

La caractéristique constructeur courant-tension d'un panneau photovoltaïque est donnée ci-dessous pour une température de 25 °C.

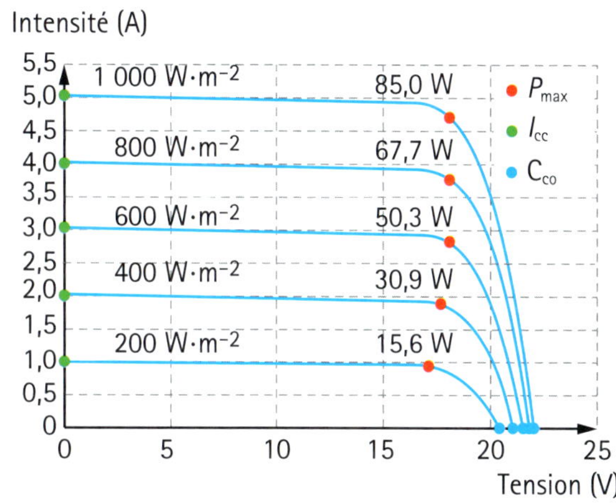


**1.** Relever la valeur de l'intensité du courant de court-circuit pour un éclairement de 600 W·m$^{-2}$.

**2.** Que vaut la tension à vide pour un éclairement de 1 000 W·m$^{-2}$ ?

**3.** Que vaut l'éclairement du panneau solaire lorsqu'il fournit une puissance maximale de 15,6 W ?

### 21 Rendement, où est passée l'énergie ?

Un module photovoltaïque de tension nominale $U = 12$ V est composé par la mise en parallèle de 2 fois 18 cellules en série. La technologie utilisée permet d'obtenir des dimensions de 157 × 157 mm pour ce module.

**1.** Calculer la tension nominale $U_1$ d'une cellule.

**2.** Que vaut l'intensité $I_1$ fournie par chaque cellule lorsque le module débite un courant d'intensité nominale 0,6 A ?

**3.** Calculer le rendement énergétique du module en fonctionnement nominal lorsqu'il est éclairé par un rayonnement de 1 200 W·m$^{-2}$.

**4.** Dessiner la chaîne énergétique de ce module photovoltaïque.

Habitat

Exercice avec résultat (page 265)

## 22 ECS : Eau Chaude Sanitaire

Les mesures réalisées lors d'un essai de chauffe-eau solaire, pendant une période ensoleillée, ont donné les résultats suivants :

- débit de l'eau circulant dans le capteur : $D = 22\ L \cdot h^{-1}$ ;
- température d'entrée de l'eau : $\theta_1 = 16$ °C ;
- température de sortie de l'eau : $\theta_2 = 42$ °C.

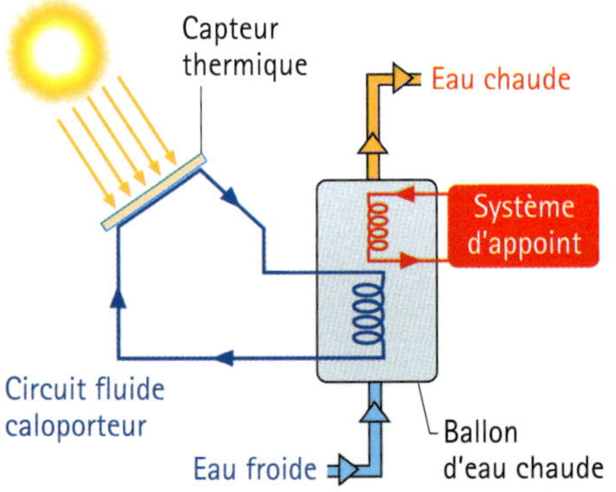


**1.** Calculer la quantité de chaleur $Q_a$ absorbée par l'eau circulant dans le capteur pendant 1 h. Exprimer le résultat en kJ et en kWh.

**2.** Calculer la puissance thermique $P$ du chauffe-eau lors de l'essai.

**3.** La surface du capteur thermique est de 2 m². La puissance solaire disponible pendant la période d'essai est de $900\ W \cdot m^{-2}$.

Calculer le rendement $r$ de ce chauffe-eau solaire.

*Données :*
- masse volumique de l'eau : $\rho_{eau} = 1\,000\ kg \cdot m^{-3}$ ;
- capacité thermique massique de l'eau : $c_{eau} = 4\,180\ J \cdot kg^{-1} \cdot °C^{-1}$.

## 23 OBJECTIF BAC Piscine chauffée

Une piscine rectangulaire mesure 20 m de long, 10 m de large et a une profondeur de 3 m.

**1.** Pendant le jour, l'eau se réchauffe grâce au rayonnement solaire. L'eau reçoit une puissance moyenne $P_1 = 300\ W/m^2$ pendant une journée de 12 h. Elle n'absorbe en fait que 50 % de cette puissance.

**a.** Calculer l'énergie $Q_1$ absorbée par l'eau pendant ces 12 h.

**b.** Calculer pour cette eau l'augmentation de température $\Delta\theta_1$ qui en résulte.

**2.** Pendant la nuit, l'eau de la piscine rayonne de l'énergie vers l'atmosphère. On considère que l'eau se comporte comme un corps noir et on admet que sa température est $\theta = 25$ °C.

**a.** Calculer la puissance $P_2$ perdue par rayonnement par cette eau par m² de surface.

**b.** Calculer l'énergie thermique $Q_2$ perdue au cours de 12 h de nuit.

**c.** Calculer pour cette eau la baisse de température $\Delta\theta_2$ qui en résulte.

**d.** Par quel dispositif simple peut-on, la nuit, diminuer la perte par rayonnement ?

**3.** Faire le bilan énergétique sur une journée de 24 h.

**4.** Pour exploiter la piscine à moindre coût, on peut utiliser un chauffage solaire de l'eau. On réalise des capteurs solaires dans lesquels circule l'eau de la piscine. Les capteurs utilisent l'effet de serre. Expliquer à l'aide d'un schéma le principe de fonctionnement de ces capteurs.

*Données :*
- capacité thermique massique de l'eau : $c_{eau} = 4\,180\ J \cdot kg^{-1} \cdot K^{-1}$ ;
- loi de Stéfan $P = \sigma \cdot S \cdot T^4$ avec $\sigma = 5{,}67\ 10^{-8}\ W \cdot m^{-2} \cdot K^{-4}$.

## 24 It's in English

A solar panel is made up of 6 solar cells mounted in parallel. Each cell, or module, can provide a power of $P_1 = 12$ W at a rated voltage $U_1 = 24$ V.

**1.** Work out the nominal intensity $I_1$ of the current that can provide a module.

**2.** What is the rated voltage of this solar panel?

**3.** What is the value of the nominal intensity $I_P$ that can be provided by the solar panel?

**4.** This solar panel has rectangular shape: its width is 40 cm, and its length 60 cm. It is illuminated by a radiation power of $1\,100\ W \cdot m^{-2}$. Work out the power $P_a$ absorbed by this solar panel.

**5.** Calculate its yield $r$ when it is operating under nominal conditions.

CHAPITRE 2

# Pressions et débits dans les canalisations

Avant son arrivée au robinet, l'eau potable issue de milieux naturels est pompée, traitée, stockée, puis distribuée à partir d'un réseau de canalisations.

→ **Comment fournir une pression d'eau suffisante dans l'habitat ?**

**Capacités**

- Mesurer des pressions.
- Exploiter le principe fondamental de la statique des fluides.
- Expliciter la vitesse d'écoulement dans une canalisation.
- Mesurer un débit.
- Exploiter la conservation de la masse.

# Découvrir

1

Activité documentaire

## Le cycle de l'eau domestique

Chaque Français consomme en moyenne 55 $m^3$ d'eau potable par an (150 L/jour).
La production d'eau potable comprend le **prélèvement**, le **traitement** et la **distribution** de l'eau jusqu'aux robinets (**DOC. 1**).

- L'eau est prélevée dans les eaux souterraines (nappes, sources) ou dans les eaux superficielles (rivières, fleuves, lacs) par des stations de pompage.
- L'eau est acheminée dans des **stations de traitement** où elle est décantée, filtrée, puis désinfectée.
- Des conduites (jusqu'à 2 m de diamètre) forment un réseau qui alimente les réservoirs de **stockage** et les **châteaux d'eau**.
- L'eau est ensuite acheminée chez le consommateur par un réseau de tuyaux de diamètre de plus en plus petit (de 40 cm jusqu'à 32 mm). Stations de pompage et châteaux d'eau assurent chez le particulier une pression pouvant atteindre 5,5 bar. Pour satisfaire à tout moment la demande en eau potable des abonnés, les réservoirs permettent de gérer les pointes de consommation (bâches enterrées, châteaux d'eau...). Le raccordement sur la canalisation principale de distribution arrive sur un compteur qui enregistre les volumes d'eau consommés (**DOC. 2**).

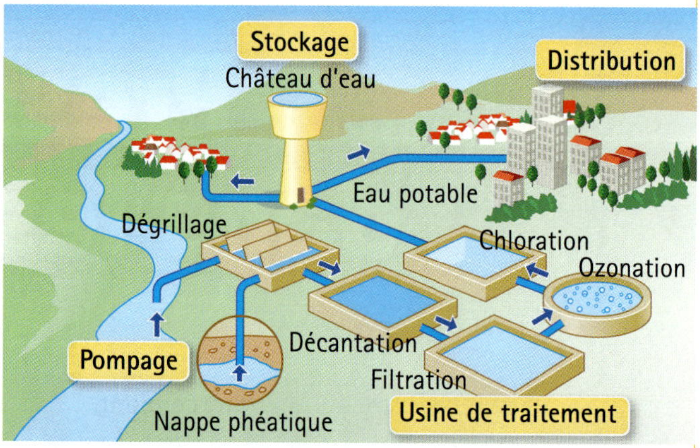


**DOC. 1** Cycle de l'eau domestique.

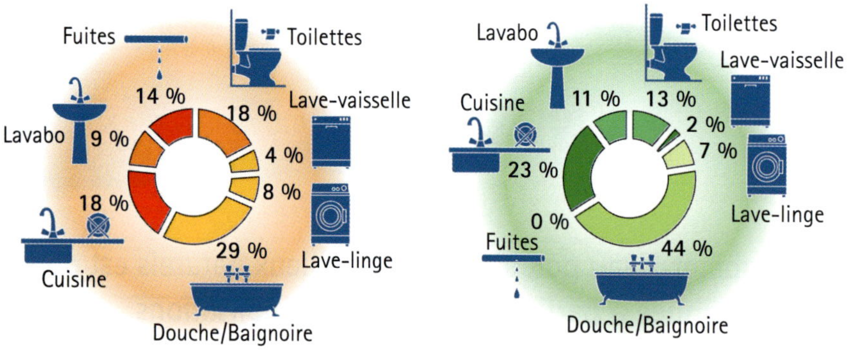


**DOC. 2** Volumes d'eau consommés.

*Source* : ADEME

### Exploiter

**1.** Quels éléments permettent à l'eau d'arriver sous pression jusqu'au compteur d'eau d'un particulier ?

**2.** Pourquoi doit-on réaliser des réserves d'eau pendant son acheminement ?

**3.** Comment l'eau est-elle rendue potable ?

**4.** Sur quel poste la famille ECO réalise-t-elle sa plus grande économie d'eau par rapport à la famille GASPI ?

**Comment fournir une pression d'eau suffisante ?**

2 *Activité expérimentale*

## ➔ De quel paramètre dépend la pression dans l'eau ?

La pression dans l'eau est différente de la pression atmosphérique.
La pression dans l'eau immobile, contenue dans un récipient ouvert, est supérieure à la pression atmosphérique.

### Dispositif expérimental

On dispose d'une éprouvette large contenant de l'eau et d'un manomètre relié à une sonde immergée dans l'eau pour y mesurer la pression.

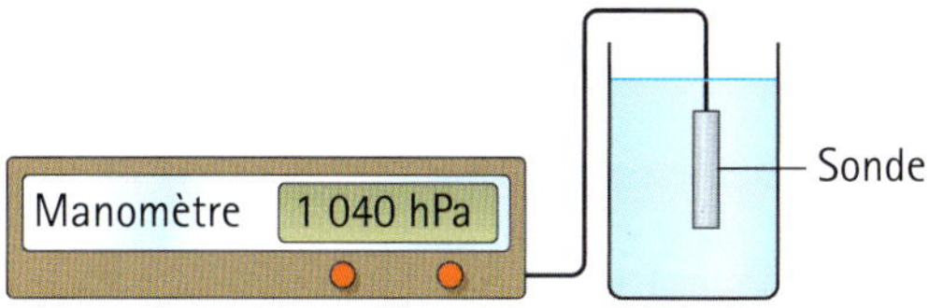


**Caractéristiques du manomètre :**
Gamme : 0 à 2 000 hPa
Précision : 2 % ± 4 hPa
Résolution : 1 hPa
Pression maximale : 4 000 hPA
Entrée : raccord pour tube Ø int 3 mm
Afficheur : chiffres de 13 mm
Alimentation : pile 9 V 6F22 (fournie)
Dimensions : 100 x 100 x 40 mm

### Réaliser et observer

- Réaliser le montage.
- Mesurer la pression au niveau de la surface du liquide.
- Mesurer la pression au fond du récipient.
- Mesurer la pression en un point intermédiaire entre la surface du liquide et le fond du récipient.
- Fixer la sonde pour qu'elle reste au niveau du point intermédiaire choisi.

### Exploiter

1. Dans quel sens la pression évolue-t-elle lorsque la sonde plonge depuis la surface du liquide vers le fond ?
2. Quelle valeur particulière de la pression mesure-t-on lorsque la sonde se situe juste à la surface du liquide ?
3. On part d'une situation où l'éprouvette est vide. On souhaite obtenir la valeur de 1 020 hPa sur le manomètre. Comment peut-on procéder ?
4. Pour la mesure de 1 020 hPa, évaluer et comparer les erreurs dues :
   - à la mesure des altitudes ;
   - à la précision du manomètre.

3 *Démarche d'investigation*

## ➔ La pression dans un fluide dépend-elle de la forme du récipient qui le contient ?

On dispose d'un manomètre muni de sa sonde, ainsi que de récipients de formes diverses pouvant contenir de l'eau à des hauteurs identiques.

### Travail à réaliser

1. Proposer un protocole expérimental pour répondre à la question posée.
2. À partir des mesures effectuées, répondre à la question en rédigeant un compte rendu.

Habitat

# Cours

## 1 Pression dans un fluide

### a) Définition

Une **pression en un point** est égale à la valeur de la force pressante exercée par unité de surface :

$$P = \frac{F}{S}$$

$P$ : pression en pascals (Pa)
$F$ : force en newtons (N)
$S$ : surface en mètres carrés ($m^2$)

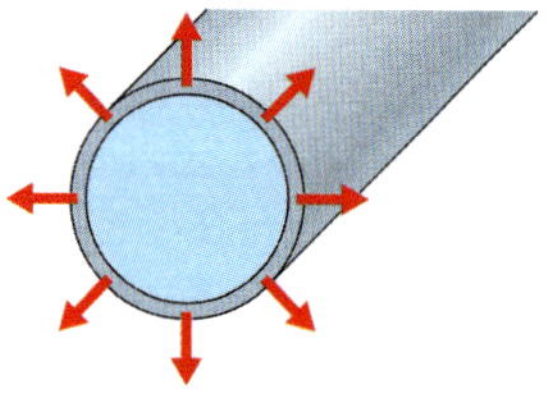

▲ *Forces exercées par un fluide sur les parois d'une canalisation.*

Dans un fluide, les molécules subissent une multitude de chocs sur les parois de la canalisation (agitation thermique). Ces chocs sont à l'origine de forces pressantes perpendiculaires aux parois, qui sont elles-mêmes à l'origine de la pression dans le fluide.

**La pression s'exerce dans toutes les directions d'un fluide** et se mesure en pascals (Pa).

### b) Surface libre d'un liquide

La surface d'un liquide en contact avec l'air s'appelle la surface libre.

Sur la surface libre : $P_S = P_{atm}$.

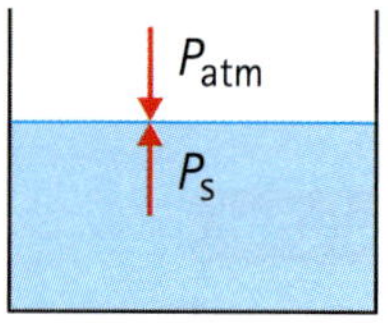


▲ *À la surface libre* $P_s = P_{atm}$.

### c) Hypothèses de l'hydrostatique

Un liquide est supposé **incompressible**. Son volume ne change pas sous les effets de la pression.

Un liquide immobile (sans écoulement) est en **équilibre mécanique**.

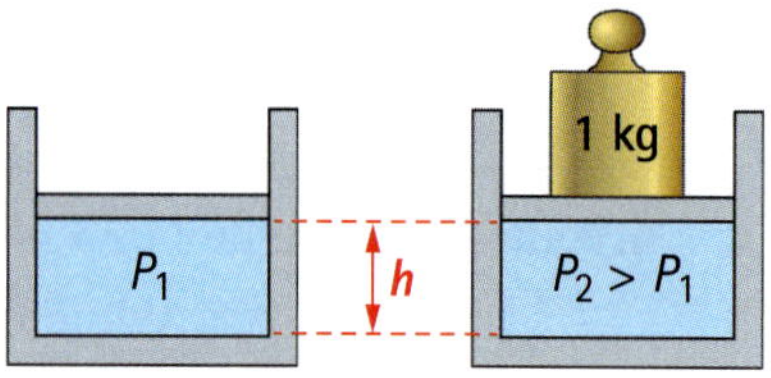


▲ *Liquide incompressible.*

### d) Principe fondamental de l'hydrostatique

Les pressions en deux points situés dans un même liquide incompressible, en équilibre mécanique, sont liées par le principe fondamental de l'hydrostatique :

$$P_A + \rho \cdot g \cdot z_A = P_B + \rho \cdot g \cdot z_B$$

$P_A$, $P_B$ : pressions aux points $A$ et $B$ en pascals (Pa)
$\rho$ : masse volumique en kilogrammes par mètre cube ($kg \cdot m^{-3}$)
$g$ : accélération de la pesanteur (valeur usuelle : $g = 9{,}8\ m \cdot s^{-2}$)
$z_A$, $z_B$ : altitudes des points $A$ et $B$ en mètres (m)

*Remarques :*

- le choix de l'origine des altitudes est arbitraire. Il est souvent judicieux de la choisir au point le plus bas ;
- l'axe des altitudes doit être orienté vers le haut.

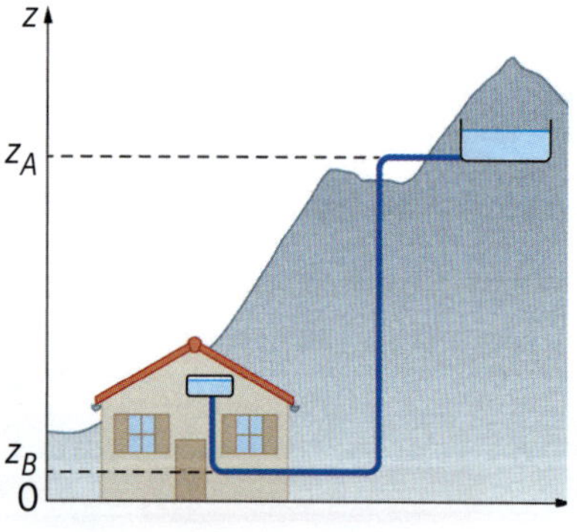


▲ *Un réservoir d'eau surélevé permet d'obtenir une pression plus élevée à l'entrée de l'habitation.* $P_B > P_A$.

## 2 Pressions absolue, relative, différentielle

> La **pression absolue** $P_{abs}$ est la pression mesurée par rapport au vide.

La pression est nulle dans le vide. La pression atmosphérique $P_{atm}$ au niveau de la mer à 15 °C est de 1 013 mbar (1 013 hPa). Elle diminue avec l'altitude.

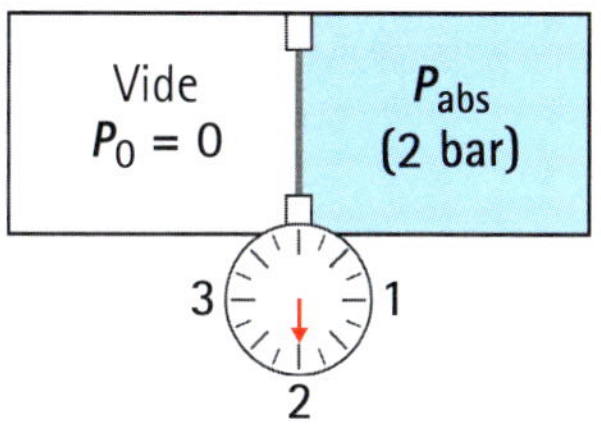


▲ *Mesure de pression absolue.*

> La **pression relative** est la pression mesurée par rapport à la pression atmosphérique :
>
> $$P_{rel} = P_{abs} - P_{atm}$$

La pression mesurée dans les canalisations, et notamment dans les réseaux d'eau, est une pression relative.

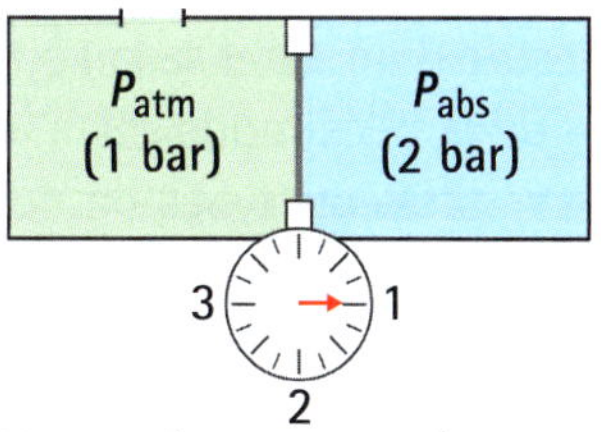


▲ *Mesure de pression relative.*

> La **pression différentielle** est la pression mesurée par rapport à une pression de référence choisie :
>
> $$P_{diff} = P_1 - P_2$$

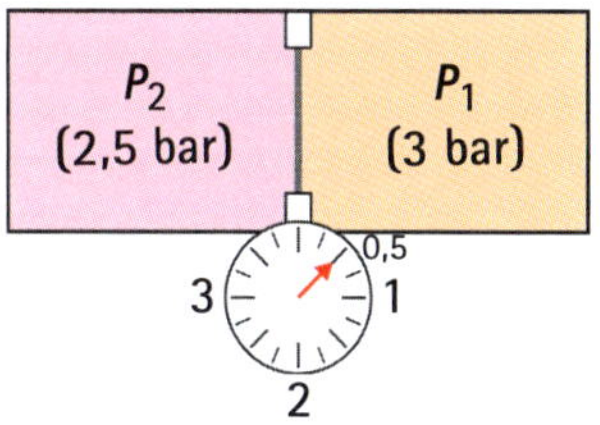


▲ *Mesure de pression différentielle.*

- Il existe plusieurs types d'appareils de mesure suivant les pressions que l'on souhaite mesurer :

| | Pression | | |
|---|---|---|---|
| | absolue | relative | différentielle |
| **Baromètre** | $P_{atm}$ | Non | Non |
| **Manomètre** | Oui | Oui | Non |
| **Capteur de pression** | Oui | Oui | Oui |

- Dans le système des unités du Système International (SI), les pressions s'expriment en pascals (Pa), mais il existe des unités dérivées courantes :
  - 1 bar = $10^5$ Pa ;
  - 1 PSI (*pound per square inch*) = 6 894 Pa.

▲ *Manomètre.*



## 3 Écoulement stationnaire

Si, dans une canalisation, la vitesse du fluide en différents points n'évolue pas en fonction du temps, l'écoulement est **stationnaire**. Par la suite, on s'intéresse uniquement à des écoulements stationnaires.

### a) Débits volumique et massique

Lors d'un écoulement, pendant une durée $t$, le volume $V$ de masse $m$ traverse une section droite $S$ d'un tuyau.

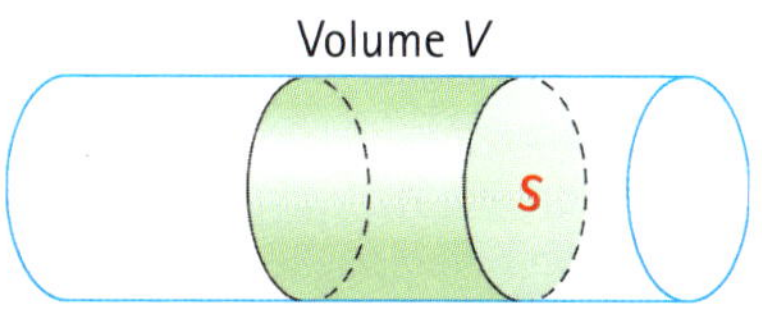


▲ *Volume* V *traversant une section* S.

- Le **débit volumique** correspond à :

$$D_V = \frac{V}{t}$$

$D_V$ : débit volumique du liquide en mètres cubes par seconde ($m^3 \cdot s^{-1}$)
$V$ : volume de liquide en mètres cubes ($m^3$)
$t$ : durée de l'écoulement en secondes (s)

- Le **débit massique** correspond à :

$$D_m = \frac{m}{t}$$

$D_m$ : débit massique moyen du liquide en kilogrammes par seconde ($kg \cdot s^{-1}$)
$m$ : masse de liquide en kilogrammes (kg)
$t$ : durée de l'écoulement en secondes (s)

▲ *Mesure de débit.*

La mesure d'un débit se fait à l'aide d'un **débitmètre** (volumique ou massique suivant les modèles).
Il existe différents types de débitmètre : à ultrasons, électromagnétique, à pression différentielle, etc.

→ *Exemple* : **débitmètre à ultrasons**

Un émetteur et un récepteur d'ultrasons sont disposés le long de la canalisation. On mesure le temps écoulé entre l'émission d'une impulsion et sa réception. Ce temps dépend à la fois de la vitesse du son dans le liquide et de la vitesse de l'écoulement. On emploie ce procédé dans des canalisations de grand diamètre avec une bonne précision de mesure.

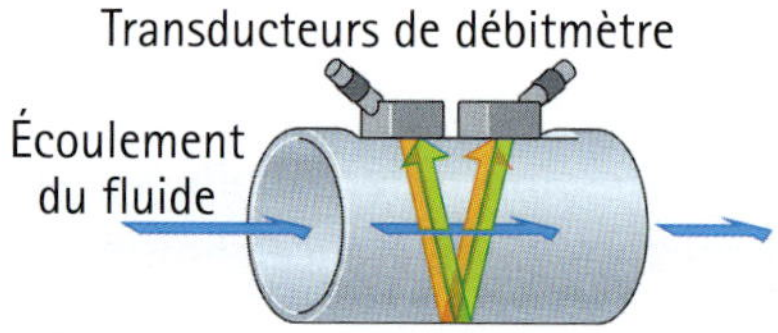


▲ *Débitmètre à ultrasons.*

## b) Conservation des débits

Lors d'un écoulement d'un liquide incompressible dans un réseau de canalisations (conduites par exemple), il y a **conservation des débits volumique et massique.**

→ *Exemple* : dans le cadre d'un système de récupération et de valorisation de l'eau de pluie :

$$D_{m_{citerne}} = D_{m_{jardin}} + D_{m_{cuisine}} + D_{m_{salle\ de\ bains}} + ...$$

$$D_{V_{citerne}} = D_{V_{jardin}} + D_{V_{cuisine}} + D_{V_{salle\ de\ bains}} + ...$$

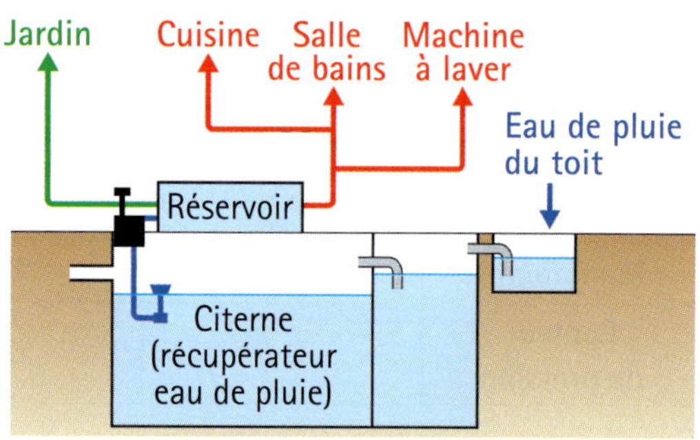


## c) Vitesse d'écoulement dans une canalisation

Dans une canalisation, la **vitesse moyenne du liquide** est donnée par :

$$v = \frac{D_V}{S}$$

$D_V$ : débit volumique du liquide en mètres cubes par seconde ($m^3 \cdot s^{-1}$)
$S$ : section de la canalisation en mètres carrés ($m^2$)
$v$ : vitesse moyenne du liquide en mètres par seconde ($m \cdot s^{-1}$)

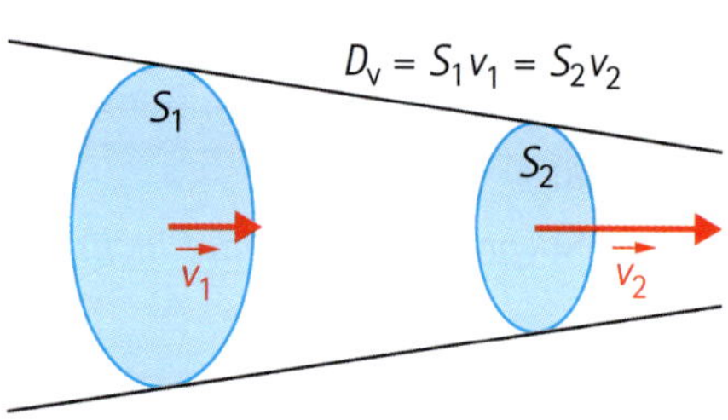


▲ *En régime permanent,* $D_V$ *reste constant à travers toute section droite d'une canalisation.*

### It's in English

- Pression absolue : *absolute pressure*
- Pression relative : *relative pressure*
- Pression différentielle : *differential pressure*
- Débit volumique : *volumetric flowrate*
- Débit massique : *mass flowrate*
- Vitesse d'écoulement : *flow speed or flow velocity*
- Manomètre : *manometer*
- Débitmètre : *flowmeter*

# L'essentiel

- **Une pression** en un point est égale à la valeur de la force pressante exercée par unité de surface :

$$P = \frac{F}{S}$$

$P$ : pression en pascals (Pa)
$F$ : force en newtons (N)
$S$ : surface en mètres carrés ($m^2$)

- **La pression s'exerce dans toutes les directions d'un fluide** et se mesure en pascals (Pa).

- **Le volume d'un liquide incompressible** ne change pas sous les effets de la pression.

- **Un liquide immobile** est en équilibre mécanique.

- **Le principe fondamental de l'hydrostatique** pour un liquide incompressible à l'équilibre donne la relation entre les pressions en divers points d'altitude donnée :

$$P_A + \rho \cdot g \cdot z_A = P_B + \rho \cdot g \cdot z_B$$

$P_A$, $P_B$ : pressions aux points $A$ et $B$ en pascals (Pa)
$\rho$ : masse volumique en kilogrammes par mètre cube ($kg \cdot m^{-3}$)
$g$ : accélération de la pesanteur (valeur usuelle : $g = 9{,}8 \ m \cdot s^{-2}$)
$z_A$, $z_B$ : altitudes des points $A$ et $B$ en mètres (m)

- **La pression absolue** est la pression mesurée par rapport au vide.

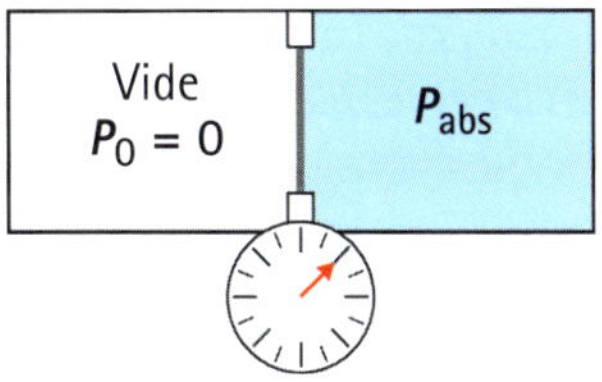


- **La pression relative** est la pression mesurée par rapport à la pression atmosphérique.

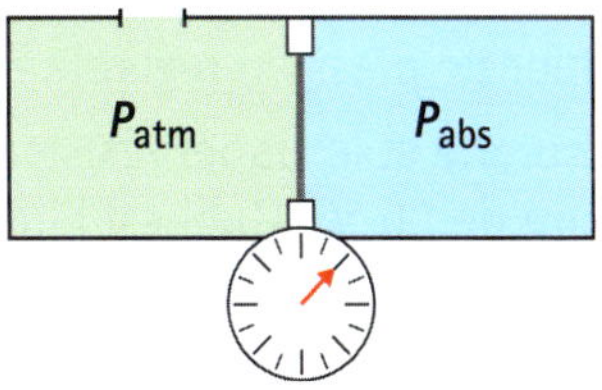


$$P_{rel} = P_{abs} - P_{atm}$$

- **La pression différentielle** est la pression mesurée par rapport à une pression de référence choisie.

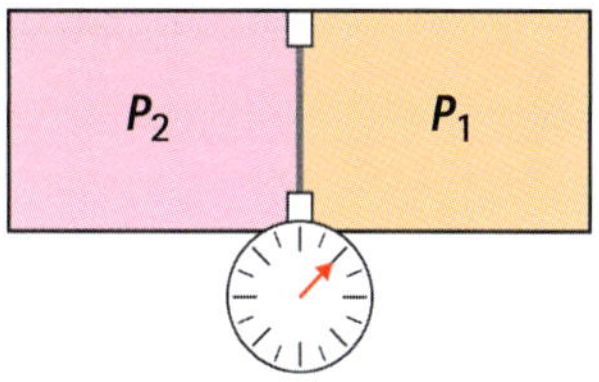


$$P_{diff} = P_1 - P_2$$

- **Il y a conservation des débits volumique et massique** lors d'un écoulement dans un réseau de canalisations.

- **Le débit massique**, pour un écoulement stationnaire, correspond à :

$$D_m = \frac{m}{t}$$

$D_m$ : débit massique moyen du liquide en kilogrammes par seconde ($kg \cdot s^{-1}$)
$m$ : masse de liquide en kilogrammes (kg)
$t$ : durée de l'écoulement en secondes (s)

- **Le débit volumique**, pour un écoulement stationnaire, correspond à :

$$D_v = \frac{V}{t}$$

$D_v$ : débit volumique du liquide en mètres cubes par seconde ($m^3 \cdot s^{-1}$)
$V$ : volume de liquide en mètres cubes ($m^3$)
$t$ : durée de l'écoulement en secondes (s)

- **La vitesse moyenne d'écoulement** dans un tuyau est donnée par la relation :

$$v = \frac{D_v}{S}$$

$D_v$ : débit volumique du liquide en mètres cubes par seconde ($m^3 \cdot s^{-1}$)
$S$ : section de la canalisation en mètres carrés ($m^2$)
$v$ : vitesse moyenne du liquide en mètres par seconde ($m \cdot s^{-1}$)

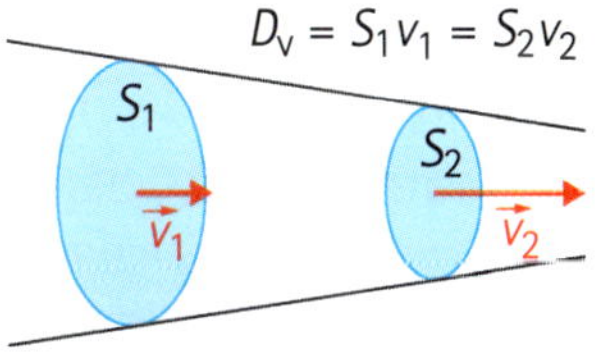


Habitat

# Extraire l'information utile

## Le réducteur de pression

• Si la pression du réseau qui alimente une habitation est trop importante (à partir de 3 bar), il est nécessaire de brancher en sortie de compteur un **réducteur de pression**.

Ce réducteur protège des problèmes dus à un excès de pression : bruits dans les canalisations, coups de bélier, éclaboussures, usure prématurée des appareils électroménagers et des robinetteries.

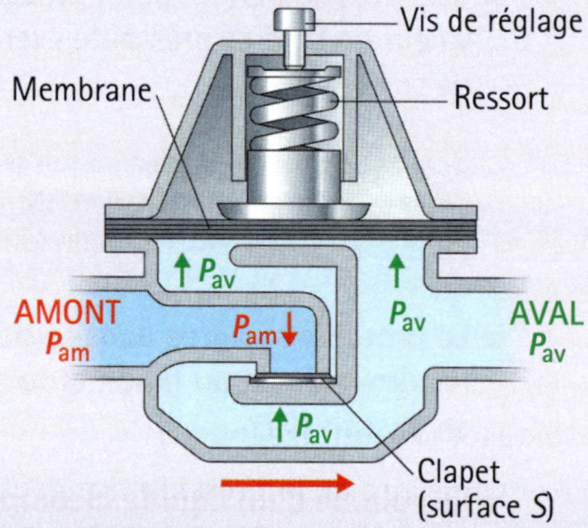


• Un ressort inoxydable garantit un réglage précis de la pression aval dans une plage de 1,5 à 5,5 bar. L'opposition de la force due au ressort et des forces pressantes exercées par le liquide permet cette régulation. La membrane et le clapet sont en élastomère et résistent jusqu'à une température de 80 °C.

• La force pressante qui s'exerce sur le clapet à l'entrée ne dépend que de la pression amont, puisque la surface du clapet est fixe. Les forces qui s'exercent sur le clapet à la sortie sont : celle du ressort $F = k(-\ell + \ell_0)$, avec $k$ le coefficient de raideur du ressort, et la force pressante due à la pression aval. L'équation d'équilibre mécanique s'écrit $P_{am}S = P_{av}S + k(-\ell + \ell_0)$. Si le réducteur de pression n'est pas réglable, l'allongement $(\ell - \ell_0)$ est fixé par le constructeur. Si la pression d'entrée dépasse une certaine valeur, il n'y a plus équilibre des forces $P_{am}S > P_{av}S + k(-\ell + \ell_0)$ et le clapet s'ouvre.

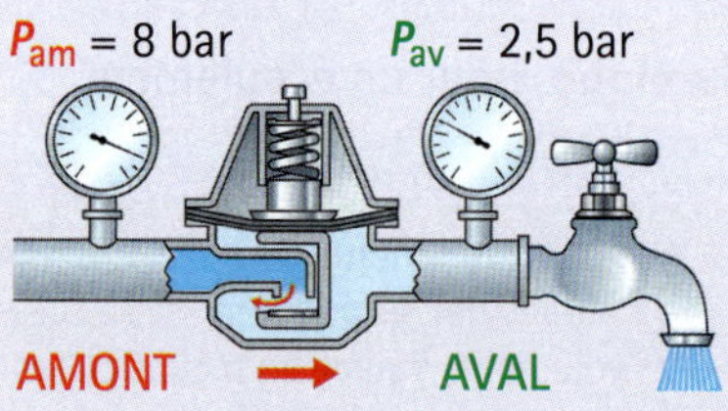


▲ ***En phase de puisage**, la pression en aval chute. Le ressort repousse l'ensemble membrane-clapet et provoque l'ouverture du siège.*

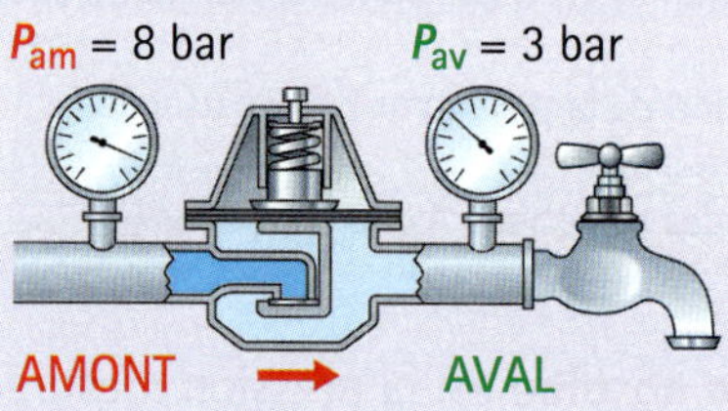


▲ ***Quand le puisage est arrêté**, la pression en aval remonte. Lorsqu'elle correspond au réglage, l'ensemble membrane-clapet repousse le ressort et provoque la fermeture du siège.*

**Exploiter**

**1.** Pourquoi une pression d'eau trop importante dans un circuit est-elle préjudiciable ?

**2.** Le ressort a pour caractéristique $k = 2,0 \times 10^3$ N·m$^{-1}$ et $(-\ell + \ell_0) = 2,5$ cm. La pression amont vaut $P_{am} = 8,0$ bar, et la surface du clapet vaut $S = 1,0$ cm$^2$. Calculer la pression $P_{av}$ de l'eau à la sortie du réducteur quand le débit est nul (clapet fermé).

**3.** Quel est l'élément qui permet d'obtenir un réducteur de pression réglable ?

**4.** La membrane et le clapet résistent à une température de 80 °C. Quel est l'intérêt ?

# Pression relative à l'équilibre - Débit volumique moyen

**Objectifs :** montrer que la pression relative dans l'eau varie linéairement avec la profondeur et mesurer un débit volumique

## Dispositif expérimental

On dispose d'une éprouvette à écoulement munie d'un robinet, d'un pressiomètre (tube en verre), d'une règle graduée de 30 cm et d'un chronomètre.

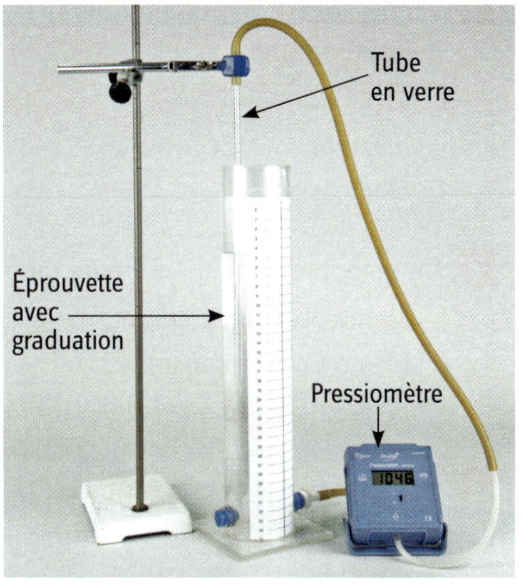

**DOC. 1** Montage (expérience 1).

## Expérience n° 1 : pression hydrostatique

- Réaliser le montage (**DOC. 1**).
- Après mesure de la pression atmosphérique, introduire la sonde dans la grande éprouvette contenant l'eau.
- La profondeur mesurée est celle du ménisque.
- Mesurer pour chaque profondeur indiquée dans le tableau la valeur de la pression totale.

| Profondeur du ménisque (cm) | 7,5 | 10 | 15 | 20 | 25 | 30 |
|---|---|---|---|---|---|---|
| Pression (Pa) | | | | | | |

### Exploiter

**1.** Calculer la valeur de la pression relative dans chaque cas.

**2.** À l'aide d'un tableur graphique, tracer la pression relative dans l'eau en fonction de la profondeur.

**3.** Proposer un protocole opératoire permettant de montrer l'influence de la masse volumique du liquide. (Attention, prévoir si nécessaire les protections adéquates. Le plastique de l'éprouvette peut être sérieusement endommagé par certains solvants.)

## Expérience n° 2 : débit et vitesse moyenne d'écoulement

- Réaliser le montage (**DOC. 2**).
- Mesurer le temps pour la vidange de la moitié de l'éprouvette et le volume d'eau sorti.
- Mesurer le diamètre intérieur du tuyau sortant de l'éprouvette.

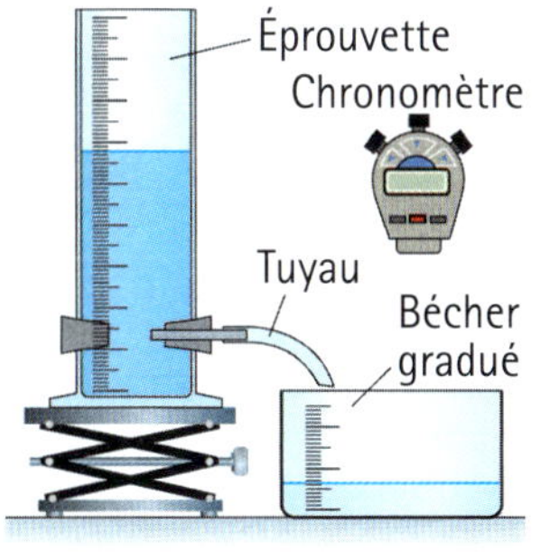

**DOC. 2** Montage (expérience 2).

### Exploiter

**1.** Calculer la valeur du débit moyen lors de l'écoulement.

**2.** Calculer la vitesse moyenne d'écoulement dans le tuyau sortant de l'éprouvette.

**3.** Proposer un protocole opératoire pour montrer que le débit volumique n'est pas constant pendant toute la vidange.

# S'entraîner

## Testez vos connaissances

*Cochez la ou les réponses exactes.*

**1 L'unité légale de pression (dans le système international) est :**

☐ **a)** le PSI
☐ **b)** le bar
☐ **c)** le pascal

**2 Un manomètre peut permettre de mesurer :**

☐ **a)** une pression efficace
☐ **b)** une pression absolue
☐ **c)** une pression relative

**3 La pression relative dans un liquide :**

☐ **a)** dépend de la masse volumique du liquide
☐ **b)** dépend de la valeur de la pression atmosphérique
☐ **c)** est nulle au niveau de la surface libre

**4 La pression absolue de l'eau à 1,00 m sous la surface libre de l'eau d'une piscine dépend :**

☐ **a)** de la valeur de la pression atmosphérique
☐ **b)** de la masse d'eau présente dans la piscine
☐ **c)** de la profondeur de la piscine

**5 Un fluide incompressible :**

☐ **a)** garde le même volume quelle que soit la pression
☐ **b)** est en équilibre dans le champ de pesanteur
☐ **c)** est sans viscosité

**6 Le débit volumique est défini par :**

☐ **a)** la vitesse à laquelle le fluide se déplace
☐ **b)** le produit du diamètre de l'écoulement par la vitesse moyenne du fluide
☐ **c)** le produit de la section de l'écoulement par la vitesse moyenne d'écoulement

**7 Il existe des débitmètres pour mesurer :**

☐ **a)** le débit volumique dans un tuyau
☐ **b)** le débit massique dans un tuyau
☐ **c)** la vitesse moyenne d'écoulement dans un tuyau

**8 Si le diamètre intérieur d'un tuyau dans lequel circule de l'eau passe de 20 mm à 12 mm :**

☐ **a)** la vitesse moyenne augmente
☐ **b)** le débit volumique ne change pas
☐ **c)** le débit volumique augmente, et la vitesse moyenne du liquide reste inchangée

**9 À débit volumique constant, la vitesse moyenne d'un liquide parfait dans un tuyau dépend :**

☐ **a)** de la masse volumique du liquide
☐ **b)** du diamètre intérieur du tuyau
☐ **c)** de la longueur du tuyau

**10 Dans le principe fondamental de la statique des fluides intervient :**

☐ **a)** le volume $V$ de fluide
☐ **b)** la masse $m$ de fluide
☐ **c)** l'accélération de la pesanteur $g$

**11 De l'eau s'écoule dans un tuyau. Le régime est stationnaire.**

☐ **a)** je peux appliquer la relation fondamentale de la statique des fluides
☐ **b)** le régime est stationnaire, donc le liquide est immobile
☐ **c)** le débit massique est conservé

► **Corrigés p. 265**

# Comment résoudre un exercice

## ÉNONCÉ Alimentation domestique en eau

**1.** Après le compteur d'eau, l'installation comporte un réducteur de pression qui permet à la pression de passer de $P = 5{,}5$ bar (pression du réseau) à $P' = 3{,}5$ bar (pression à la sortie du réducteur de pression).

**a)** Calculer la pression différentielle de $P$ par rapport à $P'$.

**b)** Ces deux pressions sont relatives. Calculer les pressions absolues correspondantes.

**2.** Tous les robinets sont fermés.

**a)** Calculer la pression relative au niveau des robinets 1 (altitude $h_1 = 1{,}0$ m) et 2 (altitude $h_2 = 3{,}5$ m). **Méthode 1 ▶**

**b)** On souhaite que la pression relative de l'eau pour chaque robinet ne descende pas en dessous de 2 bar. Calculer l'altitude maximale à laquelle on peut connecter les robinets après le réducteur de pression. **Méthode 1 ▶**

**3.** Un robinet ouvert assure un débit volumique de 16 $L \cdot min^{-1}$. Le diamètre intérieur du tuyau d'alimentation de chaque robinet vaut $d = 12$ mm.

**a)** On ouvre simultanément 3 robinets. Le compteur d'eau indiquait 3 185,00 $m^3$. Quelle sera la valeur lue après 50 minutes d'utilisation ? **Méthode 2 ▶**

**b)** Calculer la vitesse moyenne d'écoulement dans le tuyau d'alimentation de l'un des robinets.

*Données :* $\rho_{eau} = 1\,000\ kg \cdot m^{-3}$ ; $P_{atm} = 1{,}0$ bar ; $g = 10\ m \cdot s^{-2}$.

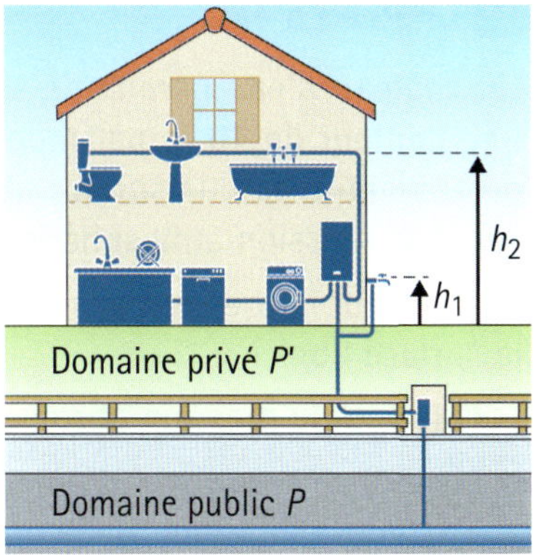


**Méthode 1**
Il faut appliquer le principe fondamental de l'hydrostatique entre la sortie du réducteur de pression et le robinet.

**Méthode 2**
À partir des débits volumiques, il faut réaliser un bilan en volume de la consommation.



## SOLUTION

**1. a)** $\Delta P = P - P'$ d'où $\Delta P = 5{,}5 \times 10^5 - 3{,}5 \times 10^5 = 2{,}0 \times 10^5$ Pa. **Conseil 1 ▶**

**b)** $P_A = P_{atm} + P$ d'où $P_A = 5{,}5 \times 10^5 + 1{,}0 \times 10^5 = 6{,}5 \times 10^5$ Pa.
$P_{A'} = P_{atm} + P'$ d'où $P_{A'} = 3{,}5 \times 10^5 + 1{,}0 \times 10^5 = 4{,}5 \times 10^5$ Pa. **Conseil 2 ▶**

**2. a)** Robinet 1 : $P_{1rel} + \rho \cdot g \cdot h_1 = P' + \rho \cdot g \cdot h_0$. L'origine des altitudes est prise nulle en $h_0$. La pression $P'$ étant une pression relative, il n'y a aucune autre modification.
$P_{1rel} = P' - \rho \cdot g \cdot h_1$ d'où $P_{1rel} = 3{,}5 \times 10^5 - 1\,000 \times 10 \times 1{,}0 = 3{,}4 \times 10^5$ Pa.
**Conseil 3 ▶**

Robinet 2 : $P_{2rel} + \rho \cdot g \cdot h_2 = P' + \rho \cdot g \cdot h_0$ ; $P_{2rel} = P' - \rho \cdot g \cdot h_2$ d'où
$P_{2rel} = 3{,}5 \times 10^5 - 1\,000 \times 10 \times 3{,}5 = 3{,}15 \times 10^5$ Pa.

**b)** $P_{3rel} + \rho \cdot g \cdot h_3 = P' + \rho \cdot g \cdot h_0$. L'origine des altitudes est prise nulle en $h_0$. Les deux pressions sont relatives. $h_3 = \dfrac{P' - P_{3rel}}{\rho \cdot g}$ d'où $h_3 = \dfrac{3{,}5\ 10^5 - 2{,}0 \times 10^5}{1\,000 \times 10} \times 1{,}0 = 15$ m.

**3. a)** Le volume d'eau consommé pour 3 robinets est donné par : $V = 3D_V \cdot t$
d'où : $V = 3 \times 16 \times 50 = 2\,400$ L $= 2{,}4\ m^3$.
Le compteur indiquera 3 197,4 $m^3$. **Conseil 4 ▶**

**b)** On calcule la section de l'écoulement : $S = \dfrac{\pi \cdot d^2}{4} = \dfrac{\pi \times (12 \times 10^{-3})^2}{4} = 113 \times 10^{-6}\ m^2$.

On exprime la vitesse moyenne : $v = \dfrac{D_V}{S} = \dfrac{\dfrac{16 \times 10^{-3}}{60}}{113 \times 10^{-6}} = 2{,}4\ m \cdot s^{-1}$. **Conseil 5 ▶**

**Conseil 1**
Une pression différentielle est une différence entre deux pressions.

**Conseil 2**
La pression absolue dépend de la pression atmosphérique. Il faut donc ajouter la pression atmosphérique à chaque pression relative.

**Conseil 3**
La pression donnée pour un réseau d'eau est une pression relative.

**Conseil 4**
Il faut faire attention aux unités.

**Conseil 5**
Il faut calculer la section de l'écoulement.

Exercice avec résultat (page 265)

## Applications directes du cours

### 12 Château d'eau

Un château d'eau permet de stocker de l'eau jusqu'à une hauteur de 40 m par rapport au sol. Au sommet du château d'eau, la surface libre est en contact avec l'air à la pression atmosphérique.

**1.** Que vaut la pression absolue de l'eau au niveau de la surface libre ?

**2.** Que vaut la pression absolue de l'eau au niveau du sol ?

**3.** En déduire la valeur de la pression relative de l'eau au niveau du sol.

*Données :* $\rho_{eau} = 1\,000 \text{ kg·m}^{-3}$ ; $P_{atm} = 1{,}000$ bar ; $g = 10 \text{ m·s}^{-2}$.

### 13 Débit volumique

**1.** Avec quel appareil peut-on mesurer un débit volumique ?

**2.** Le débit volumique sortant d'un robinet est $10 \text{ L·min}^{-1}$. Quelle est sa valeur en $\text{m}^3\text{·s}^{-1}$ ?

**3.** Ce robinet est alimenté par un tuyau de diamètre intérieur $d = 12$ mm. Que vaut la vitesse moyenne d'écoulement dans ce tuyau ?

### 14 Recyclage d'eau d'une piscine

La piscine d'un particulier a pour volume $V = 30 \text{ m}^3$. Cette eau doit être filtrée et recyclée intégralement toutes les 3 heures à l'aide d'une pompe.

**1.** Calculer le débit volumique minimal que doit assurer cette pompe.

**2.** Quel est le débit massique minimal que doit assurer cette pompe ?

**3.** Un fabricant propose en catalogue une pompe assurant un débit volumique $D'_V = 3 \text{ L·s}^{-1}$. Ce modèle convient-il ?

*Donnée :* $\rho_{eau} = 1\,000 \text{ kg·m}^{-3}$.

### 15 À vous de cocher

On donne les pressions suivantes : $P_{atm} = 1{,}020 \times 10^5$ Pa ; $P = 2{,}5$ bar ; $P' = 5\,500$ hPa.

☐ **a)** La pression relative $P_{rel}$ n'est pas calculable sans avoir un schéma avec les altitudes.

☐ **b)** La pression différentielle de $P'$ par rapport à $P$ vaut $3{,}0 \times 10^5$ Pa.

☐ **c)** La pression relative $P'_{rel}$ vaut 4 480 hPa.

### 16 Consommation d'eau

Le tableau ci-dessous donne les ordres de grandeur des consommations d'eau courante, ainsi que les fréquences journalières maximales d'une famille de 5 personnes :

| | Volume d'eau consommé (L) | Nombre d'utilisations |
|---|---|---|
| Douche | 60 à 80 | 4 |
| Chasse d'eau | 6 à 12 | 10 |
| Bain | 150 à 200 | 1 |
| Préparation du repas | 5 à 8 (par personne) | 2 repas |
| Lave-vaisselle | 30 à 35 | 1 |
| Lave-linge | 50 à 110 | 1 |

**1.** Donner un encadrement du volume d'eau consommé lors d'une journée.

**2.** Calculer la masse d'eau consommée pour l'ensemble des repas.

*Donnée :* $\rho_{eau} = 1\,000 \text{ kg·m}^{-3}$.

### 17 Le tuyau pincé

Un tuyau d'arrosage de diamètre intérieur $d = 25$ mm laisse sortir l'eau à une vitesse moyenne $v = 0{,}42 \text{ m·s}^{-1}$.

**1.** Calculer le débit volumique de cet écoulement. Ce débit reste constant pour la suite de l'exercice.

**2.** On désire remplir un arrosoir d'une contenance de 5 L. Combien de temps prend l'opération ?

**3.** L'extrémité du tuyau est partiellement obturée, la section de l'écoulement est réduite à $1{,}00 \text{ cm}^2$. Calculer la nouvelle vitesse moyenne à laquelle sort l'eau.

## 18 Économie d'eau

Une habitation possède un collecteur des eaux de pluie d'une capacité de 8,00 $m^3$. Elle est également équipée de réducteurs de débit qui limitent le débit à 5 $L \cdot min^{-1}$ quelle que soit l'utilisation (robinet simple, baignoire, évier...).

**1.** Calculer le débit volumique d'alimentation nécessaire si quatre robinets sont ouverts simultanément.

**2.** Déterminer l'autonomie de la cuve lors du puisage simultané en quatre points d'utilisation.

**3.** La pompe de relevage de l'eau de pluie permet d'assurer un débit maximum de 0,10 $L \cdot s^{-1}$. Calculer le débit volumique provenant du réseau pour assurer simultanément le puisage en quatre points différents de l'habitation.

# Exercices d'entraînement

## 19 Précipitations

Une habitation se situe dans une région où les précipitations annuelles sont en moyenne de 500 mm (hauteur d'eau tombée sur 1 $m^2$). La toiture possède une surface de collecte des eaux de pluie de 80 $m^2$. Toute l'eau de pluie n'est généralement pas récupérée. On estime à 20 % le volume non récupérable. Les habitants consomment en moyenne 400 L d'eau par jour.

**1.** Combien de jours de consommation l'eau de pluie peut-elle assurer ?

**2.** Calculer le débit annuel moyen de l'eau qui provient du réseau.

**3.** Calculer le diamètre de la canalisation amenant l'eau du réseau pour que la vitesse moyenne de l'écoulement soit de 0,10 $m \cdot s^{-1}$.

## 20 Eau de source

Une maison (altitude du sol : 740 m) est alimentée par une source naturelle. L'eau est collectée dans un réservoir qui se situe à une altitude de 765 m. La source assure un débit suffisant pour que la cuve soit constamment pleine. L'air peut rentrer librement par le haut du réservoir à la pression 1 020 hPa.

**1.** Calculer la pression absolue au niveau du sol de l'habitation (notée $P_A$).

**2.** Calculer la pression absolue de l'eau à 3,00 m du sol de l'habitation (notée $P_B$).

**3.** La pression atmosphérique passe de 1 020 hPa à 980 hPa. Indiquer les conséquences pour les pressions absolue, relative et différentielle (par rapport à $P_B$) au point *A*.

*Données :* $\rho_{eau} = 1\,000$ $kg \cdot m^{-3}$ ; $g = 10$ $m \cdot s^{-2}$.

## 21 Coup de bélier

La fermeture brutale d'un robinet peut engendrer une onde de pression communément appelée coup de bélier à cause du bruit qu'elle produit. La pression différentielle correspondante (par rapport à celle du réseau $P = 3{,}00$ bar) est donnée par : $\Delta P = \rho \cdot c \cdot v$. Dans cette formule, *c* désigne la vitesse du son dans l'eau et *v* la vitesse moyenne d'écoulement dans le tuyau.

**1.** Calculer la pression différentielle induite par un coup de bélier pour une vitesse moyenne d'écoulement de 1,00 $m \cdot s^{-1}$.

**2.** Comparer ce résultat à la pression relative de l'eau dans l'installation. Que vous suggère le résultat précédent ?

**3.** On suppose un débit volumique dans le tuyau alimentant le robinet de 12 $L \cdot min^{-1}$. Le diamètre du tuyau a-t-il une influence sur le coup de bélier ?

*Données :* $\rho_{eau} = 1\,000$ $kg \cdot m^{-3}$ ; $c = 1\,500$ $m \cdot s^{-1}$.

## 22 Plomberie et acoustique

Pour éviter trop de bruit lors de l'écoulement de l'eau dans les tuyaux des appartements, on décide de limiter la vitesse d'écoulement moyenne à $v = 1{,}0$ $m \cdot s^{-1}$ dans toutes les canalisations d'eau froide.

**1.** Montrer que le critère de vitesse est vérifié pour l'alimentation du lavabo, et celle de la baignoire.

**2.** Calculer le diamètre minimum $D_1$ nécessaire pour l'alimentation de toute la salle de bains.

Pour la suite, on suppose $D_1 = 24$ mm. On envisage l'installation d'un second lavabo identique au premier.

**3.** Calculer le débit volumique maximal pour toute la nouvelle salle de bains.

Exercice avec résultat (page 265)

**4.** Peut-on connecter l'arrivée d'eau froide du nouveau lavabo sur le tuyau de diamètre $D_1$ ?

**5.** Pour simplifier le trajet des tuyaux, serait-il possible de se connecter directement sur le tuyau d'alimentation du premier lavabo ?

*Données :*

- diamètres intérieurs des tuyaux d'eau froide :
baignoire : $D_2$ = 16 mm ; lavabo $D_3$ = 12 mm ;
- débits volumiques maximums d'eau froide :
baignoire : $D_{V2}$ = 9,0 L·min$^{-1}$ ; lavabo : $D_{V3}$ = 6,0 L·min$^{-1}$.

### 23 Pression et altitude

Le réseau d'une ville de montagne, située à l'altitude $z$ = 1 000 m, délivre l'eau à la pression relative $P$ = 6,0 bar. Chaque habitation doit pouvoir disposer de l'eau courante délivrée avec une pression relative $P'$ comprise entre 2,5 et 3,5 bar.

**1.** Calculer l'altitude maximale de toute habitation de cette ville.

**2.** Calculer l'altitude minimale de toute habitation de cette ville.

**3.** Un plombier installe un manomètre au niveau de l'école qui se situe 27 m plus haut que les canalisations du réseau. Quelle valeur de pression relative peut-il s'attendre à mesurer ?

**4.** Un premier manomètre indique 4,3 bar. Étonné, le plombier le change, le second indique alors 3,3 bar. D'où peut provenir cette différence ?

*Données :* $\rho_{eau}$ = 1,0 × 10$^3$ kg·m$^{-3}$ ; $g$ = 10 m·s$^{-2}$ ;
$P_{atm}$ = 1,0 × 10$^5$ Pa.

### 24 OBJECTIF BAC Surpression dans un ballon d'eau chaude

Sous l'effet de l'augmentation de la température, l'eau contenue dans un ballon d'eau chaude se dilate. Le tableau suivant donne l'évolution de la pression différentielle (par rapport à la pression du réseau $P$ = 3,0 bar) de l'eau en fonction de l'élévation de sa température si l'enceinte du ballon est indilatable.

| $\Delta\theta$ (°C) | 5,0 | 15 | 25 | 35 | 45 |
|---|---|---|---|---|---|
| $P_{diff}$ (bar) | 29 | 90 | 139 | 205 | 260 |

**1.** À l'aide d'un tableur-grapheur, tracer l'évolution de l'élévation de température de l'eau $\Delta\theta$ en fonction de la pression différentielle $P_{diff}$.

**2.** Modéliser la courbe obtenue et exprimer l'équation $\Delta\theta = f(P_{diff})$.

**3.** Un dispositif (groupe de sécurité) permet de vider une partie de l'eau, afin de limiter la pression relative à 7,0 bar quand la température de l'eau dans le ballon augmente. Calculer alors la valeur de la pression différentielle maximale dans le ballon d'eau chaude par rapport à celle du réseau.

**4.** À quel écart de température $\Delta\theta$ correspondrait cette pression différentielle maximale ?

**5.** Conclure sur la nécessité de l'utilisation d'un groupe de sécurité installé sur un ballon d'eau chaude.

### 25 It's in English

During the summer, the watering needs of a lawn of surface area 200 m$^2$ is in average 6 liters per squared meter and per day. A state of the art irrigation equipment is made up of a rotary sprinkler system that applies 12 liters per hour and per squared meter; as well as a spray head system (nozzles) that delivers 40 liters per hour and per squared meter.

Note: Both rotary and spray sprinklers cannot be used on the same irrigation system as they both need different watering times.

**1.** Work out the volume of water needed per day to water this lawn

**2.** Calculate the watering time for each different solution (rotary and spray head systems).

**3.** Again for each possibility, work out the number of spray head sprinklers, then the number of rotary sprinklers.

CHAPITRE 3

# Changements d'état et transferts thermiques

Séchage du linge, nettoyage à l'eau des sols, douche, cuisson des aliments... produisent continuellement de la vapeur d'eau dans l'air intérieur d'une habitation.

**➔ Air sec, air humide, que doit-on privilégier dans une habitation ? Dans quelles conditions la vapeur d'eau peut-elle se condenser ?**

**Capacités**

- Différencier évaporation et ébullition.
- Interpréter au niveau microscopique un changement d'état.
- Déterminer l'état d'un fluide en utilisant le diagramme ($P$, $T$).
- Effectuer un bilan énergétique à l'aide de l'enthalpie de changement d'état.

# Découvrir

Activité documentaire

## 1 Air humide et condensation

- ***L'humidité relative***

L'humidité relative est le pourcentage de vapeur d'eau contenue dans l'air par rapport à la quantité maximale que peut contenir cet air. Un air sec est totalement privé de vapeur d'eau ; il a pour humidité relative 0 %. Une humidité relative de 100 % indique que l'air est saturé en vapeur d'eau.

- ***L'humidité relative dépend de la température de l'air***

| Température air (°C) | 10 | 15 | 20 |
|---|---|---|---|
| Masse maximale de vapeur pour 1 kg d'air (g) | 5,40 | 7,63 | 10,64 |
| **Pour une humidité relative de 50 %** | | | |
| Masse de vapeur d'eau présente dans 1 kg d'air (g) | 2,69 | 3,79 | 5,28 |
| Température de rosée (°C) | − 4,1 | 0,0 | 4,6 |
| **Pour une humidité relative de 90 %** | | | |
| Masse de vapeur d'eau présente dans 1 kg d'air (g) | 4,86 | 6,86 | 9,56 |
| Température de rosée (°C) | 8,4 | 13,4 | 18,3 |

Pour chaque température de l'air, il existe une quantité maximale de vapeur d'eau que l'air peut contenir. Plus l'air est chaud, plus il peut contenir de vapeur d'eau sans qu'elle se condense (voir tableau ci-contre). La vapeur d'eau contenue dans l'air commence à se condenser sous forme de gouttes d'eau liquide lorsqu'une température, appelée température de rosée, est atteinte.

- ***Quel est le taux d'humidité idéal à maintenir à l'intérieur d'une maison ?***

L'humidité relative à l'intérieur d'une maison doit être comprise entre 30 et 50 %. Un air trop sec entraîne un assèchement de la peau et des muqueuses (irritation du nez, de la gorge...). Un air trop humide entraîne la prolifération de bactéries, de moisissures, des infections respiratoires...

- ***Condensation sur une paroi froide***

L'air humide se refroidit par contact sur une paroi froide (mur froid, simple vitrage, miroir de salle de bains...). Dans le cas d'une paroi suffisamment froide, la température de rosée est atteinte, l'air ne peut plus contenir autant de vapeur d'eau, et une partie de celle-ci se condense.

▲ *La thermographie infrarouge permet de repérer la condensation de la vapeur d'eau (zones bleues).*

**Exploiter**

**1.** Sous quelle forme trouve-t-on de l'eau dans l'air ?

**2.** De quel paramètre dépend la quantité maximale de vapeur d'eau que peut contenir l'air ?

**3.** Citer des inconvénients d'un air trop sec dans une habitation.

**4.** Que se passe-t-il quand la température de rosée est atteinte sur une paroi froide ?

**5.** Dans une habitation où la température est de 20 °C et le taux d'humidité relative de 50 %, à partir de quelle température l'eau se condensera-t-elle sur une paroi froide ?

**Dans quelles conditions la vapeur d'eau peut-elle se condenser ?**

2 Activité expérimentale

## Effet thermique de l'évaporation

Pour évaporer de l'eau, un transfert thermique est nécessaire. Les effets thermiques associés peuvent être mis en évidence par des mesures de température.

### Dispositif expérimental

On dispose :
- de deux thermomètres maintenus par deux supports ;
- d'eau initialement à la même température que l'air ambiant ;
- de coton ;
- d'un ventilateur.

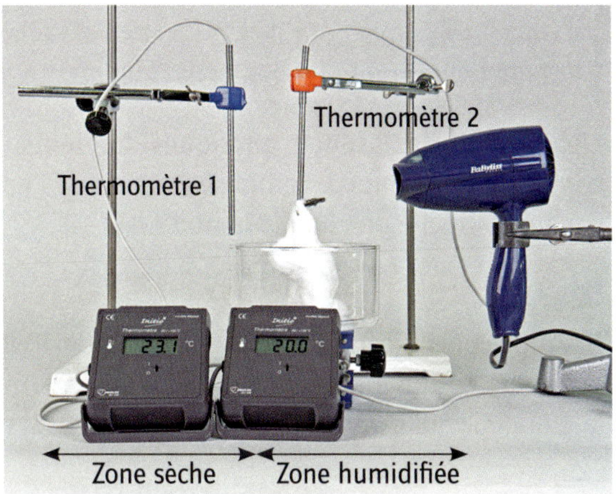


▲ *Photo du dispositif expérimental.*

### Réaliser et observer

- Vérifier que l'eau et l'air sont à la même température.
- Réaliser le montage.
- Plonger l'extrémité d'un des thermomètres dans le coton humide. S'assurer que le coton plonge bien dans le récipient d'eau distillée.
- Mesurer les deux températures.

Caractéristiques des thermomètres
Gamme de températures : – 20 à + 120 °C
Précision : ± 1 %
Résolution : 0,1 °C
Sortie analogique : tension proportionnelle à la température – 2,5 V (– 20 °C) à + 2,5 V (+ 120 °C)
Capteur de température : Pt 1 000

### Exploiter

1. Quelle transformation l'eau imbibant le coton subit-elle sous l'effet de l'air ventilé ?
2. Identifier les différentes sources d'erreurs possibles (instruments, opérateur…) lors de vos deux mesures de température.
3. D'après les caractéristiques techniques des thermomètres, évaluer l'incertitude sur chacune des températures mesurées.
4. L'eau qui s'évapore reçoit-elle ou cède-t-elle de l'énergie au milieu extérieur ?

3 Démarche d'investigation

## La température du point de rosée au laboratoire est-elle supérieure ou inférieure à 0 °C le jour de votre TP ?

On dispose de glaçons, de plaques (ou blocs) métalliques, de thermomètres, ainsi que de toute la verrerie nécessaire.

### Travail à réaliser

1. Proposer un protocole expérimental pour répondre à la question posée.
2. Après avoir fait vérifier votre montage par votre professeur, réaliser la manipulation prévue.
3. À partir des mesures effectuées, répondre à la question en rédigeant un compte rendu.

Habitat

# Cours

## 1 Description microscopique des trois états de l'eau

### a) Différents états de l'eau

Il existe **trois états** pour l'eau : l'état **solide** (glace, grêle, neige...), l'état **liquide** (eau du robinet, buée) et l'état **gazeux** (vapeur d'eau).

L'eau prend des aspects physiques différents, mais possède la même composition chimique. La transformation de l'eau liquide en glace ou en vapeur s'appelle un **changement d'état**.

▲ *Quand le linge sèche, l'eau liquide se transforme en vapeur d'eau invisible à l'œil nu.*

### b) Agitation thermique

Les molécules d'eau (états liquide et gazeux) vibrent et/ou se déplacent à des vitesses différentes : c'est l'**agitation thermique**. La température est la grandeur qui caractérise cette agitation.

### c) Liaison hydrogène

Les molécules d'eau s'associent par des **liaisons hydrogène**. Le pôle négatif (atome d'oxygène) d'une molécule est attiré par les pôles positifs (atomes d'hydrogène) des autres molécules. Les trois atomes O— H····· O sont alignés. Le nombre moyen ainsi que la durée de vie des liaisons hydrogène que réalise chaque molécule d'eau avec ses voisines permettent de comprendre au niveau microscopique la différence entre les trois états de l'eau.

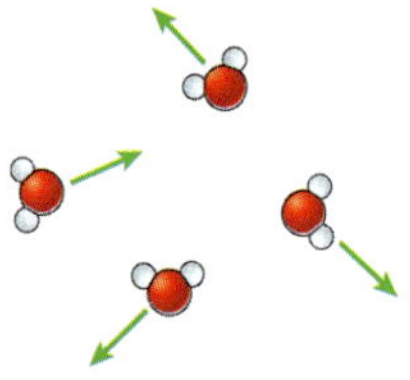

▲ *Vapeur : structure désordonnée et disperse*

Très peu de liaisons hydrogène, les molécules sont quasiment libres.

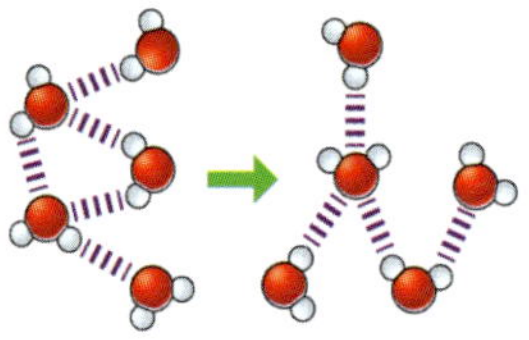

▲ *Eau liquide : structure désordonnée compacte*

En moyenne, 3,5 liaisons hydrogène par molécule (ces liaisons changent en permanence, environ toutes les $3 \times 10^{-12}$ s !).

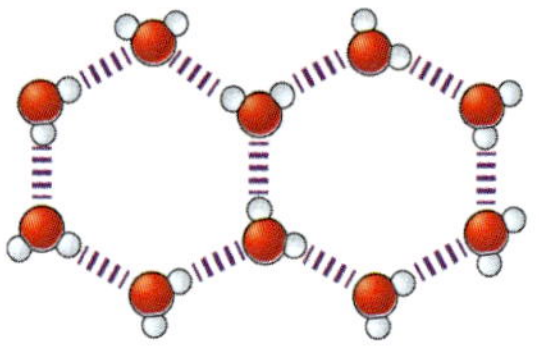

▲ *Glace : structure ordonnée et compacte (représentation plane)*

4 liaisons hydrogène (solides et rigides) par molécule. La 4e liaison est perpendiculaire au plan de la feuille.

## 2 Changements d'état de l'eau

### a) Changements d'état

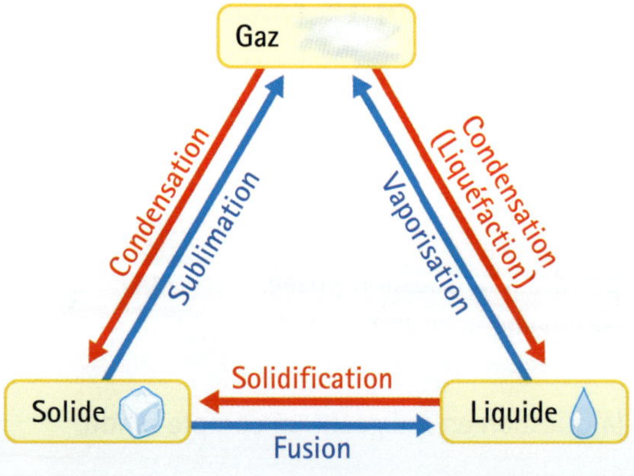


◄ *États et changements d'état de la matière (exemple de l'eau).*

## b) Diagramme d'état (*P*, *T*)

> Un diagramme d'état (*P*, *T*) permet de déterminer la phase dans laquelle se trouve l'eau pour une pression et une température données.

Deux phases coexistent au niveau des courbes de **fusion**, **vaporisation** et **sublimation**. Lorsque les phases liquide-vapeur coexistent, la vapeur au-dessus du liquide exerce sur lui une pression appelée **pression de vapeur saturante**. Pour une température donnée, on lit sa valeur sur la courbe de vaporisation.

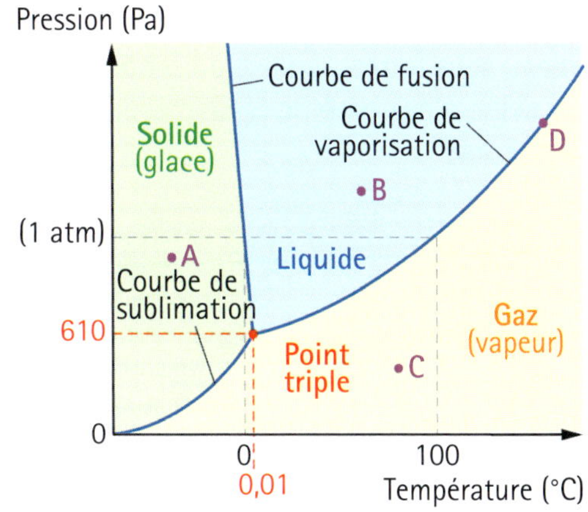


A : phase solide ; B : phase liquide ; C : phase gazeuse ; D : phase liquide et gazeuse. Au point triple, les 3 phases coexistent en équilibre.

▲ *Diagramme d'état (P, T) de l'eau.*

## c) Ébullition

L'ébullition désigne la transformation d'eau liquide en bulles de vapeur quand on la chauffe.

> La **température d'ébullition** se lit sur le diagramme d'état (*P*, *T*) quand la pression de vapeur saturante est égale à la pression de l'air ambiant.

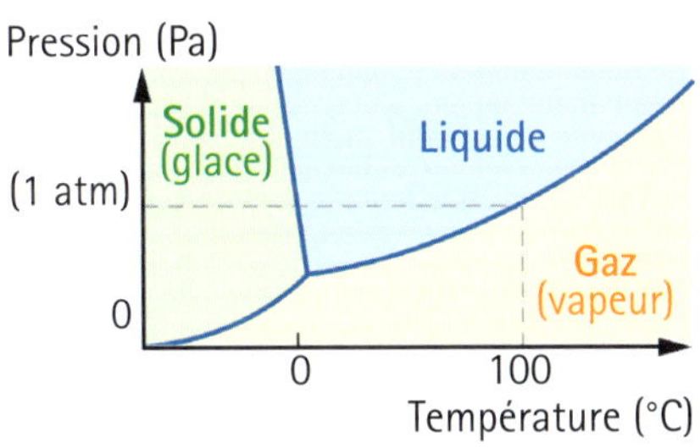


▲ *Lecture de la température d'ébullition.*

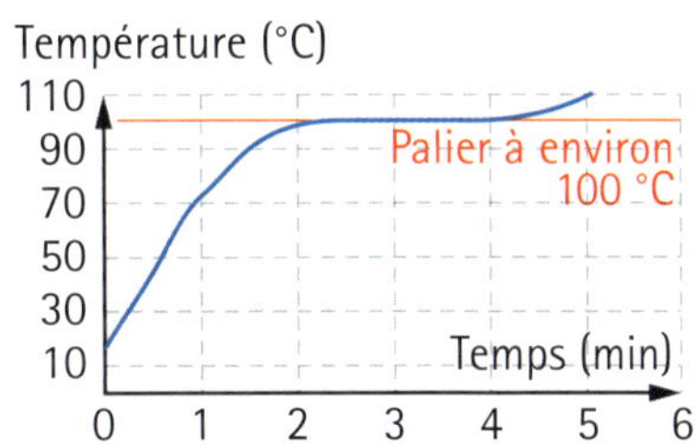


▲ *Pour un corps pur, la température d'ébullition reste fixe pendant la durée du changement d'état.*

Si $P_{air} < 10^5$ Pa, alors $T_{éb} < 100$ °C. L'eau ne bout pas toujours à 100 °C !

▲ *La température d'ébullition dépend de la pression de l'air.*

## d) Évaporation et condensation

L'agitation thermique permet à certaines molécules de rompre leurs liaisons hydrogène et de quitter la surface libre vers l'air : c'est l'**évaporation**. De même, certaines molécules d'eau vapeur passent dans le liquide : c'est la **condensation**.

> L'évaporation a lieu à toute température. Elle est favorisée par :
> - une grande surface de contact avec l'air ;
> - la ventilation de la surface libre ;
> - la température élevée du liquide.

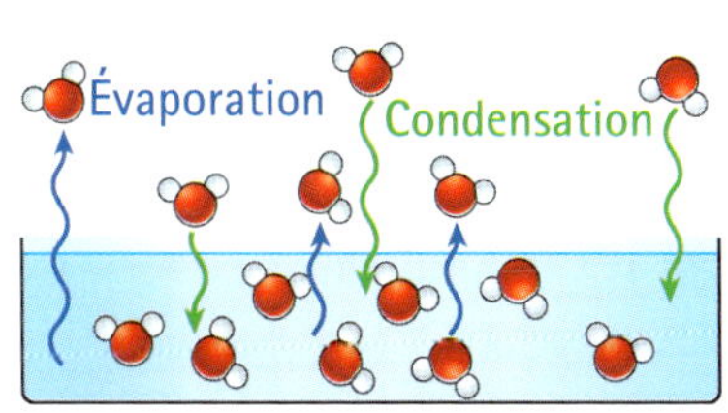


▲ *Évaporation et condensation de l'eau à l'équilibre.*

### e) Hygrométrie de l'air

L'**hygrométrie** caractérise l'humidité de l'air, elle dépend de la quantité d'eau sous forme gazeuse présente dans l'air humide.
Le degré d'hygrométrie $H_R$ se mesure avec un hygromètre ; il est défini par le rapport :

$$H_R = 100 \times \frac{P_{vap}}{P_{vs}(T)}$$

$H_R$ : degré d'hygrométrie en pourcentage
$P_{vap}$ : pression de la vapeur d'eau dans l'air considéré en pascals (Pa)
$P_{vs}$ : pression de vapeur saturante à la température $T$ en pascals (Pa). C'est la pression maximale de la vapeur d'eau présente dans l'air.

$H_R$ évolue entre 0 % (air sec : pas de vapeur d'eau dans l'air) et 100 % (air saturé).

*L'hygrométrie diminue avec le froid et l'altitude. À 4 000 m, elle représente le quart de celle du niveau de la mer.* ▶

## 3 Enthalpies de changement d'état

● **L'enthalpie de changement d'état de fusion**, notée $L_F$, est l'énergie qui doit être fournie à 1 kg d'un corps pur, à sa température de fusion, pour le transformer en liquide.

● **L'enthalpie de changement d'état de vaporisation**, notée $L_V$, est la quantité de chaleur qui doit être fournie à 1 kg d'un corps pur, à sa température de vaporisation, pour le transformer en vapeur.

| | Vaporisation | Fusion | Sublimation |
|---|---|---|---|
| **θ (°C)** | 100 | 0,00 | 0,00 |
| **$L$ (J·kg⁻¹)** | $L_V = 2{,}26 \times 10^6$ | $L_F = 334 \times 10^3$ | $L_S = 2{,}83 \times 10^6$ |

▲ *Enthalpies de changement d'état pour l'eau.*

● Lors de son changement d'état à température constante, une masse $m$ échange avec l'extérieur l'**énergie** :

$$\Delta E = m \cdot L$$

$\Delta E$ : énergie échangée en joules (J)
$m$ : masse subissant le changement de phase en kilogrammes (kg)
$L$ : enthalpie de changement d'état en joules par kilogramme ($J \cdot kg^{-1}$)

Lors d'un changement d'état vers une phase plus condensée, un corps pur **fournit** de l'énergie au milieu extérieur, les enthalpies de changement d'état sont alors négatives.

→ *Exemple* : l'énergie échangée pour solidifier 1 kg d'eau liquide vaut :
$\Delta E = m \cdot (-L_F)$
$\Delta E = 1{,}0 \times (-334 \times 10^3) = -334 \times 10^3$ J.

**It's in English**

- Vaporisation : *vaporization*
- Fusion : *fusion*
- Sublimation : *sublimation*
- Liquéfaction : *liquefaction*
- Solidification : *solidification*
- Condensation : *condensation*
- Changement d'état : *change of state*

# L'essentiel

- **Les trois états de l'eau** sont : la glace (solide), l'eau liquide et la vapeur d'eau (gaz).

- **Au niveau microscopique**, les liaisons hydrogène entre les molécules d'eau gouvernent les trois états de l'eau.

- **La température** est la grandeur qui caractérise l'agitation thermique des molécules.

- **Les changements d'états de l'eau**

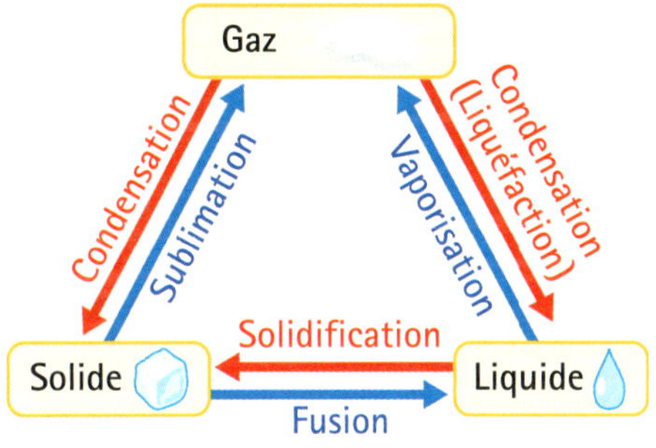


- **Le diagramme (*P*, *T*)** d'un corps pur permet de déterminer son état ou la coexistence de plusieurs phases en fonction de sa pression et de sa température.

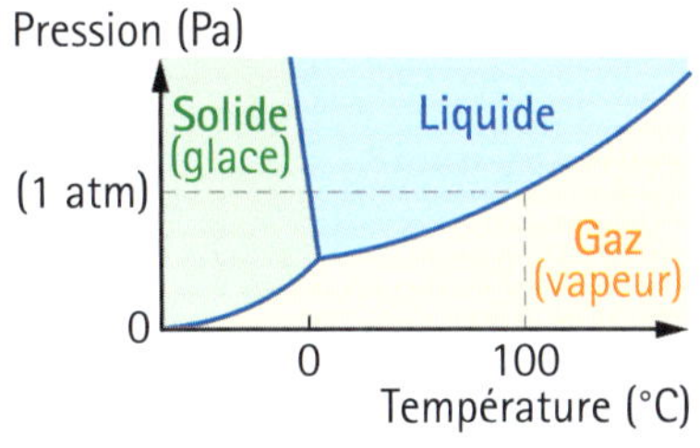


- **Point triple de l'eau** : les trois phases coexistent en équilibre.

  $T = 273{,}16$ K

  $P = 0{,}610$ kPa

- **L'ébullition désigne la transformation d'eau liquide en bulles de vapeur** quand on la chauffe. Elle a lieu à une température constante donnée par le diagramme (*P*, *T*).

- **L'évaporation désigne la transformation d'eau liquide en vapeur d'eau**. Elle a lieu à toute température et est favorisée par :
  - une grande surface de contact avec l'air ;
  - une ventilation de la surface libre ;
  - une température élevée du liquide.

- **La pression de vapeur saturante $P_{VS}$** est la pression maximale de la vapeur d'eau qui peut se trouver dans l'air. On lit sa valeur sur la courbe de vaporisation.

- **Le degré d'hygrométrie $H_R$** est défini par :

$$H_R = 100 \times \frac{P_{vap}}{P_{vs}(T)}$$

$H_R$ : degré d'hygrométrie
$P_{vap}$ : pression de la vapeur d'eau dans l'air considéré en pascals (Pa)
$P_{vs}$ : pression de vapeur saturante en pascals à la température $T$ (Pa).

$H_R$ évolue entre 0 % (air sec : pas de vapeur d'eau dans l'air) et 100 % (air saturé).

- **L'enthalpie de changement d'état de fusion $L_F$** est la quantité de chaleur fournie à 1 kg d'un corps pur à sa température de fusion pour le transformer en liquide.

- **L'enthalpie de changement d'état de vaporisation $L_V$** est la quantité de chaleur fournie à 1 kg d'un corps pur à sa température de vaporisation pour le transformer en vapeur.

| Pour l'eau | Vaporisation | Fusion | Sublimation |
|---|---|---|---|
| θ (°C) | 100 | 0,00 | 0,00 |
| $L$ (J·kg⁻¹) | $L_V = 2{,}26 \times 10^6$ | $L_F = 334 \times 10^3$ | $L_S = 2{,}83 \times 10^6$ |

- **L'énergie échangée avec l'extérieur** lors d'un changement d'état d'une masse *m* à température constante est :

$$\Delta E = m \cdot L$$

$\Delta E$ : énergie échangée en joules (J)
$m$ : masse subissant le changement d'état en kilogrammes (kg)
$L$ : enthalpie de changement d'état en joules par kilogramme ($J \cdot kg^{-1}$)

Lors d'un changement d'état vers une phase plus condensée, un corps pur fournit de l'énergie au milieu extérieur, les enthalpies de changement d'état sont alors négatives.

Habitat

# Bioclimatisation

• La bioclimatisation utilise le même concept que l'évaporation naturelle. En passant sur une étendue d'eau, de l'air chaud perd une partie de son énergie pour vaporiser de l'eau. L'air ainsi refroidi devient rafraîchissant. Depuis très longtemps, les habitations possédant un patio utilisent cette forme passive de refroidissement.

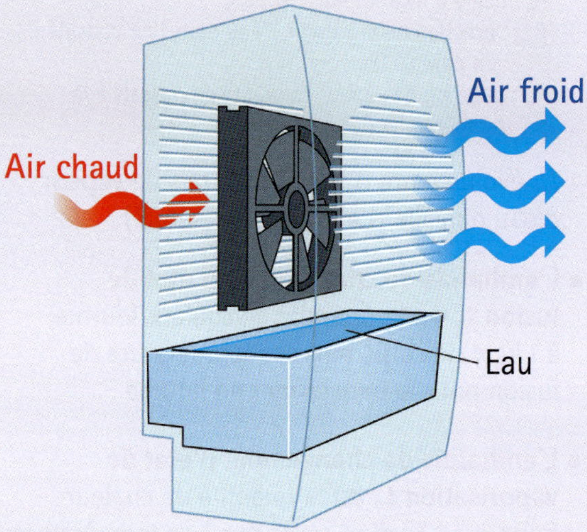


• Dans un bioclimatiseur, l'air cède à l'eau l'énergie nécessaire à l'évaporation de l'eau que l'on calcule à l'aide de l'enthalpie de vaporisation (2,26 $MJ \cdot kg^{-1}$). La convection naturelle que l'on rencontre dans un patio est ici forcée à l'aide d'un ventilateur, ce qui rend le processus plus efficace.

Plus l'air d'entrée est sec et chaud, plus l'eau s'évapore rapidement. La limite d'un tel système est donc directement liée à la température et à l'hygrométrie de l'air chaud entrant. Ainsi, de l'air entrant saturé en eau rendrait le refroidissement impossible.

• Comparativement à l'air conditionné, la bioclimatisation offre les avantages suivants :
- elle consomme moins d'énergie ;
- l'efficacité de l'appareil augmente avec la température ;
- elle ne dessèche pas l'air ;
- elle ne nécessite pas de recyclage de l'air intérieur ;
- elle n'utilise pas de gaz manufacturés (CFC, par exemple) ;
- elle utilise moins de ressources naturelles.

**Exploiter**

**1.** Qui reçoit l'énergie que perd l'air lors de son refroidissement ?

**2.** Citer le facteur favorisant l'obtention d'air frais dans un bioclimatiseur par rapport à un simple patio.

**3.** Citer une cause possible empêchant ce dispositif de fonctionner.

**4.** Quel nom donne-t-on à l'énergie nécessaire à la vaporisation de 1 kg d'eau ?

# Transition liquide-vapeur

**Objectifs :** mesurer l'enthalpie de vaporisation de l'eau et tracer la courbe de vaporisation

## 1. Expérience n° 1 : mesure de l'enthalpie de vaporisation de l'eau

### Dispositif expérimental

- Balance électronique
- Résistance chauffante ($R = 2\ \Omega$)
- Voltmètre et ampèremètre
- Calorimètre ouvert
- Générateur 12 V continu
- Chronomètre

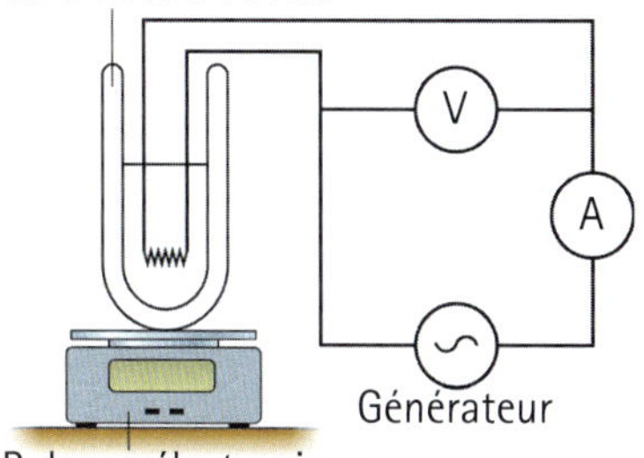


▲ *Schéma du dispositif expérimental.*

### Réaliser et observer

- Faire chauffer l'eau distillée jusqu'à ébullition.
- Déclencher le chronomètre.
- Mesurer la tension aux bornes de la résistance et l'intensité du courant la traversant.
- Mesurer la variation de la masse d'eau après 10 min d'ébullition (vérifier que la résistance reste constamment immergée).

**Exploiter**

1. Calculer la puissance électrique fournie à la résistance.
2. Calculer l'énergie reçue par la résistance chauffante.
3. Pourquoi le calorimètre doit-il rester ouvert ?
4. Calculer l'enthalpie de vaporisation de l'eau en supposant les pertes négligeables.
5. Commenter votre résultat en le comparant à la valeur de référence : $L_V = 2{,}26 \times 10^6\ \text{J}\cdot\text{kg}^{-1}$.

## 2. Expérience n° 2 : tracé de la courbe de vaporisation

### Dispositif expérimental

- Appareil de chauffage
- Robinet
- Ballon muni d'un bouchon à trois trous
- Thermomètre électronique et manomètre

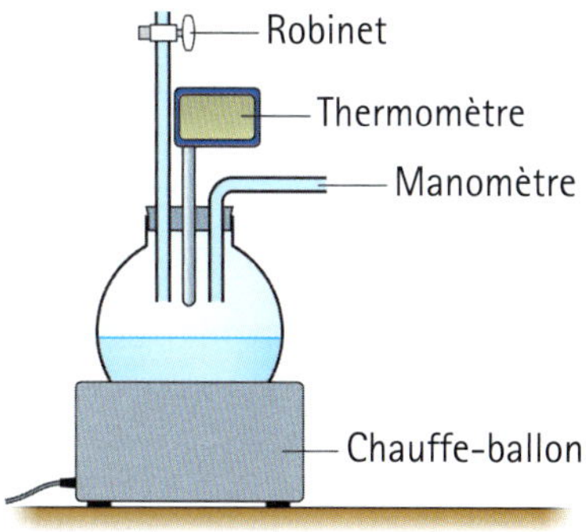


▲ *Schéma du dispositif expérimental.*

### Réaliser et observer

- Faire bouillir l'eau dans le ballon en maintenant le robinet ouvert pendant quelques minutes.
- Arrêter le chauffage, puis fermer immédiatement le robinet.
- Mesurer la pression de l'eau pour les températures du tableau.

| P (Pa) | | | | | | | |
|---|---|---|---|---|---|---|---|
| θ (°C) | 98 | 96 | 94 | 92 | 90 | 88 | 86 |

**Exploiter**

1. Tracer à l'aide d'un logiciel la courbe donnant la pression de l'eau en fonction de la température.
2. À l'aide de cette courbe, prévoir la température d'ébullition de l'eau à la pression $P = 0{,}80$ bar.

# S'entraîner

## Testez vos connaissances

*Cochez la ou les réponses exactes.*

**1** **La transformation de la glace en eau liquide s'appelle :**

- ☐ **a)** la fusion
- ☐ **b)** la fonte
- ☐ **c)** la sublimation

**2** **L'état liquide de l'eau :**

- ☐ **a)** est gouverné par les liaisons hydrogène
- ☐ **b)** correspond à un état ordonné
- ☐ **c)** ne dépend pas de la température

**3** **Le point triple de l'eau :**

- ☐ **a)** correspond à la coexistence des trois phases en équilibre
- ☐ **b)** a lieu pour une valeur de pression particulière
- ☐ **c)** a lieu à une température de 100 °C

**4** **Lors de la sublimation :**

- ☐ **a)** la vapeur d'eau se transforme en eau liquide
- ☐ **b)** la glace se transforme en vapeur d'eau
- ☐ **c)** la glace se transforme en eau liquide

**5** **À $P = 1{,}2 \times 10^5$ Pa et $\theta = 20$ °C, le diagramme d'état ($P$, $T$) de l'eau permet de prévoir que l'eau se trouve :**

- ☐ **a)** sous forme gazeuse
- ☐ **b)** sous deux phases : gaz et liquide
- ☐ **c)** sous forme liquide

**6** **À $\theta = 20$ °C, la pression lue sur la courbe de vaporisation :**

- ☐ **a)** fixe la valeur de la pression de l'air qu'il faudrait au-dessus de l'eau pour qu'elle bout à $\theta = 20$ °C
- ☐ **b)** fixe à $\theta = 20$ °C la valeur maximale de la pression de la vapeur d'eau dans l'air
- ☐ **c)** s'appelle la pression de vapeur saturante

**7** **Au cours de l'ébullition de l'eau :**

- ☐ **a)** la pression de l'eau change, car il y a apparition de vapeur
- ☐ **b)** la température d'ébullition dépend de la pression de l'air au-dessus de l'eau liquide
- ☐ **c)** la température est toujours égale à 100 °C

**8** **Le degré d'hygrométrie :**

- ☐ **a)** se mesure avec un hygromètre
- ☐ **b)** est toujours compris entre 30 % et 50 %
- ☐ **c)** dépend de la valeur de la pression de vapeur saturante de l'eau

**9** **Dans une salle de bains, on actionne la ventilation d'extraction d'air. Le miroir se désembue, car :**

- ☐ **a)** il y a un phénomène d'ébullition
- ☐ **b)** le degré d'hygrométrie baisse
- ☐ **c)** la buée s'évapore

**10** **L'énergie fournie pour transformer de l'eau liquide en vapeur d'eau s'appelle :**

- ☐ **a)** l'enthalpie d'ébullition
- ☐ **b)** l'enthalpie de vaporisation
- ☐ **c)** l'enthalpie de sublimation

**11** **Pour passer de l'état liquide à l'état gazeux, une masse d'eau de 100 g absorbe une énergie de :**

- ☐ **a)** 226 kJ
- ☐ **b)** 2,26 MJ
- ☐ **c)** 283 kJ

*Données :* $L_V = 2{,}26 \times 10^6$ J·kg$^{-1}$

► **Corrigés p. 265**

# Comment résoudre un exercice

## ÉNONCÉ Autocuiseur et cuisson vapeur

Un autocuiseur permet de diminuer le temps de cuisson des aliments.

**1.** On place de l'eau du robinet dans un autocuiseur, puis on ferme le couvercle. Pourquoi toute l'eau n'est-elle pas uniquement sous forme liquide ?

**2.** On fait chauffer l'autocuiseur fermé contenant l'eau du robinet. La soupape de sécurité permet de limiter la pression à $20 \times 10^4$ Pa. La température d'ébullition se stabilise à la valeur de 120 °C. Pourquoi l'eau ne bout-elle pas à 100 °C ? **Méthode 1 ▸**

**3.** On place un volume $V = 0,50$ L d'eau prise à la température $\theta_1 = 10$ °C que l'on chauffe jusqu'à $\theta_{eb} = 120$ °C.

a) Calculer l'énergie qu'il faut apporter à l'eau liquide pour l'amener de $\theta_1 = 10$ °C à $\theta_{eb} = 120$ °C.

b) Calculer l'énergie qu'il faut apporter à l'eau liquide pour vaporiser 5 % de sa masse à $\theta_{eb} = 120$ °C.

*Données :* $\rho_{eau} = 1\,000$ kg·m$^{-3}$ ; $L_V = 2,20 \times 10^6$ J·kg$^{-1}$ ; $c_{liquide} = 4\,216$ J·kg$^{-1}$·K$^{-1}$.

*Rappel :* l'énergie échangée par transfert thermique sans changement d'état est $\Delta E = m \cdot c \cdot \Delta\theta$.

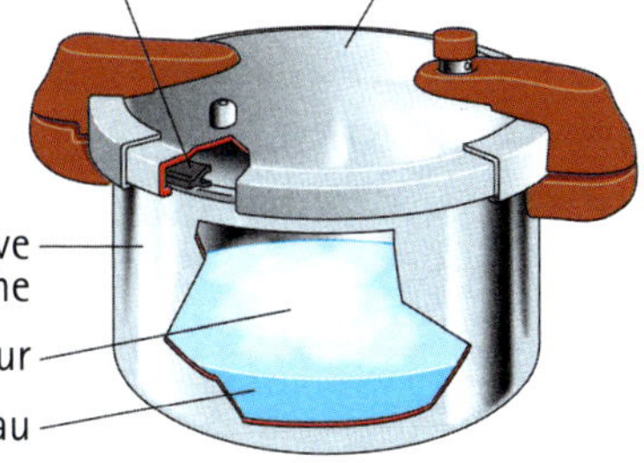


① La soupape tournante laisse sortir la vapeur pour que la pression et la température n'augmentent plus.

② La soupape de sécurité se déclenche vers 2 000 hPa et empêche la cocotte d'exploser si la soupape tournante est bouchée.

③ À l'intérieur d'un autocuiseur, en début de cuisson, la pression est la pression atmosphérique. L'eau bout et se vaporise à 100 °C environ.
De la vapeur d'eau apparaît dans l'autocuiseur. La pression augmente jusqu'à 2 000 hPa. Sous cette pression, l'eau se vaporise vers 120 °C. La cuisson à 120 °C permet de diviser le temps de cuisson par 3.

## SOLUTION

**1.** L'air ambiant contient toujours de l'eau sous forme vapeur. Ainsi, dans l'autocuiseur, il y a, après fermeture du couvercle, l'eau liquide provenant du robinet et la vapeur d'eau provenant de l'air. **Conseil 1 ▸**

**2.** La température d'ébullition de l'eau est de 100 °C sous une pression de 1 013 hPa. La lecture du diagramme d'état $(P, T)$ de l'eau montre que la température d'ébullition augmente quand la pression augmente. À une pression de $20 \times 10^4$ Pa, la température d'ébullition sera de 120 °C.

**3. a)** Il n'y a pas de changement d'état durant toute cette phase :

$\Delta E = m \cdot c \cdot (\theta_{eb} - \theta_1)$ avec $m = \rho \cdot V$

$m = 1\,000 \times 0,5 \times 10^{-3} = 0,5$ kg

$\Delta E = 0,5 \times 4\,216 \times (120 - 10) = 231\,880$ J

soit $\Delta E = 0,23$ MJ **Conseil 2 ▸**

**b)** Dans ce cas, il y a changement d'état, en tenant compte que seule 5 % de la masse introduite initialement sera vaporisée, il faut alors appliquer :

$\Delta E = m_{vap} \cdot L_V$

$\Delta E = 0,05 \times 0,5 \times 2,20 \times 10^6 = 55\,000$ J

soit $\Delta E = 55$ kJ **Conseil 3 ▸**

**Méthode 1**
La température d'ébullition se lit sur le diagramme d'état $(P, T)$ quand la pression de vapeur saturante est égale à la pression de l'air ambiant.

**Conseil 1**
Le degré d'hygrométrie de l'air ambiant est compris entre 0 % et 100 %.

**Conseil 2**
Attention, il n'y a pas de changement d'état.

**Conseil 3**
Il y a vaporisation uniquement d'une partie de la masse d'eau.

Habitat

# S'entraîner

Exercice avec résultat (page 265)

## Applications directes du cours

### 12 Pour être en phase

Voici une liste de termes décrivant de l'eau sous différentes formes courantes : grêle, pluie, neige, buée, brouillard, nuages, givre.

**1.** Classer ces termes en fonction de l'état de l'eau : solide, liquide...

**2.** De quelle couleur est la vapeur d'eau ?

### 13 Sèche-linge

Un sèche-linge à évacuation fonctionne en prélevant l'air de la pièce où il est installé. Au moyen de résistances chauffantes, il réchauffe cet air qui traverse le linge pour le sécher. Pour un sèche-linge à condensation, l'humidité qui est extraite du linge est non pas évacuée, mais condensée, pour être ensuite recueillie dans un bac que l'on doit vider en fin de séchage.

**1.** Nommer le(s) changement(s) d'état que subit l'eau contenue dans le linge lorsque celui-ci est séché dans un sèche-linge à évacuation.

**2.** Nommer le(s) changement(s) d'état que subit l'eau contenue dans le linge lorsque celui-ci est séché dans un sèche-linge à condensation.

### 14 Cuisine montagnarde

**1.** Identifier la courbe de vaporisation sur le diagramme d'état ($P$, $T$).

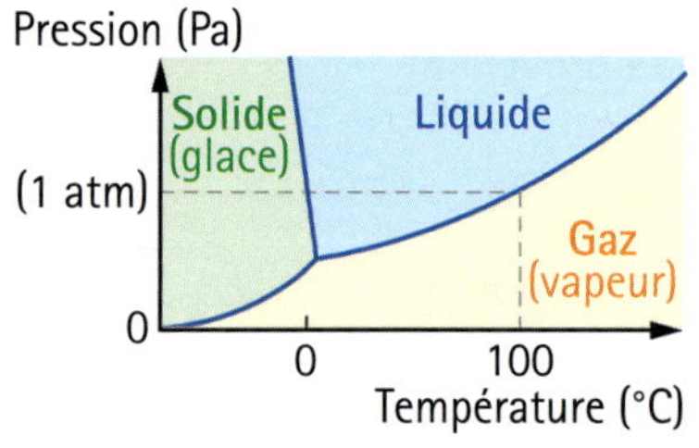


**2.** Sachant que la pression atmosphérique décroît avec l'altitude, comment évolue la température d'ébullition quand on fait bouillir de l'eau à la montagne ?

### 15 Nettoyage à la vapeur

Les nettoyeurs vapeur utilisent de la vapeur d'eau à une température de 120 °C. La cuve d'un nettoyeur contient une masse $m = 1{,}5$ kg d'eau.

**1.** Calculer l'énergie nécessaire $\Delta E_1$ pour vaporiser l'eau lorsqu'elle est déjà à la température de 120 °C.

**2.** Calculer l'énergie cédée par la vapeur d'eau $\Delta E_2$ lorsqu'elle se condense sur le sol.

*Donnée :* $L_V = 2{,}20 \times 10^6$ J·kg$^{-1}$.

### 16 Lecture du diagramme d'état ($P$, $T$)

Dans une habitation, l'humidité contenue dans l'air correspond à une pression $P_{vap} = 1\,400$ Pa à la température de 20 °C.

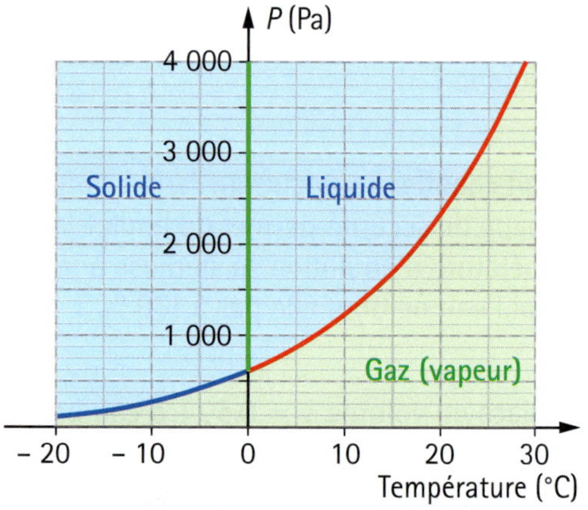


**1.** Indiquer à l'aide du diagramme d'état sous quelle forme se trouve l'eau dans ces conditions.

**2.** On ouvre le congélateur. L'air au contact des parois se trouve alors à – 17 °C. Indiquer par un point sur le diagramme le nouvel état de l'eau.

**3.** Quel est le nom de la transformation subie par l'eau à la question 2 ? Préciser le nom des courbes traversées.

**4.** Après une douche, la pression de la vapeur d'eau dans l'air de la salle de bains vaut $P_{vap} = 3\,000$ Pa à 26 °C. L'air rencontre d'autres éléments plus froids (miroir, murs...). Déterminer, à l'aide du diagramme d'état, la température maximale des éléments rencontrés sur lesquels commencera la condensation.

### 17 Extincteur

Dans un extincteur à dioxyde de carbone, le $CO_2$ est stocké à la pression de 70 bar à 20 °C.

**1.** Indiquer sous quelle(s) forme(s) physique(s) se trouve le dioxyde de carbone dans ces conditions.

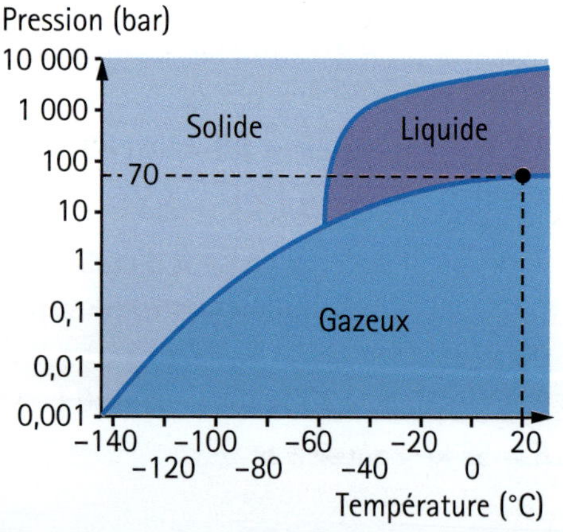

**2.** De la neige carbonique est produite lors de l'utilisation d'un extincteur de ce type. De quel état physique s'agit-il ?

**3.** Indiquer dans quelle gamme de températures le dioxyde de carbone est solide à la pression atmosphérique $P = 1{,}0$ bar.

**4.** En déduire la température maximale de la neige carbonique lors de l'utilisation de l'extincteur.

**5.** Que devient la neige carbonique quelques heures après son utilisation ?

### 18 Souffler sur sa soupe

**1.** Indiquer au niveau microscopique ce qui différencie l'eau liquide dans la soupe de la vapeur qui s'en échappe.

**2.** Pourquoi ne voit-on rien s'échapper quand on souffle sur sa soupe ?

**3.** Quel phénomène le fait de souffler sur sa soupe favorise-t-il pour l'eau liquide contenue dans la soupe ?

### 19 Le toit dégèle

En hiver, par beau temps, la quantité de neige sur un toit peut diminuer.

**1.** À 5,0 °C sous $1{,}0 \times 10^5$ Pa, quelle transformation subit la neige qui « disparaît » ?

**2.** À – 5,0 °C sous $1{,}0 \times 10^5$ Pa, quelle transformation subit la neige qui « disparaît » ?

### 20 Cuivre fondu

Sachant que la température de fusion du cuivre vaut 1 083 °C à la pression atmosphérique et que son enthalpie de fusion vaut $L_f = 205$ kJ·kg$^{-1}$, calculer la quantité d'énergie $\Delta E$ qui doit être transférée à un bloc de cuivre de 2,3 kg pour le faire fondre sans augmenter sa température.

### 21 Hygrométrie idéale

L'humidité relative pour l'intérieur de la maison doit être comprise entre 30 % et 50 %. À 25 °C, la pression de vapeur saturante vaut : $P_{VS} = 3\,166$ Pa.

**1.** Calculer la pression de la vapeur d'eau dans l'air pour les deux valeurs de degré d'hygrométrie citées ci-avant.

**2.** À partir de quelle valeur du degré d'hygrométrie est-il impossible de faire sécher du linge chez soi ?

## Exercices d'entraînement

### 22 Phénomène de paroi froide

La pression de vapeur saturante de la vapeur d'eau $P_{vs}$ dépend de la température :

| θ (°C) | 10 | 12 | 14 | 16 | 18 |
|---|---|---|---|---|---|
| $P_{vs}$ (kPa) | 1,23 | 1,40 | 1,60 | 1,82 | 2,06 |

**1.** À l'aide d'un tableur-grapheur, tracer l'évolution de la pression $P_{vs}$ en fonction de la température θ.

**2.** $P_{vs}$ varie-t-elle linéairement avec la température ?

**3.** Calculer la valeur de la pression de la vapeur d'eau $P_{vap}$ à 17 °C correspondant à un degré d'hygrométrie de 50 %.

**4.** On suppose que $P_{vap}$ reste identique à la question précédente. Quelles valeurs indiquera un hygromètre si la température passe à 19 °C, puis à 15 °C ?

**5.** En hiver, la température de surface intérieure (murs, vitres...) d'une habitation mal isolée peut descendre à 10 °C. Quelle doit être la valeur maximale affichée par un hygromètre à 19 °C pour qu'il ne se produise aucune condensation à l'intérieur de cette habitation ?

### 23 La bonne douche chaude

Après une douche chaude, alors que le corps est encore recouvert d'une fine pellicule d'eau, un simple courant d'air fait frissonner.

**1.** Cette pellicule d'eau s'évapore, mais d'où provient l'énergie nécessaire à ce changement d'état ?

**2.** Interpréter au niveau microscopique ce qui est arrive aux molécules d'eau.

**3.** Quel est le signe de l'énergie qu'il faut fournir pour casser une liaison hydrogène ?

Habitat

Exercice avec résultat (page 265)

### 24 Dégivrage du pare-brise

Une couche de glace d'épaisseur $e = 0,2$ mm couvre la surface $S = 0,6$ m$^2$ du pare-brise d'une voiture.

**1.** Quelle quantité d'énergie $\Delta E$ faut-il fournir pour faire fondre toute cette glace sachant que la température de l'air est de 0 °C ?

**2.** Que vaut la puissance électrique $P$ que doit fournir une résistance chauffante pour obtenir un dégivrage en 2,5 min ?

**3.** La tension délivrée par la batterie d'une automobile vaut $U = 12$ V. Calculer la valeur de l'intensité du courant $I$ qui parcourt la résistance chauffante.

*Données :* $\rho_{glace} = 920$ kg·m$^{-3}$ ; $L_F = 334 \times 10^3$ J·kg$^{-1}$.

### 25 Piscine

La formule de Rohwer permet d'évaluer le pouvoir évaporant $e$ (épaisseur d'eau liquide évaporée exprimée en mm par jour), en fonction de la vitesse du vent $v$ (en m·s$^{-1}$) ainsi que des pressions $P_{vap}$ de l'eau vapeur dans l'air (en Pa) et $P_{vs}$ (pression de vapeur saturante en Pa) : $e = 484 \times 10^{-6}\,(1 + 0,6v)(P_{vs} - P_{vap})$.

Une collectivité locale souhaite réaliser l'implantation d'une piscine en extérieur (dimensions du bassin 25 m × 12,5 m), pour un quartier d'habitation.

**1.** Que prévoit cette formule le jour où le degré d'hygrométrie de l'air vaut 100 % ?

**2.** Calculer à 25 °C la pression de vapeur d'eau dans l'air pour un degré d'hygrométrie de 30 %.

**3.** À 25 °C et pour une vitesse de vent de 2,0 m·s$^{-1}$, calculer le volume d'eau que la piscine perdra en 24 h.

**4.** Quelle quantité d'énergie $\Delta E$ sera ainsi perdue par évaporation au bout de 24 h ?

*Données :* $\rho_{eau} = 1\,000$ kg·m$^{-3}$ ; $P_{vs}$ (25 °C) = 3 166 Pa ; $L_V$ (25 °C) = 2,55 × 10$^6$ J·kg$^{-1}$.

### 26 Toiture végétalisée

Les toitures végétalisées régulent les écoulements des précipitations en retenant une partie des eaux de pluie. L'eau ainsi retenue est soit absorbée par les plantes, soit évaporée, ce qui améliore l'étanchéité. Cette toiture écologique, qui s'inscrit dans une démarche HQE®, permet également d'apporter de l'humidité supplémentaire en été, offrant ainsi dans l'habitation une hygrométrie plus confortable.

**1.** Citer les différents états physiques de l'eau évoqués dans ce texte.

**2.** Quels sont les avantages apportés par l'évaporation de l'eau pour une toiture végétalisée ?

### 27 OBJECTIF BAC Produire des glaçons à la maison

Un congélateur permet de transformer de l'eau liquide prise au robinet à $\theta_1 = 10$ °C pour former des glaçons à la température $\theta_2 = -17$ °C. Un bac à glaçons contient 10 compartiments pouvant chacun contenir une masse de 15 g d'eau.

**1.** Quel(s) phénomène(s) doit-on négliger pour que la masse d'eau reste constante au cours de la fabrication de glaçons ?

**2.** Calculer l'énergie échangée par l'eau liquide avec le congélateur lors du passage de $\theta_1 = 10$ °C à $\theta_F = 0,0$ °C.

**3.** Calculer l'énergie échangée par l'eau liquide avec le congélateur quand elle passe sous forme de glace à $\theta_F = 0,0$ °C. La température change-t-elle durant la solidification ?

**4.** Calculer l'énergie échangée par la glace avec le congélateur lors du passage de $\theta_F = 0,0$ °C à $\theta_2 = -17$ °C.

*Données :* $L_F = 334 \times 10^3$ J·kg$^{-1}$ ; $c_{liquide} = 4\,200$ J·kg$^{-1}$·K$^{-1}$ ; $c_{glace} = 2\,100$ J·kg$^{-1}$·K$^{-1}$.

### 28 It's in English

One refers to dehumidification when humidity, or dampness, in vapor state is eliminated.
A dehumidifier can be used and its operating principle is as follows:
A fan sucks in humid air from the room, filters it, and sends it through a condenser which is at a temperature much lower than that of the air.
The water vapor contained in the air is thus condensed as liquid water and retrieved in a reservoir.
The «dried» air then reenters the room.

**1.** Name a couple of drawbacks of having air that is too damp around the house.

**2.** Which change of state enables air dehumidification?

**3.** What then happens to the liquid water?

CHAPITRE 4

# Ondes électromagnétiques

La prolifération des ondes électromagnétiques dans notre quotidien suscite souvent des polémiques. Ces ondes proviennent de différentes sources : téléphone mobile, antennes de télévision et radio, four à micro-ondes, réseau Wi-Fi, télécommande du téléviseur...

**→ Comment mesurer le niveau d'exposition à ces ondes électromagnétiques ? Quels paramètres influent sur ce niveau ?**

**Capacités**

- Classer les ondes électromagnétiques selon leur fréquence et leur longueur d'onde dans le vide.
- Positionner le spectre des ondes utilisées pour les communications dans l'habitat.
- Savoir qu'une onde électromagnétique se propage dans le vide.
- Décrire la structure d'une onde électromagnétique : champ magnétique, champ électrique.
- Relier qualitativement le champ électrique d'une onde électromagnétique en un point à la puissance et à la distance de la source.

# Découvrir

1 Activité documentaire

## Où trouve-t-on des ondes électromagnétiques ?

• Les ondes électromagnétiques correspondent à l'association d'un champ électrique et d'un champ magnétique qui se propagent. Le spectre électromagnétique regroupe l'ensemble des ondes électromagnétiques classées en fonction de la fréquence $f$ de la source émettrice (rappel : $\lambda_0 = \frac{c}{f}$).

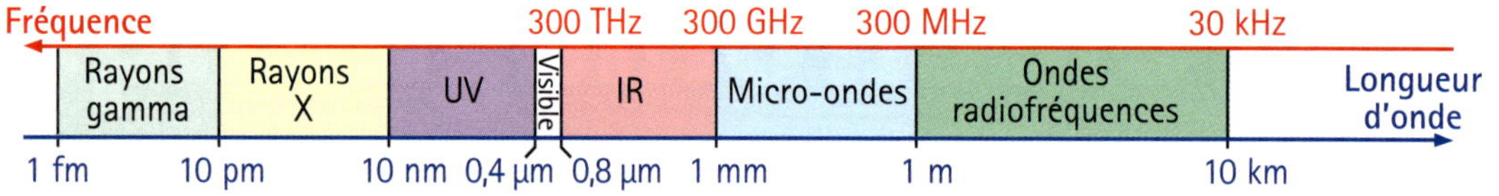


▲ *Spectre électromagnétique. Les différents domaines regroupent des ondes aux propriétés similaires.*

• En un point donné de l'habitation, l'intensité du champ électrique permet de caractériser le niveau d'exposition à une onde électromagnétique.

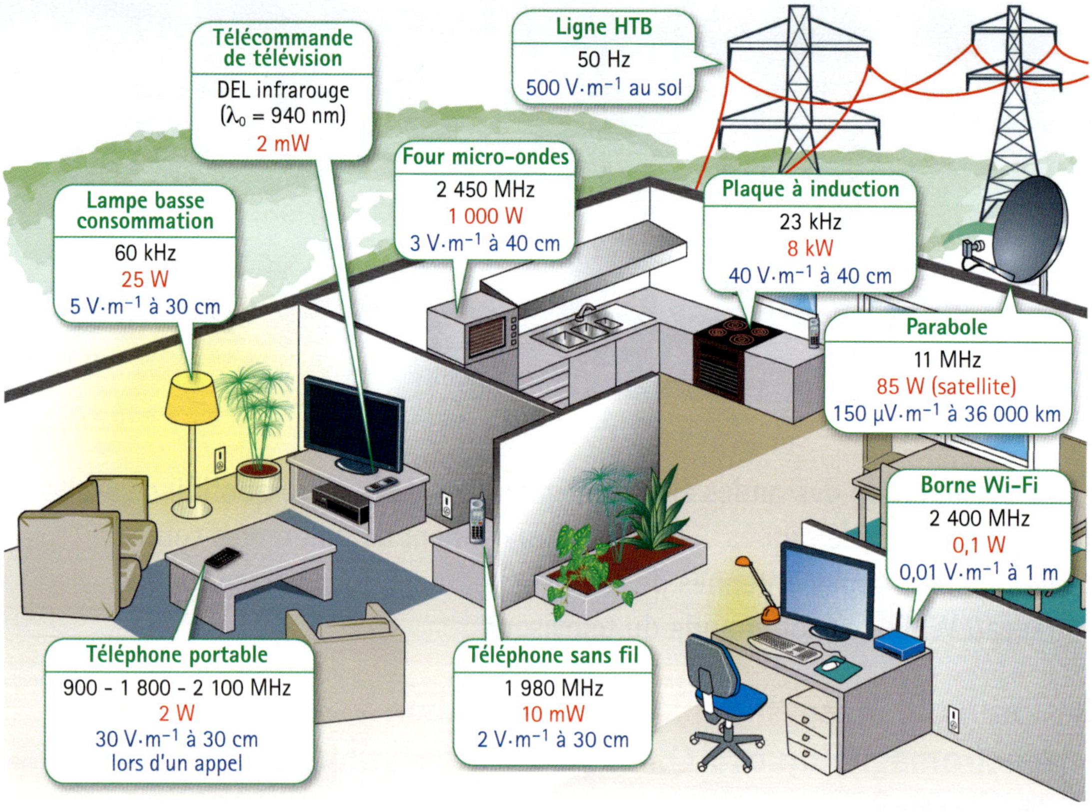


▲ *Fréquence, puissance et ordre de grandeur de l'intensité du champ électrique pour différents appareils.*

**Exploiter**

**1.** À quelle gamme appartiennent les ondes émises par le téléphone portable ?

**2.** Citer une source d'ondes radiofréquences.

**3.** Quelle est la valeur de la longueur d'onde dans le vide des ondes électromagnétiques émises par les bornes Wi-Fi ?

**4.** Quel dispositif utilise les ondes infrarouges pour communiquer ?

**5.** À quel endroit de la maison le champ électrique est-il le plus intense ?

2 *Activité expérimentale*

## Quels paramètres déterminent le niveau d'exposition aux ondes radiofréquences ?

Les valeurs d'un champ électrique à ne pas dépasser sont contrôlées à l'aide d'un champmètre. On peut surveiller indirectement ces valeurs à l'aide d'un analyseur de spectre ou d'une sonde de puissance radiofréquence.

### Dispositif expérimental

On dispose d'un téléphone mobile GSM, d'une sonde de puissance et d'une règle graduée. À côté de la sonde, on place une enceinte amplifiée de PC qui émet un son en présence d'ondes radiofréquences GSM. On dispose de différents « obstacles » : plaques en métal, en bois, en PVC opaque, grillagées avec des mailles de 1 mm, 1 cm...

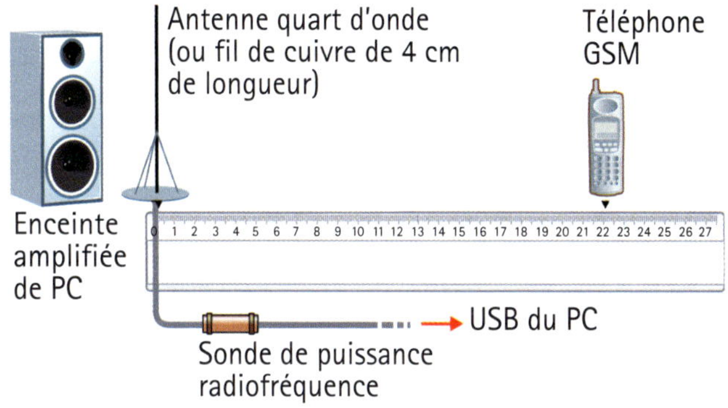


▲ *Dispositif expérimental.*

### Expérience n° 1

- Placer le mobile à quelques centimètres de la sonde. Établir une communication avec le téléphone portable et effectuer une mesure de niveau de l'onde électromagnétique. Raccrocher.
- Reprendre la même procédure en éloignant progressivement le téléphone portable et remplir le tableau 1.

| Distance (cm) | Niveau relevé (mW) |
|---|---|
| $d = 5$ | |
| 10 | |
| 15 | |
| 20 | |
| 25 | |
| 30 | |
| 35 | |

▲ *Tableau 1.*

### Expérience n° 2

- Placer le mobile à quelques centimètres de la sonde de puissance. Établir une communication, puis intercaler devant l'appareil de mesure la plaque métallique. Effectuer la mesure de niveau, puis raccrocher.
- Procéder de même en interposant successivement les différents écrans.

**Exploiter**

**1.** Quelle est l'influence de la distance sur le niveau d'exposition à l'onde électromagnétique ? Tracer la courbe à l'aide d'un tableur et modéliser la courbe obtenue.

**2.** Les matériaux opaques pour la lumière visible le sont-ils également pour les ondes radiofréquences émises par le téléphone portable ?

**3.** Interpréter le rôle joué par les écrans.

**Quels paramètres influent sur le niveau d'exposition ?**

Habitat

3 *Démarche d'investigation*

## Les ondes électromagnétiques visibles, infrarouges et radiofréquences peuvent-elles se propager dans le vide ?

On dispose d'un téléphone portable, d'un vidéoprojecteur et de sa télécommande infrarouge, et d'une cloche à vide.

**Travail à réaliser**

**1.** Proposer un protocole expérimental permettant de répondre à la question posée.

**2.** Réaliser la manipulation prévue et répondre à la question en rédigeant un compte-rendu.

# Cours

## 1 Caractéristiques des ondes électromagnétiques

### a) Propagation et célérité

Les ondes électromagnétiques peuvent se propager dans le vide et dans l'air avec une célérité $c_0 = 3 \times 10^8$ m·s$^{-1}$.

Elles peuvent se propager dans d'autres milieux « transparents » pour elles. Leur célérité $c$ dans ces milieux est alors strictement inférieure à la célérité $c_0$ de propagation dans le vide : $c < c_0$.

Une **onde mécanique** correspond à une déformation de proche en proche du milieu. Elle ne se propage pas dans le vide.

▲ *Les ondes radiofréquences en provenance des satellites se propagent dans le vide.*

### b) Fréquence et longueur d'onde

- **La fréquence $f$** d'une onde électromagnétique, imposée par la source, est indépendante du milieu. Elle correspond au nombre d'oscillations par seconde du champ électromagnétique.

Elle est reliée à la période temporelle par la relation :

$$T = \frac{1}{f}$$

$f$ : fréquence en hertz (Hz)
$T$ : période en secondes (s)

- **La longueur d'onde λ** correspond à la distance parcourue par l'onde durant une période $T$. Sa valeur dépend du milieu de propagation.

$$\lambda = c \cdot T = \frac{c}{f}$$

λ : longueur d'onde en mètres (m)
$c$ : célérité en mètres par seconde (m·s$^{-1}$)
$T$ : période en secondes (s)
$f$ : fréquence en hertz (Hz)

## 2 Structure des ondes électromagnétiques

### a) Représentation d'une onde électromagnétique

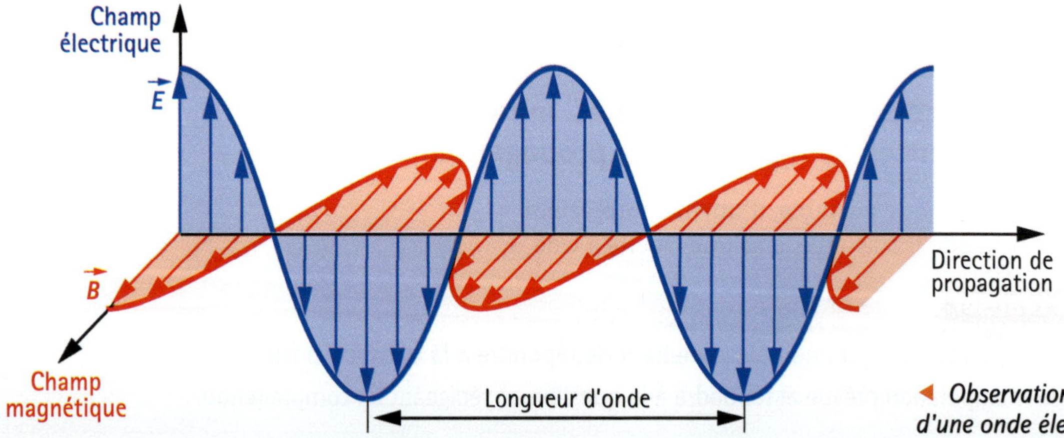


◄ *Observation à un instant t d'une onde électromagnétique.*

Les **ondes électromagnétiques** correspondent à la propagation de deux grandeurs vibratoires : un vecteur **champ électrique** $\vec{E}$ et un vecteur **champ magnétique** $\vec{B}$, perpendiculaires entre eux.

Ces deux vibrations sont en phase : elles sont maximales, minimales et s'annulent simultanément.
Les variations de ces deux vecteurs s'effectuent dans un plan perpendiculaire à la direction de propagation : les ondes électromagnétiques sont des **ondes transversales**.
Le rapport entre l'intensité $E$ du champ électrique et l'intensité $B$ du champ magnétique est égal à la célérité des ondes dans le milieu :

$$\frac{E}{B} = c$$

$E$ : champ électrique en volts par mètre ($V \cdot m^{-1}$)
$B$ : champ magnétique en teslas (T)
$c$ : célérité en mètres par seconde ($m \cdot s^{-1}$)

### b) Polarisation

La polarisation d'une onde correspond à l'orientation du vecteur champ électrique lorsqu'un observateur regarde une onde se propageant vers son œil. Elle peut être linéaire ou elliptique.

Une onde électromagnétique est **polarisée linéairement** si le champ électrique est émis selon une direction invariante.

Pour recevoir correctement une onde polarisée linéairement, il faut utiliser une antenne réceptrice disposée dans la même direction.

Pour une polarisation elliptique, en chaque point, le vecteur $\vec{E}$ tourne ; son extrémité décrit une ellipse.

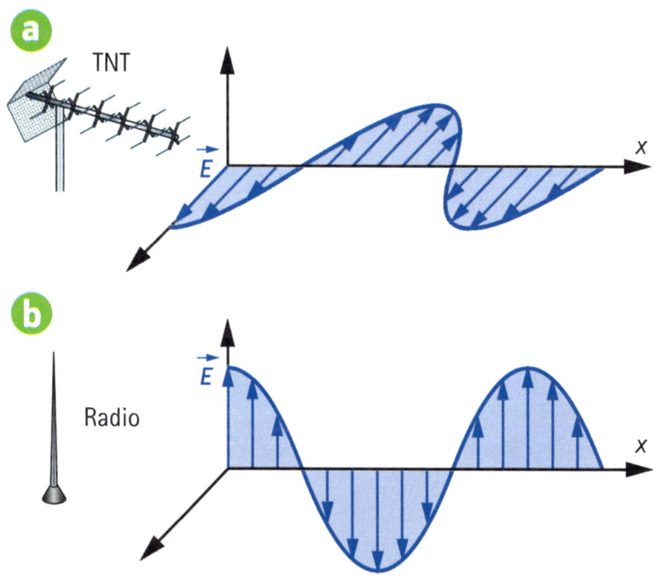


▲ ⓐ *Polarisation linéaire horizontale (TNT).*
ⓑ *Polarisation linéaire verticale (radio).*

## 3 Ondes électromagnétiques et télécommunication

### a) Gammes d'ondes utilisées en télécommunication

- **Ondes lumineuses**

Les ondes lumineuses sont constituées de l'ultraviolet, du visible et de l'infrarouge. Ce sont des ondes électromagnétiques. Leur longueur d'onde est comprise ente 10 nm et 1 mm. On utilise le rayonnement IR pour des communications à faible distance (télécommande).

▲ *Les ondes lumineuses infrarouges sont utilisées pour télécommander une télévision.*

- **Ondes radiofréquences**

Le spectre radiofréquences a été découpé en différentes bandes permettant de classer les ondes radiofréquences utilisées dans les systèmes de télécommunication.

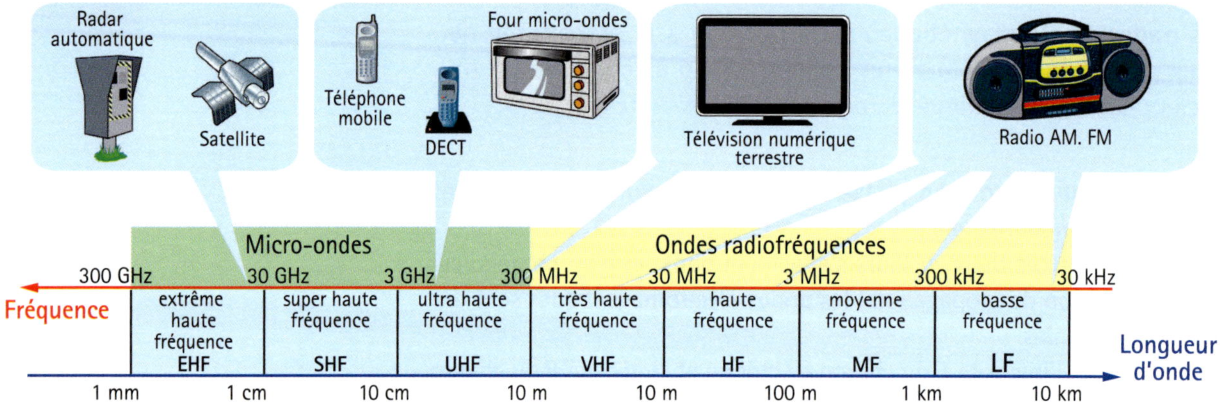


▲ *Spectre électromagnétique pour les télécommunications.*

## b) Liaison hertzienne

Une liaison hertzienne permet de transmettre à distance des informations par l'intermédiaire d'ondes radiofréquences.

La **puissance d'émission** $P_0$ exprimée en watts (W) correspond à la puissance électrique fournie par la source à l'antenne émettrice.

La mesure de l'intensité du champ électrique de l'onde qui arrive à l'antenne réceptrice permet de caractériser le niveau de cette onde. Cette mesure s'effectue à l'aide d'un **champmètre** et s'exprime en **volts par mètre** ($V \cdot m^{-1}$).

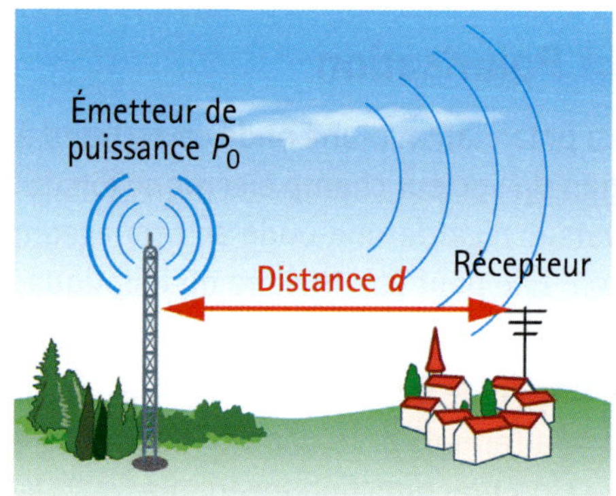


▲ *Liaison hertzienne.*

**Le champ électrique** en un point **augmente avec la puissance d'émission** $P_0$ de la source.
Le champ électrique en un point **diminue avec l'éloignement** $d$ par rapport à la source.

Lorsque l'on se place suffisamment loin de la source, le champ électrique vérifie la relation :

$$E = \frac{\sqrt{\alpha \cdot P_0}}{d}$$

$E$ : intensité efficace du champ électrique en volts par mètre ($V \cdot m^{-1}$)
$P_0$ : puissance d'émission en watts (W)
$d$ : éloignement de la source en mètres (m)
$\alpha$ : constante liée à l'antenne utilisée en ohms ($\Omega$)

▲ *Le champmètre mesure l'intensité du champ électrique d'une onde électromagnétique.*

**It's in English**

- Onde électromagnétique : *electromagnetic wave*
- Champ électrique : *electric field*
- Champ magnétique : *magnetic field*
- Polarisation linéaire : *linear polarization*
- Vitesse de la lumière : *speed of light*
- Vide : *vacuum*
- Infrarouge : *infrared*

# L'essentiel

- **Une onde électromagnétique** correspond à la propagation d'un vecteur champ électrique et d'un vecteur champ magnétique.

- **Les ondes électromagnétiques peuvent se propager dans le vide**, à la vitesse de la lumière dans le vide $c_0 = 3 \times 10^8\ \text{m} \cdot \text{s}^{-1}$.

- **La longueur d'onde** d'une onde électromagnétique est reliée à sa fréquence et à sa période par les relations :

$$\lambda = c \cdot T = \frac{c}{f}$$

$\lambda$ : longueur d'onde en mètres (m)
$c$ : célérité en mètres par seconde ($\text{m} \cdot \text{s}^{-1}$)
$T$ : période en secondes (s)
$f$ : fréquence en hertz (Hz)

- **Le vecteur champ électrique et le vecteur champ magnétique** sont perpendiculaires entre eux.

- **L'onde électromagnétique est transverse**, car le vecteur champ électrique et le vecteur champ magnétique sont perpendiculaires à la direction de propagation.

- **La polarisation d'une onde** correspond à l'orientation du vecteur champ électrique. Elle peut être linéaire ou elliptique. Les meilleures conditions de réception d'une onde polarisée linéairement sont obtenues lorsque les antennes émettrice et réceptrice sont dans **la même direction**.

- **Les micro-ondes et les ondes radiofréquences** correspondent aux gammes d'ondes électromagnétiques utilisées en télécommunication.

- **La mesure en un point de l'intensité du champ électrique** de l'onde (en volts par mètre) permet de caractériser le niveau de cette onde.

- **L'intensité du champ électrique** en un point **augmente** avec la **puissance d'émission $P_0$** de la source.

- **L'intensité du champ électrique** en un point **diminue** avec **l'éloignement $d$** par rapport à la source.

- Loin de la source, le champ électrique vérifie la relation :

$$E = \frac{\sqrt{\alpha \cdot P_0}}{d}$$

$E$ : intensité efficace du champ électrique en volts par mètre ($\text{V} \cdot \text{m}^{-1}$)
$P_0$ : puissance d'émission en watts (W)
$d$ : éloignement de la source en mètres (m)
$\alpha$ : constante liée à l'antenne utilisée en ohms ($\Omega$)

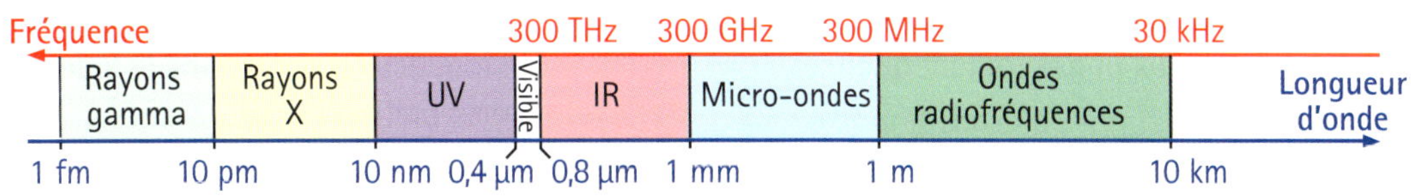


▲ *Spectre électromagnétique.*

Habitat

# Vérifier l'exposition aux radiofréquences

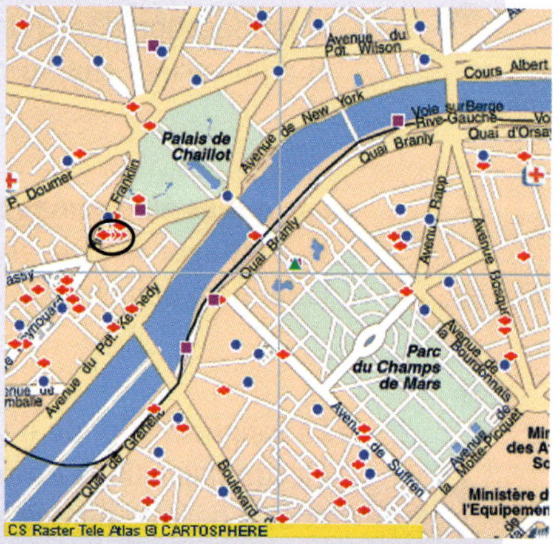


• Le site cartoradio.fr de l'ANFR (Agence nationale des fréquences) répertorie tous les types de stations radioélectriques sauf, pour des raisons de sécurité, celles de l'Aviation civile et des ministères de la Défense et de l'Intérieur.

• La radiotéléphonie (●) correspond à ce qu'on appelle communément les « antennes relais » du téléphone mobile. Plus exactement, il s'agit des stations de base pour la téléphonie mobile (GSM et UMTS) et des faisceaux hertziens associés à ces installations.

• À la radiodiffusion (▲) sont rattachés les émetteurs de télévision et les émetteurs de radios FM, et les radios qui diffusent sur les ondes courtes, moyennes ou en numérique (DAB).

• Par « autres stations » (■), on fait référence à un ensemble hétérogène allant des stations de réseaux radioélectriques privés aux radars météo, par exemple.

• Des fiches de mesure (◆) synthétisent les mesures de champs effectuées sur le terrain.

*Extrait de la fiche concernant le point repéré sur la carte par un cercle.* ▶

| Fréquence (en MHz) | Service | Ei= Champ électrique efficace moyen (en V/m) | Valeur limite (en V/m) | Niveau du Champ Electrique mesuré par rapport à la valeur limite fixée par le décret du 3 mai 2002 |
|---|---|---|---|---|
| 0,2340 | HF | **0,0907** | 87,00 | **959 fois inférieur** |
| 0,8640 | HF | **0,0950** | 87,00 | **916 fois inférieur** |
| 34,2040 | PMR | **0,0193** | 28,00 | **1451 fois inférieur** |
| 77,4330 | PMR | **0,0256** | 28,00 | **1096 fois inférieur** |
| 91,3000 | FM | **0,2098** | 28,00 | **133 fois inférieur** |
| 101,4000 | FM | **0,2017** | 28,00 | **139 fois inférieur** |
| 183,1880 | TV | **0,1478** | 28,00 | **189 fois inférieur** |
| 407,1270 | PMR Balises | **0,0251** | 27,74 | **1104 fois inférieur** |
| 465,5090 | PMR Balises | **0,0651** | 29,67 | **456 fois inférieur** |
| 530,0000 | TV | **0,0814** | 31,65 | **389 fois inférieur** |
| 933,8000 | GSM 900 | **1,3184** | 42,02 | **32 fois inférieur** |
| 1 455,0000 | Radars DAB | **0,0075** | 52,45 | **7006 fois inférieur** |
| 1 659,0900 | Radars DAB | **0,0028** | 56,01 | **20208 fois inférieur** |
| 1 858,4000 | GSM 1800 | **0,0466** | 59,28 | **1271 fois inférieur** |
| 1 864,6000 | GSM 1800 | **0,6061** | 59,37 | **98 fois inférieur** |
| 1 886,9100 | DECT | **0,0606** | 59,73 | **986 fois inférieur** |
| 1 893,9300 | DECT | **0,0581** | 59,84 | **1030 fois inférieur** |
| 2 127,8000 | UMTS | **0,0298** | 61,00 | **2046 fois inférieur** |
| 2 764,3600 | Radars BLR-FH | **0,0202** | 61,00 | **3016 fois inférieur** |
| 2 792,0000 | Radars BLR-FH | **0,0203** | 61,00 | **3007 fois inférieur** |
| Champ Electrique total du site $E_{Total} = \sqrt{\sum E_i^2} =$ | | **1,5010 V/m** | 27,74 V/m | est la valeur limite la plus faible fixée par le décret du 3 mai 2002 |

*Source* : un écran de cartoradio.fr, un site web de l'agence nationale des fréquences (copie : déc. 2011)

**Exploiter**

**1.** Quelle grandeur utilise-t-on pour mesurer le niveau d'exposition aux ondes radiofréquences ?

**2.** Quel est le niveau maximum d'exposition fixé pour les téléphones sans fil DECT ?

**3.** Quelles sont les fréquences utilisées en téléphonie mobile ?

**4.** Repérer sur la carte le relais de télévision. Quelle est la longueur d'onde dans le vide de l'onde émise par ce relais ?

**5.** Utiliser le site http://www.cartoradio.fr pour localiser les émetteurs situés à proximité de votre domicile.

## Liaison hertzienne

**Objectif :** mettre en évidence les ondes électromagnétiques radiofréquences et le rôle des antennes

### Dispositif expérimental

On dispose d'un générateur GBF dont la sortie est reliée à un fil d'environ 1 m servant d'antenne émettrice et d'un oscilloscope également relié sur la voie 1 à un fil de 1 m servant d'antenne réceptrice.

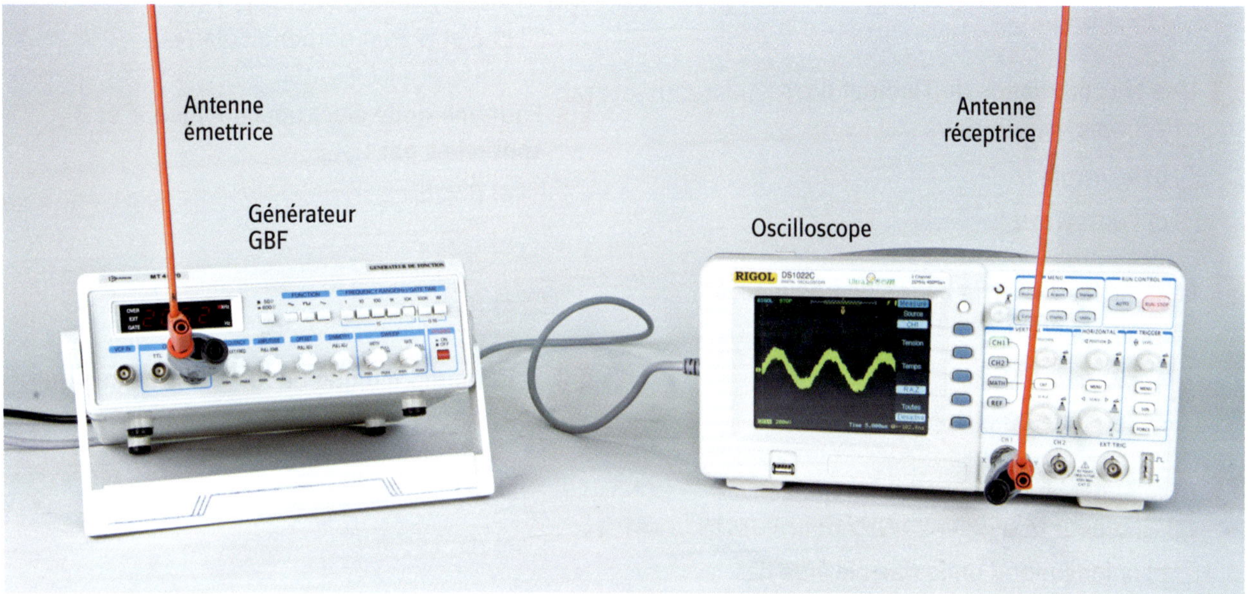


▲ *Photo du dispositif expérimental.*

### Réaliser et observer

- Régler le GBF sur son niveau de sortie maximum et choisir une fréquence $f_0$ de 10 MHz.
- Mesurer précisément la fréquence $f_1$ du signal reçu et comparer avec la fréquence $f_0$.
- Mesurer précisément l'amplitude crête à crête du signal reçu.
- Observer l'influence :
  - de la longueur de l'antenne émettrice (on prendra 10 cm et 2 m) sur la longueur d'onde et le niveau de réception ;
  - de la position angulaire de l'antenne de réception ;
  - de la distance de l'antenne de réception.

### Exploiter

1. Quelle est la longueur d'onde des ondes électromagnétiques émises ?
2. Quelle est la longueur de l'antenne de l'émetteur qui permet une transmission des ondes électromagnétiques maximale ?
3. Pourquoi la position de l'antenne influe-t-elle sur le niveau de réception ?
4. Comment évolue la tension reçue en fonction de la distance émetteur-récepteur ?

# Testez vos connaissances

*Cochez la ou les réponses exactes.*

**1** **Une box Wi-Fi émet une onde électromagnétique de fréquence :**

- ☐ **a)** 50 Hz
- ☐ **b)** 100 MHz
- ☐ **c)** 2,4 GHz

**2** **Une télécommande de TV émet dans :**

- ☐ **a)** l'infrarouge
- ☐ **b)** le visible
- ☐ **c)** l'ultraviolet

**3** **La radio FM utilise la bande de fréquences :**

- ☐ **a)** 50 Hz-50 kHz
- ☐ **b)** 1,8 GHz-2,1 GHz
- ☐ **c)** 88 MHz-108 MHz

**4** **La téléphonie mobile utilise les fréquences 1,8 GHz pour le GSM et 2,1 GHz pour l'UMTS.**

- ☐ **a)** la longueur d'onde dans le vide des ondes GSM est plus grande que celles de l'UMTS
- ☐ **b)** les ondes émises appartiennent à la gamme des ultraviolets
- ☐ **c)** les ondes UMTS se propagent plus rapidement que les ondes GSM

**5** **Le temps de propagation d'une onde électromagnétique entre un satellite géostationnaire et une parabole distants de 36 000 km est :**

- ☐ **a)** nul
- ☐ **b)** proche de la seconde
- ☐ **c)** de l'ordre du dixième de seconde

**6** **Une onde électromagnétique correspond à la propagation :**

- ☐ **a)** d'un champ électrique
- ☐ **b)** d'un champ électrique associé à un champ magnétique
- ☐ **c)** d'un champ magnétique

**7** **Pour une onde électromagnétique polarisée rectilignement :**

- ☐ **a)** $E$ est perpendiculaire à la direction de propagation
- ☐ **b)** $B$ est parallèle à la direction de propagation
- ☐ **c)** $E$ et $B$ sont perpendiculaires

**8** **Pour une onde électromagnétique, $E$ et $B$ sont reliés par :**

- ☐ **a)** $B = E \cdot c$
- ☐ **b)** $\frac{E}{B} = c$
- ☐ **c)** $B = \frac{E}{c}$

**9** **Si le champ $E$ d'une onde électromagnétique vaut $E = 3$ mV·m$^{-1}$, alors $B$ vaut :**

- ☐ **a)** $10^{-11}$ T
- ☐ **b)** 3 mT
- ☐ **c)** $10^{11}$ T

**10** **L'onde électromagnétique de fréquence $f$ dont le champ électrique est représenté ci-dessous :**

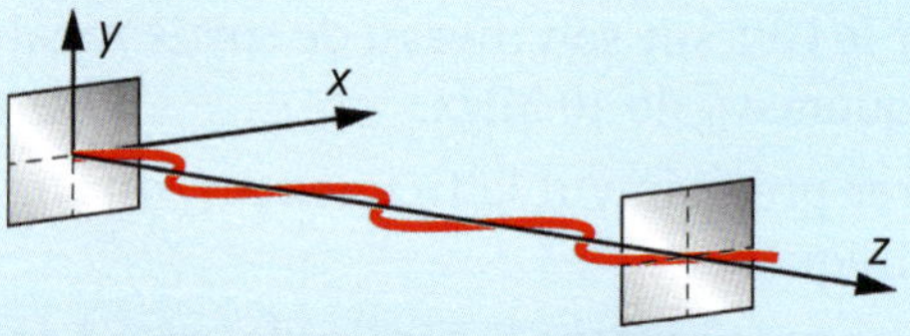


- ☐ **a)** est polarisée linéairement
- ☐ **b)** se propage selon l'axe $Oy$
- ☐ **c)** oscille à la fréquence $f$

**11** **Une antenne détecte un champ électrique $E = 10$ µV·m$^{-1}$. Si on double la puissance $P_0$ de l'émetteur, le champ électrique $E$ vaut :**

- ☐ **a)** 20 µV·m$^{-1}$
- ☐ **b)** 5 µV·m$^{-1}$
- ☐ **c)** 14 µV·m$^{-1}$

► **Corrigés p. 266**

# Comment résoudre un exercice

## ÉNONCÉ Mesures de champs en rase campagne

La téléphonie cellulaire utilisée par les téléphones mobiles quadrille le territoire en zones dont le rayon va de quelques centaines de mètres (microcellules) à quelques kilomètres (macrocellules) et au centre desquelles est placé un émetteur appelé « station de base ». Pour le GSM, la puissance d'émission de l'antenne d'une macrocellule est $P_0 = 20$ W et la fréquence est $f_0 = 1\,865$ MHz. Au point *A* situé à une distance $d_1$ de 160 m de l'émetteur, on a mesuré un champ électrique $E_A = 1{,}0$ V·m$^{-1}$.

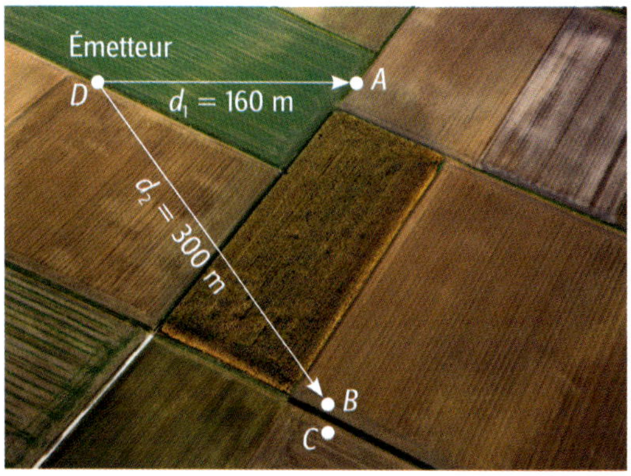


**1.** Que vaut le champ magnétique $B_A$ au point *A* ?

**2.** Lorsque la relation $d > 2{,}5\ \lambda_0$ est vérifiée, le champ électrique peut être calculé à l'aide de la relation $E = \dfrac{\sqrt{\alpha \cdot P_0}}{d}$.

a) Montrer que la condition précédente est bien remplie pour le point *A*.

b) Déterminer alors la valeur numérique de la constante α. **Méthode 1 ▶**

c) Quelle est la valeur du champ électrique $E_B$ mesurée au point *B* situé à $d_2 = 300$ m de l'émetteur ? **Méthode 2 ▶**

**3.** Une mesure effectuée au point *C* indique $E_C = 0{,}51$ mV·m$^{-1}$. Pourquoi le champ électrique est-il si faible alors que la distance n'a presque pas varié ?

**4.** Une dernière mesure effectuée au point *D*, au niveau du sol et très proche de l'antenne, indique $E_D = 0{,}15$ V·m$^{-1}$. Comment justifier la valeur de $E_D$, alors que le point *D* est très proche de l'émetteur ?

**Méthode 1**
Faire une analyse dimensionnelle pour déterminer l'unité de la constante α (les watts sont équivalents à des V²·Ω⁻¹).

**Méthode 2**
Il faut exprimer le rapport $E_B$ par rapport à des données connues. À partir de $\dfrac{E_B}{E_A}$, on peut montrer que : $E_B = \dfrac{d_1}{d_2} E_A$.

## SOLUTION

**1.** $B_A = \dfrac{E_A}{c} = \dfrac{1{,}0}{3 \times 10^8} = 3 \times 10^{-9}$ T. **Conseil 1 ▶**

**2.** a) $\lambda_0 = \dfrac{3 \times 10^8}{1\,865 \times 10^6} = \dfrac{3 \times 10^8}{18{,}65 \times 10^8} = \dfrac{3}{18{,}65} = 0{,}16$ m $= 16$ cm.

La distance étant de 160 m, la condition est bien vérifiée. **Conseil 2 ▶**

b) En élevant la formule donnée au carré, on obtient $\alpha = \dfrac{d^2 \cdot E^2}{P_0}$. Une analyse aux dimensions permet de déterminer que α s'exprime en ohms (Ω). On obtient la valeur numérique $\alpha = 160^2 \times \dfrac{1}{20} = 1\,280\ \Omega$.

c) $E_A = \dfrac{\sqrt{\alpha \cdot P_0}}{d_1}$ ; $E_B = \dfrac{\sqrt{\alpha \cdot P_0}}{d_2}$ soit $\dfrac{E_B}{E_A} = \dfrac{\sqrt{\alpha \cdot P_0}}{d_2} \cdot \dfrac{d_1}{\sqrt{\alpha P_0}} = \dfrac{d_1}{d_2}$.

On en tire $E_B = \dfrac{d_1}{d_2} E_A = 0{,}53$ V·m$^{-1}$.

**3.** La mesure a été faite derrière une haie de végétation, qui constitue un excellent obstacle à la propagation des ondes électromagnétiques. **Conseil 3 ▶**

**4.** L'antenne est située en hauteur. Il existe au pied de l'antenne une zone d'« ombre » très peu exposée aux émissions, car l'antenne rayonne dans une direction privilégiée.

**Conseil 1**
Dans une onde électromagnétique, les champs électrique et magnétique sont indissociables. Ils sont liés par la relation $\dfrac{E}{B} = c$.

**Conseil 2**
La longueur d'onde dans le vide vaut $\lambda_0 = \dfrac{c_0}{f}$, avec $c_0 = 3 \times 10^8$ m·s$^{-1}$ la vitesse de la lumière dans l'air.

**Conseil 3**
Observer attentivement la carte aux points B et C.

Habitat

Exercice avec résultat (page 266)

## Applications directes du cours

### 12 Garage, ouvre-toi !

Les télécommandes permettant l'ouverture des portes de garage émettent sur la fréquence libre de 432 MHz.

**1.** À quel domaine de fréquences appartiennent les ondes émises ?

**2.** Pour obtenir une bonne réception, on utilise une antenne de longueur $\ell = \frac{\lambda}{2}$, antenne demi-onde. Calculer la longueur de l'antenne utilisée.

### 13 Polarisation de la radio FM

En radio FM, les antennes relais sont constituées de conducteurs émettant en polarisation verticale.

**1.** La polarisation de l'émetteur FM est-elle de type elliptique ou linéaire ?

**2.** L'antenne que l'on trouve sur toutes les voitures, destinée à recevoir la FM, est une antenne « quart d'onde ». Calculer sa longueur $\ell = \frac{\lambda_0}{4}$ (on choisira une fréquence d'émission FM de 100 MHz).

**3.** Pourquoi cette antenne est-elle orientée verticalement ?

### 14 Kit oreillettes

Un téléphone mobile GSM émet une puissance maximale de 2 W à 2 100 MHz. Un module oreillettes Bluetooth émet une puissance maximale de 1 mW à 2 440 MHz.

**1.** À quel domaine du spectre appartiennent ces ondes électromagnétiques ?

**2.** Si l'on considère que le cerveau est situé à 1 cm dans les deux cas, quelle est la source la plus perturbante ?

**3.** En utilisant l'oreillette, le téléphone n'a plus besoin d'être tenu proche du cerveau. Si on éloigne le téléphone d'un mètre, par combien sera divisée l'intensité du champ électrique au niveau du cerveau ?

### 15 Une onde qui donne l'heure

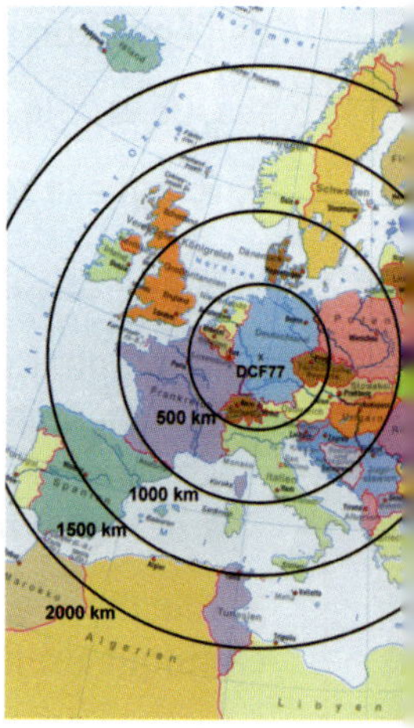


L'heure fournie à l'aide d'une horloge atomique est codée, puis diffusée par un émetteur grandes ondes de fréquence 77,5 kHz, de portée voisine de $1{,}5 \times 10^3$ km et situé près de Francfort.

**1.** Calculer la dimension de l'antenne émettrice qui est égale au quart de la longueur de l'onde dans le vide de l'onde électromagnétique.

**2.** Vérifier que, pour la portée maximale, le temps de propagation est négligeable devant une seconde.

## Exercices d'entraînement

### 16 Beaucoup de trous, mais pas de fuites !

Dans un four micro-ondes, le magnétron est le dispositif qui génère les ondes de fréquence 2 460 MHz.

**1.** Comparer la puissance d'émission d'un four à micro-ondes avec celle des téléphones portables qui émettent dans le même domaine de fréquences.

**2.** Comparer la longueur d'onde dans le vide des micro-ondes générées avec le diamètre des trous de la grille recouvrant la porte (environ 2 mm). Conclure sur le rôle de cette grille.

**3.** Que devient la puissance électromagnétique fournie par le magnétron ? Pourquoi ne faut-il pas faire fonctionner un micro-ondes à vide ?

**4.** Le four micro-ondes est en fonctionnement porte fermée. Une mesure de champ électrique à 20 cm de la porte donne $3{,}0\ \text{V}\cdot\text{m}^{-1}$. Quelle intensité de champ électrique obtiendrait-on à une distance de 2,0 m de la porte du four micro-ondes ?

## 17 Écrire de plus en plus petit

Le DVD (*Digital Versatile Disc*) permet de stocker beaucoup plus d'informations numériques que le CD (*Compact Disc*).

| | Capacité de stockage | Longueur d'onde de la diode laser |
|---|---|---|
| CD | 640 Mo | 780 nm |
| DVD | 4,7 Go | 635 nm |

Ce résultat a été obtenu grâce aux progrès techniques réalisés sur les diodes laser. Sur un DVD, les informations numériques sont gravées suivant des spires moins espacées et avec des alvéoles plus petites. La taille minimale des alvéoles est de 0,40 µm avec un espacement de 0,74 µm, contre 0,834 µm et 1,6 µm pour le CD.

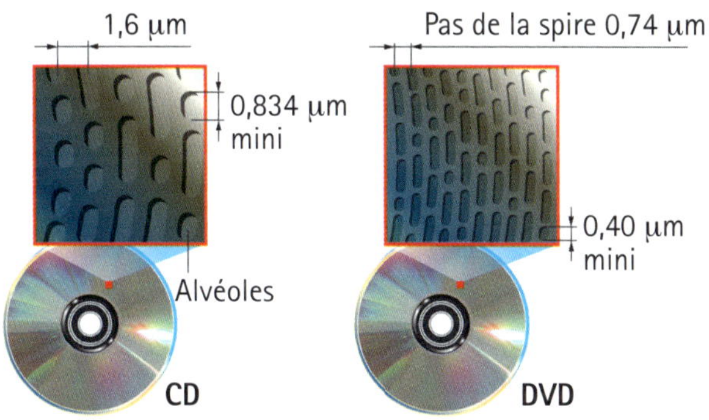


**1.** Calculer le diamètre du spot dans chaque cas, sachant qu'il est voisin de la longueur d'onde du laser utilisé.

**2.** Le pas de la spire utilisé pour écrire sur un DVD est de 0,74 µm. Est-ce compatible avec la largeur du spot calculée précédemment ?

**3.** Le Blu-ray utilise un laser de longueur d'onde dans le vide 405 nm. Quel est l'intérêt d'utiliser cette longueur d'onde ?

## 18 Émetteur TNT

On considère un émetteur TNT de puissance $P_0 = 23$ kW émettant en polarisation horizontale sur une fréquence $f_0 = 586$ MHz (canal 35).

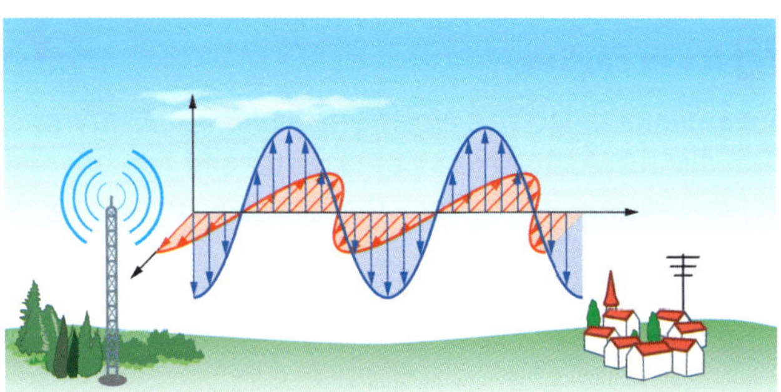

**1.** Compléter la figure ci-avant : direction de propagation, champ électrique, champ magnétique, longueur d'onde.

**2.** On a mesuré la puissance reçue par l'antenne pour différentes valeurs d'angle entre la direction de propagation et l'antenne.

| Angle (°) | 40 | 60 | 80 | 90 | 100 | 120 | 140 |
|---|---|---|---|---|---|---|---|
| *P* (µW) | 4,2 | 7,6 | 9,7 | 10,1 | 9,8 | 7,5 | 4,1 |

Quel angle offre la condition de réception optimale ? À quel type de polarisation de l'antenne cela correspond-il ?

**3.** Le seuil de réception minimal est de 53 mV·m$^{-1}$. À quelle distance de l'émetteur obtient-on cette valeur ?

*Rappel :* $E = \dfrac{\sqrt{\alpha \cdot P_0}}{d}$ avec $\alpha = 300\ \Omega$ pour l'antenne utilisée.

## 19 GPS

Toutes les millisecondes, les satellites GPS émettent des signaux codés sous forme d'ondes radio émises sur deux fréquences différentes (1 575,42 et 1 227,60 MHz).

**1.** Calculer les longueurs d'onde dans le vide des ondes émises par les satellites.

**2.** Quelle est la durée $t$ mise par le signal pour aller du satellite S au récepteur R si le satellite est situé à la verticale de R à l'altitude de 20 200 km ?

**3.** En fait, entre le récepteur et le satellite, le signal traverse les couches successives de l'atmosphère et se propage alors à une célérité différente de $c$. La fréquence et la longueur d'onde du signal sont-elles modifiées lors de la traversée de l'atmosphère ? Justifier.

## 20 Plaque à induction : ça chauffe

Une casserole remplie d'eau absorbe la puissance fournie par une plaque à induction réglée sur le thermostat 4 fonctionnant à la fréquence de 22 kHz. Une mesure du champ électrique à 40 cm de distance de la plaque à induction a donné $E = 16$ V·m$^{-1}$.
Lors d'une deuxième mesure, on modifie le réglage du thermostat, et le champmètre indique alors $E = 20$ V·m$^{-1}$.

**1.** Quel est le type d'onde utilisé par une plaque à induction ?

**2.** Lors du deuxième réglage du thermostat, la puissance $P_0$ rayonnée par la plaque a-t-elle augmenté ou diminué ?

**3.** À quelle valeur le thermostat est-il réglé ?

**4.** Lorsque le champmètre indique $E = 20$ V·m$^{-1}$, que vaut l'intensité du champ magnétique $B$ correspondant ?

Habitat

## S'entraîner

Exercice avec résultat (page 266)

### 21 Laser DVD

**1. Gravure d'un DVD**

*Rappel :* $\delta = \frac{E^2}{2\,\alpha}$ avec $\alpha = 377\ \Omega$.

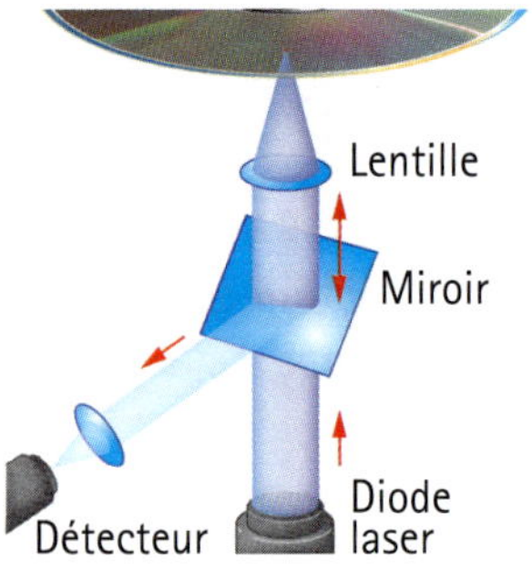


Lors de l'écriture, une diode laser de DVD émet un faisceau de diamètre $D$ = 2,0 mm rayonnant une puissance optique $P_0$ = 90 mW. La longueur d'onde du faisceau est comprise entre $\lambda_1$ = 0,63 µm et $\lambda_2$ = 0,66 µm. On admettra qu'à la sortie de la diode laser, la structure de l'onde est celle d'une onde plane progressive ayant traversé une ouverture circulaire de 2,0 mm de diamètre. La vitesse de propagation du faisceau laser dans l'air $c$ sera assimilée à celle dans le vide : $c = c_0 = 3{,}0 \times 10^8\ \text{m}\cdot\text{s}^{-1}$.

**a.** Quelle est la fréquence $f$ de l'onde lumineuse que l'on mettra sous la forme $f \pm \Delta f$ ? Quelle est la couleur de la lumière émise par la diode laser ?

**b.** Déterminer les valeurs des quantités physiques suivantes dans le faisceau assimilé à une onde plane :
- densité surfacique de puissance électromagnétique rayonnée $\delta$ ;
- intensité du champ électrique $E$ ;
- intensité du champ magnétique $B$.

**2. Spot du faisceau laser**

Le faisceau laser en sortie du miroir semi-réfléchissant est focalisé par une lentille sur la surface réfléchissante en un point du DVD appelé « spot », caractérisé par son diamètre $d$. En négligeant toutes les pertes, on considèrera que la puissance optique du faisceau en ce point est toujours de 90 mW.

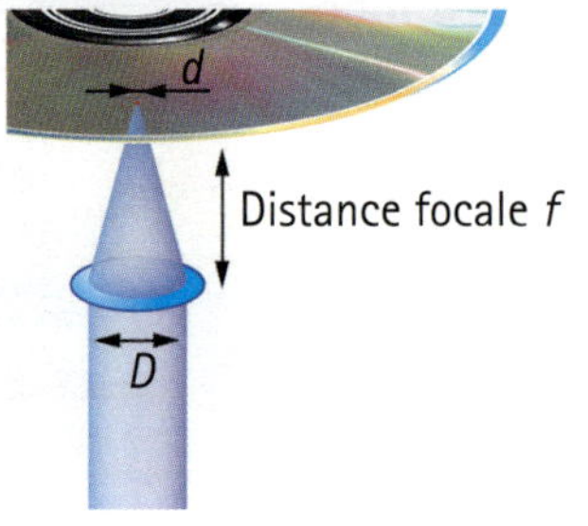


L'ouverture numérique NA du faisceau est définie par la relation NA = sin ($\alpha$).

**a.** Sachant que NA = 0,6, déterminer la valeur numérique de l'angle $\alpha$ exprimée en degrés.

**b.** Établir une relation entre $f$, $D$ et $\alpha$. En déduire la valeur numérique de $f$.

**c.** Le diamètre du spot vérifie la relation $d = \frac{1{,}22\ \lambda}{\text{NA}}$.

Déterminer le diamètre du spot et le mettre sous la forme $d \pm \Delta d$.

**d.** Déterminer la densité surfacique de puissance $\delta$ du faisceau laser au niveau du spot.

### 22 OBJECTIF BAC Internet sous les océans

Une fibre optique relie sous l'océan Atlantique deux nœuds du réseau Internet, Paris et Washington DC, qui sont éloignés de $6{,}5 \times 10^3$ km.

Une onde lumineuse générée par une diode laser de longueur d'onde dans le vide $\lambda$ = 1,55 µm se propage dans le cœur de la fibre dont le diamètre est de 10,0 µm.

L'indice de réfraction d'un milieu correspond au rapport de la vitesse de propagation de la lumière dans le vide $c_0$ par la vitesse de propagation dans le milieu de propagation $c$ : $n = \frac{c_0}{c}$.

**1.** Déterminer la vitesse de propagation de l'onde électromagnétique dans le cœur de la fibre optique dont l'indice de réfraction vaut $n$ = 1,47.

**2.** En déduire le temps $\Delta t$ nécessaire pour relier les deux nœuds Internet.

Une caractéristique principale de la fibre optique pour la liaison étudiée est son atténuation linéique, exprimée en dB/km.

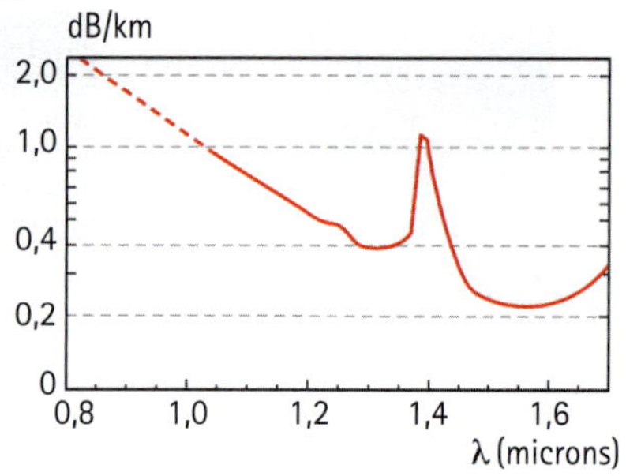


**3.** Justifier le choix de la longueur d'onde du laser utilisé. Quel est le type de rayonnement émis par ce laser ?

**4.** Quelle est, pour cette longueur d'onde, la valeur de l'atténuation linéique de la fibre optique ?

**5.** En déduire l'atténuation du signal A en dB entre les deux extrémités de la fibre optique.

**6.** La puissance lumineuse injectée en entrée de la fibre optique est de $P_0$ = 40 mW.

**a.** Calculer la densité surfacique de puissance $\delta$ de l'onde en entrée de la fibre optique.

**b.** Déterminer les intensités des champs électrique $E$ et magnétique $B$ de cette onde.

*Rappel :* $\delta = \frac{E^2}{2\,\alpha}$ avec $\alpha = 377\ \Omega$.

### 23 It's in English

An antenna detects an electric field of $E = 0{,}25\ \text{mV}\cdot\text{m}^{-1}$. The distance between the transmitter and the antenna is now multiplied by ten, the new electric field $E$ is equal to:

☐ **a)** $2{,}5\ \text{mV}\cdot\text{m}^{-1}$ ☐ **b)** $25\ \mu\text{V}\cdot\text{m}^{-1}$
☐ **c)** $0{,}14\ \text{mV}\cdot\text{m}^{-1}$

Portier

Gestion de la température

Éclairage

Alarme intrusion

Détection technique

Multimédia

Ouvrants

Diffusion sonore

CHAPITRE 5

# Capteurs et mesures dans l'habitat

De nombreux capteurs sont utilisés dans l'habitat pour apporter plus de confort et de sécurité aux utilisateurs.

→ **Quels sont les capteurs et détecteurs utilisés dans l'habitat ? Les mesures effectuées par ces capteurs sont-elles précises et fiables ?**

**Capacités**

- Citer quelques exemples de capteurs et de détecteurs utilisés dans l'habitat et préciser le phénomène physique auquel la grandeur d'entrée est sensible.
- Distinguer les deux types de grandeurs : analogiques et numériques.
- Mettre en œuvre expérimentalement une chaîne de mesure simple utilisée dans l'habitat.
- Identifier les différentes sources d'erreur lors d'une mesure, maîtriser l'usage des chiffres significatifs et l'écriture scientifique, associer l'incertitude à cette écriture.
- Exprimer le résultat d'une opération de mesure par la meilleure estimation et l'incertitude de mesure associée à un niveau de confiance.

Découvrir

1

*Activité documentaire*

# Deux capteurs bien utiles dans une maison…

- Un **thermocouple** est un capteur qui permet de mesurer la température à laquelle il est soumis. Il est utilisé pour sécuriser la distribution du gaz dans une gazinière, en coupant l'arrivée du gaz en cas d'extinction accidentelle de la flamme.

- Pour détecter les mouvements d'un joueur utilisant la manette d'une console de jeux, on utilise un **accéléromètre**. Ce capteur est présent dans la manette et mesure l'accélération de cette dernière.

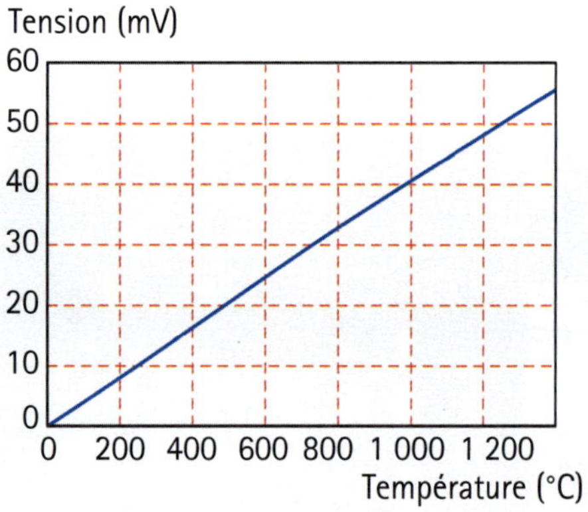


▲ *Caractéristique entrée/sortie du thermocouple.*

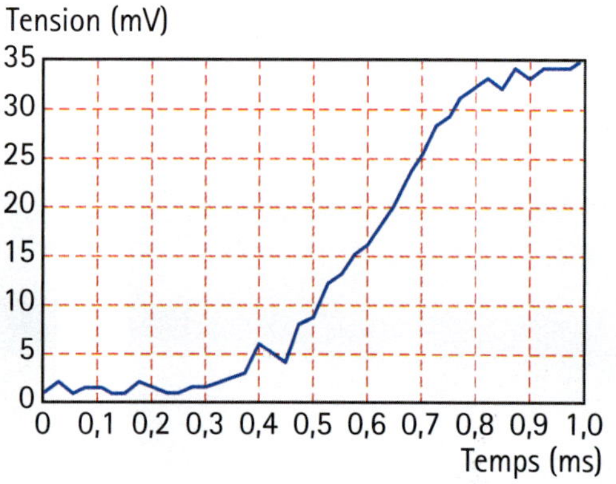


▲ *Relevé de la tension de sortie du thermocouple lors de l'allumage du brûleur gaz.*

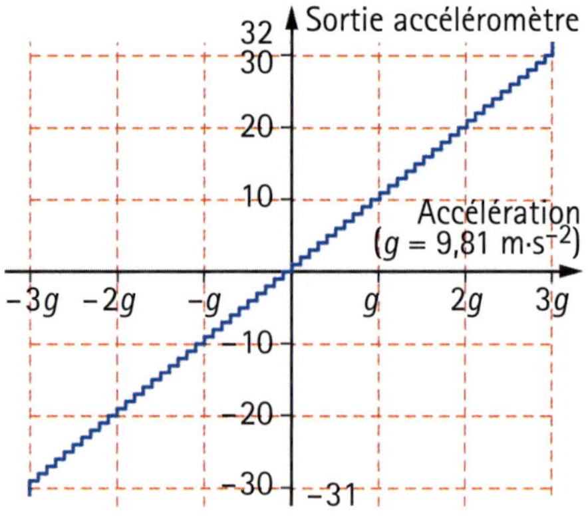


▲ *Caractéristique entrée/sortie de l'accéléromètre.*

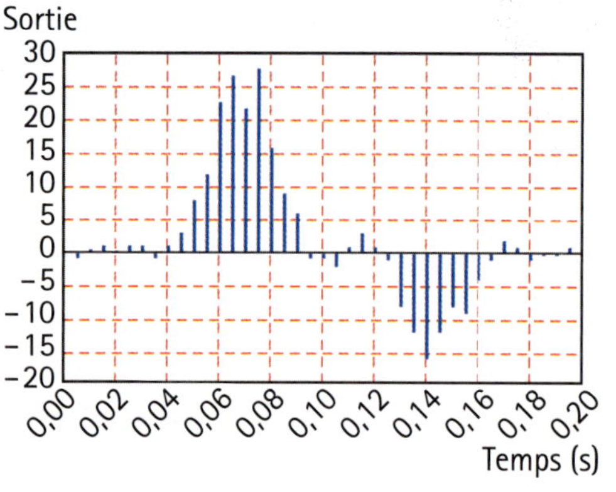


▲ *Relevé des données envoyées par liaison Bluetooth à la console lors d'un mouvement.*

**Exploiter**

**1.** Quelle est la grandeur de sortie du thermocouple ?

**2.** Quelle est la tension délivrée par le thermocouple soumis à une température de 500 °C ?

**3.** Quelle est la température mesurée à l'instant $t$ = 0,76 ms ?

**4.** Quelle est la grandeur d'entrée de l'accéléromètre ?

**5.** Pour une accélération verticale de $-$ 1,0 $g$ = $-$ 9,81 m·s$^{-2}$, quelle est la valeur numérique envoyée à la console par la manette de jeux ?

**6.** Quelle est l'accélération maximale enregistrée par la manette lors du mouvement de la main du joueur ?

2 Activité expérimentale

## Avec quel capteur mesure-t-on la température d'un four ?

Pour mesurer la température d'un four, on utilise une thermistance. Ce capteur de température est à base de matériau semi-conducteur dont la résistance varie en fonction de la température.

Le dispositif étudié va simuler la mise en chauffe de la résistance d'un four qui sera visualisée par l'allumage de la DEL.

### Dispositif expérimental

On utilise un agitateur magnétique chauffant, un multimètre, un thermomètre et une thermistance CTN 10 kΩ (coefficient de température négatif).

On dispose d'un amplificateur opérationnel, d'une diode électroluminescente et d'une alimentation stabilisée de 12 V.

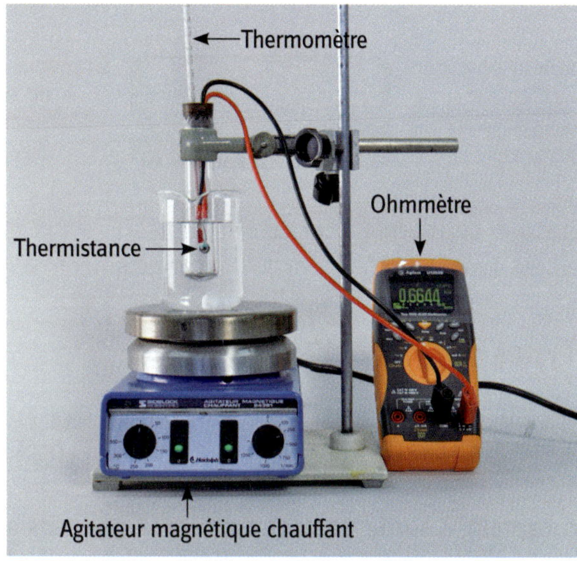


▲ *Photo du dispositif expérimental.*

### Réaliser et observer

- Mettre dans un bécher de l'eau froide.
- Câbler le circuit électronique pour réaliser la chaîne de mesure.
- Plonger dans le bécher la CTN et le thermomètre, puis mesurer la température de l'eau du bécher.
- Mesurer les tensions $V_B$ et $V_A$, et relever l'état de la DEL.
- On met en marche le dispositif de chauffage. Observer le changement d'état de la DEL et mesurer la température correspondante.

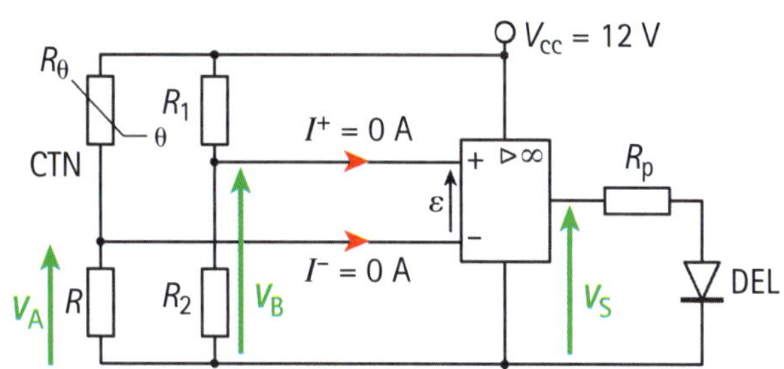


$R_1 = R_2 = 10$ kΩ
$R_p = 470$ Ω
$R = 1$ kΩ
Amplificateur opérationnel : LM324
CTN = $R_\theta$

*Schéma de la chaîne de mesure.* ▶

### Exploiter

**1.** Justifier, à l'aide d'un calcul, l'état de la DEL au début de l'expérience.

**2.** Que vaut la résistance de la CTN lorsque la DEL change d'état ?

**3.** Ce dispositif est appelé détecteur Tout Ou Rien (TOR). Justifier cette dénomination.

**4.** On souhaite un changement d'état de la DEL pour une température $\theta = 40$ °C. Proposer une méthode de réglage pour ce détecteur.

**Citez des capteurs et détecteurs utilisés dans l'habitat.**

Habitat

# Cours

## 1 Capteurs

### a) Définitions

Un **capteur** est un dispositif qui, à partir d'une grandeur physique d'entrée appelée mesurande (noté *m*), fournit une grandeur de sortie électrique appelée réponse (notée *s*).

L'**étendue de mesure** d'un capteur, notée *E*, est la plage des valeurs d'entrée dans laquelle il fonctionne correctement : $E = m_{max} - m_{min}$.

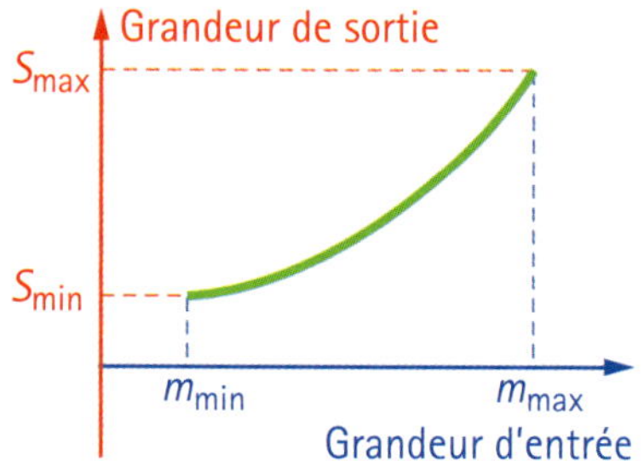


▲ *Caractéristique de transfert d'un capteur analogique.*

### b) Types de sortie d'un capteur

Le signal électrique délivré par un capteur peut être de différentes natures : analogique, numérique, Tout Ou Rien (TOR).

- **Un capteur à sortie analogique** délivre une tension ou un courant qui peut prendre toutes les valeurs dans un intervalle donné.
- **Un capteur à sortie numérique** fournit un nombre codé sur *N* bits qui peut prendre $2^N$ valeurs. Pour une sortie codée sur $N = 8$ bits, on dispose alors de $2^8 = 256$ valeurs possibles.
- **Un capteur à sortie Tout Ou Rien (TOR)** peut prendre uniquement 2 valeurs correspondant aux niveaux logiques 0 et 1. Il est utilisé pour réaliser des détecteurs.

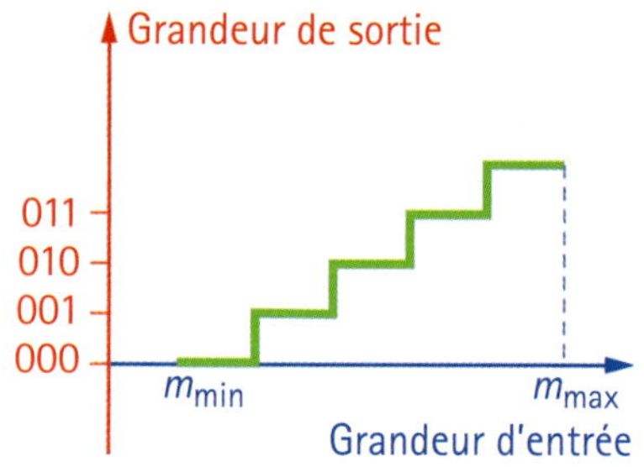


▲ *Caractéristique de transfert d'un capteur numérique.*

### c) Sensibilité d'un capteur

Pour une variation de la grandeur physique d'entrée $\Delta m$, la sortie du capteur varie de $\Delta s$.

On appelle sensibilité du capteur le rapport : $S = \dfrac{\Delta s}{\Delta m}$.

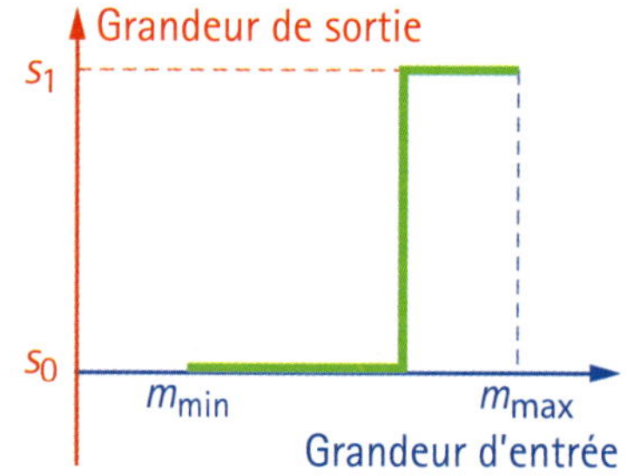


▲ *Caractéristique de transfert d'un capteur TOR.*

## 2 Familles de capteurs

### a) Capteurs passifs

Pour un capteur passif, la grandeur physique d'entrée modifie sa résistance, sa capacité ou son inductance.

Pour traduire ces variations en tension électrique, on utilise un circuit appelé **conditionneur de capteur** : montage potentiométrique ou montage en pont.

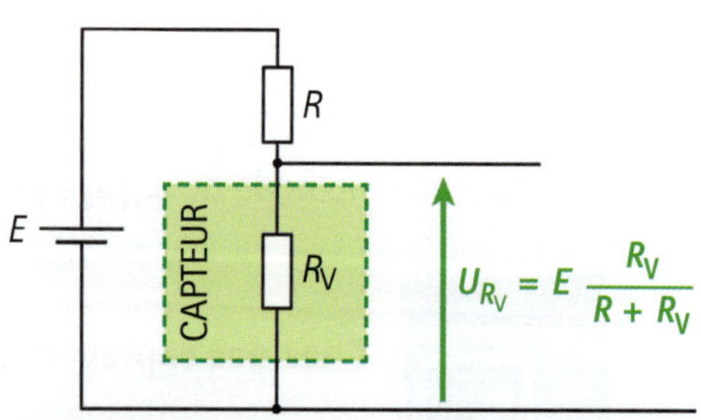


▲ *Montage potentiométrique.*

### b) Capteurs actifs

Pour un capteur actif, la variation de la grandeur physique d'entrée produit une variation électrique de la grandeur de sortie : tension, courant ou charge électrique.

### c) Exemples de capteurs utilisés dans l'habitat

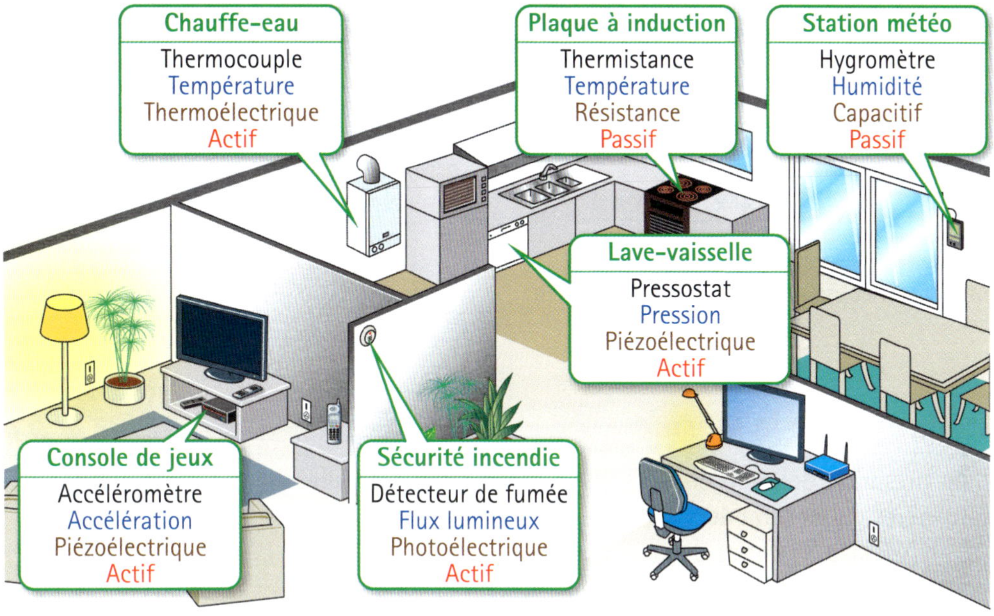


## 3 Chaîne de mesure

Pour capter une grandeur physique et la rendre exploitable pour un utilisateur, on utilise une chaîne de mesure qui comprend les éléments suivants :

- un **capteur** et son éventuel **conditionneur de capteur** ;
- un **conditionneur de signal** qui traite le signal délivré par le capteur pour en extraire un signal exploitable. Il l'**amplifie**, le **filtre**, le **linéarise** et l'**adapte** à l'interface utilisateur (affichage, ordinateur...).

## 4 Analyse des erreurs de mesure

### a) Erreur systématique et erreur aléatoire

- Une **erreur systématique** contribue à toujours surévaluer (ou sous-évaluer) la valeur mesurée. Les erreurs systématiques peuvent être réduites par des réglages ou des procédures adaptés.

Un capteur qui présente une **erreur systématique faible** est dit **juste**.

- Les **erreurs aléatoires** s'observent lors de la même mesure d'une grandeur physique dans des conditions identiques : différentes valeurs plus ou moins dispersées, en raison du milieu ambiant ou de l'opérateur, peuvent être obtenues.

> Un capteur qui présente des **erreurs aléatoires faibles** est dit **fidèle**.

- La meilleure valeur de la grandeur que l'on cherche à mesurer, $x_m$, est donnée par la valeur moyenne des différentes mesures effectuées : $x_m = \langle x \rangle$.

→ *Exemple* : une balance donne 4 mesures de la masse d'un même objet : $x_1 = 965$ g, $x_2 = 972$ g, $x_3 = 958$ g et $x_4 = 969$ g. La meilleure estimation de la masse de l'objet est : $x_m = \dfrac{(x_1 + x_2 + x_3 + x_4)}{4} = 966$ g.

> Pour être **précis**, un capteur doit être **juste** et **fidèle**.

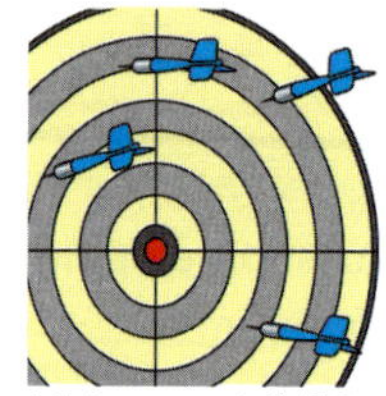

Ni juste, ni fidèle.

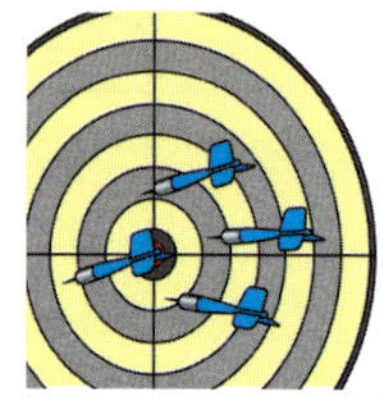

Juste mais pas fidèle.

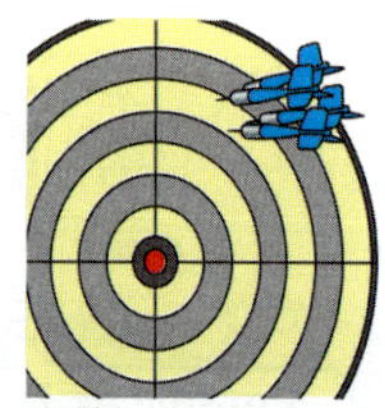

Fidèle mais pas juste.

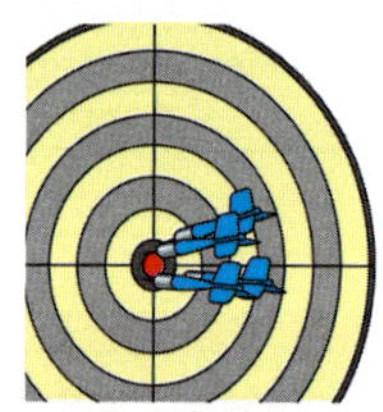

Juste et fidèle.

▲ *Analyse des erreurs d'un capteur (la vraie valeur est la cible au centre).*

## b) Incertitudes liées à la mesure

Le résultat d'un mesurage doit être donné sous la forme d'un intervalle des valeurs probables du mesurande :

$$(\text{valeur mesurée de } x) = x_m \pm \delta x$$

avec $\delta x$ l'**incertitude de mesure** de $x$ associée à un niveau de confiance.

> L'**incertitude relative** $\dfrac{\delta x}{|x_m|}$ représente l'importance de l'incertitude par rapport à la grandeur mesurée.

→ *Exemple* : pour la valeur 966 g, les informations fournies par le constructeur permettent de calculer l'incertitude associée à cette pesée, soit $\delta x = 11{,}3$ g. La probabilité que la masse réelle de l'objet soit comprise dans l'intervalle [966 – 11,3 = 954,7 g ; 966 + 11,3 = 977,3 g] est de 95 %. L'incertitude relative liée à la valeur mesurée vaut :

$$\frac{\delta x}{x_m} = \frac{11{,}3}{966} = 1{,}17 \times 10^{-2} = 1{,}17\ \%.$$

> Sans autre précision, on considère que l'intervalle $[x_m - \delta x \,;\, x_m + \delta x]$ contient $x$ avec une probabilité de 95 %.

## c) Présentation du résultat des mesures : chiffres significatifs

L'incertitude $\delta x$ s'exprime avec **deux chiffres significatifs au maximum**. Les derniers chiffres conservés pour la valeur $x_m$ sont ceux sur lesquels porte l'incertitude $\delta x$.

→ *Exemple* : $x = (966 \pm 11{,}3)$ g s'écrira $x = (966 \pm 11)$ g.

### It's in English

- Capteur : *sensor*
- Détecteur : *detector*
- Sensibilité : *sensitivity*
- Conditionneur : *power conditioner*
- Erreur systématique : *systematic error*
- Erreur aléatoire : *random error*

# L'essentiel

- **Un capteur est un dispositif** qui, à partir d'une grandeur physique d'entrée appelée **mesurande (notée *m*)**, fournit une grandeur de sortie électrique appelée **réponse (notée *s*)**.

- **L'étendue de mesure** d'un capteur, notée $E$, est la plage des valeurs d'entrée dans laquelle il fonctionne correctement :

$$E = m_{max} - m_{min}$$

- **Un capteur à sortie analogique** délivre une tension ou un courant qui peut prendre toutes les valeurs dans un intervalle donné.

- **Un capteur à sortie numérique** fournit un nombre codé sur $N$ bits qui peut prendre **$2^N$ valeurs**.

- **Un capteur à sortie Tout Ou Rien (TOR)** peut prendre uniquement 2 valeurs correspondant aux niveaux logiques 0 et 1.

- **On appelle sensibilité** du capteur le rapport :

$$S = \frac{\Delta s}{\Delta m}$$

- **Pour un capteur passif**, la grandeur physique d'entrée modifie sa résistance, sa capacité ou son inductance.

- **Pour un capteur actif**, la variation de la grandeur physique d'entrée produit une variation électrique de la grandeur de sortie : tension, courant ou charge électrique.

- **Une chaîne de mesure** comprend :
  - *un capteur* et son éventuel **conditionneur de capteur** ;
  - **un conditionneur de signal**, qui traite le signal délivré par le capteur pour en extraire un signal exploitable.

- **Une erreur est systématique** lorsqu'elle contribue à toujours surévaluer (ou sous-évaluer) la valeur mesurée. Un capteur qui présente une erreur systématique faible est dit **juste**.

- **Les erreurs aléatoires** s'observent lors de la même mesure d'une grandeur physique dans des conditions identiques : différentes valeurs plus ou moins dispersées, en raison du milieu ambiant ou de l'opérateur, peuvent être obtenues. Un capteur qui présente des erreurs aléatoires faibles est dit **fidèle**.

- **Pour être précis**, un capteur doit être **juste** et **fidèle**.

- **La meilleure valeur** de la grandeur mesurée, $x_m$, est donnée par **la valeur moyenne** des différentes mesures effectuées.

$$(\text{valeur mesurée de } x) = x_m \pm \delta x$$

**$\delta x$ est appelée incertitude de mesure** de $x$ associée à un niveau de confiance. Sans autre précision, on considère que l'intervalle $[x_m - \delta x \,;\, x_m + \delta x]$ doit avoir une probabilité de 95 % de contenir $x$.

- **L'incertitude relative** $\dfrac{\delta x}{|x_m|}$ représente l'importance de l'incertitude par rapport à la grandeur mesurée.

- **L'incertitude $\delta x$ s'exprime avec deux chiffres significatifs** au maximum. Les derniers chiffres conservés pour la valeur $x_m$ sont ceux sur lesquels porte l'incertitude $\delta x$.

# Les cuisinières à gaz sont-elles sûres ?

Toutes les cuisinières à gaz récentes sont équipées d'un système de sécurité comprenant un thermocouple qui coupe automatiquement l'arrivée du gaz en cas d'extinction accidentelle de la flamme.

• ***De quoi est constitué un thermocouple ?***

Le thermocouple est reconnaissable à sa pointe « baignant » dans la flamme. Un thermocouple est un capteur de température constitué de deux métaux de nature différente soudés ensemble.

• ***Comment fonctionne un thermocouple ?***

Les thermocouples utilisent l'effet Seebeck : il apparaît une tension aux bornes de deux conducteurs de nature différente soudés en deux jonctions portées à des températures différentes. Dès l'apparition de la flamme, le thermocouple est soumis à échauffement et produit une tension qui alimente la bobine de l'éléctroaimant : le clapet s'ouvre grâce au ressort, et le gaz peut arriver.

• ***Comment fonctionne la sécurité ?***

Si la flamme vient à s'éteindre (courant d'air ou débordement), la température diminuera, la tension électrique également. L'électroaimant n'étant plus alimenté, le clapet reprendra sa position fermée d'origine, évitant ainsi toute fuite de gaz.

• ***Comment remplacer le thermocouple en cas de panne ?***

Le thermocouple est un organe assez sensible, mais il se remplace aisément. Sur la figure ci-contre sont représentées les caractéristiques de transfert de cinq thermocouples.

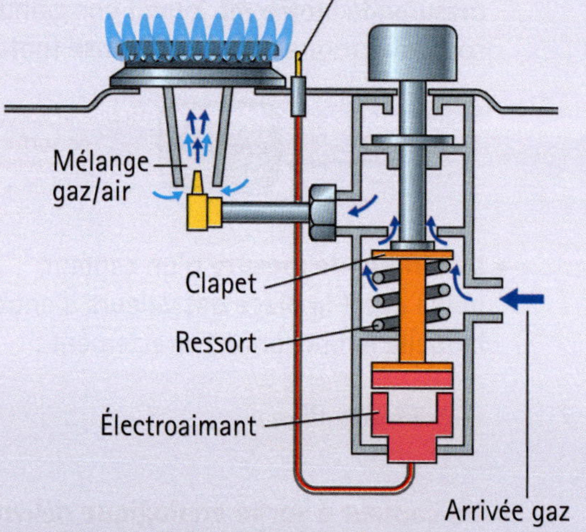


▲ *Schéma d'une cuisinière à gaz.*

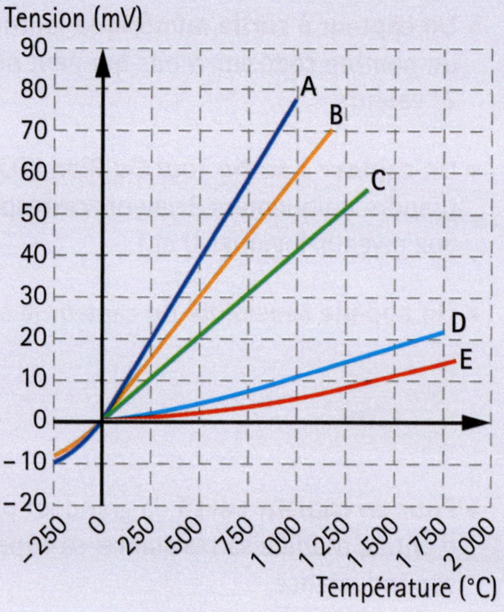


▲ *Caractéristiques de transfert de 5 thermocouples.*

**Exploiter**

**1.** Le thermocouple est-il un capteur passif ou actif ?

**2.** Sur quel effet physique repose le fonctionnement des capteurs à thermocouple ?

**3.** Déterminer le thermocouple présentant la sensibilité la plus grande à 900 °C et calculer sa valeur.

**4.** Sachant qu'à 900 °C, la tension délivrée doit être supérieure à 30 mV, quels sont les types de thermocouples utilisables pour remplacer un capteur défectueux ?

# Capteur domotique d'ensoleillement

**Objectif :** mettre en œuvre une chaîne de mesure

Une centrale domotique est reliée à un capteur solaire afin que les stores s'abaissent et se lèvent automatiquement en fonction de la position du Soleil.

## Dispositif expérimental

On utilise dans cette expérience une source lumineuse réglable, un luxmètre, un ohmmètre et une photorésistance LDR (*light dependent resistor*). La chaîne de mesure nécessite une alimentation stabilisée, un amplificateur opérationnel et une diode électroluminescente (voir schéma de la chaîne de mesure).

▲ *Photo du dispositif expérimental.*

## Réaliser et observer

### Expérience n° 1

- Éclairer la photorésistance avec la source de lumière.
- À l'aide d'un luxmètre, mesurer l'éclairement $E$ au niveau de la photorésistance, puis mesurer la résistance $R$ de ce capteur.
- Pour différentes valeurs d'intensité de la source lumineuse, noter dans un tableur les relevés de l'éclairement $E$ et de la résistance $R$ du capteur.
- Effectuer un dernier relevé en plaçant un cache sur la photorésistance.

### Expérience n° 2

- Insérer le capteur dans le montage représenté ci-contre.
- Mesurer la tension $V_B$, puis mesurer la tension $V_A$ pour les deux cas extrêmes de luminosité.
- Observer dans chaque cas l'état de la diode électroluminescente.

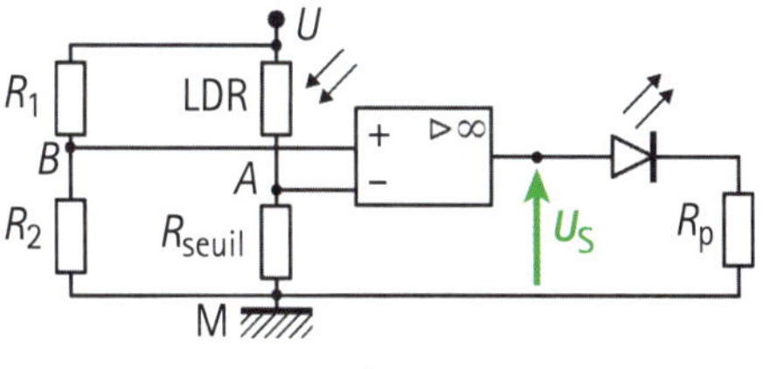


$R_1 = R_2 = R_{seuil} = 10\ k\Omega$
$R_p = 2{,}2\ k\Omega$
Amplificateur opérationnel : TL081

▲ *Schéma de la chaîne de mesure.*

**Exploiter**

1. À l'aide d'un tableur-grapheur, tracer la courbe $R = f(E)$.
2. Calculer la valeur de la sensibilité de ce capteur dans les conditions d'éclairage ambiant.
3. Comparer la mesure de la tension $V_B$ avec la valeur théorique attendue.
4. Expliquer le fonctionnement de la chaîne de mesure.

# Testez vos connaissances

*Cochez la ou les réponses exactes.*

**1** **Un capteur délivre une tension de 10 mV lorsqu'il mesure une pression de 2,2 bar. La grandeur d'entrée de ce capteur est :**

☐ **a)** une pression

☐ **b)** une tension

☐ **c)** une grandeur numérique

**2** **Un capteur délivre un courant d'intensité 25 mA lorsqu'il mesure une température de 65 °C. La grandeur de sortie de ce capteur est :**

☐ **a)** une température

☐ **b)** une grandeur analogique

☐ **c)** un courant

**3** **Un dipôle dont la résistance varie avec la température est utilisé comme capteur.**

☐ **a)** ce capteur est passif

☐ **b)** ce capteur est actif

☐ **c)** il nécessite un conditionneur de capteur

**4** **Un thermomètre médical utilise un convertisseur analogique-numérique $N = 10$ bits. Le nombre de valeurs que peut afficher ce thermomètre est :**

☐ **a)** 10 ☐ **b)** 1 024 ☐ **c)** 256

**5** **Un capteur mesure des accélérations à partir de 0,5 g jusqu'à 2 g. Son étendue de mesure vaut :**

☐ **a)** 1,5 g ☐ **b)** 2 g ☐ **c)** 15 $m \cdot s^{-2}$

**6** **Le volume d'une chaîne hi-fi est réglé par un montage potentiométrique alimenté sous 5,0 V. Pour une position angulaire donnée, on a $R_1 = 2,0$ kΩ et $R_2 = 8,0$ kΩ. La tension aux bornes de la résistance $R_2$ vaut :**

☐ **a)** 4,0 V ☐ **b)** 1,0 V ☐ **c)** 5,0 V

**7** **Une exploitation statistique de plusieurs mesures d'une résistance fournit le résultat brut suivant : $r = 100,261$ Ω avec une incertitude $\Delta r = 0,812$ Ω. On écrit le résultat sous la forme :**

☐ **a)** $r = 100$ Ω

☐ **b)** $r = [100,261 \pm 0,812]$ Ω

☐ **c)** $r = [100,3 \pm 0,8]$ Ω

**8** **Un capteur de vitesse associé à son conditionneur délivre une tension de 1 V pour une vitesse de 2 $m \cdot s^{-1}$ et une tension de 11 V pour une vitesse de 22 $m \cdot s^{-1}$. Dans cette plage de mesures, sa caractéristique de transfert est linéaire. La sensibilité de cette chaîne de mesure vaut :**

☐ **a)** $S = 2\ m \cdot s^{-1} \cdot V$

☐ **b)** $S = 0,5\ V \cdot m^{-1} \cdot s$

☐ **c)** $S = 0,5\ V \cdot m \cdot s^{-1}$

**9** **Un thermostat de bouilloire électrique permet de couper l'alimentation du thermoplongeur lorsque la température de l'eau atteint la valeur $\theta = 90$ °C avec une tolérance de 5 %.**

☐ **a)** la température de l'eau peut atteindre 92,5 °C

☐ **b)** un thermostat déclenchant à la température de 80 °C est conforme à ce cahier des charges

☐ **c)** le thermostat peut déclencher à la température de 88 °C

**10** **Un capteur de lumière utilise une photodiode qui délivre un courant électrique dont l'intensité est proportionnelle au flux lumineux reçu.**

☐ **a)** la photodiode est un capteur actif

☐ **b)** la grandeur d'entrée de ce capteur s'exprime en $W \cdot m^{-2}$

☐ **c)** la grandeur de sortie peut prendre $N = 256$ valeurs

► **Corrigés p. 266**

# Comment résoudre un exercice

## ÉNONCÉ Balance de cuisine

Une balance de cuisine comprend un capteur de force constitué de quatre jauges de contrainte collées sur une pièce métallique appelée corps d'épreuve. Les jauges de contrainte sont des conducteurs ohmiques dont la résistance varie sous l'effet de la déformation qui apparaît lorsque le corps d'épreuve est soumis à la force $F$ que l'on désire mesurer.

Pour augmenter la sensibilité du dispositif, les jauges sont montées en pont. En l'absence de forces, les quatre résistances sont identiques, de valeur nominale $R_0$. En présence de forces, deux jauges sont en extension et voient leur résistance augmenter : $R_1 = R_4 = R_0 + \Delta R$. Les deux autres, en compression, voient leur résistance diminuer : $R_2 = R_3 = R_0 - \Delta R$. La variation $\Delta R$ vérifie la relation $\frac{\Delta R}{R_0} = k \cdot F$.

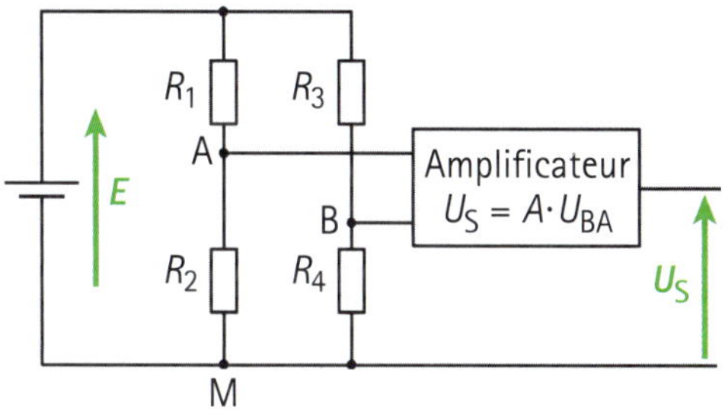


**1.** Exprimer $U_{AM}$ en fonction de $E$, $R_0$ et $\Delta R$.

**2.** Exprimer $U_{BM}$ en fonction de $E$, $R_0$ et $\Delta R$.

**3.** En déduire que $U_{BA} = \frac{\Delta R}{R_0} \cdot E$.

**4.** Montrer que la tension $U_S$ est proportionnelle à la force $F$.

**5.** Lorsque l'on soumet le corps d'épreuve à une force $F_0 = 10$ N, on mesure $U_{S0} = 2{,}2$ V.
En déduire la sensibilité $S$ du capteur, supposée constante. **Méthode 1 ▸**

**6.** Quelle tension délivrera le capteur pour une masse de $m = 2$ kg ?

**Méthode 1**
Penser à faire une analyse dimensionnelle pour déterminer l'unité de la constante $S$.

## SOLUTION

**1.** En utilisant la formule du pont potentiométrique, on obtient :
$U_{AM} = E \cdot \frac{R_2}{R_1 + R_2} = E \cdot \frac{R_0 - \Delta R}{2R_0}$. **Conseil 1 ▸**

**2.** La même démarche appliquée aux résistances $R_3$ et $R_4$ donne :
$U_{BM} = E \cdot \frac{R_4}{R_3 + R_4} = E \cdot \frac{R_0 + \Delta R}{2R_0}$.

**3.** On a $U_{BA} = U_{BM} + U_{MA} = U_{BM} - U_{AM}$.
Donc $U_{BA} = E \cdot \frac{R_0 + \Delta R}{2R_0} - E \cdot \frac{R_0 - \Delta R}{2R_0} = E \cdot \frac{R_0 + \Delta R - (R_0 - \Delta R)}{2R_0}$.
On obtient après simplification : $U_{BA} = \frac{\Delta R}{R_0} \cdot E$.

**4.** $U_S = A \cdot U_{BA} = A \cdot \frac{\Delta R}{R_0} \cdot E = A \cdot \frac{R_0 k F}{R_0} \cdot E = A \cdot k \cdot E \cdot F$.

**5.** $S = \frac{U_{S0}}{F_0} = \frac{2{,}2}{10} = 0{,}22\ \text{V} \cdot \text{N}^{-1}$.

**6.** $U_S = S \cdot F_0 = 0{,}22 \times 2 \times 9{,}8 = 4{,}31$ V. **Conseil 2 ▸**

**Conseil 1**
Utiliser la relation du montage potentiométrique.

**Conseil 2**
Calculer le poids associé à la masse $m$ avec $g = 9{,}8\ \text{m} \cdot \text{s}^{-2}$.

Habitat

Exercice avec résultat (page 266)

## Applications directes du cours

### 11 Accéléromètre de smartphone

Un accéléromètre de smartphone est un capteur qui permet de mesurer l'accélération linéaire de ce dernier selon les trois directions de l'espace. On s'intéresse à un accéléromètre dont la sensibilité est constante et vaut $S = 145 \times 10^{-3}$ V·m$^{-1}$·s$^{2}$.

**1.** Préciser la grandeur d'entrée du capteur, ainsi que son unité.

**2.** La grandeur de sortie est-elle analogique ou numérique ?

**3.** Calculer la valeur de la tension délivrée par l'accéléromètre si votre smartphone vous échappe des mains ($g = 9{,}8$ m·s$^{-2}$).

### 12 Codeur rotatif incrémental d'imprimante

Une imprimante utilise un capteur de position appelé codeur incrémental qui délivre 256 impulsions par tour. Lors du fonctionnement, un compteur électronique a relevé 5 320 impulsions pendant une durée de 0,45 s.

**1.** La sortie de ce capteur de position est-elle analogique ou numérique ?

**2.** Calculer la vitesse angulaire de l'arbre moteur correspondante, exprimée en tr·min$^{-1}$.

### 13 Mon frigo fait de la résistance ;-)

Un capteur de température est constitué d'une thermistance CTN $R_\theta$ insérée en série avec une résistance $R_1 = 56$ kΩ. La température à l'intérieur du réfrigérateur est de 6,0 °C, la résistance de la thermistance CTN est alors de 8,4 kΩ = $R_\theta$.

Calculer la tension de sortie $U_S$ du montage potentiométrique qui est alimenté sous la tension $E = 12$ V.

### 14 Mon moteur chauffe !

La température d'un moteur électrique est mesurée à l'aide d'un capteur de température. On obtient le tableau de mesures suivant :

| Mesure n° 1 | Mesure n° 2 | Mesure n° 3 | Mesure n° 4 | Mesure n° 5 |
|---|---|---|---|---|
| 55,1 °C | 56,4 °C | 56,6 °C | 54,9 °C | 57,0 °C |

**1.** Calculer la meilleure estimation $\theta_m$ de la température du moteur.

**2.** Les caractéristiques du capteur permettent d'évaluer l'incertitude des mesures : $\delta\theta = 2{,}38$ °C. Donner le résultat de la mesure de la température $\theta$ du moteur sous une forme utilisant deux chiffres significatifs pour l'incertitude.

### 15 Chiffres significatifs

Réécrire les résultats des mesures suivantes sous la forme la plus appropriée et exprimer les intervalles correspondants :

$x = 3{,}323 \pm 1{,}4$ mm ; $t = 1\,234{,}567 \pm 5{,}321$ s ;

$\lambda = 5{,}33 \times 10^{-7} \pm 3{,}21 \times 10^{-9}$ m ;

$i = 0{,}000\,000\,538 \pm 0{,}000\,000\,03$ A

### 16 Ma mesure est unique !

On effectue une mesure de tension avec un voltmètre dont le constructeur indique la précision : 0,03 % de la valeur lue + 2 digits.

**1.** Calculer l'erreur $\varepsilon$ entachant la mesure lorsque le voltmètre indique 7,843 V.

**2.** Sachant que l'incertitude associée au résultat d'une mesure unique est donnée par l'expression suivante $(\delta x)_{95\,\%} = \frac{\varepsilon}{\sqrt{3}}$, exprimer le résultat de la mesure de la tension sous la forme V ± δ V.

### 17 Laquelle sera la plus fidèle ?

Une procédure d'étalonnage effectuée sur deux balances de cuisine, dans des conditions de mesure identiques, a donné les résultats suivants :

| | Balance 1 | Balance 2 | | Balance 1 | Balance 2 |
|---|---|---|---|---|---|
| Mesure 1 | 105 | 92 | 5 | 107 | 105 |
| 2 | 104 | 107 | 6 | 106 | 90 |
| 3 | 103 | 100 | 7 | 104 | 107 |
| 4 | 105 | 94 | 8 | 102 | 98 |

**1.** Calculer la meilleure estimation $m_1$ et $m_2$ fournie par chaque balance.

**2.** Déterminer la balance qui est la plus fidèle en calculant l'écart-type $\sigma$ de chaque série de mesures.

*Données :* $\sigma = \sqrt{\frac{\sum(m_i - \overline{m})^2}{N}}$.

$N$ : nombre de mesures ; $\overline{m}$ : valeur moyenne.

## Exercices d'entraînement

### 18 Surchauffe du lave-vaisselle

Un lave-vaisselle en panne affiche un code d'erreur « d04 ». La notice invite à contrôler la thermistance CTN dont la caractéristique de transfert est représentée ci-dessous :

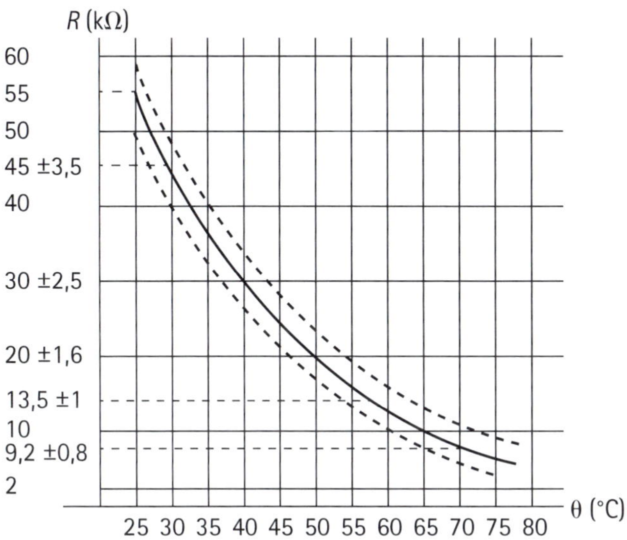


**1.** Quel appareil de mesure doit-on utiliser pour vérifier le bon fonctionnement du capteur ?

**2.** Quelle valeur doit-on mesurer à la température ambiante de 25 °C ?

**3.** Lors d'un cycle de lavage, la température s'élève à 65 °C. Quelle est alors la valeur de la résistance de la thermistance ?

**4.** La caractéristique de ce capteur de température est-elle linéaire ?

**5.** L'abréviation CTN signifie coefficient de température négatif. Justifier cette appellation.

### 19 Hygrostat

Dans la salle de bain, un hygrostat évite la formation de buée sur les surfaces grâce à la régulation de l'humidité relative de l'air ($H_r$) : lorsque l'humidité relative dépasse une valeur prédéfinie, une pompe s'enclenche et évacue l'air humide.

Le constructeur fournit les informations suivantes :

Capteur d'humidité capacitif, fibres synthétiques.
Étendues de mesure de l'humidité : 0 à 100 % $H_r$.
Plages de réglage de l'hygrostat : 30 ... 100 % $H_r$.
Différentiel de l'hygrostat : env. 4 % $H_r$.
Influence de la température à 45 % $H_r$ typique : – 0,05 % $H_r$/°C.

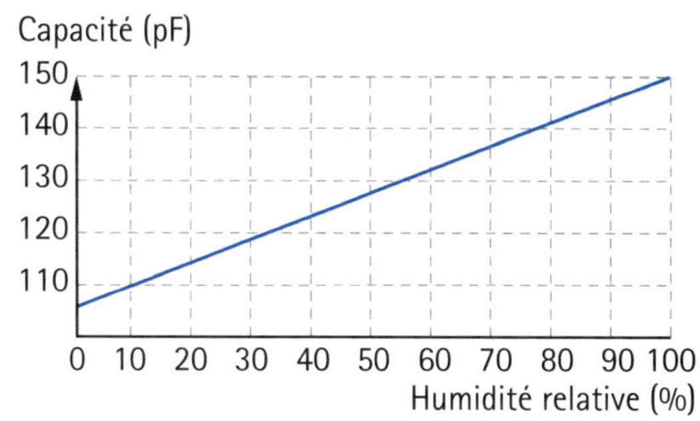


**1.** Le capteur d'humidité doit-il être associé à un conditionneur de capteur ?

**2.** Pour une humidité relative de 50 %, donner la valeur de la capacité du capteur.

**3.** Dans quelle unité s'exprime la sensibilité $S$ de ce capteur d'humidité ? Calculer sa valeur.

**4.** On a mesuré $H_r$ = 45 % à 20 °C. Que vaut la valeur de $H_r$ lorsque la température de la pièce vaut 40 °C ?

### 20 Anticyclone, beau temps, mer calme

Les stations météo mesurent la pression atmosphérique pour anticiper l'évolution des conditions climatiques. Le capteur de pression est prévu pour mesurer des pressions absolues variant de 300 mbar à 2 000 mbar. La caractéristique de transfert du capteur de pression est représentée ci-dessous :

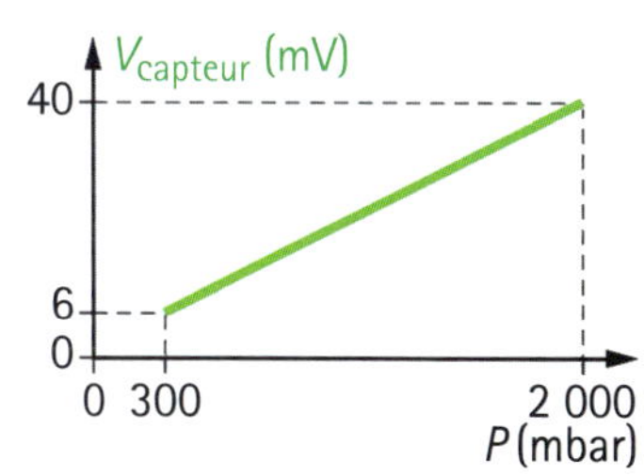


**1.** À partir de sa caractéristique de transfert, calculer la sensibilité $S$ en µV/mbar de ce capteur de pression.

**2.** Déterminer la tension délivrée par ce capteur pour une pression de 1 013 mbar.

**3.** Pour pouvoir être numérisée, la tension de sortie du conditionneur est amplifiée.

Quelle doit être la valeur $A$ de l'amplificateur afin d'obtenir une tension de 5 V lorsque la pression est de 2 000 mbar ?

Exercice avec résultat (page 266)

## 21 Lave-linge

La fonction de la sonde de température est de mesurer la température de l'eau dans la cuve. Cette sonde peut être logée dans un thermoplongeur (communément appelé « résistance »).

**1.** À l'aide d'un tableur et pour une température allant de 0 °C à 100 °C, tracer la caractéristique de transfert $R(T)$ de la thermistance, sachant qu'elle vérifie la relation suivante : $R(T) = R_0 e^{B\left(\frac{1}{T} - \frac{1}{T_0}\right)}$ avec $R_0 = 350$ kΩ, $B = 2\,000$ K et $T_0 = 273$ K.

**2.** Calculer la valeur de la sensibilité $S$ en $\Omega \cdot K^{-1}$ lorsque la sonde de température fonctionne à 30 °C, puis à 60 °C.

## 22 Sonde Pt 100

Les thermomètres à résistance de platine comme la sonde Pt100 sont des capteurs de mesure de température à haute stabilité pour une large plage de mesures.

On a relevé la caractéristique $R = f(\theta)$ de la sonde à l'aide d'un multimètre et d'un thermomètre :

| Température (°C) | Résistance (Ω) |
|---|---|
| 21,1 | 110,1 |
| 24,9 | 112,3 |
| 30,1 | 114,2 |
| 34,8 | 116,6 |
| 39,9 | 118,0 |
| 45,0 | 119,6 |
| 50,2 | 121,1 |
| 54.8 | 123,1 |
| 60,1 | 126,3 |
| 65,0 | 128,9 |
| 69.9 | 132,1 |
| 74,8 | 135,0 |
| 80,0 | 137,2 |

**1.** Tracer la courbe à l'aide d'un tableur et linéariser la caractéristique sous la forme $R = a + b \cdot \theta$.

**2.** Déterminer les erreurs $\varepsilon_R$ et $\varepsilon_\theta$ introduites par le multimètre et le thermomètre pour le dernier point de mesure.

**3.** Calculer la résistance de la sonde à 100 °C.

*Données* : précision de l'ohmmètre 0,06 % de la valeur lue + 2 digits ; précision du thermomètre : 0,8 °C + 1 digit.

## 23 OBJECTIF BAC Arrosage automatique

Une installation d'arrosage automatique, pour être efficace et économe en eau, ne doit arroser que lorsque c'est nécessaire.

Trois capteurs informent le programmateur des conditions d'humidité du sol, de la température de l'air et de l'éclairement.

On s'intéresse au circuit suivant :

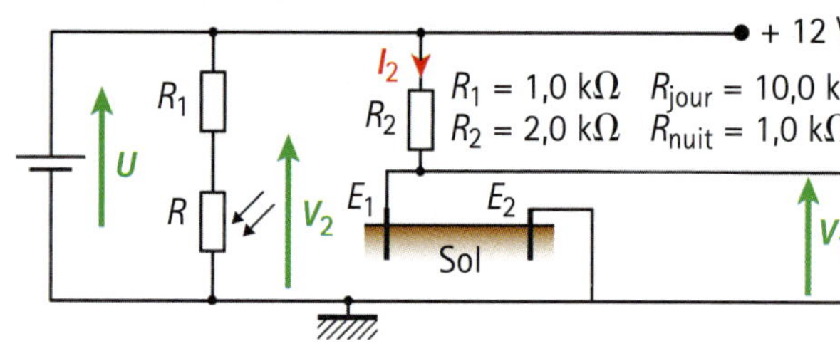


**1.** Établir l'expression littérale de la tension $V_2$ en fonction de $U$, $R_1$ et $R$.

**2.** En déduire la valeur de la tension $V_2$ le jour, puis la nuit.

**3.** Établir la relation entre $V_1$, $U$, $R_2$ et $I_2$.

**4.** Calculer la tension $V_1$ dans les deux cas suivants :

- le sol est sec, la résistance du sol est telle que $I_2 = 3$ mA ;
- le sol est humide, la résistance du sol est telle que $I_2 = 6$ mA.

## 24 It's in English

A gas pilot burner uses a thermocouple to detect the pilot light flame.

Tension $E$ generated by this temperature sensor can be expressed in the following manner:

$E = K.\theta$ with $K = 41$ µV/°C

Work out the tension generated by the temperature sensor when the flame temperature reaches 900 °C.

CHAPITRE 6

# Produits d'entretien Réactions acide-base

De nombreux produits ménagers sont utilisés pour entretenir, nettoyer, dégraisser et désinfecter les habitations. Utilisés quotidiennement, ils aident à éliminer les graisses, les micro-organismes ou le calcaire.

**➔ Quels sont les principaux produits d'entretien utilisés dans l'habitat ? Quels sont leurs modes d'action et comment les utiliser sans risque ?**

### Capacités

- Citer des produits d'entretien couramment utilisés dans l'habitat (détartrants, déboucheurs, savons, détergents, désinfectants, dégraissants…) ; reconnaître leur nature chimique et leurs précautions d'utilisation (étiquette, pictogramme).
- Connaître les termes suivants : acide, base, couple acide/base.
- Écrire une réaction acide-base, les couples acide/base étant donnés.
- Citer le sens de variation du pH en fonction de l'évolution de la concentration en $H^+(aq)$.

1 Activité documentaire

# Des produits aux caractères différents…

Les propriétés chimiques des produits d'entretien permettent de les classer en trois grandes familles : acides, neutres et basiques (ou alcalins). Ces propriétés acido-basiques sont souvent associées à un usage. Ainsi, les produits **très acides** sont généralement des détartrants (sanitaires, cafetières, électroménager) ; les produits **acides** sont des liquides de rinçage, des désincrustants… ; les produits **neutres** sont utilisés sur les surfaces fragiles ou sur la peau, car ils sont moins agressifs ; les produits **basiques** sont des lessives, des dégraissants, des savons, des liquides vaisselle et les produits **très basiques** sont des déboucheurs pour canalisations, des produits pour lave-vaisselle, des décapants, des nettoyants fours ou de l'eau de Javel.

▲ *Déboucheur.*

▲ *Lessive liquide.*

▲ *Détartrant.*

▲ *Nettoyant four.*

▲ *Étiquette DesTop.*

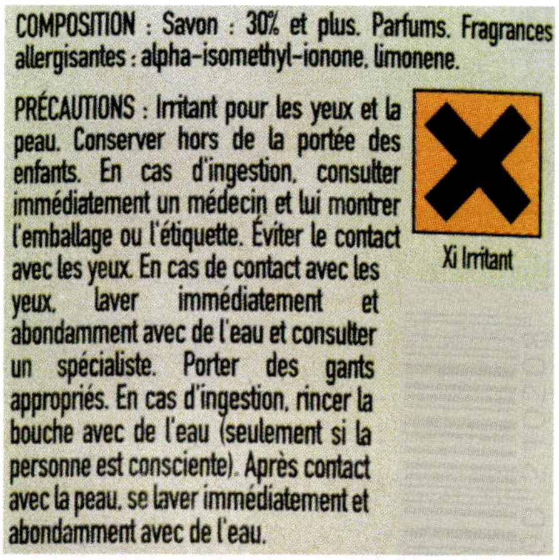

▲ *Savon noir traditionnel écologique.*

**Exploiter**

**1.** Classer les cinq produits d'entretien ci-dessus selon leur caractère acido-basique (de très acide à très basique).

**2.** Indiquer les risques associés au DesTop, ainsi que les précautions de stockage et d'utilisation.

**3.** Indiquer si le produit « écologique » est considéré sans danger. Retrouver l'avantage écologique que représente l'usage d'un tel produit.

2 Activité expérimentale

## ➔ Comment déterminer expérimentalement le caractère acide ou basique d'un produit ménager ?

Le papier pH est un moyen simple pour classer les produits ménagers du plus acide au plus basique.

### Dispositif expérimental

| Produits | Matériel | |
|---|---|---|
| Eau de Javel diluée, lessive liquide, liquide de rinçage pour lave-vaisselle, produit vaisselle... | - Papier pH<br>- Coupelle<br>- Eau distillée | - Baguettes de verre<br>- Tubes à essai et bouchons |

### Réaliser et observer

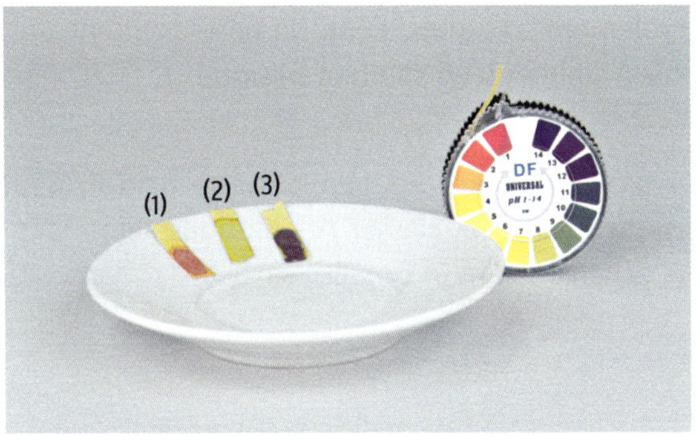


▲ *Tubes à essai : (1) liquide de rinçage ; (2) liquide vaisselle ; (3) eau de Javel.*

- Verser environ 1 cm de chacun des produits dans les tubes à essai.
- Déposer sur le papier pH une goutte d'un des produits à l'aide d'une baguette de verre. Comparer la couleur du papier pH au nuancier et noter la valeur de pH correspondante.
- Recommencer pour chacun des produits.

### Exploiter

**1.** Classer les valeurs de pH, de la plus petite à la plus grande.

**2.** Utiliser le tableau ci-dessous pour déterminer le caractère acido-basique des produits testés.

| pH | Caractère acido-basique |
|---|---|
| 0 à 3 | Fortement acide |
| 3 à 6 | Acide |
| Environ 7 | Neutre |
| 8 à 11 | Basique (alcalin) |
| 11 à 14 | Fortement basique (alcalin) |

**3.** Indiquer les produits qu'il faut utiliser avec précaution.

**Quels sont les principaux produits d'entretien utilisés dans l'habitat ?**

Habitat

# Cours

## 1 Produits d'entretien dans l'habitat

### a) Propriétés acido-basiques

Les produits d'entretien correspondent à des **usages variés** : laver, dégraisser, détartrer, déboucher les canalisations, décaper, désinfecter, cirer, protéger des sols...

On peut distinguer les produits ayant des propriétés acido-basiques qui leur permettent d'être efficaces (solutions acides pour détartrer ou solutions basiques corrosives pour déboucher) et ceux qui contiennent une **substance active** ayant des propriétés acido-basiques, mais dont l'efficacité est due à d'autres propriétés (les savons sont des *tensioactifs* généralement basiques, l'eau de Javel contient un *oxydant* qui n'est stable qu'en solution basique...).

**Les produits ménagers peuvent être acides, neutres ou basiques.** On peut classer ces produits selon leur pH sur une échelle de 0 à 14.

▲ *Produits d'entretien acides.*

▲ *Produits d'entretien basiques.*

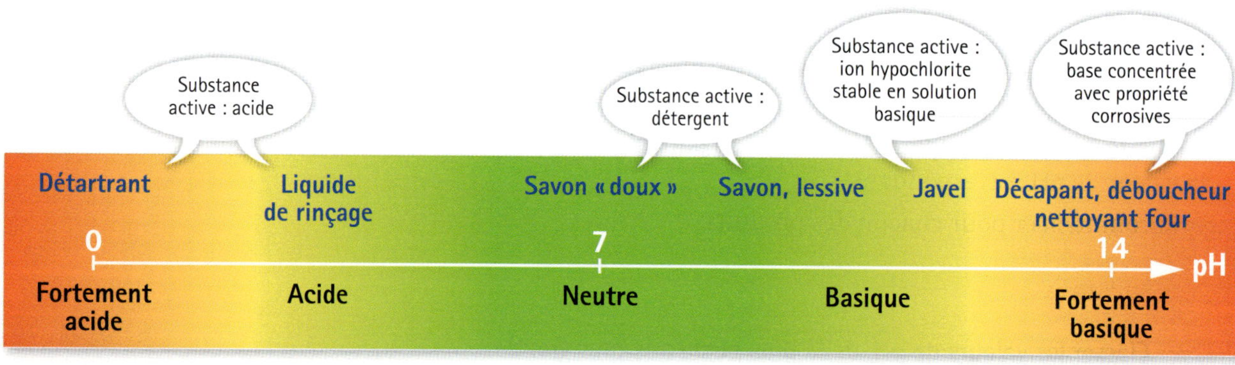


▲ *pH pour différents produits d'entretien.*

### b) Précautions d'utilisation

**Les produits ménagers doivent être stockés et utilisés avec précaution.** Leurs emballages portent :

- des conseils : conserver hors de portée des enfants, éviter le contact avec les yeux, ne pas ingérer... ;
- des conduites à tenir en cas d'accident : après contact, rincer abondamment avec de l'eau ; en cas d'ingestion, consulter un médecin...

Les étiquettes des produits ménagers portent souvent des pictogrammes utilisés pour les produits chimiques (voir tableau ci-après).

| Nouveaux pictogrammes (depuis 2010) | Anciens pictogrammes (jusqu'en 2015) | Signification |
|---|---|---|
|  SGH 02 |  F ou F+ | Inflammable : substance qui s'enflamme facilement. Danger d'incendie.<br>Précautions : manipuler loin de toute flamme ou étincelle.<br>Produits ménagers : aérosols, détachants... |
|  SGH 05 |  C | Corrosif : substance corrosive qui attaque et ronge différents matériaux, notamment les tissus organiques.<br>Précautions : ne pas respirer les vapeurs de ce produit et éviter tout contact avec les yeux, la peau et les vêtements.<br>Produits ménagers : déboucheurs, détartrants... |
|  SGH 07 |  Xn ou Xi | Toxique, irritant : substance pouvant provoquer une somnolence, des allergies, des vertiges ou pouvant irriter la peau, les yeux et les voies respiratoires.<br>Précautions : ne pas inhaler ou ingérer, et éviter tout contact avec la peau ou les yeux.<br>Produits ménagers : lessives, produits nettoyants pour lave-vaisselle, Javel. |
|  SGH 09 |  N | Dangereux pour l'environnement<br>Précautions : ne pas rejeter dans les eaux usées.<br>Produits ménagers : désinfectants, insecticides, pastilles de Javel... |

## 2 Acides et bases

### a) Définitions

On appelle **acide** une espèce susceptible de **céder au moins un proton** $H^+$. On appelle **base** une espèce susceptible de **capter au moins un proton** $H^+$.

### b) Couple acide/base (couple acido-basique)

Un acide qui a perdu un proton se transforme en une espèce susceptible de capter un proton : la base conjuguée de l'acide. On parle de couple acide/base.

À chaque **acide** est associée sa **base conjuguée**. On passe de l'un à l'autre par perte ou gain d'un **proton**.

→ *Exemple* : $HClO(aq)/ClO^-(aq)$ : acide hypochloreux/ion hypochlorite.

### c) Couples de l'eau

La molécule d'eau $H_2O$ est susceptible de gagner ou de perdre un proton. Elle peut se comporter comme un acide ou comme une base, et appartient à deux couples acide/base : l'eau est l'acide du couple $H_2O(\ell)/HO^-(aq)$ et la base du couple $H_3O^+/H_2O(\ell)$. Une espèce pouvant se comporter comme un acide ou comme une base est appelée un **ampholyte** (l'adjectif associé est amphotère).

$H_2O(\ell)/HO^-(aq)$
Eau/ion hydroxyde

$H_3O^+/H_2O(\ell)$
Ion oxonium/eau

▲ *L'eau est un ampholyte.*

Habitat

### d) Demi-équation protonique

Un acide et sa base conjuguée sont reliés par une demi-équation protonique.

**acide ⇌ base + $H^+$**

→ *Exemples* : $HClO(aq) \rightleftharpoons ClO^-(aq) + H^+$

$H_3O^+(aq) \rightleftharpoons H_2O(\ell) + H^+$

## 3 Réaction acido-basique

Une **réaction acido-basique** fait intervenir deux couples acide/base et correspond à l'échange d'un proton entre l'acide d'un couple (qui cède le proton) et la base de l'autre couple (qui capte le proton).

**$\text{acide}_1 + \text{base}_2 \rightleftharpoons \text{base}_1 + \text{acide}_2$**

→ *Exemples* :

Réaction entre l'acide hypochloreux et l'ion hydroxyde (couples $HClO(aq)/ClO^-(aq)$ et $H_2O(\ell)/HO^-(aq)$) :

$$HClO(aq) + HO^-(aq) \longrightarrow ClO^-(aq) + H_2O(\ell)$$

Réaction entre l'acide acétique (éthanoïque) et l'ammoniaque (couples $CH_3COOH(aq)/CH_3COO^-(aq)$ et $NH_4^+(aq)/NH_3(aq)$) :

$$CH_3COOH(aq) + NH_3(aq) \longrightarrow CH_3COO^-(aq) + NH_4^+(aq)$$

Il ne faut pas confondre les protons $H^+$ et les ions oxonium $H_3O^+$, parfois représentés par $H^+(aq)$.

Les protons ne peuvent se trouver libres en solution et n'apparaissent jamais dans l'écriture d'une réaction.

## 4 Retour sur l'échelle de pH

Le pH donne une information sur le caractère acide ou basique d'une solution. Sa valeur est comprise entre 0 et 14 pour des solutions aqueuses. Le sigle pH signifie « potentiel d'hydrogène ». Il varie avec la **concentration en ions oxonium $H_3O^+$** (aussi représentés par $H^+(aq)$) :

**$pH = -\log [H_3O^+]$ $\quad$ $[H_3O^+] = 10^{-pH}$**

**Plus la concentration en ions $H_3O^+$ d'une solution est importante, plus le pH de cette solution est faible (solution acide).**
Inversement, si la concentration en $H_3O^+$ est faible, le pH est important (la concentration en ions hydroxyde $HO^-(aq)$ est alors importante).

| $[H_3O^+]$ ($mol \cdot L^{-1}$) | pH |
|---|---|
| $1,0 \times 10^{-1}$ | 1 |
| $1,0 \times 10^{-4}$ | 4 |
| $1,0 \times 10^{-7}$ | 7 |
| $1,0 \times 10^{-10}$ | 10 |
| $1,0 \times 10^{-13}$ | 13 |

▲ *$pH = -\log [H_3O^+]$.*

log est le symbole de la fonction « logarithme de base dix » que vous trouverez sur vos calculettes.

**It's in English**

- Produit ménager : *household product*
- Acide : *acid*
- Base : *base or alkali*
- Solution acide : *an acid solution*
- Solution basique : *an alkali solution*
- Savon : *soap*
- Détergent : *detergent*
- Réaction acide-base : *an acid base reaction*
- Corrosif : *corrosive*
- Précautions d'utilisation : *instructions before use*

# L'essentiel

- **Les produits d'entretien ménagers** permettent de nettoyer, désinfecter, dégraisser, détartrer... Ils peuvent être acides, neutres ou basiques.

- **Les solutions fortement acides ou basiques sont corrosives** et doivent être manipulées avec précaution. Des **pictogrammes** indiquent les dangers et précautions d'utilisation (gants, lunettes...).

- **Le pH d'une solution** est une grandeur mesurable qui permet de déterminer son caractère acide ou basique.

$pH = -\log[H_3O^+]$ $[H_3O^+] = 10^{-pH}$

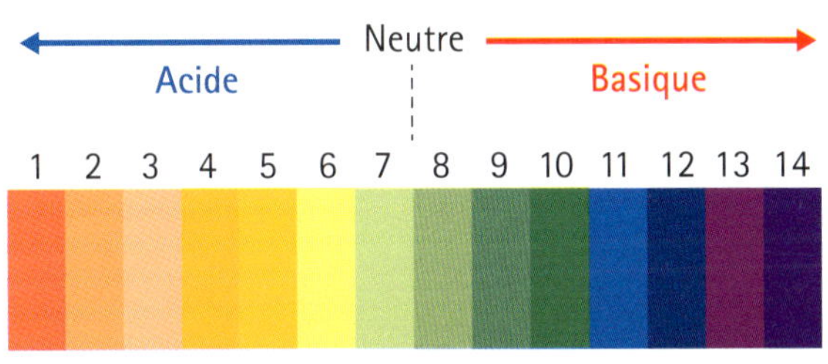


Les couleurs des papiers pH dépendent des indicateurs colorés utilisés.

- **Plus la concentration en $H^+$(aq)** (ions oxonium aussi notés $H_3O^+$(aq)) d'une solution aqueuse est importante, plus la valeur du pH est faible, et plus la solution est corrosive. De même, une solution avec un pH élevé est corrosive.

- **Un acide** est une espèce chimique susceptible de céder un proton $H^+$.

- **Une base** est une espèce chimique susceptible de capter un proton $H^+$.

- **Un couple acide/base** est constitué d'un acide et de sa base conjuguée. Un acide ayant cédé un proton se transforme en sa base conjuguée. Une base ayant capté un proton se transforme en son acide conjugué.

- **Un ampholyte** peut se comporter comme un acide ou comme une base.

  → *Exemple de l'eau :*

  $H_2O(\ell)/HO^-(aq)$
  eau/ion hydroxyde

  $H_3O^+/H_2O(\ell)$
  ion oxonium/eau

- **Un indicateur coloré acido-basique** est un couple acide/base pour lequel l'acide et la base ont des couleurs différentes.

- **Une demi-équation protonique** est associée à chaque couple acide/base :

$$\text{acide} \rightleftharpoons H^+ + \text{base}$$

- **Une réaction acide-base** fait intervenir deux couples et correspond à l'échange d'un proton entre l'acide d'un couple et la base de l'autre couple. **Elle est symbolisée par une équation acide-base** :

$$\text{acide}_1 + \text{base}_2 \longrightarrow \text{base}_1 + \text{acide}_2$$

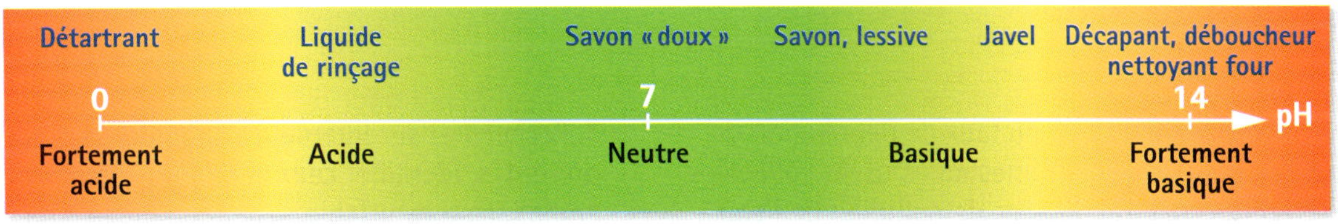


▲ *pH pour différents produits d'entretien.*

Habitat

# Extraire l'information utile

## Des gestes écocitoyens...

**La pollution des produits ménagers peut intervenir à différents niveaux : milieux aquatiques, air, sols...**

▲ *L'eutrophisation liée au rejet de phosphates provoque la mort de l'écosystème.*

• La plupart des produits d'entretien se retrouvent dans les eaux usées domestiques. Environ 90 % de ces eaux sont collectées dans un réseau d'assainissement qui présente des pertes par fuites : 70 % aboutissent à une station d'épuration qui élimine une partie des polluants avec un rendement d'environ 73 %. Au total, uniquement 50 % des polluants sont éliminés avant que les eaux usées ne retournent dans l'environnement ! Les poissons et autres espèces aquatiques sont sensibles à la valeur du pH de l'eau. Le rejet de produits ménagers très acides ou très basiques provoque leur asphyxie. Les phosphates sont responsables de l'**eutrophisation**.

C'est une forme de pollution qui se produit lorsque le milieu reçoit trop de matières nutritives assimilables par les algues qui prolifèrent. Le passage de la lumière est bloqué, ce qui conduit à l'asphyxie et à la mort de l'écosystème en quelques années.

• La loi impose que les tensioactifs (aussi appelés agents de surface) contenus dans les produits ménagers soient biodégradables à plus de 90 %. Les tensioactifs non ioniques sont particulièrement polluants, car peu biodégradables. Ils entraînent la mort de poissons et de plantes dans les cours d'eau ou lacs.

F Composition
Pour ingrédients : www.rbeuroinfo.com :
5 %-15 % : Agents de surface anioniques ;
< 5 % : Agents de surface non ioniques, Savons, Benzisothiazolinone, Methylisothiazolinone, Parfums, Hexyl Cinnamal, Butyl Phenyl Methyl Propional Linalool, Citronellol

▲ *Étiquette de lessive.*

• Les produits ménagers participent à la **pollution de l'air** à l'intérieur des habitations. Ils peuvent être responsables d'irritations ou d'allergies respiratoires. Il faut éviter les mélanges de produits d'entretien. L'eau de Javel en mélange avec des produits contenant de l'acide (détartrant, nettoyant pour sanitaires...) produit un gax toxique : le dichlore. En mélange avec des produits contenant de l'ammoniaque, elle produit des chloramines gazeuses, encore plus toxiques.

• **Comment agir** ? Limiter les doses utilisées en respectant les indications. Utiliser les produits les moins dangereux et augmenter leur efficacité en les utilisant avec de l'eau chaude. Choisir les produits qui contiennent le moins d'additifs (azurants, adoucissants, parfums...). Éviter certains produits en aérosols et produits de « confort » comme les parfums d'ambiance. Recycler les emballages et limiter leur volume en prenant des produits concentrés.

**Exploiter**

**1.** Retrouver la valeur du taux de dépollution de 50 % pour les eaux domestiques usées collectées. Proposer d'autres sources de pollution de l'eau.

**2.** Indiquer si le produit dont l'étiquette est présentée respecte la législation sur les tensioactifs.

**3.** Rechercher sur Internet ce qu'indiquent les sigles présentés. Identifier ceux qui représentent un emballage « recyclable », un emballage « recyclé » ou aucune de ces indications.

## Réalisation de solutions détartrantes et mesure de leur acidité

**Objectif :** étudier le pH de solutions d'un même acide à des concentrations différentes

### Dispositif expérimental

| Produit | Matériel |
|---|---|
| Sachet de détartrant pour cafetière solide (acide sulfamique)  | – Balance, coupelle<br>– Fiole jaugée de 100 mL<br>– Pipette jaugée de 10 mL<br>– Béchers numérotés<br>– pH-mètre et solutions tampons |

### Réaliser la solution détartrante

La notice indique qu'il faut dissoudre un sachet de 20 g dans 500 mL d'eau. Lorsque l'acide sulfamique se dissout, il réagit immédiatement et totalement avec l'eau pour former les ions sulfamate et oxonium :

$$NH_2SO_3H(aq) + H_2O(\ell) \longrightarrow NH_2SO_3^-(aq) + H_3O^+$$

On prépare 100 mL d'une solution $S_0$ de même concentration $c_0$ en acide sulfamique que la solution détartrante :

- Peser une masse $m = 4{,}0$ g d'acide sulfamique dans une coupelle.
- Remplir un tiers de la fiole jaugée avec de l'eau distillée et y introduire les cristaux d'acide sulfamique en rinçant la coupelle.
- Compléter la fiole jusqu'au trait de jauge avec de l'eau distillée, agiter la solution pour l'homogénéiser et la verser dans un bécher.

### Réaliser les solutions diluées

- **Solution diluée $S_1$ de concentration $c_1$** : prélever à l'aide de la pipette 10 mL de la solution $S_0$ et les verser dans la fiole jaugée de 100 mL préalablement rincée.

  Compléter jusqu'au trait de jauge, homogénéiser et verser la solution dans un bécher.
- **Solution diluée $S_2$ de concentration $c_2$** : on procède comme précédemment, mais en prélevant 10 mL de la solution de concentration $c_1$.

### Mesurer la valeur du pH des trois solutions

- Étalonner le pH-mètre à l'aide de deux solutions tampons.
- Relever de la même façon les valeurs de pH pour les solutions $S_0$, $S_1$ et $S_2$.

**Exploiter**

**1.** Faire l'inventaire des espèces chimiques présentes dans les solutions préparées.

**2.** Indiquer les concentrations de ces espèces dans les trois solutions.

**3.** Comparer l'évolution du pH et de la concentration en ions oxonium $H_3O^+$ pour les trois solutions. Conclure sur le sens de variation du pH en fonction de l'évolution de la concentration en ions oxonium $H_3O^+$ (aussi représentés par $H^+(aq)$).

## S'entraîner

# Testez vos connaissances

*Cochez la ou les réponses exactes.*

**1** **Les produits d'entretien liquides utilisés dans nos habitations sont des solutions qui peuvent être :**

☐ **a)** acides

☐ **b)** basiques

☐ **c)** neutres

**2** **Une espèce chimique acide est susceptible de :**

☐ **a)** céder un proton

☐ **b)** capter un proton

☐ **c)** réagir avec une espèce chimique acide

**3** **Une espèce chimique basique est susceptible de :**

☐ **a)** céder un ou des protons

☐ **b)** capter un ou des protons

☐ **c)** réagir avec une espèce chimique acide

**4** **Lorsque l'on dissout une espèce chimique acide dans de l'eau pure (pH = 7) :**

☐ **a)** le pH est inchangé

☐ **b)** le pH diminue

☐ **c)** le pH augmente

**5** **Plus la concentration en ions $H^+$(aq) d'une solution est importante :**

☐ **a)** plus la valeur du pH est élevée

☐ **b)** plus la valeur du pH est faible

☐ **c)** plus la solution est acide

**6** **Une réaction acide-base fait intervenir comme réactifs :**

☐ **a)** une espèce acide et sa base conjuguée

☐ **b)** deux espèces acides

☐ **c)** une espèce acide d'un couple acide/base et la base d'un second couple

**7** **Une espèce acide qui a réagi :**

☐ **a)** a cédé un proton à une espèce basique

☐ **b)** est transformée en sa base conjuguée

☐ **c)** demeure une espèce acide

**8** **L'acide éthanoïque (acide acétique) a pour formule $CH_3CO_2H$. Sa base conjuguée a pour formule :**

☐ **a)** $CH_3CO_2^+$

☐ **b)** $CH_3CO_2^-$

☐ **c)** $CH_3CO_2H^+$

**9** **L'ammoniac est une base qui a pour formule $NH_3$. C'est la base conjuguée de l'ion ammonium de formule :**

☐ **a)** $NH_3^+$

☐ **b)** $NH_2^-$

☐ **c)** $NH_4^+$

**10** **Un produit d'entretien est corrosif :**

☐ **a)** si la valeur de son pH est proche de 7

☐ **b)** si c'est une solution très basique

☐ **c)** s'il a une très faible concentration en ions $H^+$(aq), ce qui correspond à une valeur de pH proche de 14

▶ **Corrigés p. 266**

# Comment résoudre un exercice

## ÉNONCÉ Deux acides pour détartrer

**1.** L'acide chlorhydrique est fabriqué par dissolution du chlorure d'hydrogène HCl(g) dans l'eau. Il réagit entièrement avec l'eau pour former des ions oxonium $H_3O^+$. Les couples acide/base mis en jeu sont $HCl/Cl^-$ et $H_3O^+/H_2O$.

Écrire l'équation de la transformation acido-basique qui a lieu lors de la dissolution du chlorure d'hydrogène. **Méthode 1 ▶**

**2.** L'acide chlorhydrique est utilisé pour dissoudre le calcaire (carbonate de calcium $CaCO_3$) en réagissant avec les ions carbonate en solution $CO_3^{2-}$(aq) (couple hydrogénocarbonate : $HCO_3^-/CO_3^{2-}$).

Écrire l'équation de la transformation acido-basique qui a lieu lors de la dissolution du calcaire par l'acide chlorhydrique. **Méthode 2 ▶**

**3.** L'acide citrique est un solide blanc de formule $C_6H_8O_7$ qui forme avec l'ion citrate le couple $C_6H_8O_7/C_6H_8O_7^-$. On dissout de l'acide citrique pour obtenir une solution détartrante. On considère que, dans ces conditions, l'acide citrique ne réagit pas avec l'eau.

Écrire l'équation de la transformation acido-basique qui a lieu lors de la dissolution du calcaire par l'acide citrique. **Méthode 2 ▶**

**4.** Les deux solutions détartrantes préparées ont la même concentration en acide apporté.

a) Indiquer la solution qui a la plus forte concentration en ions oxonium $H_3O^+$.

b) En déduire la solution qui a le pH de plus grande valeur.

**Méthode 1**
On identifie les deux couples mis en jeu et on vérifie que les réactifs sont l'acide d'un couple et la base du second.
La base et l'acide restants sont les produits.

**Méthode 2**
On fait un bilan des espèces acides dans la solution afin d'identifier l'acide qui va réagir.

Habitat

## SOLUTION

**1.** Les réactifs sont le chlorure d'hydrogène (HCl) et l'eau ($H_2O$). Le chlorure d'hydrogène est l'acide du couple $HCl/Cl^-$, et l'eau est la base du couple $H_3O^+/H_2O$. **Conseil 1 ▶**
L'équation de la transformation est :

$$HCl + H_2O \longrightarrow Cl^- + H_3O^+$$ **Conseil 2 ▶**

**2.** Tout le chlorure d'hydrogène a réagi avec l'eau, la seule espèce acide en solution est l'ion oxonium $H_3O^+$. Celui-ci réagit avec l'ion carbonate ($CO_3^{2-}$), qui est la base du second couple. L'équation de la transformation est :

$$H_3O^+ + CO_3^{2-} \longrightarrow H_2O + HCO_3^-$$

**3.** L'acide citrique, qui n'a pas réagi, est la seule espèce chimique en solution. Il réagit avec l'ion carbonate. L'équation de la transformation est :

$$C_6H_8O_7 + CO_3^{2-} \longrightarrow C_6H_7O_7^- + HCO_3^-$$

**4. a)** Tout le chlorure d'hydrogène a réagi pour former des ions oxonium. La solution d'acide chlorhydrique a donc une concentration en ions oxonium plus importante.

**b)** Plus la concentration en ions oxonium est importante, plus le pH est bas. C'est donc la solution d'acide citrique qui a la valeur de pH la plus grande.

**Conseil 1**
Pour reconnaître l'acide et la base du couple, on peut se souvenir qu'ils sont toujours donnés dans l'ordre acide/base.

**Conseil 2**
Pour identifier les réactifs, on cherche les espèces présentes avant que la transformation n'ait lieu.

*Exercice avec résultat (page 266)*

## Applications directes du cours

### 11 Histoire d'un couple

Les deux espèces acide méthanoïque (HCOOH) et ion méthanoate ($HCOO^-$) forment un couple acide/base.

**1.** Quel est l'acide ? Quelle est la base ? Écrire le couple.

**2.** Écrire la demi-équation correspondant à ce couple.

### 12 Marions-les

Rassembler les espèces suivantes pour former des couples acide/base : $HCO_3^-(aq)$ ; $H_2O(\ell)$ ; $NH_4^+(aq)$ ; $ClO^-(aq)$ ; $CO_3^{2-}(aq)$ ; $F^-(aq)$ ; $HO^-(aq)$ ; $HClO(aq)$ ; $NH_3(aq)$ ; $HF(aq)$.

### 13 Bicarbonate dans deux couples

L'ion hydrogénocarbonate $HCO_3^-(aq)$, aussi appelé bicarbonate, appartient à deux couples $CO_2(aq)$, $H_2O/HCO_3^-(aq)$ et $HCO_3^-(aq)/CO_3^{2-}(aq)$.

*Remarque* : on note « $CO_2(aq)$, $H_2O$ » le dioxyde de carbone dissous dans l'eau.

**1.** Indiquer si l'ion hydrogénocarbonate est l'acide ou la base de chacun des deux couples. Comment qualifie-t-on une telle espèce ?

**2.** Écrire les deux demi-équations correspondant aux deux couples.

### 14 Savons et peaux

Le savon contient des ions carboxylate lui conférant des propriétés tensioactives, ce qui permet à l'eau d'entraîner les graisses et les saletés. Les ions carboxylate ont aussi des propriétés acido-basiques, et le pH moyen d'une eau chaude savonneuse est de 9, alors que le pH de la peau humaine est d'environ 6.

**1.** La surface de la peau humaine est-elle acide ou basique ? Même question pour une eau savonneuse. Pourquoi dit-on que l'usage du savon peut « perturber le pH de la peau » ?

**2.** Certains « savons doux » à base de dérivés du pétrole ont un pH neutre ou légèrement acide. Trois solutions, notées A, B et C, réalisées à partir de « savons doux » et d'un savon traditionnel, ont été déposées sur du papier pH : les résultats sont visibles sur la photo. Identifier les solutions des « savons doux » neutre, acide et du savon traditionnel. Estimer la précision de ces mesures de pH.

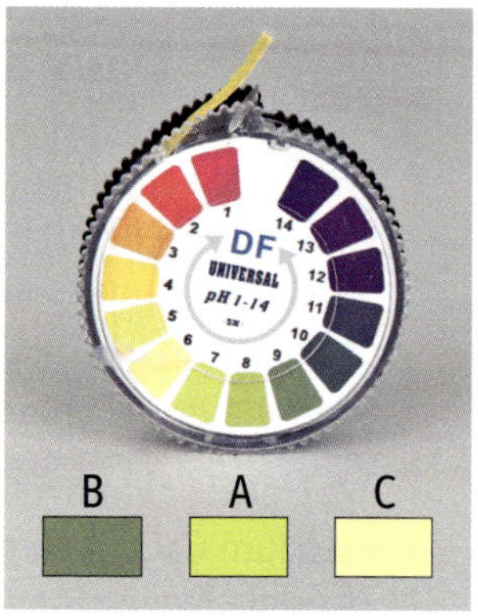


**3.** On mesure à l'aide d'un pH-mètre le pH de la solution C. L'appareil affiche « 6,2 ». Cela confirme-t-il la mesure faite au papier pH ? Utiliser la relation $[H_3O^+] = 10^{-pH}$ pour évaluer la concentration en ions oxonium $[H_3O^+]$ de la solution lavante.

**4.** L'incertitude absolue sur la valeur affichée par le pH-mètre (« 6,2 ») est de $\Delta pH = 0{,}1$. Indiquer l'encadrement pour la valeur du pH. Calculer l'incertitude relative sur cette mesure.

**5.** Déduire de la question précédente l'encadrement pour la valeur de la concentration en ions oxonium.

**6.** Calculer l'incertitude relative sur la concentration en ions oxonium.

### 15 Du vinaigre comme détartrant

On peut considérer le vinaigre comme une solution aqueuse d'acide éthanoïque, aussi appelé acide acétique, de formule $CH_3OOH(aq)$. Cet acide appartient au couple acide/base : $CH_3OOH(aq)/CH_3OO^-(aq)$.

**1.** Le vinaigre a-t-il un pH supérieur à 7 ? Pourquoi ?

**2.** Écrire l'équation de la réaction qui a lieu entre l'acide éthanoïque et l'eau.

**3.** Le vinaigre peut être utilisé comme détartrant, car il permet de dissoudre le carbonate de calcium $CaCO_3(s)$ en réagissant avec les ions carbonate en solution $CO_3^{2-}(aq)$ qui forment un couple acide/base avec l'ion hydrogénocarbonate : $HCO_3^-(aq)/CO_3^{2-}(aq)$.
Écrire l'équation de la réaction entre les ions carbonate et l'acide acétique.

**4.** Si l'acide acétique est en quantité suffisante, il réagit avec les ions hydrogénocarbonate qui forment avec le dioxyde de carbone dissous dans l'eau le couple $CO_2(aq)$, $H_2O/HCO_3^-(aq)$.
Écrire l'équation de la réaction entre les ions hydrogénocarbonate et l'acide acétique. Comment savoir si la transformation est terminée ?

## Exercices d'entraînement

### 16 Stabiliser de l'eau de Javel

La dissolution du dioxyde de carbone de l'air acidifie la solution d'eau de Javel (diminution du pH) et peut entraîner la formation de dichlore. Plus une solution contient d'ions hydroxyde, et plus elle est basique. Afin de maintenir un pH basique à cette solution d'eau de Javel, on y ajoute de la soude (NaOH), source d'ions $HO^-$(aq), jusqu'à obtenir une concentration en ions hydroxyde : $[HO^-] = 1{,}0 \times 10^{-3}$ mol·L$^{-1}$.

Afin de déterminer le pH de cette solution, on peut utiliser le « produit ionique de l'eau » noté $K_e$. En effet, à l'équilibre, les concentrations molaires (en mol·L$^{-1}$) en ions hydroxyde et oxonium sont reliées par la relation : $K_e = [H_3O^+]\cdot[HO^-] = 1{,}0 \times 10^{-14}$ (à 25 °C).

**1.** Exprimer la concentration en ions oxonium $[H_3O^+]$ en fonction de $K_e$ et de $[HO^-]$. Donner la valeur de la concentration en ions oxonium.

**2.** En déduire la valeur du pH (on rappelle que l'on peut calculer le pH à partir de la relation $pH = -\log[H_3O^+]$). Conclure sur le caractère acide ou basique de la solution.

### 17 Lessive St Marc

On utilise la lessive St Marc pour lessiver les peintures et parfois pour laver le linge. Ce produit est constitué de cristaux de carbonate de sodium, $Na_2CO_3$(s), qui, en se dissolvant dans l'eau, libèrent des ions sodium et des ions carbonate.

Les ions carbonate forment un couple acide/base avec les ions hydrogénocarbonate : $HCO_3^-$(aq)/$CO_3^{2-}$(aq).

**1.** Une solution obtenue à partir de cette lessive sera-t-elle acide ou basique ? Pourquoi ?

**2.** Écrire l'équation de la réaction qui se produirait si la lessive St Marc était mise dans un récipient contenant un produit détartrant à base d'acide chlorhydrique (solution de $Cl^-$ et $H_3O^+$).

### 18 Quel est ce brouillard ?

Si une solution d'acide chlorhydrique est suffisamment concentrée, il s'en échappe un gaz : le chlorure d'hydrogène de formule HCl(g). Il en est de même pour une solution concentrée d'ammoniaque d'où s'échappera de l'ammoniac $NH_3$(g). Si l'on place deux morceaux de coton (l'un imbibé d'acide chlorhydrique concentré, l'autre d'une solution d'ammoniaque concentrée) aux deux extrémités d'un tube de verre, on observe un « brouillard » au centre du tube. Les deux couples mis en jeu sont $HCl/Cl^-$ et $NH_4^+/NH_3$. Les ions $Cl^-$ et $NH_4^+$ forment un composé solide $NH_4Cl$(s).

Coton imbibé d'une solution d'acide chlorhydrique

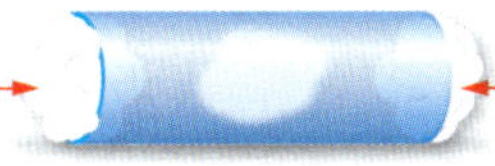

Coton imbibé d'une solution d'ammoniaque

**1.** Écrire la transformation ayant lieu et identifier le produit formé.

**2.** Expliquer le phénomène observé.

### 19 Poissons et aquariums

Dans un aquarium, il est indispensable que le pH de l'eau dans laquelle les poissons vivent soit proche de celui du milieu naturel d'origine des espèces (pH basique pour les poissons d'eau de mer et généralement acide pour les poissons d'eau douce).

On donne les couples acide/base :
$CO_2$(aq), $H_2O/CO_3^-$(aq) ;
$HCO_3^-$(aq)/$CO_3^{2-}$(aq) ;
$NH_4^+$(aq)/$NH_3$(aq).

**1.** Peut-on nettoyer un aquarium avec n'importe quel produit ménager non toxique ?

**2.** Les poissons ont une influence sur le pH de l'eau, car ils produisent des ions ammonium $NH_4^+$ et du dioxyde de carbone $CO_2$. Indiquer l'influence des ions ammonium $NH_4^+$(aq) et du $CO_2$(aq) sur le pH de l'eau de l'aquarium.

**3.** Les plantes vertes de l'aquarium consomment du dioxyde de carbone $CO_2$(aq). Indiquer l'influence de la présence de plantes vertes sur le pH de l'aquarium.

**4.** On dispose de deux produits commerciaux qui permettent de modifier le pH de l'aquarium. L'un est une solution d'acide chlorhydrique contenant les ions chlorure $Cl^-$(aq) et oxonium $H_3O^+$ ; l'autre est un solide composé principalement de carbonate de sodium $Na_2CO_3$(s), qui va se dissoudre dans l'eau pour former les ions carbonate $CO_3^{2-}$(aq) et sodium $Na^+$(aq). Indiquer la solution à utiliser pour faire augmenter la valeur du pH dans l'aquarium.

### 20 Chou rouge

La couleur du jus de cuisson du chou rouge change suivant la valeur du pH :

| pH | 0 - 3 | 4 - 6 | 7 - 8 | 9 - 12 |
|---|---|---|---|---|
| **Couleur** | Rouge | Violet | Bleu | Vert |

Exercice avec résultat (page 266)

Le chou et l'eau deviennent rapidement bleus lors de la cuisson. Si on veut une couleur plus appétissante, on peut ajouter du vinaigre qui redonne au chou sa couleur violette d'origine. Si on verse l'eau de cuisson du chou dans un évier contenant un détergent, on observe une couleur verte.

**1.** Donner la propriété essentielle d'un indicateur coloré acido-basique.

**2.** Préciser le caractère acide ou basique du vinaigre et du détergent.

**3.** Donner une indication sur le pH du chou cru.

## 21 Analyse d'un déboucheur de canalisations domestiques

Sur l'étiquette d'un déboucheur domestique, on trouve les indications suivantes :

*Contient 20 % en masse d'hydroxyde de sodium en solution*
*N'attaque pas l'émail*
*Dissout toute matière organique*

*Données :*
- masse molaire de l'hydroxyde de sodium : $M = 40{,}0\ g{\cdot}mol^{-1}$ ;
- masse volumique du DesTop : $\rho = 1{,}20\ g{\cdot}mL^{-1}$.

**1.** Quelle est la masse d'un litre de solution ? Quelle est la masse d'hydroxyde de sodium ($Na^+$ et $HO^-$) contenue dans un litre de solution ?

**2.** Quelle est la concentration massique de ce produit ? En déduire sa concentration molaire en hydroxyde de sodium.

**3.** Le pH de ce produit est proche de 14. Quelles précautions faut-il prendre lors de l'utilisation de ce déboucheur ?

## 22 OBJECTIF BAC Détartrer une cafetière électrique

Un détartrant pour cafetière est composé d'acide citrique de formule $C_6H_8O_7$. Il est vendu en sachets de 20 g sur lesquels le mode d'emploi suivant est indiqué :

- *Dissoudre complètement la poudre détartrante dans 0,5 litre d'eau.*
- *Verser la solution dans le réservoir d'eau et mettre en marche l'appareil.*
- *Après écoulement de la moitié de la solution, arrêter l'appareil et laisser agir trente minutes.*
- *Remettre en marche pour l'écoulement du reste de la solution.*
- *Effectuer trois rinçages successifs à l'eau claire.*

**1.** Définir un acide.

**2.** Écrire l'équation de la réaction de l'acide citrique avec l'eau.

**3.** Déterminer la masse molaire de l'acide citrique et en déduire la quantité de matière (nombre de moles) d'acide citrique contenue dans le sachet.
En déduire la concentration molaire apportée en acide citrique de la solution détartrante.

**4.** Indiquer si la solution obtenue contient plus ou moins d'ions $H^+(aq)$ que d'eau pure. Le pH de la solution obtenue est-il supérieur ou inférieur à celui de l'eau pure (pH = 7) ?

**5.** Parmi les indicateurs colorés suivants, choisir, en justifiant, celui (ou ceux) qui pourrai(en)t être utilisé(s) pour confirmer que la solution obtenue est acide.

| | Forme acide | Forme basique | Zone de virage |
|---|---|---|---|
| **Hélianthine** | Rouge | Jaune | 3,1 - 4,4 |
| **Bleu de bromothymol** | Jaune | Bleu | 6,0 - 7,6 |
| **Phénolphtaléine** | Incolore | Rouge violacé | 8,2 - 10 |

**6.** Le « tartre », ou calcaire, est du carbonate de calcium $CaCO_3(s)$. La réaction chimique du carbonate de calcium avec un acide de formule HA(aq) peut être modélisée par l'équation suivante :

$CaCO_3(s) + 2\ HA(aq) \rightleftharpoons Ca^{2+}(aq) + CO_2(g) + H_2O(\ell) + 2\ A^-(aq)$.

Expliquer pourquoi l'acide citrique permet de « détartrer ».

## 23 It's in English

Bleach disinfects, removes stains and whitens everything around the house. It can be obtained by dissolving sodium hypochlorite NaClO(s) in water, thus yielding a solution containing sodium ions $Na^+(aq)$ and hypochlorite ions $ClO^-(aq)$. These hypochlorite ions are part of an acid/base pair along with hypochlorous acid : $HOCl(aq)/ClO^-(aq)$.

**1.** Explain why the pH of the above mentioned bleach solution is basic. Write the acid/base reaction of hypochlorite ions on water.

**2.** The chemical composition of a bleach solution depends on its pH. If pH is inferior to 5, there is a risk of forming chlorine gas ($Cl_2(g)$) which is a toxic gas. In your opinion, could you use a descaling agent at the same time as bleach?

# Documentation solvants

## 1 Choisir le bon solvant pour éliminer une tache à partir d'une démarche expérimentale

Pour dissoudre des taches fixées sur du tissu, celui d'un canapé par exemple, il faut choisir un solvant adapté. On se propose de tester deux solvants (un solvant organique et de l'eau) pour retirer certaines taches réalisées avec des produits d'usage courant.

### Matériel et produits

- Tissu coton clair et chiffons coton
- Pot de miel
- Cartouche d'encre bleu pour stylo
- Boîte de margarine
- Bouteille de sirop coloré (menthe ou grenadine)
- Tube de gouache
- Tube de rouge à lèvres
- Tube de dentifrice
- Eau et solvant organique (éthanol, cyclohexane, acétone...)

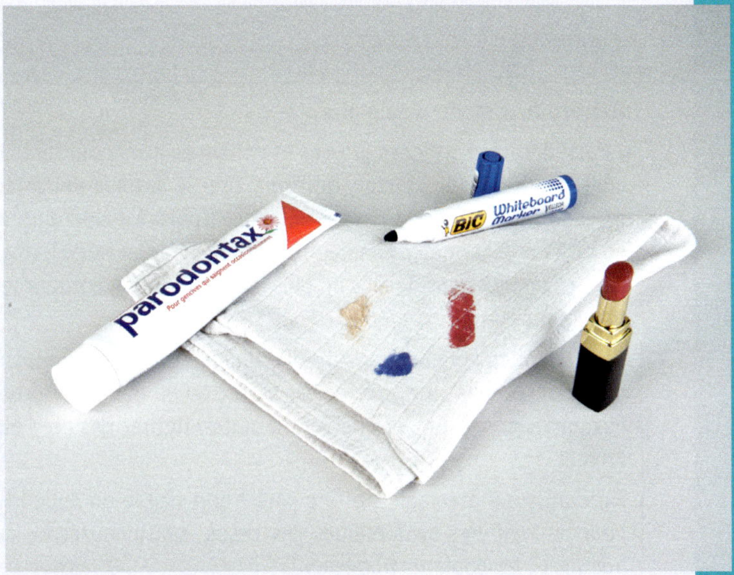

▲ *Exemple de produits à tester.*

### Manipulations

Proposer un protocole pour tester les différents solvants (attention à bien tenir compte de l'éventuelle dangerosité du solvant organique disponible).

**Exploiter**

**1.** Présenter les résultats dans un tableau en identifiant clairement le solvant adapté pour chacune des taches.

**2.** Utiliser les résultats précédents pour indiquer pour chaque produit d'usage courant (miel, encre, peinture...) le solvant dans lequel celui-ci est le plus soluble.

**3.** Proposer un solvant pour éliminer une tache faite avec un feutre « indélébile ».

**4.** Indiquer si on peut éliminer une tache de confiture et de beurre avec le même solvant.

**5.** Rechercher la composition de quelques solvants de nettoyage.

# 2 Choisir le bon solvant pour éliminer une tache à partir de données sur sa solubilité

Certains tissus délicats (soie, laine...) ne peuvent pas être lavés avec de l'eau chaude et du savon. On utilise alors parfois des produits ménagers détachants tel que l'Eau Écarlate.

- **Composition chimique**

| COMPOSANTS | EFFICACITÉ |
|---|---|
| Mélange de solvants aliphatiques | Dégraisse les textiles |

- **Densité à 15 °C : 0,697**

**Extrait du « mode d'emploi » :**

« **Pour détacher** : taches grasses et collantes, cire, goudron, huile, cambouis, colle, chewing-gum, cirage, graisse... Ôter le surplus de la tache, mettre un torchon propre sous le tissu à détacher ; puis, à l'aide d'un linge propre en coton et abondamment imprégné de Détacheur Universel, frotter doucement par des applications de plus en plus larges, tout en ventilant le textile avec la main pour éviter les auréoles.

**Pour décoller** : étiquettes, adhésifs, timbres, chewing-gum, cire... Bien imbiber de détacheur un chiffon sec et propre ou du papier absorbant. Tamponner le support et laisser agir quelques minutes. Retirer ensuite l'étiquette délicatement.

Faire un essai préalable sur une partie non visible du support, en particulier pour les matières synthétiques, les tissus caoutchoutés, le cuir, le daim, le nubuck et les couleurs fragiles. »

HYGIÈNE DU LINGE

**Eau Écarlate Professionnel**
**Détacheur Universel**

- Efface les taches et ravive les tissus
- Sans eau ni détergent
- Tous les textiles
- Séchage instantané

**Exploiter**

**1.** Rechercher et préciser la composition de l'eau écarlate. Indiquer si l' « Eau écarlate » contient de l'eau et si ce produit ménager est écarlate.

**2.** Indiquer si les types de taches qui peuvent être retirées avec de l'« Eau écarlate » (cire, goudron, huile, cambouis, chewing-gum, cirage...) correspondent à des produits solubles dans l'eau ou dans l'Eau Écarlate. Préciser si ces taches pourraient être retirées avec de l'eau.

**3.** Il est stipulé dans le mode d'emploi de « faire un essai préalable sur une partie non visible du support, en particulier pour les matières synthétiques, les tissus caoutchoutés... ». Proposer des risques qui justifient un essai préalable.

**4.** Indiquer si l'« Eau écarlate » est adaptée pour retirer des taches de miel. Proposer un meilleur « solvant » dans ce cas.

**5.** Rappeler le type de produit ménager que l'on ajoute à de l'eau chaude pour retirer des taches grasses.

Entraînement n° 1

# Détecteur de fuites d'eau

Une habitation est alimentée en eau par le réseau de distribution de la ville et protégée par un détecteur de fuite d'eau autonome. Lors de la détection d'une fuite d'eau ou d'une rupture de canalisation, le dispositif fonctionne comme un disjoncteur et coupe l'arrivée d'eau.

## 1. Pression en entrée du détecteur de fuite

La surface libre de l'eau dans le réservoir du château d'eau est soumise à la pression atmosphérique $P_{atm} = 1{,}01 \times 10^5$ Pa.

**a)** Calculer la pression absolue $P_{abs}$ exercée par l'eau au niveau du détecteur de fuite que l'on considèrera équivalent à une vanne fermée.

Sachant que le constructeur indique que cette pression doit rester inférieure à 25 bar, conclure sur le fonctionnement de l'installation.

**b)** La section de la canalisation d'entrée du détecteur de fuite est un disque de diamètre $D_1 = 20$ mm.

Calculer la valeur $F$ de la force pressante exercée par l'eau sur ce disque.

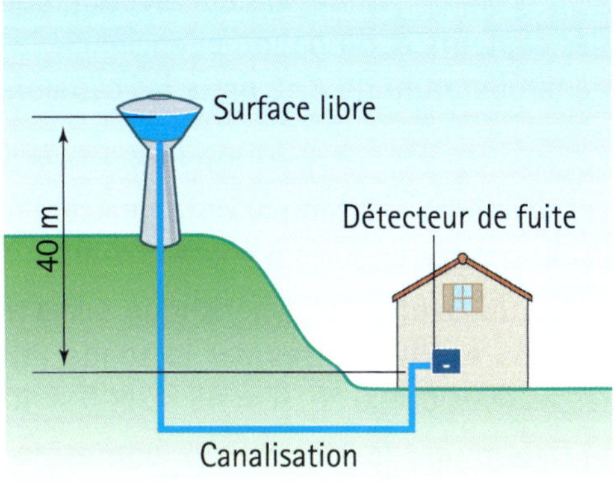


## 2. Débitmètre

Le détecteur comprend un débitmètre dont la caractéristique est représentée ci-contre.

**a)** Quelle est l'étendue de mesure de ce capteur ?

**b)** Quelle est la valeur de la sensibilité de ce capteur.

**c)** Un filet d'eau correspond à un débit de $D_{fuite} = 80$ l/h . Convertir ce débit en $m^3 \cdot s^{-1}$.

**d)** Quelle est la tension délivrée par le débitmètre dans ce cas.

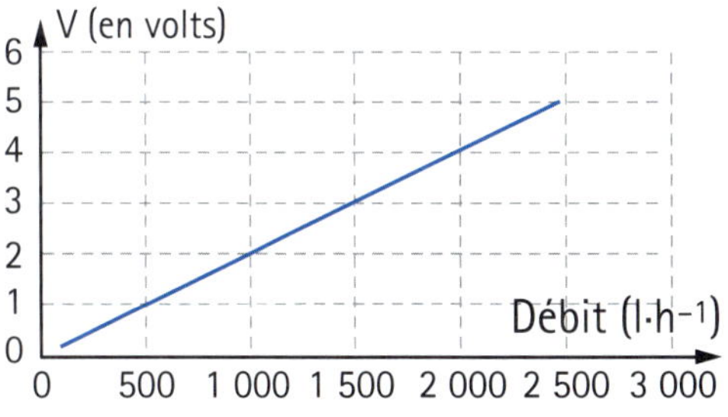


## 3. Transmission radio

Un émetteur radio transmet en permanence les données relatives à la consommation d'eau. La fréquence d'émission est de 868 MHz.

**a)** Déterminer la longueur d'onde $\lambda$ dans l'air de l'onde électromagnétique émise par le module émetteur.

**b)** Pour que le module de réception fonctionne correctement, le récepteur doit recevoir un niveau de champ électrique supérieur à la valeur $E_{min}$. Dans quelle unité s'exprime ce champ électrique $E_{min}$ ?

**c)** Alimenté par pile, la portée du module qui émet une puissance $P_1 = 1{,}0$ mW est de 400 mètres. Alimenté par une source externe de tension, la portée de l'émetteur passe à 4 000 mètres car la puissance d'émission $P_2$ est supérieure.

On considère que le champ électrique $E$ vérifie la relation : $E = \frac{\sqrt{\alpha \cdot P_0}}{d}$, où $P_0$ est la puissance d'émission en watts, $d$ l'éloignement de la source en mètres et $\alpha$ une constante liée à l'antenne utilisée.

Déterminer la puissance $P_0$ lorsque le module utilise une alimentation externe.

**Entraînement n°2**

# Chauffe-eau solaire

Un chauffe eau solaire comprend trois éléments :
- les capteurs qui absorbent l'énergie du soleil et la restituent sous forme de chaleur à l'aide d'un échangeur ;
- le ballon d'eau qui est un réservoir calorifugé ;
- la station électronique qui gère l'installation et commande la pompe destinée à transférer la chaleur absorbée par les capteurs vers le ballon ; un régulateur électronique contrôle les températures des capteurs et du ballon et enclencle la pompe à partir d'un écart de température de 4 °C entre les capteurs et le ballon.

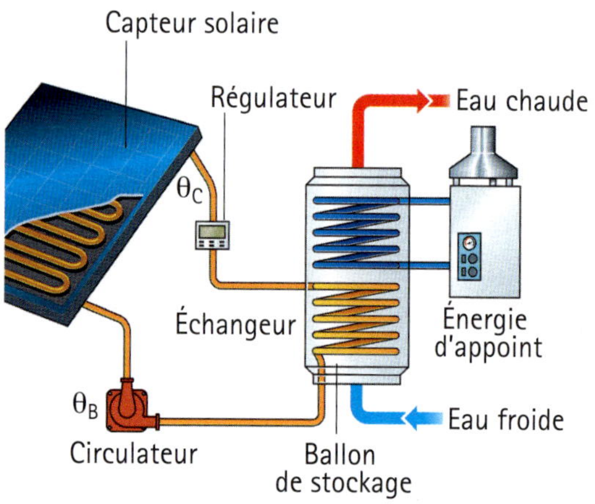


## 1. Sonde de température résistive Pt100

Les capteurs de température utilisent une résistance au platine Pt100 parcourue par un courant continu $I$ = 1,00 mA.

**a)** En utilisant la caractéristique suivante, déterminer les valeurs R0, R65 et R100 prises par la sonde Pt100 pour les températures respectives $\theta$ = 0 °C, $\theta$ = 65 °C et $\theta$ = 100 °C.

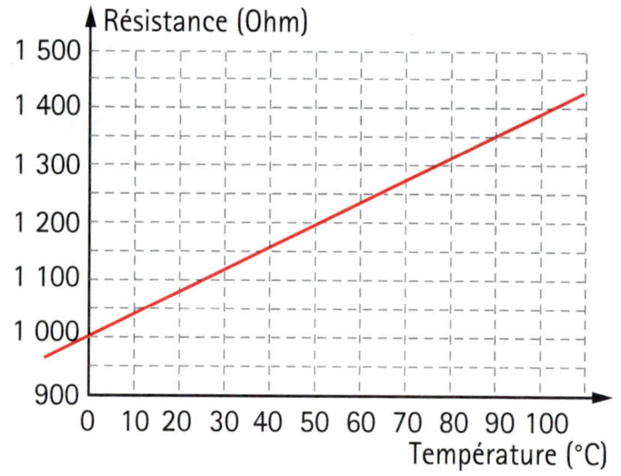


**b)** Determiner la tension aux bornes de la sonde Pt100 pour une température $\theta$ = 100 °C.

## 2. Conditionneur de signal

Après conditionnement électrique du signal, le capteur de température délivre une tension de la forme :
$v(\theta) = 10 + 3{,}92 \times 10^{-2}\,\theta$. La température $\theta$ est exprimée en degrés Celsius et la tension $v(\theta)$ en volts

**a)** On applique en entrée de ce capteur une variation de température $\Delta\theta$ = 10 °C. Calculer la variation de la tension de sortie $\Delta v$ correspondante.

**b)** Déterminer la sensibilité $s$ du capteur de température $s = \dfrac{\Delta v}{\Delta \theta}$.

## 3. Étude du régulateur

Le régulateur électronique contrôle les températures des capteurs notée $\theta_C$ et du ballon notée $\theta_B$ puis élabore une tension de commande $v_S = 1{,}71\,(\theta_C - \theta_B)$.

**a)** Déterminer la valeur de $v_S$ lors du déclenchement de la pompe, qui se produit pour un écart de température de 4,0 °C.

**b)** Sachant que la valeur maximale quie peut délivrer le régulateur est $v_{S\ max}$ = 12 V, quel est l'écart maximal de température $\Delta\theta_{max}$ que peut mesurer le régulateur ?

## 4. Puissance du capteur solaire

La pompe de circulation a un débit volumique proportionnel à la tension de commande $v_S$. L'eau entre dans le capteur solaire à la température $\theta_B$ = 55 °C et sort à la température $\theta_C$ = 65 °C.

*Données* : $D_v = 0{,}25 v_S$ avec $D_v$ en $m^3 \cdot h^{-1}$ et $v_S$ en V.
Capacité thermique massique de l'eau glycolée : C = 3 290 $J \cdot kg^{-1} \cdot K^{-1}$
Masse volumique de l'eau glycolée : $\rho$ = 1 060 $kg \cdot m^{-3}$

**a)** Déterminer la valeur du débit volumique de la pompe $D_v$ en $L \cdot s^{-1}$ lorsque $v_s$ = 12 V.

**b)** Déterminer la quantité de chaleur $Q$ reçue par l'eau glycolée si elle traverse le captreur solaire en une minute.

**c)** En déduire la puissance $P_S$ du capteur solaire.

## ISOLATION

# Les matériaux à changement de phase

**À l'heure où les questions énergétiques sont de plus en plus sensibles et où la réglementation thermique appelle à une plus grande prise en compte du confort intérieur, les matériaux à changement de phase suscitent l'intérêt croissant des professionnels du bâtiment.**

C'est sur la base d'un phénomène physique aisément observable que le concept de matériau à changement de phase, ou MCP, a été élaboré : tout corps, lorsqu'il change d'état, échange d'importantes quantités de chaleur avec son milieu. À titre d'exemple, la fonte d'un kilogramme de glace absorbe autant d'énergie qu'un litre d'eau qui voit sa température augmenter de 0 à 80 °C. Ce transfert traduit les bouleversements survenant dans la structure même de la matière, au niveau des liaisons entre atomes et molécules, plus fortes dans un solide que dans un liquide et quasiment nulles pour un gaz. Il se produit ainsi une absorption de chaleur, lors du passage de l'état solide à liquide, et une émission de chaleur dans le sens inverse. Fait important, le changement d'état met en jeu de la chaleur dite latente et n'entraîne pas de modification de température du matériau, à la différence d'un transfert de chaleur dit sensible.

Par abus de langage, les MCP désignent des matériaux dont le changement d'état se produit dans une gamme de températures proches des conditions de vie. Dans le domaine du bâtiment, les produits étudiés sont ceux dont les températures de fusion et de cristallisation se situent dans la plage de température requise pour les ambiances intérieures : entre 19 et 26 °C. Ce sont principalement des cires de paraffine, des acides gras et des sels hydratés de chlorure de sodium ou de potassium.

## FAIBLE ÉPAISSEUR

### Des débouchés pour le domaine des équipements techniques

Les premières recherches sur les matériaux à changement de phase remontent au début des années soixante-dix. Sur fond de crise pétrolière, il s'agit alors pour de grands (•••)

### PRINCIPE

**Trois grandes familles de matériaux à changement de phase existent :** • les MCP minéraux ou inorganiques (ex : sels hydratés de chlorure de sodium ou de potassium) • les MCP organiques (ex : cire de paraffine, huile de noix de coco) • les MCP eutectiques qui sont un mélange d'éléments organiques et minéraux présentant une température de fusion constante.

**Pour l'heure, les applications ont essentiellement recours à des matériaux d'origine minérale ou organique.** Les premiers ont l'avantage d'être relativement économiques, ininflammables et de posséder une enthalpie de fusion importante. Seul point d'ombre, ils sont sujets à la surfusion qui survient lorsque le corps à l'état liquide se refroidit et passe sous sa température de cristallisation sans se solidifier. Un défaut qui peut cependant être amélioré par l'adjonction d'agents de nucléation.

**De leur côté, les MCP organiques ont un comportement très stable et ne sont pas ou peu soumis au phénomène de surfusion.** En revanche, leur capacité de stockage de chaleur latente est moindre que celle des composés minéraux. De plus, ils sont inflammables, ce qui nécessite de les encapsuler dans des matériaux non inflammables.

**A Composés de cire de paraffine et d'un copolymère d'éthylène,** laminés entre deux feuilles d'aluminium, le panneau Energain de Dupont de Nemours a été récompensé par une médaille d'argent lors du concours de l'innovation du dernier salon Batimat à Paris. (Doc. Dupont de Nemours.)

**B C D Chaleur latente et chaleur sensible.** Les matériaux échangent de l'énergie par « chaleur sensible » comme le font des matériaux lourds tels que le béton, la brique, le bois, qui vont s'échauffer et se refroidir lentement, ou bien par « chaleur latente » : c'est le cas des MCP, qui absorbent ou relarguent de la chaleur en changeant de phase, sans que leur température de surface en soit affectée. (Docs. BASF.)

(•••) laboratoires publics et privés de développer des alternatives afin de réduire la dépendance énergétique des constructions. Dotés d'une grande capacité de stockage et de déstockage de la chaleur, les MCP apparaissent aux yeux de maints professionnels comme une piste pleine de promesses. La masse thermique de certains sels hydratés est en effet telle qu'une épaisseur de 2 cm de matériau absorbe autant de calories que 24 cm de béton, 36 cm de brique ou 38 cm de pin massif, soit l'équivalent de 1 200 $Wh/m^2$ pour un écart de température de 10 °C ! Des panneaux composites à base de cire de paraffine parviennent quant à eux à égaler l'inertie de 5 cm de briques en dépit d'une épaisseur d'environ 5 mm.
Les premières applications des MCP ont lieu dans le secteur des équipements techniques où ils réalisent du stockage thermique. Ils sont alors conditionnés dans des réservoirs plats de quelques litres, des poches, des balles, ou encore des tubes. En France, dans les années quatre-vingt, la société Cristopia développe ainsi une solution destinée à réduire les coûts de fonctionnement et la taille des installations de climatisation des grands bâtiments tertiaires (ex : hôpitaux, aéroports, bureaux...), ainsi que des systèmes de réfrigération industrielle. Elle utilise les MCP pour stocker du froid lorsque la demande est faible, et pour déstocker lorsqu'elle augmente, ce qui lui permet de déplacer les consommations électriques des heures de pointe vers les heures creuses.
D'autres procédés de climatisation passive ont été mis au point à l'étranger (voir encadré).
De son côté, la société Kaplan fabrique des chauffe-eau solaires en inox dotés de batteries thermiques E-Stocker. Améliorant la capacité de stockage de l'énergie solaire, celles-ci contiennent des MCP qui changent d'état lorsque les systèmes entrent en surproduction.
De nouvelles applications sont aussi sur le point d'aboutir dans le domaine des pompes à chaleur et des systèmes de ventilation. Le recours aux MCP intéresse également le secteur photovoltaïque qui y voit un moyen d'améliorer le rendement des panneaux solaires et d'éviter qu'il ne chute lorsque le panneau s'échauffe brutalement sous l'effet du rayonnement solaire.

*Source : Les cahiers techniques du bâtiment*, Mars 2010, Le Moniteur.

Après lecture du document joint, répondez aux questions suivantes en vous appuyant sur vos connaissances acquises.

**1)** Quels sont les noms des changements d'état (ou changement de phase) qui apparaissent dans le texte ?

**2)** Comment peut-on expliquer au niveau microscopique la différence entre les différents états de la matière ?

**3)** Classer par famille les différents matériaux cités dans le texte : organiques, métalliques, minéraux, composites.

**4)** Dans le texte, on peut lire : « À titre d'exemple, la fonte d'un kilogramme de glace absorbe autant d'énergie qu'un litre d'eau qui voit sa température augmenter de 0 à 80 °C ». Vous montrerez par le calcul que les deux énergies absorbées sont bien équivalentes.

**5)** Pourquoi l'eau à la pression atmosphérique ne peut-elle pas être utilisée comme matériau de changement de phase ?

**6)** Quels sont les intérêts de développer des matériaux à changement de phase pour le secteur de l'habitat ?

*Données* :
- diamètres intérieurs des tuyaux d'eau froide : baignoire : $D_2 = 16$ mm ; lavabo $D_3 = 12$ mm.
- débits volumiques maximum d'eau froide : baignoire $D_{V2} = 9{,}0\ L\cdot min^{-1}$ ; lavabo : $D_{V3} = 6\ ,0\ L\cdot min^{-1}$

THÈME 2

# Transport

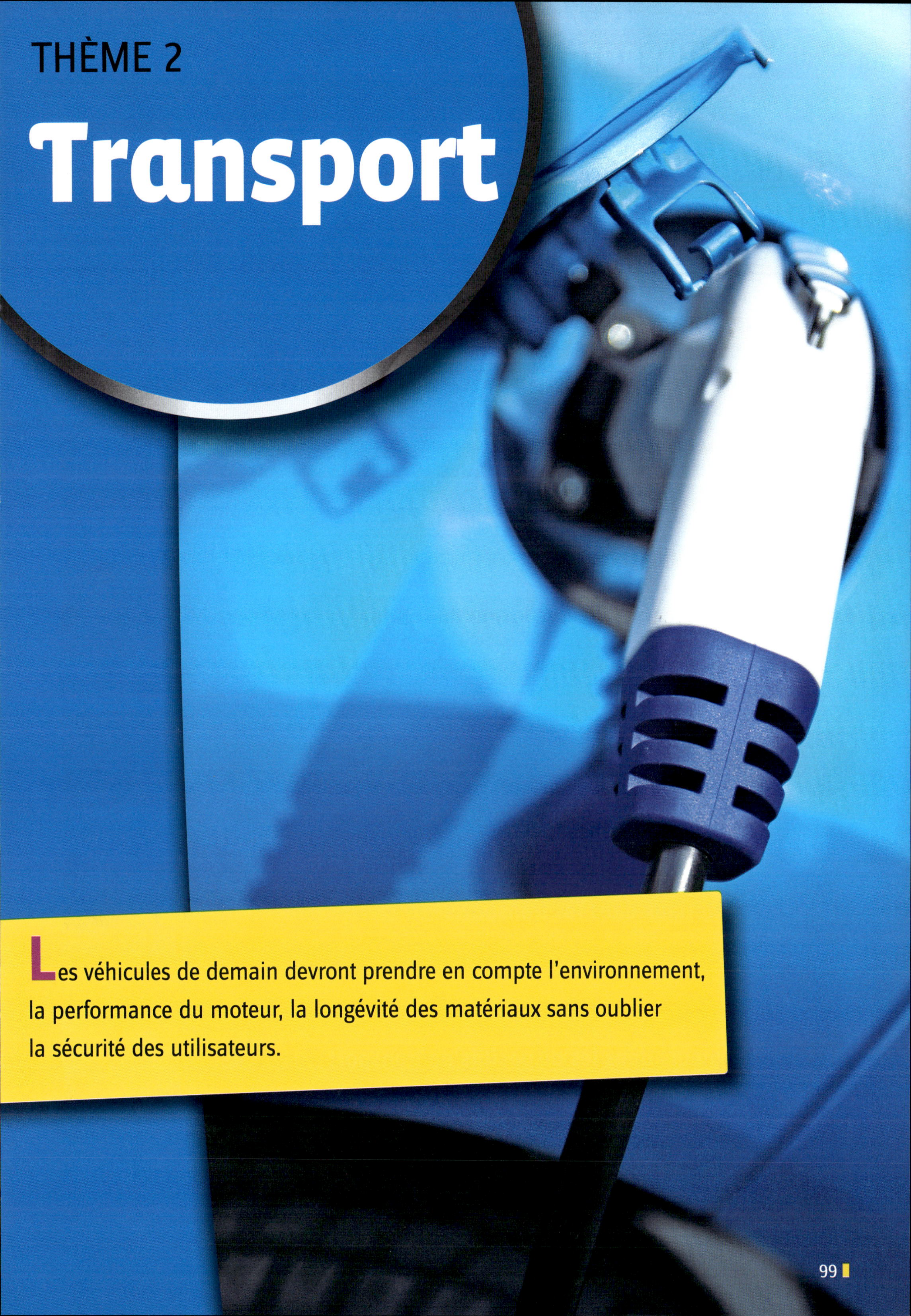

Les véhicules de demain devront prendre en compte l'environnement, la performance du moteur, la longévité des matériaux sans oublier la sécurité des utilisateurs.

THÈME 2 **Transport**

CHAPITRE 7

# Chaînes énergétiques

Un scooter hybride utilise à la fois un moteur thermique et un moteur électrique : il dispose de deux réservoirs d'énergie. Ce scooter est un exemple de système comportant deux chaînes énergétiques.

## → Qu'est-ce qu'une chaîne énergétique ?

**Capacités**

- Décrire et schématiser les transferts ou les transformations d'énergie mis en jeu dans le déplacement d'un objet en mouvement.
- Comparer l'ordre de grandeur des énergies stockées dans différents réservoirs d'énergie.
- Écrire et exploiter la relation entre la variation d'énergie et la puissance moyenne.
- Évaluer l'autonomie d'un système mobile autonome.
- Décrire les étapes conduisant de la combustion à l'énergie mécanique. Donner un ordre de grandeur du rendement.

# Découvrir

1

*Activité expérimentale*

## Comment fonctionne une voiture utilisant une pile à combustible ?

Une chaîne énergétique représente les éléments de stockage et de conversion de l'énergie en précisant ses différentes formes.

### Dispositif expérimental

Le modèle réduit de la voiture Sciencethic est équipé d'une pile à combustible réversible, qui permet au véhicule de produire son carburant (gaz dihydrogène $H_2$ et dioxygène $O_2$) grâce à un panneau solaire, puis d'utiliser ce carburant pour se déplacer grâce à la pile qui alimente un moteur électrique.

▲ *Dispositif expérimental.*

### Expérience n° 1

- Remplir d'eau les deux réservoirs (environ 30 mL) et relier la pile à combustible au panneau solaire. Attendre quelques secondes.
- Qu'observe-t-on au niveau des réservoirs ? Quels gaz sont formés ?
- La pile à combustible fonctionne ici en électrolyseur, elle a besoin de recevoir de l'énergie électrique pour réaliser la transformation chimique. Cacher le panneau solaire. Qu'observe-t-on dans les réservoirs ? Quel est le rôle du panneau solaire ?

**Exploiter**

**1.** Une chaîne énergétique élémentaire comprend :
- un **réservoir** qui contient de l'énergie sous une certaine forme ;
- un **convertisseur** qui transforme une forme d'énergie en une autre ;
- des **flèches** qui précisent les différentes formes d'énergie.

Compléter la chaîne énergétique du panneau solaire.

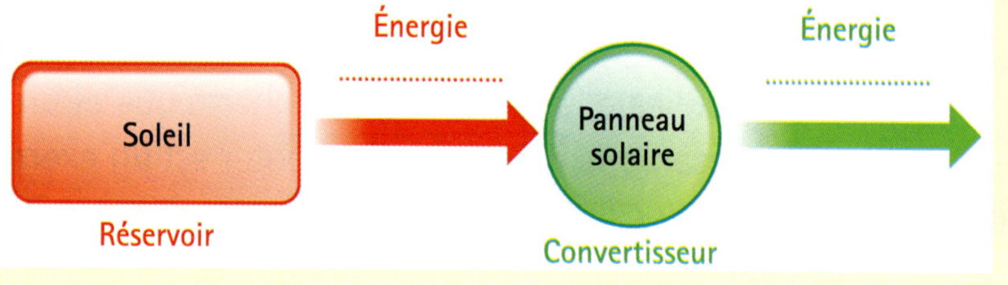


### Expérience n° 2

- Une fois les réservoirs remplis en gaz $H_2$ et $O_2$ (environ une dizaine de minutes), relier la pile à combustible au moteur électrique.
- Que fait la voiture ? Quelle forme d'énergie possède-t-elle ?
- Laisser la voiture rouler quelques minutes. Qu'observe-t-on au niveau des réservoirs ?

**Exploiter**

**1.** Comment peut-on qualifier l'énergie stockée par la pile à combustible ?

**2.** Représenter la chaîne énergétique de la voiture alimentée par la pile à combustible.

2 Activité documentaire

# Ordre de grandeur des énergies stockées dans des réservoirs d'énergie

Pour se déplacer, les véhicules doivent « puiser dans leurs réserves » (réservoirs) d'énergie. Un convertisseur permet de convertir l'énergie stockée dans le réservoir en énergie mécanique. Cependant, selon le type de réservoir, les valeurs des énergies stockées varient fortement.

| Réservoir d'énergie | Nature de l'énergie stockée | Valeur de l'énergie stockée (J) |
|---|---|---|
| Batterie de voiture (plomb) : 12 V, capacité 40 A·h, 10 kg | Énergie chimique | $2 \times 10^6$ |
| Réservoir de gazole : 40 L | Énergie chimique | $2 \times 10^9$ |
| Batteries pour véhicule électrique (Lithium Métal Polymère) : 410 V, capacité 75 A·h, 300 kg | Énergie chimique | $10^8$ |
| Réservoir d'air à la pression de 300 bar, de volume 300 L (pour prototype de voiture à air comprimé) | Énergie mécanique | $2 \times 10^7$ |
| Automobile de masse $m$ = 1 t roulant sur une route rectiligne horizontale à la vitesse de 90 km·h$^{-1}$ (l'énergie potentielle de pesanteur est prise nulle) | Énergie mécanique | $3 \times 10^5$ |
| Bobine supraconductrice | Énergie électrique | $2 \times 10^3$ |

▲ *Valeur des énergies stockées dans quelques réservoirs.*

**Exploiter**

**1.** Calculer les énergies massiques en J·kg$^{-1}$ pour les deux batteries et pour le gazole (masse volumique 0,85 kg·L$^{-1}$). Commenter.

**2.** Pour un moteur thermique dont le rendement est égal à 20 %, calculer l'énergie mécanique que l'on obtient avec 40 L de gazole.

**3.** Pour un moteur électrique dont le rendement est égal à 90 %, calculer l'énergie mécanique que l'on obtient avec la batterie LMP.

**4.** Calculer la masse d'une batterie LMP qui stockerait autant d'énergie qu'un réservoir de gazole de 40 L. Conclure sur son utilisation dans une voiture électrique.

**5.** Une voiture qui roule sur une route droite, en terrain plat et à une vitesse constante de 100 km·h$^{-1}$, consomme une puissance de 12 kW à cause des frottements de l'air et des roues sur la route. Combien de temps peut-elle rouler à cette vitesse avec 40 L de gazole et combien de kilomètres parcourt-elle ?

**Qu'est-ce qu'une chaîne énergétique ?**

Transport

# Cours

## 1 Chaîne énergétique

### a) Différentes formes d'énergie

L'**énergie** est une grandeur physique qui peut prendre différentes formes.

- **Énergie chimique** : associée aux liaisons des atomes dans les molécules, elle apparaît lors d'une transformation chimique.
- **Énergie mécanique** : liée au mouvement d'un système ou à la gravitation.
- **Énergie nucléaire** : contenue dans les noyaux des atomes.
- **Énergie rayonnante** : produite par exemple par le rayonnement solaire.
- **Énergie électrique** : peut être fournie par des piles, des accumulateurs, des alternateurs.
- **Énergie thermique** ou **chaleur** : se traduit par un mouvement désordonné des molécules.

▲ *L'énergie rayonnante du Soleil correspond à la somme des énergies des photons constitutifs du rayonnement.*

### b) Convertisseurs d'énergie

Un **convertisseur d'énergie** est un dispositif qui permet de passer d'une forme d'énergie à une autre.

| | Moteur électrique | Moteur thermique | Pile | Panneau solaire | Accumulateur en charge |
|---|---|---|---|---|---|
| **Énergie absorbée** | Électrique | Chimique | Chimique | Rayonnante | Électrique |
| **Énergie fournie** | Mécanique | Mécanique | Électrique | Électrique | Chimique |

### c) Réservoirs d'énergie

Un **réservoir d'énergie** est un dispositif qui emmagasine de l'énergie et qui permet son utilisation en temps différé.

| Forme de l'énergie stockée | Réservoir d'énergie | Expression de l'énergie | | Exemple |
|---|---|---|---|---|
| **Mécanique** | Objet en mouvement | $\frac{1}{2}mv^2$ | $m$ : masse en kilogrammes (kg)<br>$v$ : vitesse en mètres par seconde ($m \cdot s^{-1}$) |  |
| **Chimique** | Pile ou batterie | $Q \cdot U$ | $Q$ : charge en coulombs (C)<br>$U$ : tension à vide en volts (V) |  |
| **Chimique** | Gazole + air | $\Delta_c H° \cdot m$ | $\Delta_c H°$ : enthalpie de combustion en joules par kilogramme ($J \cdot kg^{-1}$)<br>$m$ : masse en kilogrammes (kg) |  |
| **Électrique** | Condensateur | $\frac{1}{2}C \cdot U^2$ | $C$ : capacité en farads (F)<br>$U$ : tension en volts (V) |  |

### d) Exemples de chaîne énergétique

Une **chaîne énergétique** représente les éléments de stockage et de conversion de l'énergie en précisant ses différentes formes.

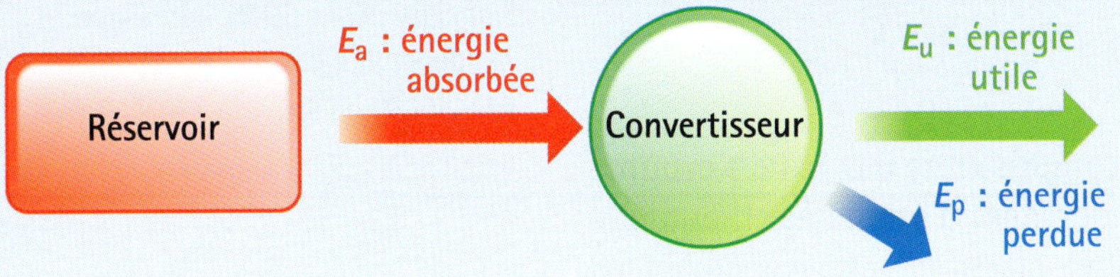


**L'énergie se conserve**, on a donc : $E_a = E_u + E_P$.

L'énergie perdue $E_P$ correspond souvent à de l'énergie dissipée sous forme de chaleur.

- **Panneau solaire**

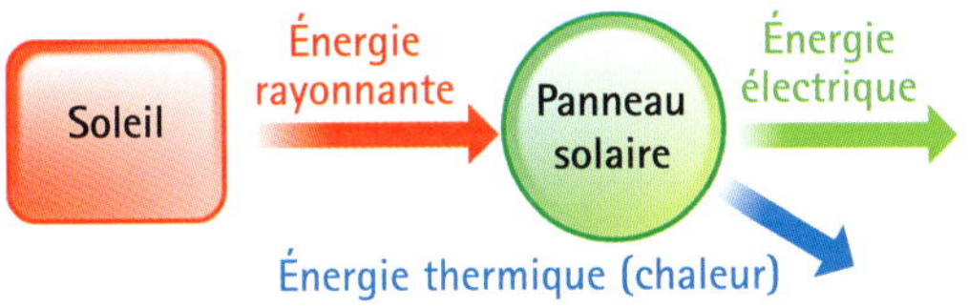


- **Moteur électrique**

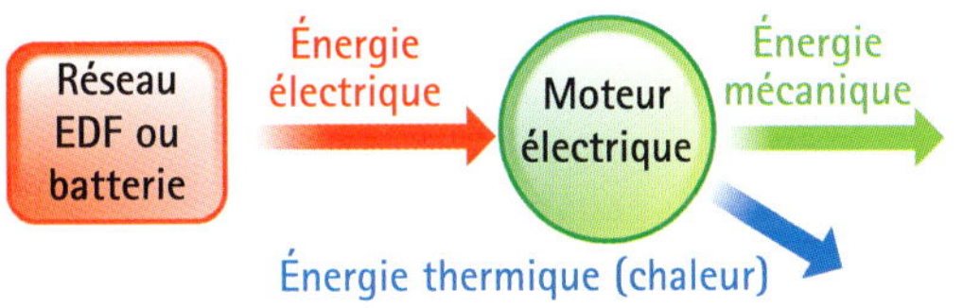


- **Moteur thermique**

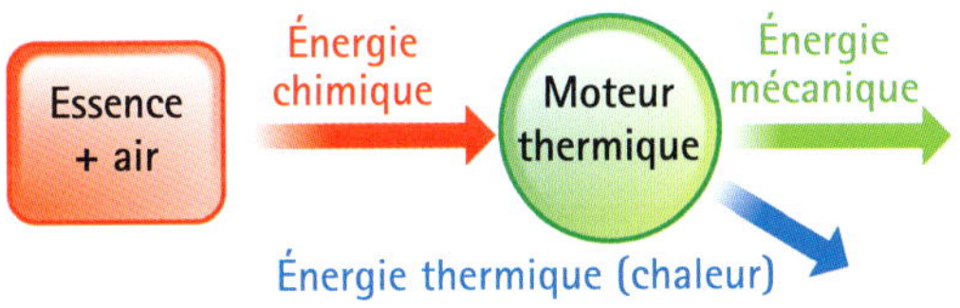


- **Pile à combustible**

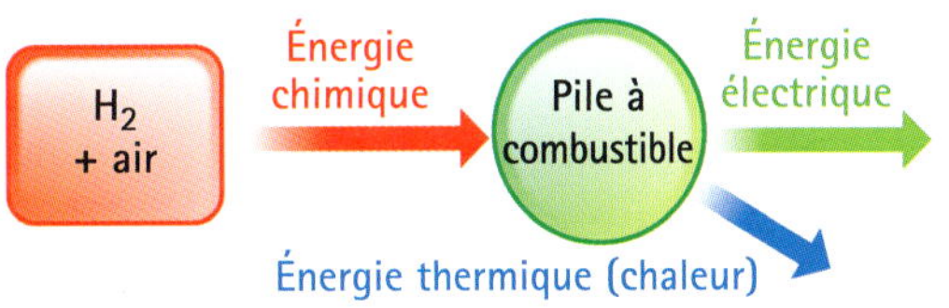


## 2 Puissance et énergie

### a) Puissance moyenne

La puissance moyenne permet d'estimer l'énergie échangée entre deux systèmes pendant une durée. Elle est définie par :

$$P_m = \frac{E_2 - E_1}{t_2 - t_1}$$

$P_m$ : puissance moyenne échangée pendant la durée $t_2 - t_1$ en watts (W)
$E_1$ : énergie à l'instant $t_1$ en joules (J)
$E_2$ : énergie à l'instant $t_2$ en joules (J)
$t_2 - t_1$ : durée en secondes (s)

### b) Rendement d'une chaîne énergétique

Lorsqu'un système convertit de l'énergie d'une forme à une autre, une partie de l'énergie absorbée est convertie en une forme non utilisable, généralement en chaleur.

On définit :

- $P_u$ : **puissance utile**, puissance dont l'utilisateur dispose ;
- $P_a$ : **puissance absorbée**, puissance reçue par le système ;
- $P_P$ : **puissance perdue**, puissance qui correspond aux pertes.

Comme l'énergie, **la puissance se conserve** : $P_a = P_u + P_P$.

Le **rendement** d'une chaîne énergétique est défini comme le rapport de la puissance utile par la puissance absorbée : $\eta = \frac{P_u}{P_a}$.

Le rendement est un nombre sans unité compris entre 0 et 1, qui s'exprime en pourcentage (entre 0 et 100 %). Le rendement d'un moteur thermique vaut environ 40 %. Le rendement du moteur électrique est en général plus élevé et peut atteindre 95 %.

▶ *Le rendement d'un moteur Diesel peut atteindre 50 %, alors que le rendement d'un moteur à essence est de l'ordre de 30 %.*

## c) Chaîne énergétique d'une voiture

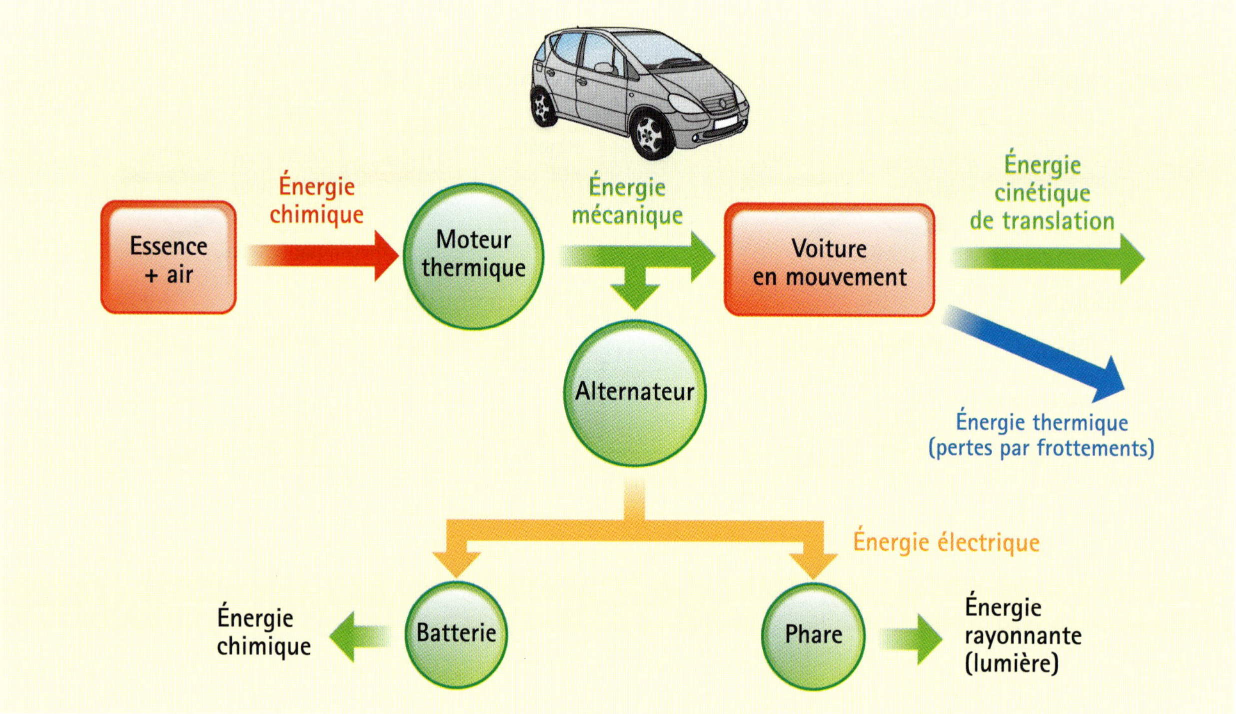


- Les frottements de l'air sur la carrosserie et des roues sur le sol transforment une partie de l'énergie fournie en chaleur.
- Une partie de l'énergie mécanique issue du moteur thermique est convertie en énergie électrique à l'aide d'un alternateur. Le courant ainsi produit sert à recharger la batterie, dont l'énergie chimique augmente, et à allumer les phares, qui fournissent de l'énergie rayonnante (lumière).
- En tenant compte des pertes dues aux organes de transmission, qui ont un rendement de l'ordre de 85 %, le rendement global d'un moteur thermique dans un véhicule est : $0{,}85 \times 0{,}4 = 0{,}34$ soit de l'ordre de 30 %.

**It's in English**

- Convertisseur d'énergie : *energy converter*
- Réservoir : *reservoir*
- Puissance moyenne : *average power*
- Rendement : *yield*
- Chaîne énergétique : *energy chain*
- Énergie thermique : *thermal energy*
- Énergie chimique : *chemical energy*

# L'essentiel

- **Les différentes formes d'énergie sont** : l'énergie chimique, mécanique, électrique, nucléaire, thermique et rayonnante.
  L'unité de l'énergie est le joule (J) et on a :
  1 kWh = $3{,}6 \times 10^6$ J.

- **Un convertisseur d'énergie** est un dispositif qui permet de passer d'une forme d'énergie à une autre.

| | Moteur électrique | Moteur thermique | Pile | Panneau solaire |
|---|---|---|---|---|
| Énergie absorbée | Électrique | Chimique | Chimique | Rayonnante |
| Énergie fournie | Mécanique | Mécanique | Électrique | Électrique |

- **Un réservoir d'énergie** est un dispositif qui emmagasine de l'énergie et qui permet son utilisation en temps différé.

| Forme de l'énergie stockée | Réservoir d'énergie | Expression de l'énergie | |
|---|---|---|---|
| Mécanique | Objet en mouvement | $\frac{1}{2}mv^2$ | $m$ : masse (kg)<br>$v$ : vitesse ($m \cdot s^{-1}$) |
| Chimique | Pile ou batterie | $Q \cdot U$ | $Q$ : charge (C)<br>$U$ : tension à vide (V) |
| Chimique | Gazole + air | $\Delta_c H° \cdot m$ | $\Delta_c H°$ : enthalpie de combustion ($J \cdot kg^{-1}$)<br>m : masse (kg) |
| Électrique | Condensateur | $\frac{1}{2}C \cdot U^2$ | $C$ : capacité (F)<br>$U$ : tension (V) |

- **Une chaîne énergétique** est un schéma qui représente les éléments de stockage et de conversion de l'énergie en précisant ses différentes formes.

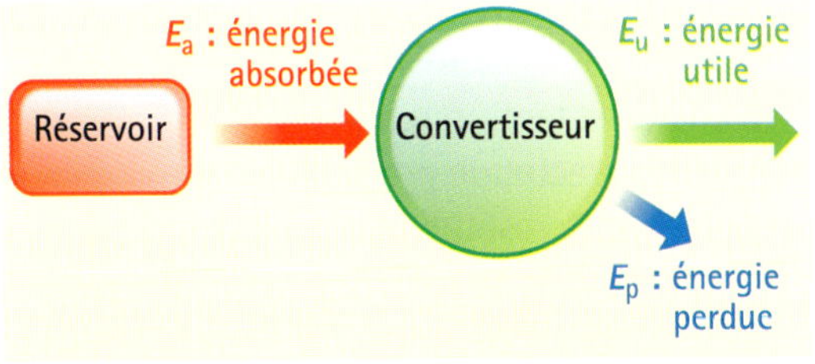


- **L'énergie se conserve** :

$$E_a = E_u + E_p$$

L'énergie perdue $E_p$ correspond souvent à de l'énergie dissipée sous forme de chaleur qui produit une augmentation de température.

- **La puissance moyenne** permet d'estimer l'énergie échangée entre deux systèmes pendant une durée. Elle est définie par :

$$P_m = \frac{E_2 - E_1}{t_2 - t_1}$$

$P_m$ : puissance moyenne échangée pendant la durée $t_2 - t_1$ en watts (W)
$E_1$ : énergie à l'instant $t_1$ en joules (J)
$E_2$ : énergie à l'instant $t_2$ en joules (J)
$t_2 - t_1$ : durée en secondes (s)

- **Le rendement d'une chaîne énergétique** est défini comme le rapport de la puissance utile par la puissance absorbée :

$$\eta = \frac{P_u}{P_a}$$

Le rendement est un nombre sans unité compris entre 0 et 1 qui s'exprime en pourcentage (entre 0 et 100 %).
Le rendement d'un moteur thermique est de l'ordre de 40 %. Le rendement d'un moteur électrique est en général plus élevé et peut atteindre 95 %.

- **Il y a conservation de la puissance** dans une chaîne énergétique :

$$P_a = P_u + P_p$$

La puissance liée aux pertes $P_p$ correspond souvent à de l'énergie thermique, qui produit une augmentation de la température du système ou du milieu extérieur.

# La Venturi Eclectic

L'Eclectic est le premier véhicule électrique équipé de batteries (ion-lithium) se rechargeant grâce aux énergies renouvelables que sont les énergies solaire et éolienne. La recharge des batteries grâce à l'électricité délivrée par le réseau EDF est également possible. L'autonomie de ce véhicule peut aller jusqu'à 50 km pour une vitesse de 50 km/h.

- La production solaire (2,5 m$^2$ de cellules photovoltaïques) en une journée d'exposition permet de parcourir 7 km, à une vitesse maximale de 50 km/h.
- La production de une ou plusieurs éoliennes fixées sur le toit pendant le stationnement en une journée de bon vent permet de parcourir 15 km.
- La recharge intégrale du véhicule sur le secteur prend 5 heures et permet de parcourir 50 km.
- La puissance motrice pour rouler à une vitesse de 50 km/h en terrain plat vaut 10 kW.

**Exploiter**

**1.** Représenter la chaîne énergétique de ce véhicule électrique solaire en mouvement.

**2.** Représenter la chaîne énergétique lors de la recharge de la batterie par l'éolienne.

**3.** Calculer l'énergie rayonnante emmagasinée durant une journée d'exposition (environ 12 h) par les panneaux solaires. On prendra la puissance moyenne rayonnante égale à 150 W$\cdot$m$^{-2}$.

**4.** Sachant que le rendement de conversion des panneaux solaires est de 10 %, calculer la valeur de l'énergie électrique disponible quotidiennement.

**5.** En admettant un rendement de 70 % entre l'énergie électrique produite par les panneaux solaires et la restitution sous forme d'énergie mécanique par le moteur électrique, quelle est la durée de fonctionnement du véhicule pour une vitesse de 50 km$\cdot$h$^{-1}$ ?

# Besoins en énergie d'un scooter électrique

**Objectif :** estimer l'autonomie d'un scooter électrique

La consommation d'énergie d'un scooter électrique est due à la résistance de l'air, au frottement des roulements, à la variation éventuelle de sa vitesse et au profil de la route.

> Fiche technique d'un scooter électrique
> Puissance maximale : 2,8 kW à 5 000 tr/min
> Vitesse maximale : 45 km/h
> Poids à vide : 110 kg
> Batterie : Lithium-Phosphate 60 V-40 Ah
> Charge rapide : 4 h 30 chargeur 10 A
> Autonomie : 60 à 80 km (rapide/éco)

## 1. Puissance mécanique d'un scooter

Il y a deux principales sources de frottement à vitesse constante :

- **le traînage aérodynamique** qui exerce une force :

$$F_T = \frac{1}{2}\cdot\rho\cdot C_x\cdot S\cdot v^2$$

$F_T$ : force de résistance en newtons (N)
$\rho$ : masse volumique de l'air ($\rho = 1{,}2$ kg·m$^{-3}$)
$S$ : section frontale du scooter en mètres carrés (m$^2$) ($S = 1{,}0$ m$^2$)
$C_x$ : coefficient aérodynamique ($C_x = 0{,}80$)
$v$ : vitesse du scooter en mètres par seconde (m·s$^{-1}$)

- **le frottement de roulement** qui exerce une force :

$$F_R = b\cdot m\cdot g$$

$m$ : masse du scooter + conducteur en kilogrammes (kg)
$b$ : coefficient de frottement ($b = 0{,}024$ pour des pneus bien gonflés)
$g$ : intensité de la pesanteur ; ($g = 10$ m·s$^{-2}$)

On rappelle l'expression de la **puissance mécanique** :

$P_m = F\cdot v$

## 2. Cas pratique

On s'intéresse à un scooter électrique se déplaçant à vitesse constante sur une route droite et en terrain plat. On suppose que le rendement du moteur électrique et des organes de transmission vaut 80 %.

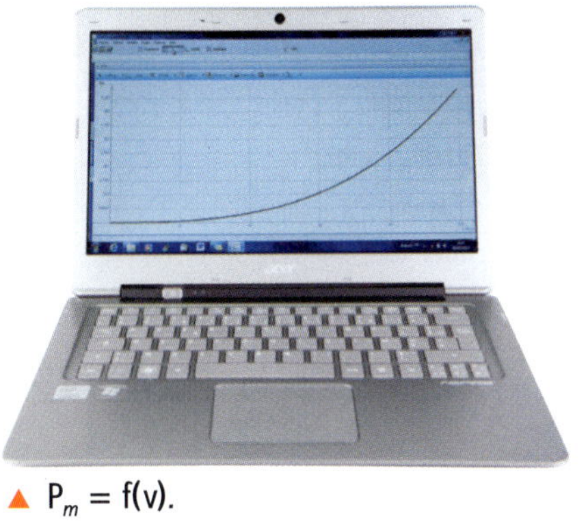

▲ $P_m = f(v)$.



### Exploiter

**1.** À l'aide d'un tableur, tracer la puissance mécanique $P_m$ fournie par le système scooter + conducteur en fonction de sa vitesse $v$ pour un conducteur de 80 kg.

**2.** Représenter graphiquement l'autonomie du scooter électrique en fonction de sa vitesse. Commenter la courbe.

**3.** Exprimer l'intensité du courant $I$ débitée par la batterie et représenter son graphe en fonction de la vitesse.

**4.** Le scooter démarre, sa vitesse passe de 0 km·h$^{-1}$ à sa vitesse maximale en 1 min. Tracer l'évolution de la puissance électrique $P_e$ que doit fournir la batterie pendant cette phase d'accélération.

**5.** Le scooter roule maintenant sur une route droite montante, mais avec une pente de 8 %. Estimer son autonomie.

## S'entraîner

# Testez vos connaissances

*Cochez la ou les réponses exactes.*

**1** **Un moteur électrique convertit de l'énergie électrique en énergie :**

- ☐ **a)** rayonnante
- ☐ **b)** mécanique
- ☐ **c)** chimique

**2** **Le gazole contenu dans le réservoir d'une automobile stocke de l'énergie sous forme :**

- ☐ **a)** thermique
- ☐ **b)** nucléaire
- ☐ **c)** chimique

**3** **L'énergie emmagasinée par une voiture qui roule est de l'énergie :**

- ☐ **a)** thermique
- ☐ **b)** électrique
- ☐ **c)** mécanique

**4** **L'énergie chimique emmagasinée par une batterie de voiture 12 V-45 A·h vaut :**

- ☐ **a)** 540 J
- ☐ **b)** $2 \times 10^6$ J
- ☐ **c)** 45 J

**5** **La puissance utile d'un moteur est :**

- ☐ **a)** la puissance que le moteur consomme pour fonctionner
- ☐ **b)** la puissance dont l'utilisateur va pouvoir disposer
- ☐ **c)** la puissance cédée par le moteur au milieu ambiant

**6** **Soit $E_1$ l'énergie d'un véhicule à la date $t_1$ et $E_2$ l'énergie du système à la date $t_2 > t_1$. La puissance moyenne est définie par :**

- ☐ **a)** $P_m = \dfrac{E_2 - E_1}{t_2 - t_1}$
- ☐ **b)** $P_m = (E_2 - E_1)\cdot(t_2 - t_1)$
- ☐ **c)** $P_m = \dfrac{E_2 + E_1}{t_2 + t_1}$

**7** **Une batterie fournit une puissance de 100 W pour alimenter un moteur électrique qui produit une puissance utile de 80 W.**

- ☐ **a)** le rendement du moteur électrique vaut 80 %
- ☐ **b)** la puissance perdue est égale à 20 W
- ☐ **c)** la puissance perdue produit une augmentation de la température du moteur

**8** **La puissance moyenne fournie par une automobile est de 32 kW. L'énergie fournie durant 10 s vaut :**

- ☐ **a)** 320 J
- ☐ **b)** 320 kJ
- ☐ **c)** 320 kW

**9** **Le rendement d'un moteur électrique peut atteindre :**

- ☐ **a)** 40 %
- ☐ **b)** 90 %
- ☐ **c)** 10 %

**10** **Le moteur thermique d'un véhicule a un rendement de 40 %, ses éléments de transmission ont un rendement de 80 %. Le rendement global de cette chaîne énergétique vaut :**

- ☐ **a)** 0,33
- ☐ **b)** 32 %
- ☐ **c)** 120 %

▶ **Corrigés p. 267**

# Comment résoudre un exercice

**ÉNONCÉ**

## 574,8 km/h : record du monde !

Le mardi 3 avril 2007 à 13 h 14, la rame TGV Duplex V150, constituée de deux motrices encadrant trois remorques, établissait un nouveau record du monde de vitesse sur rail à la valeur de 574,8 $km \cdot h^{-1}$.
La masse de la rame et de ses passagers valait $m$ = 270 t. La puissance fournie par les moteurs électriques équipant les motrices était de 19,6 MW.
La puissance absorbée par les moteurs valait 20,4 MW.

**1.** Quelle est la forme d'énergie associée au TGV en mouvement ? Choisir la réponse parmi la liste suivante : énergie électrique, énergie mécanique, énergie thermique, énergie chimique, énergie nucléaire.

**2.** Calculer l'énergie cinétique $E_c$ de la rame. **Méthode 1 ▶**

**3.** Représenter la chaîne énergétique des moteurs. **Méthode 2 ▶**

**4.** Calculer le rendement $\eta$ des moteurs.

**Méthode 1**
L'énergie cinétique de la rame en translation est $E_c = \frac{1}{2}mv^2$.

**Méthode 2**
Il faut chercher la nature de l'énergie alimentant les moteurs. Comme le train est alimenté par une caténaire, il s'agit de moteurs électriques. Ce sont des convertisseurs d'énergie électrique en énergie mécanique.

**SOLUTION**

**1.** L'énergie associée au TGV en mouvement est de l'énergie mécanique.

**2.** L'énergie cinétique de la rame en translation est :
$$E_C = \frac{1}{2}m \cdot v^2 = \frac{1}{2} \times 270 \times 10^3 \times \left(\frac{574,8}{3,6}\right)^2 = 3,4 \times 10^9 \text{ J}.$$

**3.** Les moteurs électriques sont des convertisseurs d'énergie : ils transforment l'énergie électrique en énergie mécanique. Au cours de la conversion, une partie de l'énergie électrique est dissipée sous forme de chaleur au milieu extérieur.
La chaîne énergétique des moteurs est :

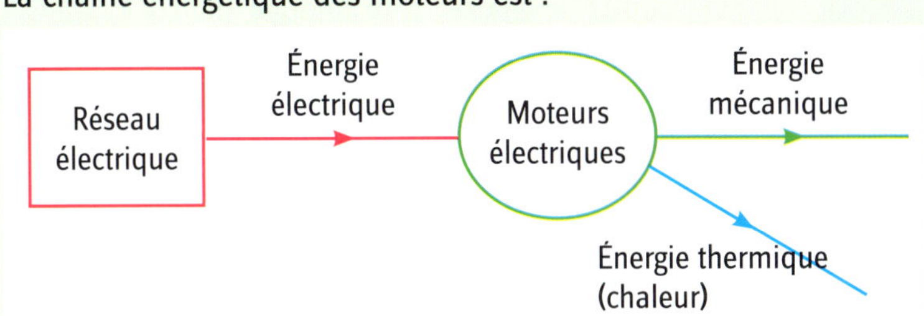


**4.** On a $P_u$ = 19,6 MW et $P_a$ = 20,4 MW.
La puissance utile est la puissance utile à l'utilisateur, ici la puissance motrice des moteurs. Le rendement des moteurs est donc : $\eta = \frac{19,6}{20,4} = 0,96 = 96\ \%$.
**Conseil 1 ▶**

**Conseil 1**
Utiliser la définition du rendement $\eta = \frac{P_u}{P_a}$ en gardant les mêmes unités.

Transport

Exercice avec résultat (page 267)

## Applications directes du cours

### 11 Chaîne énergétique d'une moto

Un réservoir d'essence alimente le moteur thermique d'une moto.

Dessiner la chaîne énergétique correspondante.

### 12 Chaîne énergétique d'une éolienne

Les pales d'une éolienne sont reliées à un alternateur qui produit de l'électricité. Elles tournent sous l'action du vent.

Dessiner la chaîne énergétique correspondante.

### 13 Réservoir d'essence

Calculer l'énergie chimique stockée dans un réservoir contenant 70 L d'essence, sachant que l'enthalpie de combustion de l'essence vaut $\Delta_c H° = 4{,}7 \times 10^7\ \text{J·kg}^{-1}$ et que sa masse volumique est $\rho = 0{,}85\ \text{kg·L}^{-1}$.

### 14 Supercondensateur

Calculer l'énergie électrique stockée par un supercondensateur de capacité 3 F et soumis à une tension de 2 V.

### 15 Levage d'une charge par une grue

Le moteur électrique d'une grue fournit une énergie mécanique de 12 kJ lors du levage d'une charge. L'énergie consommée par le moteur pour mener à bien cette tâche est de 18 kJ.

**1.** Calculer le rendement $\eta$ de ce convertisseur.

**2.** Compléter la chaîne énergétique de la grue :

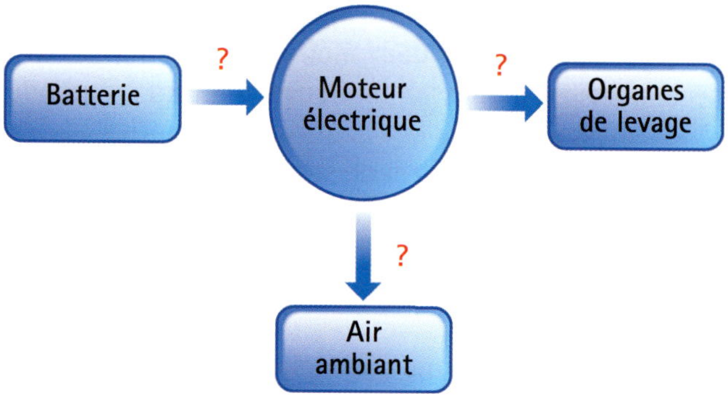


### 16 Freinage d'un scooter

La masse totale d'un scooter et de son conducteur vaut 150 kg. La vitesse du scooter est de 36 km/h (10 m/s).

**1.** Calculer, en joules, l'énergie cinétique $E_c$ que possède le scooter.

**2.** Soudain, le conducteur freine. On constate alors une élévation de la température des plaquettes de frein. On suppose que toute l'énergie cinétique du scooter est intégralement transformée en chaleur lors du freinage. Compléter le questionnaire suivant (pour chaque ligne, cocher la bonne réponse).

**a.** Lors du freinage, l'énergie cinétique reste constante.

☐ vrai ☐ faux

**b.** Lors du freinage, l'énergie cinétique diminue.

☐ vrai ☐ faux

**c.** Lors du freinage, l'énergie cinétique est convertie en énergie thermique.

☐ vrai ☐ faux

### 17 Ma bobine a de l'énergie

On souhaite stocker une énergie de 20 kJ dans une bobine supraconductrice d'inductance $L$ = 4 H. Calculer la valeur de l'intensité du courant $I$ qui parcourt la bobine, sachant que l'énergie électrique stockée est donnée par $E = \frac{1}{2} L \cdot I^2$.

### 18 Puissance moyenne

Un panneau solaire débite un courant d'intensité 2,5 A sous une tension de 6 V pendant une durée de 1 h 30 pour alimenter une installation électrique.

**1.** Calculer la puissance moyenne $P$ fournie par le panneau solaire.

**2.** Calculer l'énergie $E$ reçue par l'installation.

## Exercices d'entraînement

### 19 Ça roule !

Un véhicule diesel consomme 6,5 L de gazole aux 100 km.

**1.** Calculer l'énergie thermique libérée par la réaction de combustion totale du gazole pour 100 km.

Le véhicule roule sur une autoroute plane à la vitesse $v = 130$ km·h$^{-1}$. Il se voit opposer une force résistante, essentiellement due à la résistance de l'air, de valeur 900 N.

**2.** Calculer la puissance de la force résistante.

**3.** En déduire la valeur du rendement $\eta$ de cette chaîne énergétique.

**4.** Sachant que les organes de transmission ont un rendement de 90 %, en déduire la valeur de la puissance motrice $P_m$ que doit fournir ce moteur diesel.

**5.** Représenter la chaîne énergétique du véhicule.

*Données :*
- enthalpie de combustion du gazole : $\Delta_c H° = 4{,}5 \times 10^7$ J·kg$^{-1}$ ;
- masse volumique du gazole : $\rho = 850$ kg·m$^{-3}$.

### 20 Recharge d'une batterie

On souhaite recharger la batterie d'un camion (24 V-170 Ah) dont on a laissé les phares allumés, le moteur étant à l'arrêt.

Pour ce faire, on utilise un chargeur de rendement 60 % branché sur le secteur EDF. La tension de recharge est 28 V.

**1.** Calculer le coût de la recharge totale de la batterie. Prix du kWh : 0,11 €.

**2.** Quel serait le coût en rechargeant la batterie avec un dispositif alternateur-redresseur (convertisseur d'énergie mécanique en énergie électrique) de rendement 60 %, lui-même entraîné par un moteur thermique de rendement 30 % ?

*Données :*
- enthalpie de combustion du gazole : $\Delta_c H° = 4{,}5 \times 10^7$ J·kg$^{-1}$ ;
- masse volumique du gazole : $\rho = 850$ kg·m$^{-3}$ ;
- coût du litre de gazole : 1,42 €.

### 21 Une voiture qui ne manque pas d'air !

Guy Nègre est un ingénieur français qui s'est associé avec un constructeur automobile indien TATA en 2007 pour développer son concept de voiture à air comprimé appelée *Airpod*.

L'air comprimé à 300 bar stocké dans un réservoir de 300 L sous forme d'énergie mécanique pourrait produire une énergie mécanique comprise entre 27 MJ et 51 MJ pour un rendement de 100 %.

**1.** Compléter la chaîne énergétique de ce moteur à air comprimé.

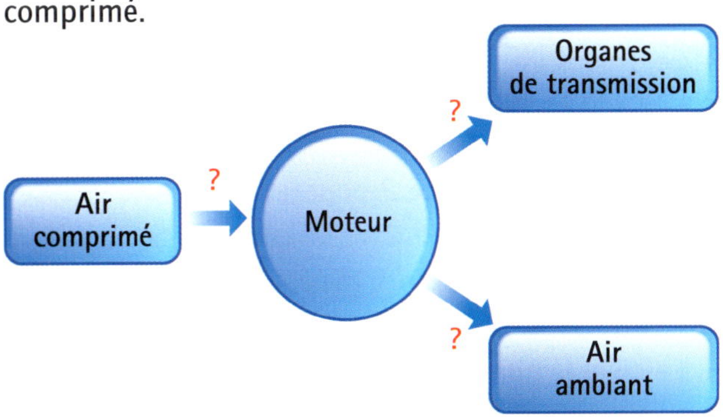


**2.** Convertir les énergies de 27 MJ et 51 MJ en kWh.

**3.** En réalité, le rendement du convertisseur vaut 50 %.
Quelle est alors la plage d'énergie mécanique réellement produite par le réservoir d'air comprimé ?

**4.** Si le moteur développe une puissance moyenne de 20 kW, quelle est la plage de la durée de fonctionnement du véhicule ?

**5.** En déduire la plage d'autonomie de la voiture si l'énergie moyenne consommée est environ de 18 MJ aux 100 km.

### 22 Éolienne

Une éolienne est utilisée pour la production d'énergie électrique.

Elle est constituée des éléments suivants :

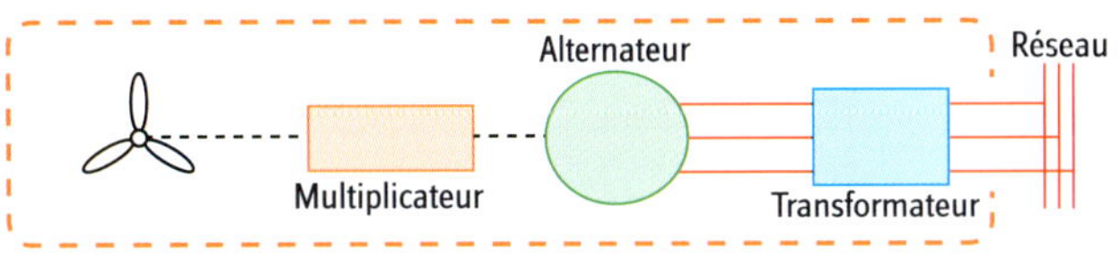

# S'entraîner

Exercice avec résultat (page 267)

**Caractéristiques de l'éolienne :**
$L$ = 32 m : longueur d'une pale
$S$ : surface balayée par les pales de l'éolienne
$C_P$ : coefficient aérodynamique
Multiplicateur de vitesse de rendement : $\eta_1$ = 94 %
Alternateur de rendement : $\eta_2$ = 95 %
Transformateur de rendement : $\eta_3$ = 97 %

*Données* : $v$ : vitesse du vent ($m \cdot s^{-1}$) ;
$\rho$ = 1,23 $kg \cdot m^{-3}$ : masse volumique de l'air.

La valeur de $C_P$ dépend de la vitesse du vent selon le tableau suivant :

| $v$ ($m \cdot s^{-1}$) | 5 | 7 | 11 | 15 | 20 | 25 |
|---|---|---|---|---|---|---|
| $C_P$ ($W \cdot s^3 \cdot kg^{-1} \cdot m^2$) | 0,40 | 0,45 | 0,48 | 0,27 | 0,11 | 0,053 |

La puissance mécanique $P_f$ fournie par le rotor de l'éolienne se calcule à l'aide de la relation suivante : $P_f = \frac{1}{2} C_P \cdot \rho \cdot S \cdot v^3$.

**1.** Représenter le schéma de la chaîne énergétique du système étudié.

**2.** Calculer la surface $S$ balayée par les pales de l'éolienne.

**3.** Calculer la puissance $P_f$ pour les différentes vitesses et tracer la courbe $P_f(v)$.

**4.** En déduire la puissance maximale que peut fournir l'éolienne et la vitesse du vent correspondante.

**5.** Calculer la puissance électrique $P_E$ fournie au réseau par l'éolienne pour une vitesse du vent de 7 $m \cdot s^{-1}$.

**6.** Rappeler la fonction réalisée par le transformateur.

**7.** Une ferme est constituée de cinq éoliennes identiques à celle étudiée. La vitesse moyenne du vent est estimée à 7 $m \cdot s^{-1}$ pendant une durée de 300 jours par an. Calculer l'énergie électrique produite par cette ferme d'éoliennes sur une année.

## 23 OBJECTIF BAC Ça freine et ça chauffe !

Une voiture de masse $m$ = 1 350 kg roule sur une autoroute plane et droite à la vitesse de 130 $km \cdot h^{-1}$.

**1.** Calculer son énergie cinétique $E_{C1}$.

**2.** Elle freine, et sa vitesse atteint la valeur de 72 $km \cdot h^{-1}$. Calculer la nouvelle valeur de son énergie cinétique $E_{C2}$.

**3.** On constate alors un échauffement des disques des freins.

**a.** Quelle est l'origine de celui-ci ?

**b.** En déduire la quantité d'énergie $Q$ transférée aux disques.

**c.** Calculer leur température finale $\theta_f$ si la température initiale est $\theta_i$ = 40 °C. Chaque disque en acier pèse 3,8 kg, et la capacité calorifique de l'acier vaut $C_P$ = 460 $J \cdot kg^{-1} \cdot °C^{-1}$. La voiture possède deux disques de frein.

**4.** Cette voiture roule maintenant sur une route plane et droite à une vitesse constante de 90 $km \cdot h^{-1}$. Elle consomme 8,0 L d'essence pour 100 km. Dans ces conditions, le moteur thermique délivre une puissance mécanique $P_m$ = 20 kW. L'enthalpie de combustion de l'essence vaut $\Delta_{comb}H°$ = 4,7 × $10^7$ $J \cdot kg^{-1}$ et sa masse volumique est $\rho$ = 0,85 $kg \cdot L^{-1}$.

**a.** Calculer l'énergie thermique $E_{th}$ produite par la combustion de l'essence pendant une durée de 1,0 h.

**b.** Calculer l'énergie mécanique $E_m$ fournie par le moteur pendant cette durée.

**c.** Calculer le rendement $\eta$ du moteur.

**d.** Le conducteur allume les feux de route qui consomment chacun une puissance de 50 W. Combien de kilomètres cette voiture peut-elle parcourir avec la même quantité d'essence que précédemment ?

## 24 It's in English

A diesel engine has a yield of 50 %.
The driveline of the vehicle has a yield of 70 %.

**1.** What is the global yield of the vehicle ?

**2.** The thermal engine delivers a mechanical power of $P_m$ = 10 kW during 2,0 hrs. Work out the thermal energy $E_{th}$ dissipated by friction between the vehicle and the road as well as with the air.

CHAPITRE 8

# Couple, travail et énergie cinétique

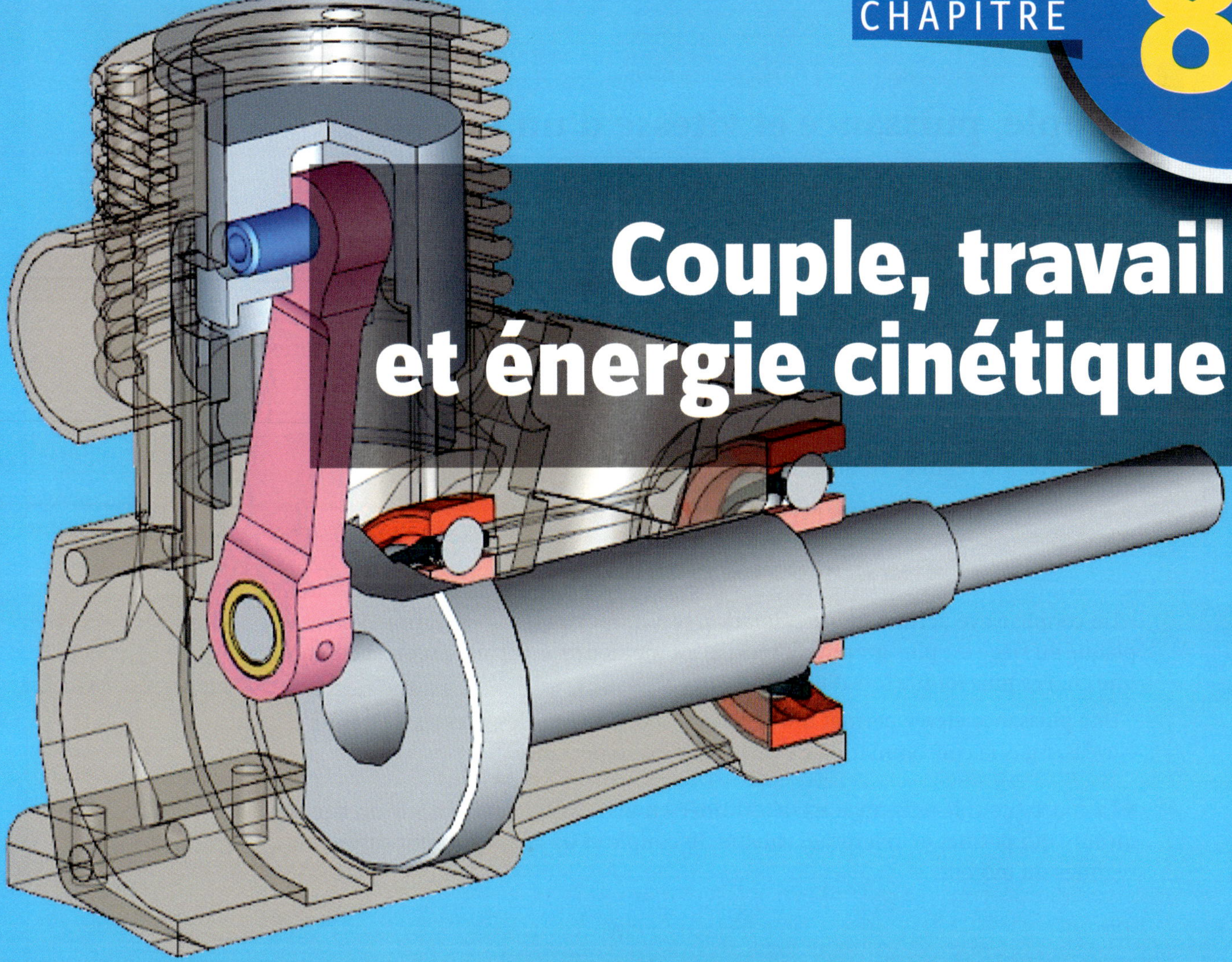

Le couple et la puissance d'un moteur sont généralement les critères de référence pour juger des performances d'un véhicule automobile. Ils sont encore plus pertinents si on les relie à la masse du véhicule.

**→ Qu'est-ce qu'un couple moteur ? Comment évoluent le couple moteur et la puissance lorsque la vitesse de la voiture varie ?**

**Capacités**

- Effectuer un bilan des forces extérieures appliquées sur un solide.
- Associer la variation d'énergie cinétique au travail d'une force ou d'un couple.
- Connaître et savoir appliquer le principe fondamental de la dynamique pour un solide en translation ou en rotation.
- Savoir que la force de résistance aérodynamique est proportionnelle au carré de la vitesse du solide et dépend de sa forme.

# Découvrir

Activité documentaire

## 1 Couple, puissance et vitesse d'un moteur

• Le *moteur à explosion* est un moteur à combustion interne. Une explosion entraîne une augmentation brutale du volume de la pression des gaz qui actionne un piston. Le mouvement de translation du piston est ensuite transformé par l'ensemble {bielle-vilebrequin} en un mouvement de rotation de l'arbre du moteur.
Un **couple** est ainsi généré sur l'arbre. La **boîte de vitesses** permet la transmission du mouvement de rotation de l'arbre aux roues motrices du véhicule et l'adaptation du couple moteur disponible en fonction des conditions de route.

• La *puissance* d'une automobile est obtenue en multipliant le couple par la vitesse de rotation (ou régime) du moteur :

$P = C \cdot \omega$

$P$ : puissance en watts (W)
$C$ : couple en newtons-mètres (N·m)
$\omega$ : vitesse angulaire en radians par seconde ($rad \cdot s^{-1}$)

– **Un couple élevé** permet une accélération plus importante : la sensation d'être plaqué au siège est plus grande, la reprise est meilleure. Il permet aussi de déplacer une charge plus lourde lors d'un remorquage.

– **Une puissance élevée** permet une conduite sportive avec des vitesses de pointe élevées, mais la consommation de carburant est importante.

• La courbe couple-puissance est déterminée en installant le moteur sur un banc de mesure qui permet de relever les valeurs du couple et de la vitesse pour différents régimes du moteur.

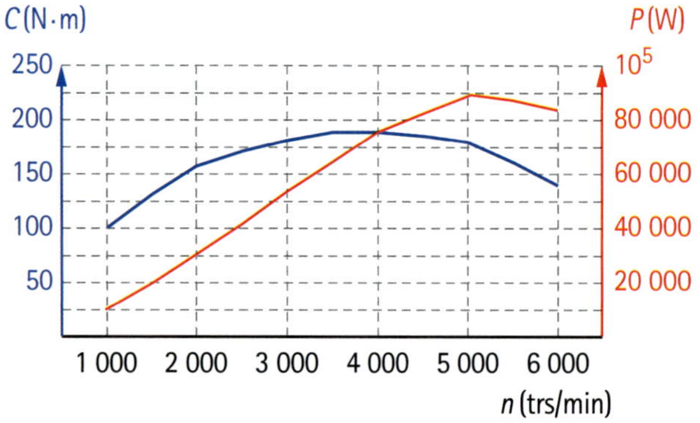


◄ *Couple-puissance en fonction de la vitesse de rotation d'un moteur à essence.*

**Exploiter**

**1.** Quelles sont les valeurs de la puissance maximale et du couple maximal ?

**2.** Sachant qu'un cheval-vapeur (ch) correspond à 736 W, calculer la puissance maximale en chevaux que peut fournir ce moteur.

**3.** Vérifier la relation entre $P$ et $C$ pour une vitesse de 4 000 trs/min.

**4.** Quel est le dispositif qui permet d'adapter la vitesse du moteur pour qu'il fournisse un couple élevé quelles que soient les conditions de roulage du véhicule ?

**Comment évoluent le couple moteur et la puissance lorsque la vitesse de la voiture varie ?**

2 Activité expérimentale

# Comment assurer l'équilibre d'un solide en rotation ?

Pour mesurer une masse, les Romains utilisaient une balance appelée balance romaine : l'équilibre du solide permettait d'obtenir la valeur de la masse de l'objet.

▲ *En Chine, la balance romaine est très courante, et il en existe de nombreuses variétés.*

## Dispositif expérimental

On dispose d'une barre à trous en rotation libre autour d'un axe Δ, et d'un dynamomètre réglable. La barre à trous est fixée en un point sur un tableau.

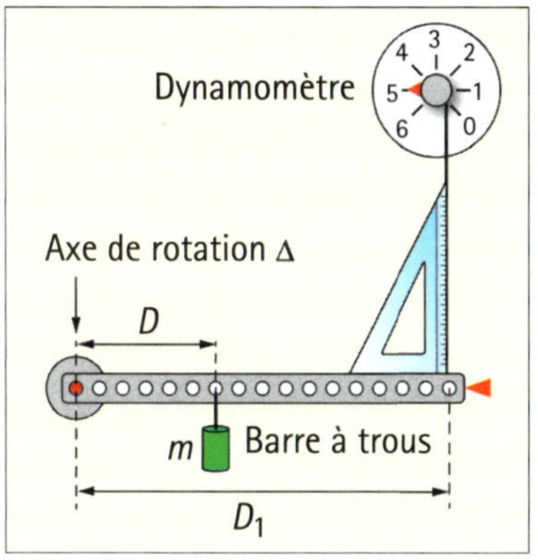


▲ *Dispositif expérimental.*

## Réaliser et observer

- Une masse $m = 200$ g est fixée à une distance $D = 0{,}20$ m de l'axe de rotation. La barre à trous est contrainte à la position horizontale par l'action mécanique du dynamomètre. Le fil du dynamomètre est tendu et perpendiculaire à la barre. Il est à une distance $D_1$ de l'axe, et sa perpendicularité est vérifiée à l'aide d'une équerre.
- Relever les valeurs des intensités $F_1$ et $F_2$ (en newtons N) indiquées par le dynamomètre pour deux positions $D_1 = 0{,}60$ m et $D_2 = 0{,}40$ m de son point d'attache à la barre.
- Le dynamomètre est déplacé sur le tableau de façon à ce que son fil ne soit plus orienté selon la verticale. Il est réglé à une intensité $F_3$ pour que la barre soit maintenue à l'horizontale. Tracer la perpendiculaire au fil passant par l'axe de rotation de la barre et mesurer la distance $D_3$ qui sépare le fil de cet axe.

*Donnée* : l'intensité de la pesanteur est $g = 9{,}8$ N·kg$^{-1}$.

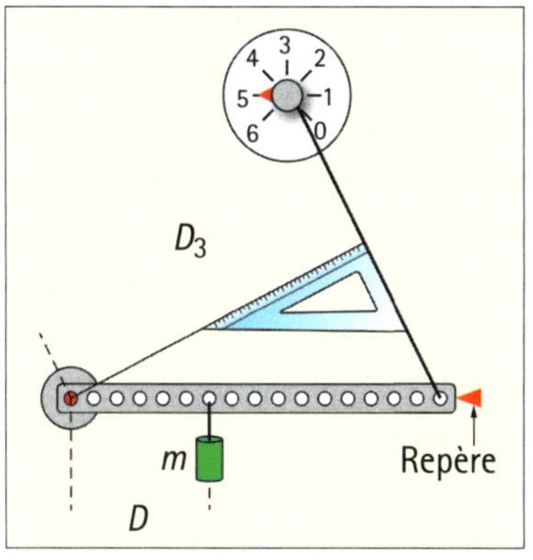


▲ *Déplacement du dynamomètre.*

- Récapitulatif des résultats

| | | |
|---|---|---|
| $D_1$ = ........... | $D_2$ = ........... | $D_3$ = ........... |
| $F_1$ = ........... | $F_2$ = ........... | $F_3$ = ........... |
| $F_1 \cdot D_1$ = ........... | $F_2 \cdot D_2$ = ........... | $F_3 \cdot D_3$ = ........... |

## Exploiter

**1.** Comparer les résultats obtenus sur le tableau récapitulatif précédent.

**2.** Selon quelle unité s'exprime $F \cdot D$ ?

**3.** C'est le dynamomètre qui permet l'équilibre horizontal de la barre. Quelle est la grandeur qui caractérise cet équilibre ?

Transport

Cours

## 1 Actions mécaniques

Les actions mécaniques exercées sur un solide correspondent aux actions exercées par l'extérieur sur le solide. Elles peuvent provoquer ou modifier son mouvement.

### a) Forces

Une **action mécanique** peut être modélisée par une force. Elle est représentée par le vecteur $\vec{F}$ caractérisé par :
- son point d'application : point où s'exerce la force ;
- sa direction ;
- son sens ;
- son intensité, exprimée en newtons (N).

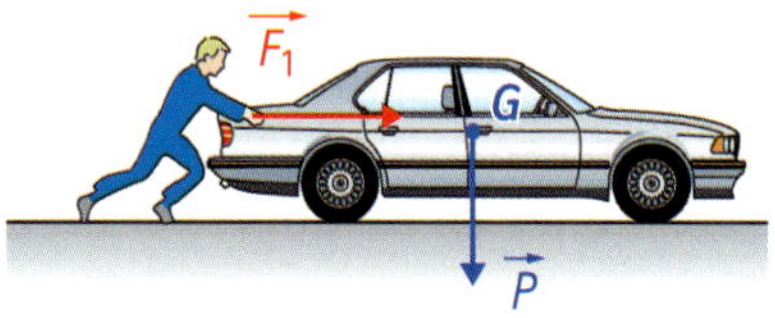


▲ *Deux forces s'exercent sur le solide : $\vec{P}$ et $\vec{F_1}$. Les forces de réaction du sol ne sont pas représentées.*

### b) Moment d'une force

Dans un système qui possède un axe de rotation Δ, on définit le **moment de la force $\vec{F}$** par rapport à cet axe par :

$M_\Delta(\vec{F}) = d \cdot F$

$M_\Delta(\vec{F})$ : moment en newtons-mètres (N·m)
$F$ : force en newtons (N)
$d$ : distance entre Δ et $\vec{F}$ appelée « bras de levier » en mètres (m)

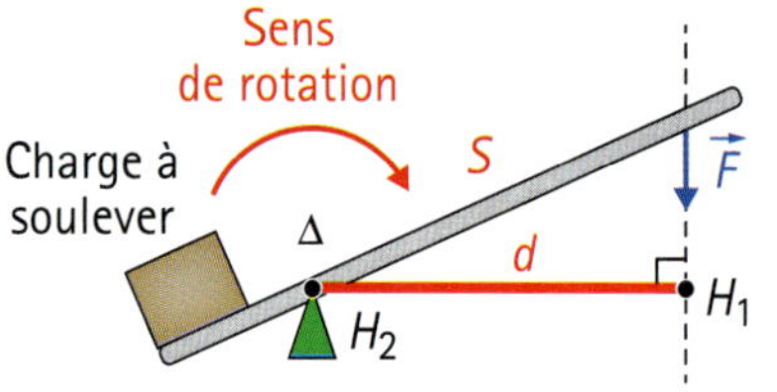


▲ *Moment d'une force $\vec{F}$ : $M_\Delta(\vec{F}) = d \cdot F$.*

### c) Couple de forces

Un **couple de forces** correspond à deux forces $\vec{F_1}$ et $\vec{F_2}$ ayant les caractéristiques suivantes :
- droites d'action parallèles ;
- sens contraires ;
- même intensité : $F_1 = F_2 = F$.

Le **moment $C$ d'un couple** de forces est défini par :

$C = d \cdot F$

$C$ : moment du couple en newtons-mètres (N·m)
$d$ : distance entre les deux droites d'action en mètres (m)

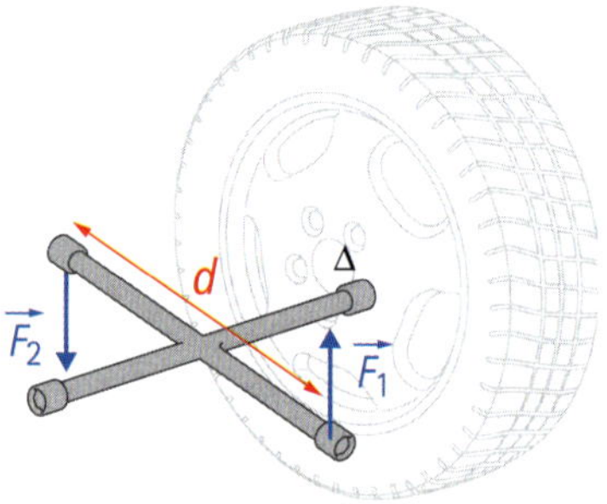


▲ *Couple de forces.*

## 2 Travail, puissance moyenne et énergie

### a) Travail d'une force constante

$W = \vec{F} \cdot \vec{AB} = F \cdot AB \cdot \cos \varphi$

$W$ : travail de $F$ entre $A$ et $B$ en joules (J)
$F$ : intensité de la force en newtons (N)
$AB$ : distance du déplacement en mètres (m)
$\varphi$ : angle entre $\vec{F}$ et $\vec{AB}$ en radians (rad)

Le travail d'une force constante ne dépend pas du chemin suivi.
$W > 0$, le travail est **moteur** : la force agit dans le sens du déplacement.
$W < 0$, le travail est **résistant** : la force s'oppose au déplacement.

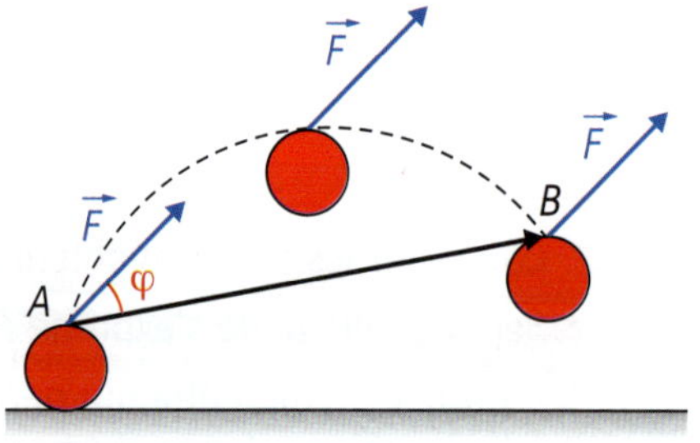


▲ *Travail d'une force constante.*

## b) Travail d'un couple constant

Le **travail d'un couple constant** $C$ pour la rotation d'un solide d'un angle $\theta$ est défini par :

$$W = C \cdot \theta$$

$W$ : travail de $C$ pour une rotation d'un angle $\theta$ en joules (J)
$C$ : couple en newtons-mètres (N·m)
$\theta$ : angle de rotation du solide en radians (rad)

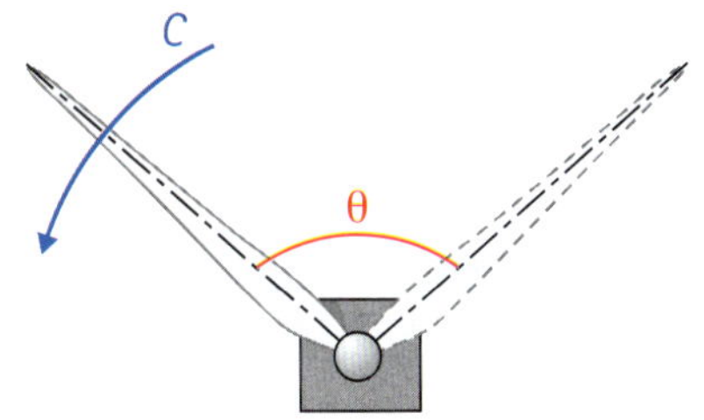


▲ *La pale de l'éolienne se déplace d'un angle $\theta$ à cause du couple C.*

## c) Puissance moyenne

La **puissance moyenne** $P_m$ fournie à un solide est définie par :

$$P_m = \frac{W}{\Delta t}$$

$P_m$ : puissance moyenne en watts (W)
$W$ : travail fourni au solide en joules (J)
$\Delta t$ : durée du déplacement ou de la rotation du solide en secondes (s)

$P_m > 0$, la puissance est **motrice** ; $P_m < 0$, la puissance est **résistante**.

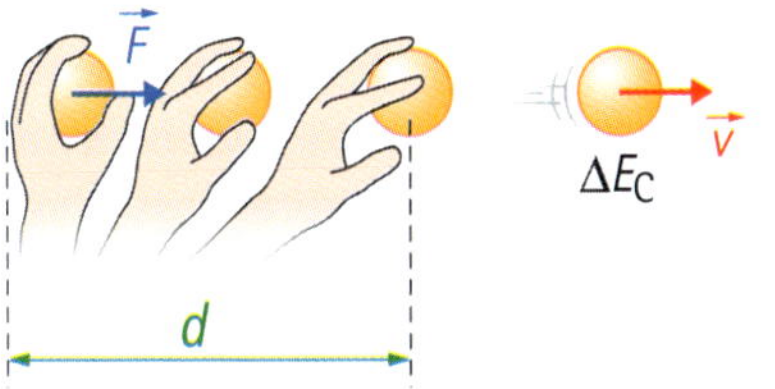


▲ *Une force constante agissant sur une distance d produit une variation de l'énergie cinétique : $\Delta E_c = F \cdot d$.*

## d) Variation d'énergie cinétique et travail

La variation d'énergie cinétique d'un solide pour un déplacement de $A$ à $B$ est égale au travail des forces extérieures :

$$E_{cB} - E_{cA} = W$$

$E_{cA}$ : énergie cinétique à la position $A$ en joules (J)
$E_{cB}$ : énergie cinétique à la position $B$ en joules (J)
$W$ : travail des forces extérieures en joules (J)

- Pour un **solide en translation** soumis à une force constante :

$$\frac{1}{2}m \cdot (v_B^2 - v_A^2) = \vec{F} \cdot \overrightarrow{AB}$$

- Pour un **solide en rotation** soumis à un couple constant :

$$\frac{1}{2}J \cdot (\omega_B^2 - \omega_A^2) = C \cdot \theta_{AB}$$

$J$ : moment d'inertie du solide par rapport à l'axe.

Un travail ou un couple moteur augmente l'énergie cinétique du solide ; un travail ou un couple résistant diminue l'énergie cinétique du solide.

▲ *L'énergie cinétique de rotation du club est transférée en énergie cinétique de translation à la balle.*

## e) Variation d'énergie mécanique et travail

L'**énergie mécanique** $E_m$ d'un solide est définie par :

$$E_m = E_c + E_p$$

$E_m$ : énergie mécanique en joules (J)
$E_c$ : énergie cinétique en joules (J)
$E_p$ : énergie potentielle en joules (J)

En l'absence de frottements ou de forces motrices, $E_m$ d'un solide reste constante. En présence de frottements, le travail résistant des forces de frottement diminue $E_m$ au cours du temps ; l'énergie perdue est transférée au milieu extérieur sous forme de chaleur.

La **puissance moyenne $P_m$ perdue** par le solide est donnée par :

$$P_m = \frac{E_{mA} - E_{mB}}{\Delta t}$$

$P_m$ : puissance moyenne perdue en watts (W)
$E_{mA}$ : énergie mécanique en $A$ en joules (J)
$E_{mB}$ : énergie mécanique en $B$ en joules (J)
$\Delta t$ : durée du déplacement ou de la rotation du solide entre $A$ et $B$, en secondes (s)

▲ *Lors d'un freinage, l'énergie cinétique est transformée en chaleur.*

Transport

## 3 Principe fondamental de la dynamique

### a) Solide en translation

L'**accélération** $\overrightarrow{a_G}$ du centre de gravité $G$ d'un solide en translation est liée à la résultante des forces extérieures exercées sur le solide par la relation suivante :

$$\overrightarrow{F_{ext}} = m \cdot \overrightarrow{a_G}$$

$\overrightarrow{F_{ext}}$ : résultante des forces extérieures en newtons (N)
$m$ : masse du solide en kilogrammes (kg)
$\overrightarrow{a_G}$ : accélération du centre de gravité $G$ ($m \cdot s^{-2}$)

Pour un solide en translation à vitesse constante, $a_G = 0$, donc la somme des forces extérieures exercées sur le solide est nulle.

▲ *Le vent exerce une force $F_M$ qui propulse le bateau. L'eau et l'air exercent une force résistante $F_R$ sur le bateau. Si $F_M > F_R$, la vitesse du bateau augmente.*

### b) Solide en rotation

L'**accélération angulaire** $\alpha$ d'un solide en rotation soumis à un couple extérieur $C$ constant obéit à l'équation suivante :

$$C = J \cdot \alpha$$

$C$ : couple des forces extérieures en newtons-mètres ($N \cdot m$)
$J$ : moment d'inertie ($kg \cdot m^2$)
$\alpha$ : accélération angulaire du solide ($rad \cdot s^{-2}$)

## 4 Force de résistance aérodynamique

Lorsqu'un solide se déplace dans un fluide, une force de résistance aérodynamique s'oppose au déplacement. Elle dépend du fluide, mais aussi des caractéristiques géométriques du solide en mouvement. La force de résistance aérodynamique est définie par :

$$F_{rés} = \frac{1}{2} \rho_a \cdot S \cdot C_X \cdot v^2$$

$F_{res}$ : force de résistance aérodynamique en newtons (N)
$\rho_a$ : masse volumique du fluide en kilogrammes par mètre cube ($kg \cdot m^{-3}$)
$S$ : maître couple ou section frontale du solide en mètres carrés ($m^2$)
$C_X$ : coefficient sans dimension reflétant l'aérodynamisme du solide
$v$ : vitesse du solide en mètres par seconde ($m \cdot s^{-1}$)

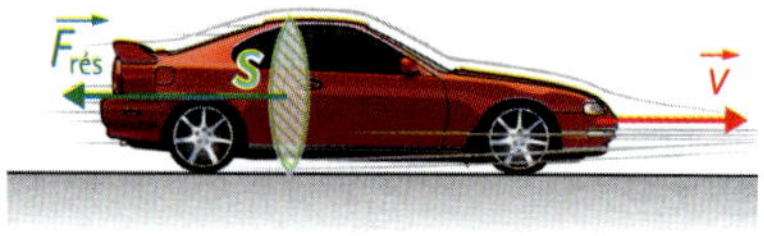


▲ *La force de résistance dépend des caractéristiques géométriques du solide.*

**It's in English**

- Force : *force*
- Moment d'une force : *momentum of a force*
- Couple de forces : *a couple, or a pair of forces*
- Travail : *work*
- Résistance aérodynamique : *aerodynamic resistance*
- Puissance moyenne : *average power*

# L'essentiel

- **Une action mécanique** peut être modélisée par une force, représentée par un vecteur $\vec{F}$ caractérisé par : son point d'application, sa direction, son sens et son intensité exprimée en newtons (N).

- **Moment de la force $\vec{F}$** par rapport à l'axe de rotation du solide :

$$M(\vec{F}) = d \cdot F$$

$M(\vec{F})$ : moment (N·m)
$F$ : force (N)
$d$ : distance entre $\Delta$ et $\vec{F}$ appelée « bras de levier » (m)

- **Un couple de forces** correspond à deux forces $\vec{F_1}$ et $\vec{F_2}$ ayant les caractéristiques suivantes : droites d'action parallèles, sens contraires et même intensité $F_1 = F_2 = F$.

- **Moment d'un couple de forces :**

$$C = d \cdot F$$

$C$ : moment du couple (N·m)
$d$ : distance entre les deux droites d'action (m)

- **Le travail $W$ d'une force constante** dont le point d'application se déplace de $A$ à $B$ est défini par :

$$W = \vec{F} \cdot \vec{AB} = F \cdot AB \cdot \cos\varphi$$

$W$ : travail de $F$ entre $A$ et $B$ (J)
$F$ : intensité de la force (N)
$AB$ : distance du déplacement (m)
$\varphi$ : angle entre $F$ et $AB$ (rad)

- **Travail $W$ d'un couple constant** pour un solide en rotation d'un angle $\theta$ :

$$W = C \cdot \theta$$

$W$ : travail de $C$ pour une rotation d'un angle $\theta$ (J)
$C$ : couple (N·m)
$\theta$ : angle de rotation du solide (rad)

- **Variation d'énergie cinétique** d'un solide pour un déplacement de $A$ à $B$ :

$$E_{cB} - E_{cA} = W$$

$E_{cA}$ : énergie cinétique à la position $A$ (J)
$E_{cB}$ : énergie cinétique à la position $B$ (J)
$W$ : travail des forces extérieures (J)

- **Énergie mécanique d'un solide :**

$$E_m = E_c + E_p$$

$E_m$ : énergie mécanique (J)
$E_c$ : énergie cinétique (J)
$E_p$ : énergie potentielle (J)

En l'absence de frottements ou de forces motrices, $E_m$ = constante.

- **Puissance moyenne perdue par un solide :**

$$P_m = \frac{E_{mA} - E_{mB}}{\Delta t}$$

$P_m$ : puissance moyenne perdue (W)
$E_{mA}$ : énergie mécanique en $A$ (J)
$E_{mB}$ : énergie mécanique en $B$ (J)
$\Delta t$ : durée du déplacement ou de la rotation du solide (s)

- **Principe fondamental de la dynamique**

- pour un solide en translation :

$$\vec{F}_{ext} = m \cdot \vec{a_G}$$

$\vec{F}_{ext}$ : résultante des forces extérieures (N)
$m$ : masse du solide (kg)
$a_G$ : accélération du centre de gravité $G$ (m·s$^{-2}$)

Pour une vitesse constante, $a_G = 0$, donc la somme des forces extérieures exercées sur le solide est nulle : $\vec{F}_{ext} = \vec{0}$.

- pour un solide en rotation :

$$C = J \cdot \alpha$$

$C$ : couple des forces extérieures (N·m)
$J$ : moment d'inertie (kg·m$^2$)
$\alpha$ : accélération angulaire du solide (rad·s$^{-2}$)

- **Force de résistance aérodynamique :**

$$F_{rés} = \frac{1}{2} \rho_a \cdot S \cdot C_X \cdot v^2$$

$F_{res}$ : force de résistance aérodynamique (N)
$\rho_a$ : masse volumique du fluide (kg·m$^{-3}$)
$S$ : maître couple ou section frontale du solide (m$^2$)
$C_X$ : coefficient sans dimension
$v$ : vitesse du solide (m·s$^{-1}$)

# Extraire l'information utile

## L'aérodynamique automobile

• Une grande partie de l'énergie consommée par une automobile est utilisée pour vaincre la résistance de l'air. Pour diminuer la résistance aérodynamique d'une automobile, les constructeurs peuvent agir sur deux paramètres : le $C_X$ et le maître-couple $S$. Le confort et l'habitabilité d'une automobile étant incompatibles avec une réduction du maître-couple, c'est essentiellement le $C_X$ qui peut évoluer.

• La **résistance aérodynamique à l'avancement**, ou **traînée**, est la force qui s'oppose au mouvement d'un corps dans un fluide :

$$F_{rés} = \frac{1}{2}\rho_a \cdot S \cdot C_X \cdot v^2$$

$\rho_a$ : masse volumique de l'air en kilogrammes par mètre cube ($kg \cdot m^{-3}$)
$S$ : maître-couple en mètres carrés ($m^2$), c'est la section frontale maximale du véhicule en translation
$C_X$ : coefficient de traînée sans unité, qui caractérise la qualité de « profilage aérodynamique » du véhicule
$v$ : vitesse en mètres par seconde ($m \cdot s^{-1}$)

| Forme |  |  |  | 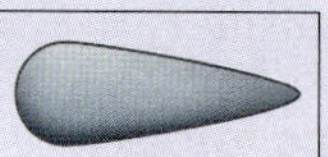 |
|---|---|---|---|---|
| $C_x$ | 0,47 | 0,42 | 1,05 | 0,04 |

▲ *Coefficient de traînée d'un obstacle selon sa forme.*

| | Audi 100 C3 | Mercury Sable | Opel Calibra | General Motors EV1 | Honda Insight | Mercedes Classe E |
|---|---|---|---|---|---|---|
| Année de sortie | 1982 | 1986 | 1989 | 1996 | 1999 | 2009 |
| $C_x$ | 0,30 | 0,29 | 0,26 | 0,19 | 0,25 | 0,24 |

▲ *Historique des records de $C_X$ sur des modèles de série.*

| $S$ = 2,70 m² | 50 km/h | 70 km/h | 90 km/h | 110 km/h | 130 km/h |
|---|---|---|---|---|---|
| $C_x$ = 0,38 | 0,82 | 1,62 | 2,67 | 3,99 | 5,57 |
| $C_x$ = 0,30 | 0,65 | 1,28 | 2,11 | 3,15 | 4,40 |

▲ *Consommation de gazole d'un véhicule utilitaire sport en L/100 km.*

**Exploiter**

**1.** Par une analyse dimensionnelle, montrer que l'expression de la résistance aérodynamique est bien une force.

**2.** Un véhicule utilitaire sport ($C_x$ = 0,38 et $S$ = 2,70 m²) à moteur Diesel roule à 130 km/h. Calculer l'intensité de la résistance aérodynamique $F_{rés}$.

**3.** Sachant qu'il maintient cette vitesse sur 100 km, quel est le travail fourni par cette force ?

**4.** Le pouvoir calorifique inférieur (PCI) du gazole est de 36 MJ/L et le rendement du moteur est de 40 %. Vérifier la valeur de la consommation du véhicule donnée dans le tableau.

**5.** Quelle est la consommation de ce véhicule dans les mêmes conditions, mais pour un $C_x$ de 0,30 ?

# Réaliser un TP



## Mesure du moment d'un couple

**Objectif :** mesurer le moment d'un couple de forces à l'aide d'un couplemètre

### Dispositif expérimental

Sur un tableau magnétique est fixée une barre à trous en rotation autour d'un axe Δ situé exactement en son milieu. Cet axe est solidaire d'un couplemètre qui effectue la mesure directe du couple de forces exercé sur la barre. La position horizontale d'équilibre de la barre est vérifiée grâce à un repère sur le tableau.

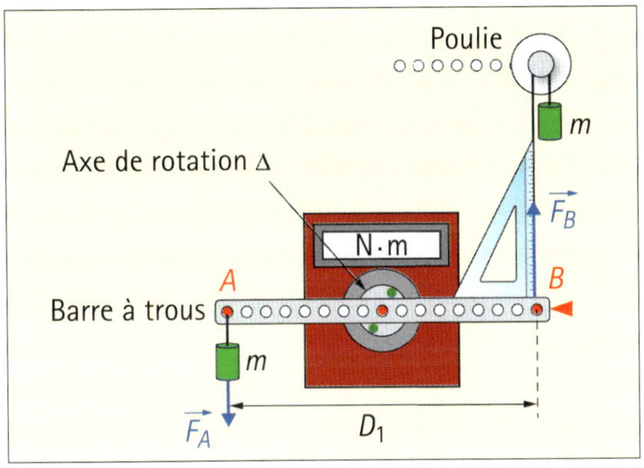


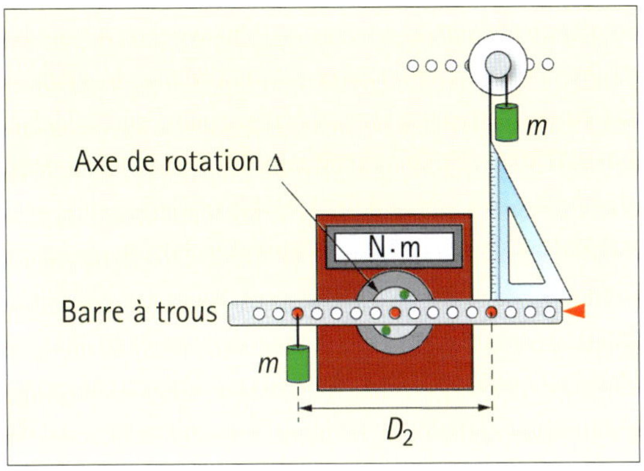


### Réaliser et observer

L'équilibre de la barre est réalisé à l'aide de deux masses identiques de valeur $m = 200$ g. Le couplemètre indique la valeur du couple $C$ exercé par l'association des deux forces appliquées en $A$ et $B$. Ces deux points sont symétriques par rapport à l'axe de rotation et distants successivement de $D_1$, $D_2$ et $D_3$ pour trois mesures successives.

Compléter le tableau suivant :

| $m$ (kg) | $D$ (m) | $C$ (N·m) | $\frac{C}{D}$ | $\frac{C}{mD}$ |
|---|---|---|---|---|
| 0,2 | 0,3 | | | |
| 0,2 | 0,2 | | | |
| 0,2 | 0,1 | | | |

**Exploiter**

**1.** La poulie admet un moment d'inertie quasi-nul. Expliquer pourquoi le poids de la masse qui y est liée est égal à la force appliquée en $B$.

**2.** Pourquoi les forces appliquées en $A$ et $B$ constituent-elles un couple de forces ?

**3.** Le poids de la barre à trous ne joue aucun rôle dans sa rotation. Pourquoi ?

**4.** Justifier la valeur du rapport $\frac{C}{mD}$ et en déduire la signification de la grandeur présente dans la dernière colonne, puis préciser son unité.

Transport

# Testez vos connaissances

*Cochez la ou les réponses exactes.*

**1** Le moment d'un couple de forces $F$ dont les droites d'action sont distantes de $d$ est défini par :

☐ a) $C = \frac{F}{d}$

☐ b) $C = F \cdot d$

☐ c) $C = \frac{d}{F}$

**2** Une force constante de 150 N est appliquée à un objet dans la direction de son mouvement sur une distance de 30 m. Le travail de la force constante vaut :

☐ a) $4{,}5 \times 10^3$ J

☐ b) 5 J

☐ c) 4,5 kJ

**3** Une personne pousse un chariot de supermarché sur une distance de 50 m en exerçant un travail de 200 J. La force constante exercée par la personne dans la direction du mouvement est égale à :

☐ a) 10 kN

☐ b) 0,25 N

☐ c) 4 N

**4** Le travail d'un couple constant $C$ se déplaçant d'un angle $\theta$ est :

☐ a) $W = C \cdot \theta$

☐ b) $W = \frac{C}{\theta}$

☐ c) $W = \frac{1}{2} C \cdot \theta^2$

**5** Un véhicule reçoit un travail de 2,5 kJ pendant une durée de 25 s. La puissance moyenne reçue est égale à :

☐ a) 100 W

☐ b) 100 J

☐ c) $6{,}25 \times 10^4$ W

**6** Une automobile possède une énergie cinétique de 98 kJ à la position $A$. Son moteur lui fournit un travail de 140 kJ, elle atteint le point $B$. On néglige toutes les pertes par frottement. L'énergie cinétique de l'automobile en $B$ est égale à :

☐ a) 238 kW

☐ b) 42 kJ

☐ c) 238 kJ

**7** Pour un solide en translation, le principe fondamental de la dynamique est :

☐ a) $\overrightarrow{F_{ext}} = \frac{\overrightarrow{a_G}}{m}$

☐ b) $\overrightarrow{F_{ext}} = m \cdot \overrightarrow{a_G}$

☐ c) $\overrightarrow{F_{ext}} = \overrightarrow{a_G} \cdot m$

**8** Pour un solide en rotation, le principe fondamental de la dynamique est :

☐ a) $C = J \cdot \alpha$

☐ b) $C = \frac{J}{\alpha}$

☐ c) $\alpha = \frac{C}{J}$

**9** Un parachutiste de 90 kg descend à vitesse constante. Il est soumis à une résistance aérodynamique proportionnelle au carré de sa vitesse. Son coefficient de pénétration dans l'air est $S \cdot C_X = 38$ m², et la masse volumique de l'air est $\rho_a = 1{,}3$ kg·m$^{-3}$. Sa vitesse de descente est égale à :

☐ a) 10 m·s$^{-1}$

☐ b) 21,7 km·h$^{-1}$

☐ c) 6 m·s$^{-1}$

**10** Un disque de moment d'inertie $J = 0{,}02$ kg·m² est soumis à un couple constant $C = 15$ N·m. Son accélération angulaire $\alpha$ est égale à :

☐ a) 750 rad·s$^{-2}$

☐ b) 0,3 rad·s$^{-2}$

☐ c) 15 rad·s$^{-2}$

► **Corrigés p. 267**

# Comment résoudre un exercice

ÉNONCÉ

## Freinage d'urgence

Lors d'un freinage d'urgence, le temps que met une voiture à s'arrêter se décompose en deux parties :
- le temps nécessaire au conducteur pour prendre conscience de la situation et appuyer sur le frein. Il est d'une seconde environ et correspond à la distance de réaction $D_R$ ;
- le temps de freinage, qui correspond à la distance de freinage $D_F$.

**1.** Quels sont les facteurs influençant le temps de réaction ?

**2.** Citer quelques facteurs qui influent sur le temps de freinage.

À l'instant $t = 0$, le moteur est arrêté, et la vitesse du véhicule est de 60 km/h. Le coefficient d'adhérence $f = \tan \alpha$ des pneus sur la route est de 0,8 sur route sèche et 0,4 sur route mouillée. Sur le schéma, seule la réaction $\vec{R}$ est représentée. Elle se décompose en deux forces : $\vec{N}$ perpendiculaire à la route et $\vec{F}_{\text{frott}}$ avec $\vec{R} = \vec{N} + \vec{F}_{\text{frott}}$.

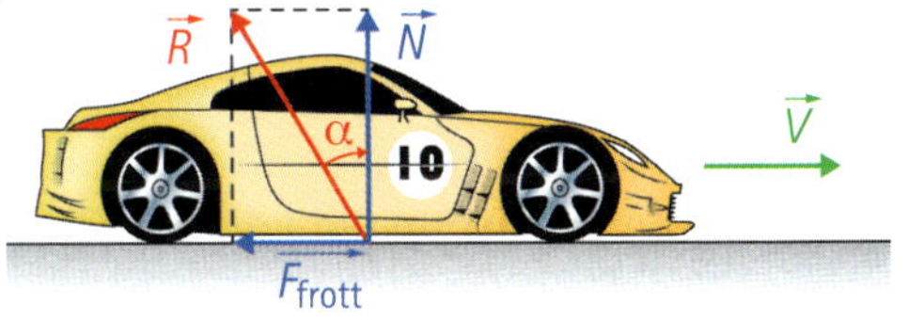


*Donnée* : les frottements de l'air sur la voiture sont négligés.

**3.** Quelle est l'autre force extérieure qui agit sur le véhicule ?

**4.** Exprimer $F_{\text{frott}}$ en fonction de $m$, $g$ et $f$. **Méthode 1 ▶**

**5.** En écrivant l'égalité entre la variation d'énergie cinétique et le travail reçu par la voiture, exprimer la distance de freinage $D_F$ du véhicule.

**6.** Calculer, pour une route sèche et pour une route mouillée, la distance d'arrêt $D$ du véhicule.

**Méthode 1**
Appliquer le principe fondamental de la dynamique pour un solide en translation en projetant sur l'axe vertical et sur l'axe horizontal.

Transport

SOLUTION

**1.** Fatigue du conducteur, mauvaises conditions météo, éblouissements, alcool, drogue, médicaments, téléphone portable, vitesse excessive, inattention...

**2.** Système de freinage, état de la route (humide, gravillons...), verglas, mauvaises conditions météo, état des pneumatiques, vitesse de conduite...

**3.** L'autre force extérieure est le poids du véhicule : $\vec{P} = m \cdot \vec{g}$.

**4.** La voiture n'est soumise qu'à son poids et aux frottements de la route. L'équilibre vertical et l'accélération horizontale du véhicule donnent successivement : $N = m \cdot g$ et $m \cdot a = -F_{\text{frott}}$ (le mobile subit un freinage, son accélération est négative). Or $f = \tan \alpha = \dfrac{F_{\text{frott}}}{N} = \dfrac{F_{\text{frott}}}{m \cdot g}$ d'où $F_{\text{frott}} = f \cdot m \cdot g$

**5.** Le théorème de l'énergie cinétique donne :

$0 - \dfrac{1}{2} m \cdot V^2 = -F_{\text{frott}} \cdot D_F = -f \cdot m \cdot g \cdot D_F$ d'où $D_F = \dfrac{V^2}{2fg}$ **Conseil 1 ▶**

**6.** $D_F(\text{route sèche}) = \dfrac{1}{2} \times \left(\dfrac{60}{3{,}6}\right)^2 \times \dfrac{1}{9{,}8 \times 0{,}8} = 17{,}7$ m

$D_F(\text{route mouillée}) = 2 \times D_F(\text{route sèche}) = 35{,}4$ m

$V = \dfrac{D_R}{T_R}$ d'où $D_R = V \cdot T_R$ soit $D_R = \dfrac{60}{3{,}6} \times 1 = 16{,}6$ m

$D(\text{route sèche}) = D_R + D_F = 34{,}3$ m

$D(\text{route mouillée}) = D_R + D_F = 52$ m **Conseil 2 ▶**

**Conseil 1**
Les forces perpendiculaires au déplacement ne travaillent pas, elles ne sont pas prises en compte pour calculer la variation de l'énergie cinétique.

**Conseil 2**
On n'oubliera pas de calculer la distance de réaction $D_R$.

# S'entraîner

Exercice avec résultat (page 267)

## Applications directes du cours

*Donnée :* pour tous les exercices, on prendra $g = 10\ \text{m}\cdot\text{s}^{-2}$.

### 11 Écrou serré

Pour serrer un écrou, on exerce une force $F = 200$ N à l'aide d'un outil selon le schéma suivant :

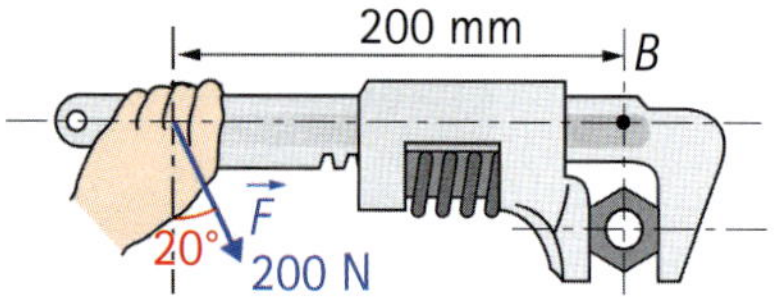


Calculer le moment en $B$ de la force $F$.

### 12 Clé à bougie

Une clé à bougie est un outil qui sert à serrer ou à desserrer des écrous. On modélise les actions mécaniques exercées sur une clé à bougie par deux forces $\vec{F}$ et $-\vec{F}$ pour deux réglages.

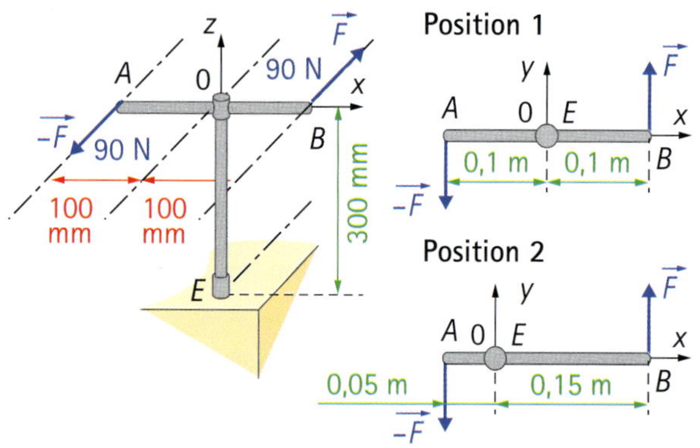


Pour chaque réglage, calculer le moment $C$ du couple exercé par la clé sur l'écrou.

### 13 Travail du poids

Un solide de masse $m = 5$ kg est lâché d'une hauteur $h = 10$ m au-dessus du sol. On néglige les frottements dus à l'air.

**1.** Calculer le travail $W$ du poids lors de la chute du solide.

**2.** Est-ce un travail moteur ou résistant ?

### 14 Travail d'un couple

Un disque est mis en rotation à l'aide d'un dispositif qui exerce deux forces $\vec{F}$ et $-\vec{F}$ de même intensité $F = 50$ N.

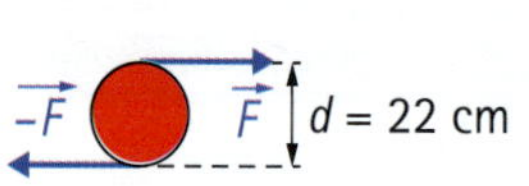


**1.** Justifier le fait que ces deux forces constituent un couple de forces.

**2.** Calculer le travail $W$ de ce couple lorsque le disque a tourné d'un tour.

### 15 Valise et travail

Quel travail devez-vous fournir pour placer à vitesse constante une valise de 10 kg initialement au sol au-dessus d'une armoire de 1,5 m de hauteur ?

☐ **a)** 1,5 N ☐ **b)** 15 N ☐ **c)** 150 N

### 16 Péniche et tracteur

Un tracteur tire une péniche le long d'un canal à vitesse constante. Le tracteur roule sur une route parallèle au canal. Il est attaché à la péniche par un câble qui fait un angle de 20° avec la direction du canal. Le tracteur exerce une force de 1 500 N sur le câble.

Calculer le travail $W$ de la force motrice pour déplacer la péniche d'une distance de 5 km.

### 17 Grue et puissance

Une grue élève une charge de 180 kg au sommet d'un immeuble à 25 m au-dessus du niveau du sol en 1 min. Calculer la puissance moyenne $P_m$ fournie par la grue.

### 18 Vitesse d'une pomme

Une pomme de masse $m = 130$ g tombe du haut d'un arbre d'une hauteur de 2 m. Les frottements dus à l'air sont négligés.

**1.** Calculer le travail $W$ de son poids lorsqu'elle atteint le sol.

**2.** Montrer que la vitesse de la pomme est $v = 6{,}3\ \text{m}\cdot\text{s}^{-1}$ lorsqu'elle atteint le sol.

### 19 Voiture en pente

Une voiture de masse 1 200 kg descend une pente de 8 %. Sa vitesse initiale est $v_i = 60\ \text{km}\cdot\text{h}^{-1}$. Pendant la descente, le conducteur actionne les freins qui exercent une force de freinage constante $F_R = 2\,200$ N.

**1.** Calculer la distance $d$ parcourue par le véhicule jusqu'à l'arrêt.

**2.** Que vaut la quantité d'énergie dissipée par le freinage ?

## 20 Accélération

Une voiture de masse $m = 1$ tonne roule sur une route rectiligne horizontale. Les forces de frottement dues à l'air sont modélisées par la force de résistance $F_R$, qui est parallèle au déplacement de la voiture et qui a une intensité $F_R = 250$ N. Le moteur produit une force motrice $F_m$ d'intensité $F_m = 220$ N transférée aux roues arrières.

**1.** Calculer la valeur de l'accélération $a_G$ de ce véhicule.

**2.** Est-il en train de ralentir ou d'accélérer ?

## 21 Disque en rotation

Un disque est mis en rotation à l'aide d'un moteur, il passe de l'arrêt à la vitesse de 1 500 $tr \cdot min^{-1}$ en 75 s. On suppose constante son accélération angulaire $\alpha$.

**1.** Calculer la valeur de l'accélération angulaire $\alpha$.

**2.** Le disque a un moment d'inertie $J = 50 \times 10^{-3}$ $kg \cdot m^2$. Calculer la valeur du couple $C$ fourni par le moteur.

# Exercices d'entraînement

## 22 Freinage d'une roue

Un moteur de puissance $P = 1$ kW fait tourner une roue de rayon $R = 30$ cm et de masse $m = 1$ kg par l'intermédiaire d'une courroie. Le moment d'inertie de la roue par rapport à son axe de rotation est $J = m \cdot R^2$.

**1.** Calculer le couple $C$ exercé par les courroies sur la roue pour qu'elle tourne à la vitesse de rotation $\omega = 1\ 000$ $tours \cdot min^{-1}$. En déduire le couple de frottement $C_R$. Un tour correspond à $2\pi$ radians.

**2.** Calculer l'énergie cinétique $E_C$ due à la rotation de la roue.

**3.** Le moteur est arrêté, le couple de frottement $C_R$ garde sa valeur tout au long de la rotation. Combien de tours la roue va-t-elle effectuer avant de s'arrêter ?

## 23 Résistance à l'avancement d'un TGV

Un TGV de masse $m = 300$ tonnes roule à la vitesse $v_1 = 216$ $km \cdot h^{-1}$ sur une ligne horizontale. La force de résistance à l'avancement due aux frottements exercés par l'air et les rails est supposée constante et égale à $F_1 = 2{,}5 \times 10^4$ N.

**1.** Quelle est la puissance $P_1$ développée par ses moteurs ?

**2.** Le conducteur coupe les moteurs. Calculer la longueur $L_1$ du parcours depuis cet instant jusqu'à l'arrêt complet du TGV.

**3.** Le conducteur veut arrêter le TGV sur une distance $L_2 = 3$ km à partir du moment où le moteur est arrêté. Calculer la force de freinage $F_2$ constante qu'il doit exercer.

**4.** Le TGV aborde une côte de 1 % (elle correspond à un angle $\alpha$ tel que $\sin \alpha = 0{,}01$) à la vitesse $v_2 = 100$ $km \cdot h^{-1}$. Montrer que la force de résistance à la pente qui doit s'ajouter aux effets de frottement est $F_P = m \cdot g \cdot \sin \alpha$. Calculer la puissance $P_2$ que doivent fournir les moteurs pour conserver cette vitesse.

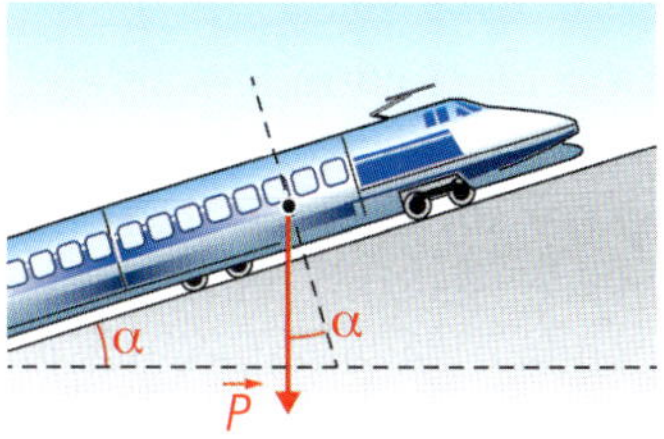


## 24 Démonter une roue

Un automobiliste est victime d'une crevaison et se voit contraint de démonter lui-même la roue endommagée afin de la remplacer par la roue de secours. Le couple de serrage de l'écrou qu'il veut dévisser est $C_S = 45$ $N \cdot m$. La longueur de la clé est $OA = D = 35$ cm, et l'automobiliste est capable de fournir une force d'intensité $F = 130$ N.

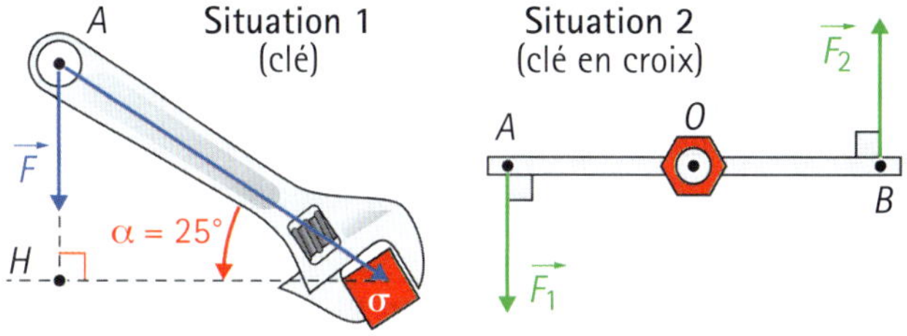


**1.** Dans la première situation, calculer le moment de la force $\vec{F}$ par rapport à l'axe de rotation passant par $O$ en précisant le bras de levier $d$. Cette opération permet-elle à l'automobiliste de débloquer l'écrou ?

**2.** Pour débloquer l'écrou, l'automobiliste prévoyant dispose d'une « clé en croix » : les forces $\vec{F_1}$ et $\vec{F_2}$ qu'il exerce respectivement en $A$ et en $B$ sont de même intensité $F$.

**a.** Dire pourquoi cette association de deux forces constitue un couple de forces.

**b.** Sachant que la distance $AB$ est de 40 cm, quelle force minimale doit-il fournir pour débloquer l'écrou ? En a-t-il les capacités ? Commenter.

Transport

# S'entraîner

Exercice avec résultat (page 267)

## 25 Faire glisser une malle

Vous désirez déplacer une malle de masse $m = 50$ kg en la faisant glisser sur le sol. Pour cela, vous exercez sur elle une force $\overrightarrow{F}$ parallèlement au sol.

La réaction $\overrightarrow{R}$ du support sur le solide se décompose en une *réaction normale* $\overrightarrow{R_N}$ et une *réaction tangentielle* $\overrightarrow{R_T}$ appelée force de frottement de glissement : $\overrightarrow{R} = \overrightarrow{R_N} + \overrightarrow{R_T}$.

Le contact entre le solide et le support est caractérisé par le *coefficient de frottement de glissement* positif $f$ et par un *cône de frottement* de demi-angle au sommet $\alpha$. Ils sont reliés par la relation $f = \tan \alpha$ et dépendent de la nature des matériaux en contact et des états de surfaces.

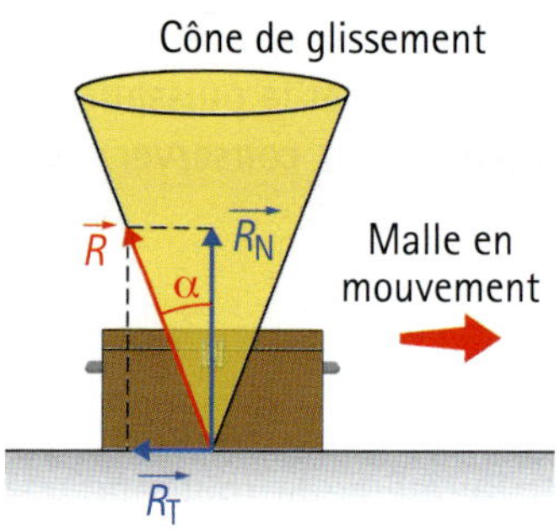


Tant que la réaction $\overrightarrow{R}$ est dans le cône de glissement, le solide reste immobile, car la force de traction $\overrightarrow{F}$ appliquée est d'intensité insuffisante.

Lorsque le solide glisse sur le support, la réaction $\overrightarrow{R}$ est sur le cône de glissement et n'en bougera plus tout au long du mouvement.

*Donnée :* coefficient de frottement de glissement $f = 0,8$.

**1.** Représenter, sur un schéma simple, le bilan des forces appliquées à la malle : son poids $\overrightarrow{P}$, la réaction du support $\overrightarrow{R}$ et la force $\overrightarrow{F}$ orientée dans le sens du déplacement souhaité.

**2.** Écrire une relation simple entre les intensités $P = m \cdot g$ et $R_N$. Cette relation est toujours vérifiée.

**3.** Écrire une relation simple entre $f$, $R_T$ et $R_N$, puis exprimer $R_T$ en fonction de $f$, $m$ et $g$ lorsque la malle glisse sur le sol.

**4.** Pour quelle valeur minimale $F_m$ de la force appliquée y a-t-il déplacement de la malle ?

**5.** Si la force appliquée $F$ est supérieure à $F_m$, quelle est l'accélération $a$ de la malle en fonction de $F$, $m$, $f$ et $g$ ?

## 26 OBJECTIF BAC Résistance aérodynamique

Un cycliste se laisse aller en roue libre, c'est-à-dire sans pédaler, sur une pente descendante inclinée d'un angle $\alpha$. Au bout d'un certain temps, sa vitesse est constante. La masse du cycliste ajoutée à celle de son vélo est de 70 kg. Le cycliste étant en roue libre, les forces de frottement des points de contact des roues avec le sol sont nulles, et les seuls frottements auquel il est soumis sont dus à l'air et modélisés par la force $\overrightarrow{F_{rés}}$ qui s'oppose au vecteur vitesse $\overrightarrow{v}$.

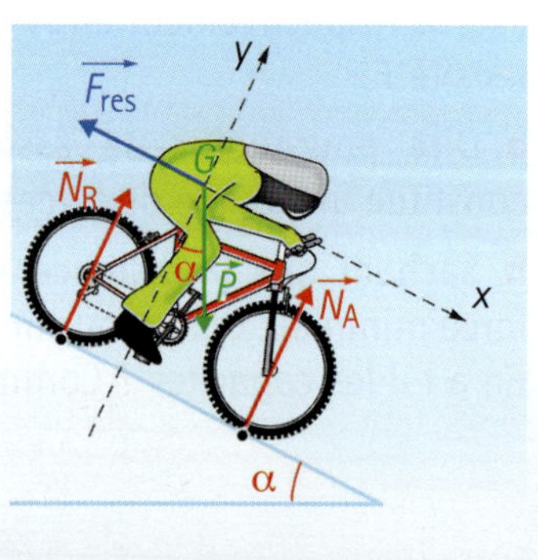


**1.** Exprimer la relation entre $F_{res}$, $m$, $g$ et $\sin \alpha$.

Deux modélisations de ces frottements fluides sont couramment utilisées : $F_{res} = \frac{1}{2}\rho_a \cdot S \cdot C_x \cdot v^2$ et $F_{res} = h \cdot v$.

Pour choisir le modèle qui correspond le mieux à la réalité, on mesure la vitesse limite atteinte par le cycliste pour différentes inclinaisons de la route, et on obtient les résultats suivants :

| $\alpha$ (°) | $v$ (m/s) | $\sin \alpha / v$ (s/m) | $\sin \alpha / v^2$ (s²/m²) |
|---|---|---|---|
| 1,5 | 8,1 | $3,25 \times 10^{-3}$ | $4,03 \times 10^{-4}$ |
| 2,2 | 9,7 | $3,95 \times 10^{-3}$ | $4,06 \times 10^{-4}$ |
| 3 | 11,1 | $4,71 \times 10^{-3}$ | $4,19 \times 10^{-4}$ |
| 3,9 | 12,8 | $5,32 \times 10^{-3}$ | $4,17 \times 10^{-4}$ |
| 4,2 | 13,3 | $5,49 \times 10^{-3}$ | $4,12 \times 10^{-4}$ |
| | **Moyenne** | $4,54 \times 10^{-3}$ | $4,11 \times 10^{-4}$ |

**2.** Montrer que, parmi les deux modèles proposés, le premier est celui qui correspond le mieux à la situation étudiée.

**3.** La grandeur $\rho_a$ est la masse volumique de l'air : $\rho_a = 1,4$ kg·m$^{-3}$. À quoi correspondent les paramètres $S$ et $C_x$ ? En quelles unités sont-ils définis ?

**4.** Le produit de ces deux éléments $S \cdot C_x$ définit le *coefficient de pénétration du cycliste.*

**5.** Pour un cycliste sur route, on peut considérer que : $S \cdot C_x = 0,40$ pour un cycliste traditionnel avec bras tendus ; $S \cdot C_x = 0,35$ pour un cycliste traditionnel avec bras fléchis ; $S \cdot C_x = 0,30$ pour un cycliste traditionnel avec mains en bas du guidon ; $S \cdot C_x = 0,25$ pour un cycliste « contre la montre » ou triathlète.

Dans quelle catégorie figure le cycliste étudié ?

## 27 It's in English

The left ventricle of the heart, with each beat sends a mass $m = 90$ g of blood into the aorta with a pressure capable of raising the blood at a height $h = 2$ m. The heart makes 90 beats per minute.

**1.** How much energy must the ventricle provide at each beat?

**2.** What is the average length of a heartbeat?

**3.** From the previous questions, derive the average mechanical power $P_m$ of the heart.

CHAPITRE 9

# Convertisseurs électromécaniques

Les convertisseurs électromécaniques d'énergie, c'est-à-dire les moteurs électriques et les alternateurs, sont utilisés depuis des décennies en traction ferroviaire. Ils s'imposent de plus en plus dans les domaines automobile et aéronautique.

**→ Quels sont les différents convertisseurs électromécaniques utilisés dans les dispositifs de transport ? Comment interpréter leur caractéristique mécanique et déterminer leur point de fonctionnement ?**

**Capacités**

- Connaître les différents convertisseurs électromécaniques.
- Savoir déterminer le rendement d'un moteur électrique.
- Exploiter la caractéristique mécanique d'un moteur électrique et déterminer un point de fonctionnement.

Découvrir

1 Activité documentaire

# Convertisseurs électromécaniques dans un avion

Un convertisseur électromécanique est un dispositif qui convertit une forme d'énergie sous une autre forme. La puissance fournie à l'entrée du convertisseur est appelée **puissance absorbée $P_a$**, et la puissance disponible en sortie du convertisseur est la **puissance utile $P_u$**. Le **rendement** du convertisseur est défini par : $\eta = \frac{P_u}{P_a}$.

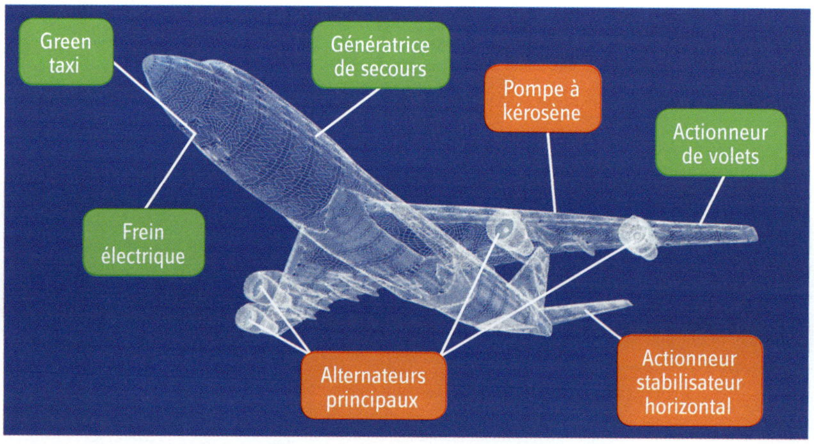


▲ *Les convertisseurs électromagnétiques d'un avion.*

- ***Alternateurs principaux***

Chaque alternateur génère un système triphasé de tensions sinusoïdales de fréquence 400 Hz avec :

$P_a = 160$ kW et $P_u = 150$ kW.

- ***Pompe à kérosène***

Elle est réalisée avec un moteur à courant continu qui a une vitesse de rotation de 8 500 tr/min avec :

$P_a = 243$ W et $P_u = 180$ W.

- ***Actionneur stabilisateur horizontal***

Cet actionneur est appelé THSA (*Trimmable Horizontal Stabilizer Actuator*). Il a pour fonction d'assurer le positionnement angulaire du plan horizontal arrière. Il utilise un moteur à courant continu qui a une vitesse de rotation de 12 000 tr/min avec :

$P_a = 6{,}2$ kW et $P_u = 5{,}3$ kW.

**Exploiter**

**1.** Quelles sont les formes d'énergie en entrée et en sortie de l'alternateur ?

**2.** Que signifie « un système triphasé de tensions sinusoïdales » ?

**3.** Quelles sont les formes d'énergie en entrée et en sortie du moteur à courant continu utilisé pour la pompe à kérosène ?

**4.** Que vaut le rendement du moteur utilisé pour le THSA ?

**Citer des convertisseurs électromagnétiques utilisés dans les véhicules de transport.**

2 Activité expérimentale

# Comment mesurer le rendement d'une pompe de lave-glace ?

Le lave-glace d'une automobile est actionné à l'aide d'une pompe utilisant un moteur à courant continu.

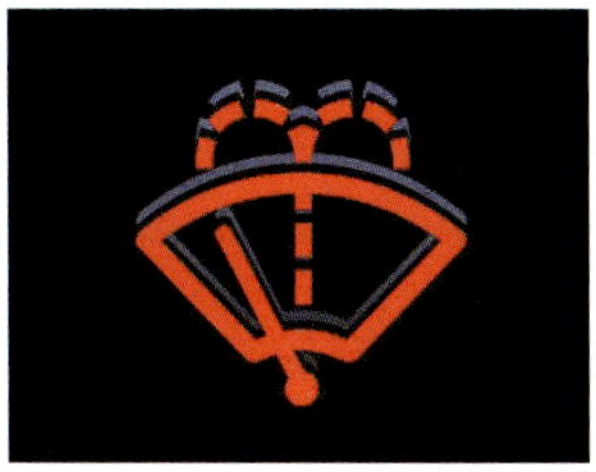

## Dispositif expérimental

On dispose d'une pompe de lave-glace d'automobile alimentée sous une tension continue de 12 V et de deux réservoirs de 5 L placés à des hauteurs différentes. La pompe relie les deux réservoirs par l'intermédiaire de flexibles. Deux multimètres permettent de mesurer la puissance absorbée par la pompe.

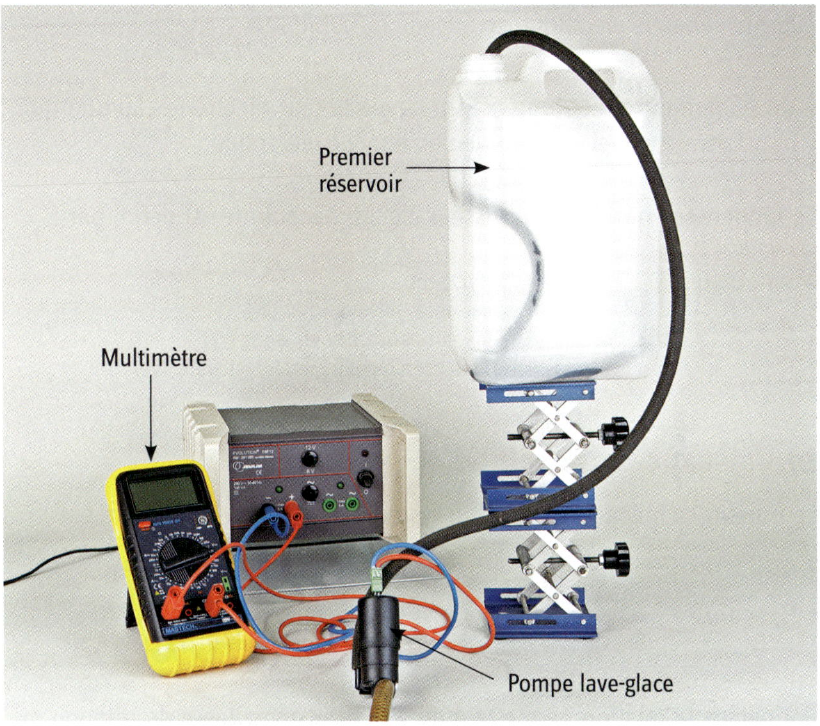


▲ *Photo du dispositif expérimental. Le second réservoir se trouve plus bas et est relié à la pompe par le flexible.*

## Réaliser et observer

- Mesurer la différence de hauteur $h$ entre les surfaces libres de l'eau dans les deux réservoirs.
- Insérer les appareils de mesure permettant de mesurer la puissance électrique fournie à la pompe.
- Mettre en marche la pompe, et mesurer la tension et l'intensité du courant absorbée par la pompe.
- Chronométrer le temps nécessaire au transfert des 5 L d'un réservoir à l'autre.

## Exploiter

1. Calculer l'énergie mécanique nécessaire pour transférer l'eau d'un réservoir à l'autre.
2. Déterminer la puissance électrique fournie à la pompe lors de ce transfert.
3. En déduire le rendement de la pompe du lave-glace.
4. Citer les sources d'erreur pouvant intervenir pour la mesure du rendement.

Transport

# 1 Convertisseur électromécanique d'énergie

## a) Conversion d'énergie et rendement de conversion

Un **moteur électrique** est un convertisseur électromécanique qui transforme l'énergie électrique en énergie mécanique.

Un **générateur électrique** est un convertisseur électromécanique qui transforme l'énergie mécanique en énergie électrique.

Le **rendement** $\eta$ d'un convertisseur électromécanique est défini par :

$$\eta = \frac{P_u}{P_a} = \frac{P_u}{P_u + P_D}$$

$\eta$ : rendement
$P_u$ : puissance utile en watts (W)
$P_a$ : puissance absorbée en watts (W)
$P_D$ : puissance dissipée (pertes) en watts (W)

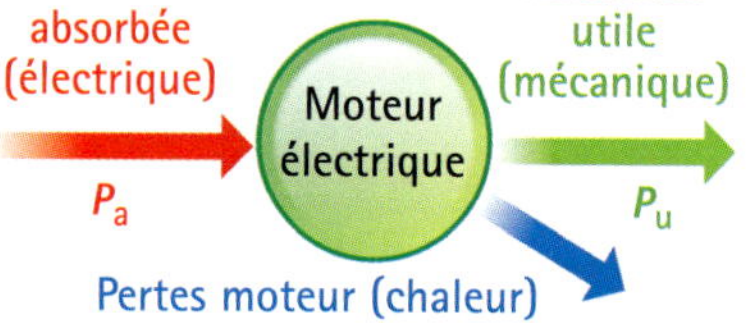


▲ *L'énergie électrique stockée dans une batterie est convertie en énergie mécanique par le moteur électrique.*

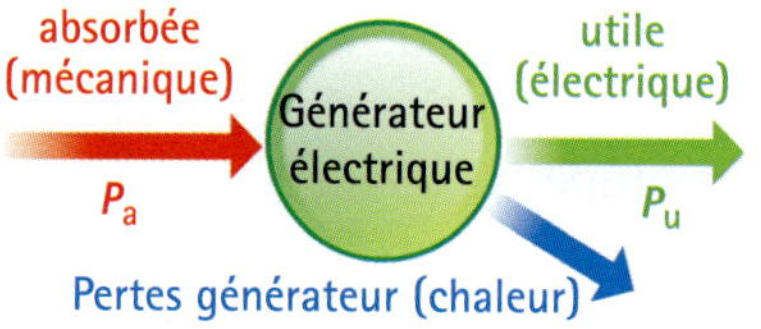


▲ *L'énergie mécanique fournie par le moteur thermique est convertie par un alternateur pour recharger la batterie.*

## b) Puissance mécanique

La **puissance mécanique** $P_M$ d'un système en rotation est définie par :

$$P_M = C \cdot \Omega$$

$P_M$ : puissance mécanique en watts (W)
$C$ : couple utile sur l'arbre du moteur en newtons-mètres (N·m)
$\Omega$ : vitesse de rotation en radians par seconde (rad·s$^{-1}$)

Rappelons la relation permettant de convertir une vitesse de rotation exprimée en tours par minute en radians par seconde :

$$\Omega = 2\pi \frac{n}{60}$$

$\Omega$ : vitesse de rotation en radians par seconde (rad·s$^{-1}$)
$n$ : vitesse de rotation en tours par minute (tr·min$^{-1}$)

▲ *Un réducteur mécanique qui permet de passer d'une vitesse de rotation $\Omega_1$ à une vitesse $\Omega_2$ travaille à puissance mécanique constante : $P_M = C_1 \cdot \Omega_1 = C_2 \cdot \Omega_2$.*

## c) Puissances électriques

Pour les deux modes de fonctionnement électriques, on calcule les puissances avec les expressions suivantes.

- **En régime continu**

La puissance électrique $P_E$ est définie par :

$$P_E = U \cdot I$$

$P_E$ : puissance électrique en watts (W)
$U$ : tension en volts (V)
$I$ : intensité du courant en ampères (A)

- **En régime alternatif sinusoïdal triphasé**

La puissance électrique $P_E$ est définie par :

$$P_E = \sqrt{3}\, U \cdot I \cdot \cos \varphi$$

$P_E$ : puissance électrique en watts (W)
$U$ : valeur efficace de la tension entre phases en volts (V)
$I$ : valeur efficace de l'intensité du courant de ligne en ampères (A)
$\varphi$ : déphasage tension-courant en degrés (°) ou radians (rad)

# 2 Moteur à courant continu (MCC)

## a) Description

Un moteur à courant continu est constitué d'un **stator** (partie fixe) et d'un **rotor** (partie mobile) appelé induit. Lorsque ce dernier est parcouru par un courant électrique, il apparaît alors une **force électromotrice** (fem) et un **couple électromagnétique** qui met en rotation le rotor.

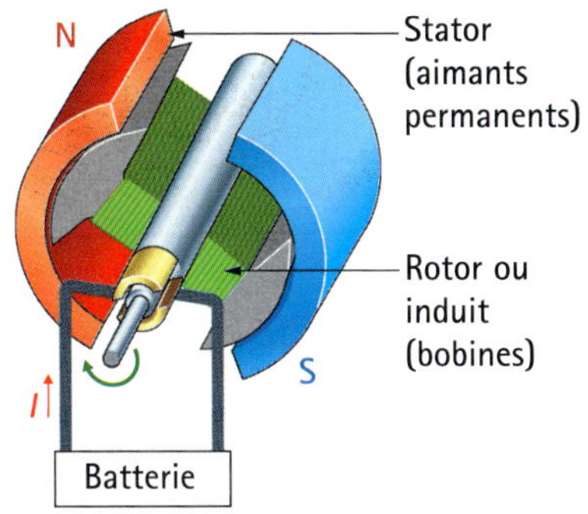


▲ *Le stator est réalisé à l'aide d'aimants permanents. Le rotor, appelé induit, est réalisé à l'aide de bobines.*

## b) Modèle du moteur à courant continu

La **fem** est proportionnelle à la vitesse de rotation du moteur :

$$E = k \cdot \Omega$$

$E$ : force électromotrice (fem) en volts (V)
$k$ : constante électromécanique ($V \cdot s \cdot rad^{-1}$)
$\Omega$ : vitesse de rotation du moteur en radians par seconde ($rad \cdot s^{-1}$)

Le **couple utile** $C$ est proportionnel à l'intensité $I$ circulant dans l'induit :

$$C = k \cdot I$$

$C$ : couple fourni par le moteur en newtons-mètres (N·m)
$I$ : intensité circulant dans l'induit en ampères (A)
$k$ : constante électromécanique en newtons-mètres par ampère ($N \cdot m \cdot A^{-1}$)

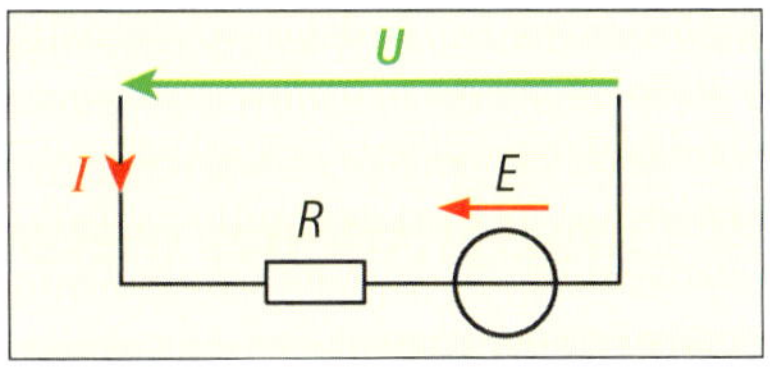


▲ *Schéma équivalent de l'induit d'une MCC :* $U = E + R \cdot I$.

La machine à courant continu est **réversible** : lorsque le rotor est mis en rotation par un dispositif extérieur, on peut récupérer une puissance électrique (fonctionnement en génératrice) aux bornes de l'induit.

## c) Caractéristique mécanique $C = f(\Omega)$

Pour une tension d'induit $U$ constante, le couple $C$ dépend de la vitesse de rotation $\Omega$ selon la courbe ci-contre.

Pour le fonctionnement à vide ($C = 0$), le moteur tourne à la vitesse $\Omega_0 = \frac{U}{k}$.

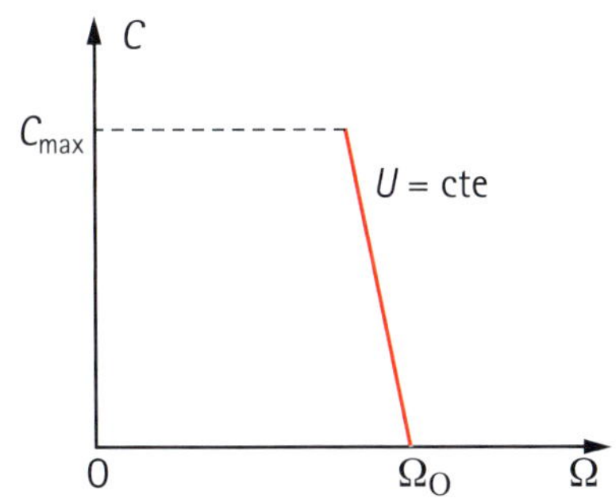


▲ *Caractéristique mécanique d'une MCC.*

# 3 Moteur à courant alternatif

## a) Création d'un champ tournant

Le moteur à courant alternatif nécessite un champ magnétique tournant généré par trois bobines fixes (stator), décalées de 120° et alimentées par les courants d'un réseau triphasé équilibré de fréquence $f$.

Le stator crée un **champ magnétique** tournant à la vitesse :

$$\Omega_S = \frac{\omega}{p}$$

$\Omega_S$ : vitesse de synchronisme en radians par seconde ($rad \cdot s^{-1}$)
$\omega = 2\pi f$ : pulsation du réseau électrique de fréquence $f$ en radians par seconde ($rad \cdot s^{-1}$)
$p$ : nombre de paires de pôles du stator

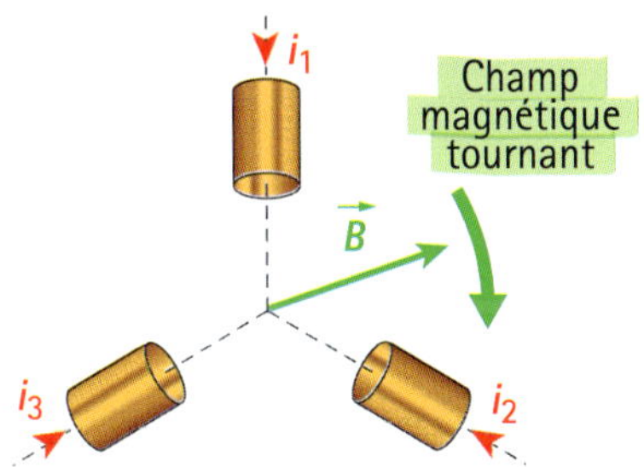


▲ *Création d'un champ tournant. Avec 3 bobines, il y a formation d'une paire de pôles (pôle Nord et pôle Sud) :* p = 1.

Transport

## b) Moteur synchrone

Un aimant placé au centre du stator alimenté par un système de courant triphasé tourne à la même vitesse $\Omega_S$ que le champ tournant (vitesse de synchronisme).

La machine synchrone est **réversible** : lorsque le rotor est entraîné par un dispositif extérieur, elle fonctionne en alternateur et produit une tension alternative.

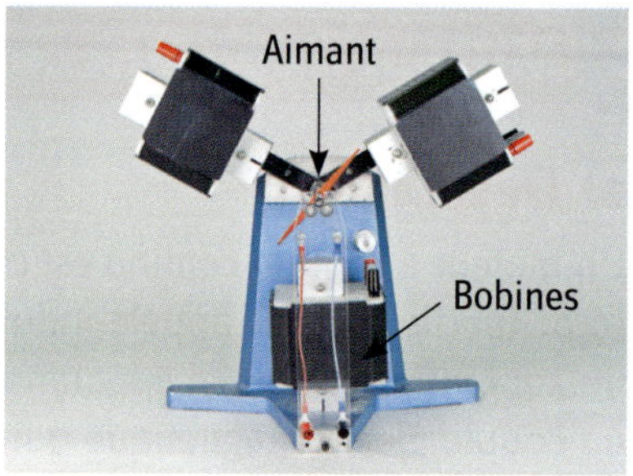


▲ *Principe du moteur synchrone.*

## c) Moteur asynchrone

Le rotor est réalisé par un disque en métal qui tourne à la vitesse $\Omega$ lorsque les bobines du stator sont alimentées. Cette vitesse est inférieure à la vitesse de synchronisme $\Omega_S$ : elle est asynchrone.

L'écart entre $\Omega$ et $\Omega_S$ étant faible, on définit le **glissement** $g$ :

$$g = \frac{n_s - n}{n_s} = \frac{\Omega_s - \Omega}{\Omega_s}$$

$g$ : glissement
$n_s$ : vitesse de synchronisme en tours par minute (tr/min)
$n$ : vitesse de rotation du moteur en tours par minute (tr/min)

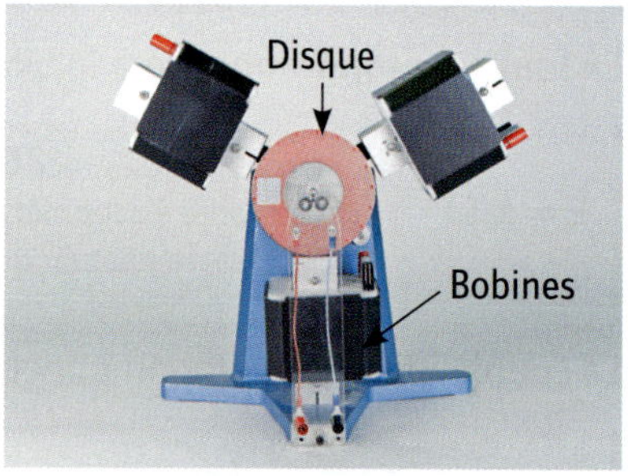


▲ *Principe du moteur asynchrone.*

## d) Caractéristiques mécaniques

• **Moteur synchrone** : quel que soit le couple, le moteur tourne à la vitesse de synchronisme $\Omega_S$.

• **Moteur asynchrone** : la caractéristique mécanique présente trois points importants (voir figure) :

- $A$ : démarrage du moteur ($\Omega = 0$ rad·s$^{-1}$) ;
- $B$ : couple maximum disponible ;
- $D$ : fonctionnement à vide du moteur ($C = 0$ N·m) ; le moteur tourne à la vitesse de synchronisme $\Omega_S$.

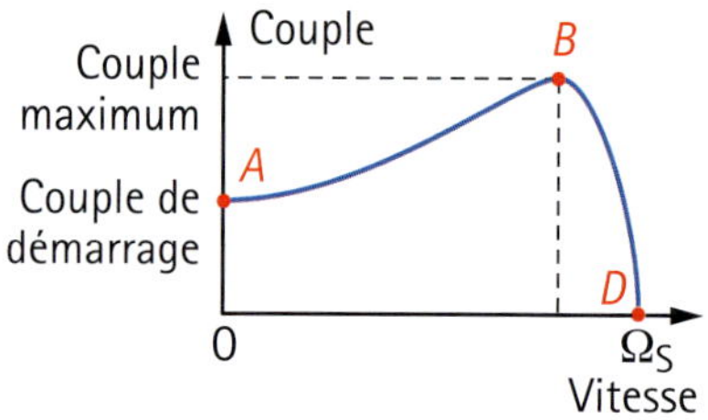


▲ *Caractéristique mécanique d'un moteur asynchrone.*

# 4 Point de fonctionnement

Au point de fonctionnement $P$, le couple résistant $C_R$ imposé par la charge est égal au couple mécanique $C$ fourni par le moteur : $C = C_R$.

Graphiquement, le **point de fonctionnement** correspond à l'intersection entre les courbes $C = f(\Omega)$ et $C_R = f(\Omega)$.

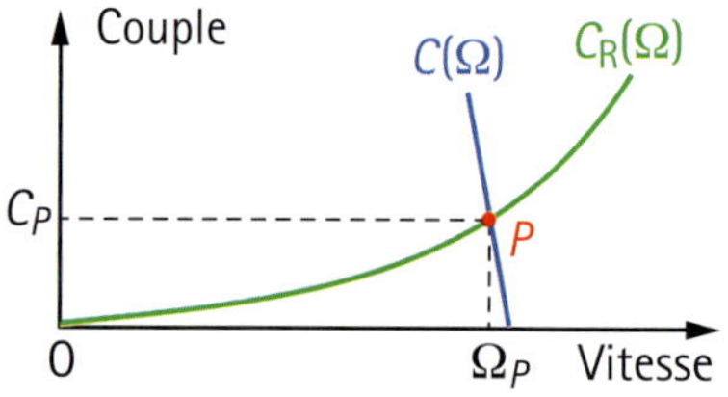


▲ *Point de fonctionnement d'un groupe moteur-charge.*

### It's in English

- Convertisseur électromagnétique : *electromagnetic converter*
- Moteur à courant continu : *Direct Current (DC) Motor*
- Moteur asynchrone : *asynchronous engine*
- Moteur synchrone : *synchronous engine*
- Vitesse de synchronisme : *synchronous speed*
- Point de fonctionnement : *operating point*
- Couple (d'un moteur) : *torque*

# L'essentiel

- **Un moteur électrique est un convertisseur électromécanique** qui transforme l'énergie électrique en énergie mécanique.

- **Un générateur électrique est un convertisseur électromécanique** qui transforme l'énergie mécanique en énergie électrique.

- **Le rendement $\eta$ d'un convertisseur** électromécanique est défini par :

$$\eta = \frac{P_u}{P_a} = \frac{P_u}{P_u + P_D}$$

$\eta$ : rendement
$P_u$ : puissance utile en watts (W)
$P_a$ : puissance absorbée en watts (W)
$P_D$ : puissance dissipée (pertes) en watts (W)

- **La puissance mécanique $P_M$** est définie par :

$$P_M = C \cdot \Omega$$

$P_M$ : puissance mécanique en watts (W)
$C$ : couple utile en newtons-mètres (N·m)
$\Omega$ : vitesse de rotation en radians par seconde ($rad \cdot s^{-1}$)

- **L'induit de la MCC** est modélisé par la relation : $U = E + R \cdot I$.

$$E = k \cdot \Omega$$

$E$ : force électromotrice en volts (V)
$k$ : constante électromécanique ($V \cdot s \cdot rad^{-1}$)
$\Omega$ : vitesse de rotation du moteur en radians par seconde ($rad \cdot s^{-1}$)

$$C = k \cdot I$$

$C$ : couple fourni en newtons-mètres (N·m)
$I$ : intensité en ampères (A)
$k$ : constante électromécanique en newtons-mètres par ampère ($N \cdot m \cdot A^{-1}$)

- **Un champ magnétique tournant** est généré par trois bobines fixes, décalées de 120° et alimentées par les courants d'un réseau triphasé équilibré de fréquence $f$.
Le champ magnétique tourne à la vitesse de synchronisme $\Omega_S$ défini par :

$$\Omega_S = \frac{\omega}{p}$$

$\Omega_s$ : vitesse de synchronisme en radians par seconde ($rad \cdot s^{-1}$)
$\omega$ : pulsation de la tension d'alimentation en radians par seconde ($rad \cdot s^{-1}$)
$p$ : nombre de paires de pôles du stator

Un moteur synchrone tourne à la même vitesse que le champ tournant : $\Omega = \Omega_S$.

- **Un moteur asynchrone** tourne à une vitesse $\Omega$ légèrement inférieure à la vitesse $\Omega_S$.
Le glissement $g$ rend compte de ce décalage.

$$g = \frac{n_s - n}{n_s} = \frac{\Omega_s - \Omega}{\Omega_s}$$

$g$ : glissement
$n_s$ : vitesse de synchronisme en tours par minute ($tr \cdot min^{-1}$)
$n$ : vitesse de rotation du moteur en tours par minute ($tr \cdot min^{-1}$)

- **Pour un moteur synchrone**, quel que soit le couple, le moteur tourne rigoureusement à la même vitesse de synchronisme $\Omega_S$.

- **Pour un moteur asynchrone**, la caractéristique mécanique a l'allure suivante :

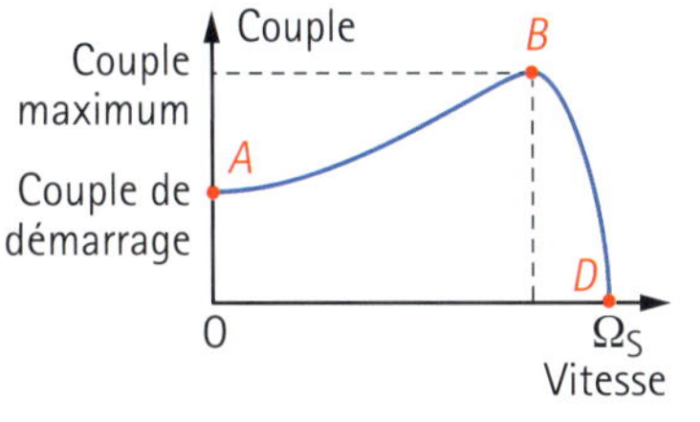


- **Le point de fonctionnement** $P$ du convertisseur est défini par l'intersection entre les courbes $C = f(\Omega)$ et $C_R = f(\Omega)$.

| | Applications | Avantages | Inconvénients |
|---|---|---|---|
| **Moteur à courant continu** | Moteur essuie-glace, direction assistée, pompe lave-glace | Variation de vitesse très facile. Faible coût du moteur | Entretien des balais. Réservé aux faibles puissances |
| **Moteur asynchrone** | Ascenseurs | Simple et extrêmement robuste | Vitesse variable possible uniquement avec un dispositif de commande (variateur) |
| **Moteur synchrone** | Moteur électrique voiture hybride, commande des surfaces de vol Airbus, Eurostar | Encombrement réduit. Couvre toutes les gammes de puissances | Vitesse variable possible si associé à un variateur ou à une structure autopilotée |

# Extraire l'information utile

## Système Stop & Start : alterno-démarreur

• Le système **Stop & Start** est un dispositif d'arrêt et de redémarrage automatique d'un moteur automobile qui permet de réaliser des économies d'énergie.

Dès que la vitesse atteinte est inférieure à 6 km/h, le moteur se met en veille et le reste tant que la pédale de frein est enfoncée. Dès que celle-ci est relâchée, le moteur redémarre automatiquement. Lorsque l'accélérateur est à nouveau sollicité, l'embrayage se referme progressivement. On a alors une absence totale de bruit et d'émissions polluantes lorsque le véhicule est à l'arrêt.

• L'alterno-démarreur cumule les fonctions d'alternateur et de démarreur en une seule machine contrôlée électroniquement :
- il alimente le véhicule en énergie électrique et recharge la batterie en roulant ;
- il démarre le moteur thermique à l'arrêt.

• **Mode démarreur**

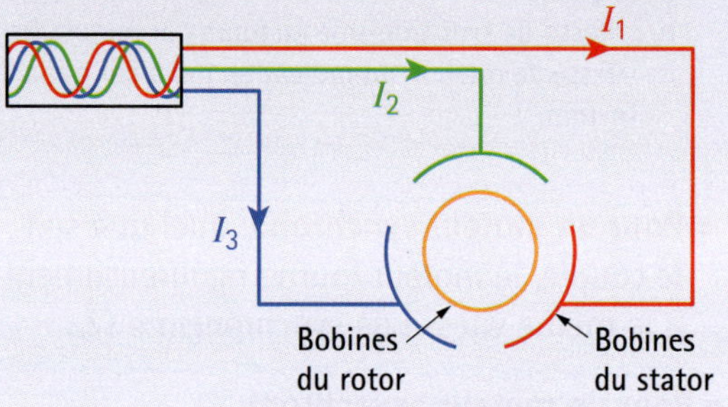


▲ *Alimenté par le courant triphasé, le convertisseur électromécanique fonctionne en moteur synchrone. Il démarre le moteur thermique.*

• **Mode alternateur**

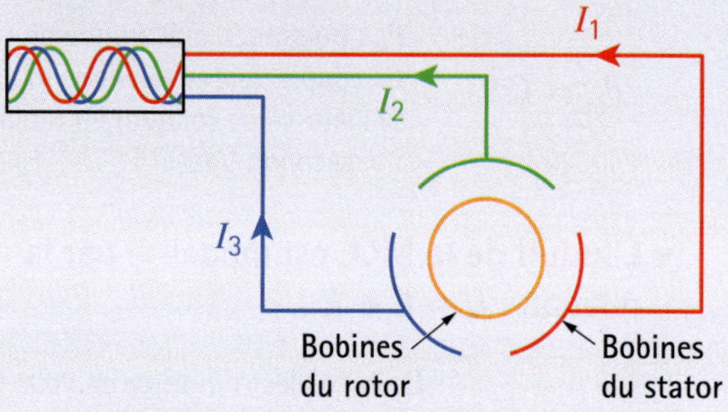


▲ *L'alternateur fournit du courant triphasé pour recharger la batterie.*

• On a relevé la tension aux bornes de deux phases :

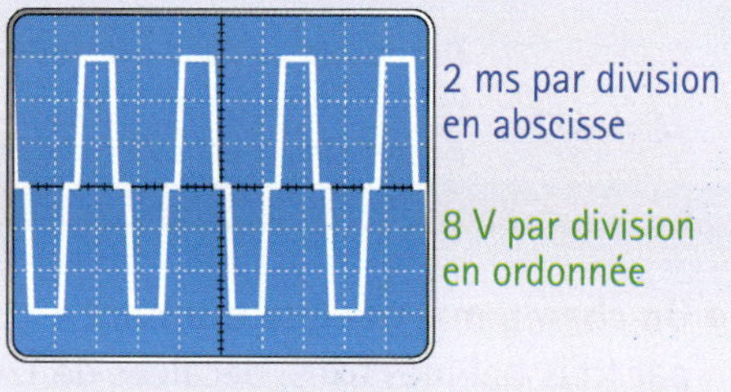


*Tension relevée.* ▶

**Exploiter**

**1.** Citer les deux modes de fonctionnement distincts d'une machine électrique réversible.

**2.** En mode démarreur, quelle est la nature de l'énergie absorbée ?

**3.** En mode alternateur, quelle est la nature de l'énergie disponible en sortie du convertisseur électromécanique ?

**4.** Déterminer la valeur de la fréquence du système de tension triphasé.

**5.** Déterminer le régime de rotation en tr/min de l'alternateur dans ces conditions, sachant que le moteur possède 6 paires de pôles.

## Caractéristique couple-vitesse d'un moteur électrique

**Objectif :** mesurer le rendement d'un moteur à courant continu et relever sa caractéristique couple-vitesse

### Dispositif expérimental

On dispose d'un banc de deux machines à courant continu identiques (25 V-1,5 A), couplées sur un même arbre, et d'une alimentation stabilisée capable d'alimenter ce groupe.

Un tachymètre permet de mesurer la vitesse de rotation de l'arbre du moteur.

Un rhéostat (23 Ω-2 A) est utilisé pour modifier le point de fonctionnement du groupe. Il est branché aux bornes de la génératrice.

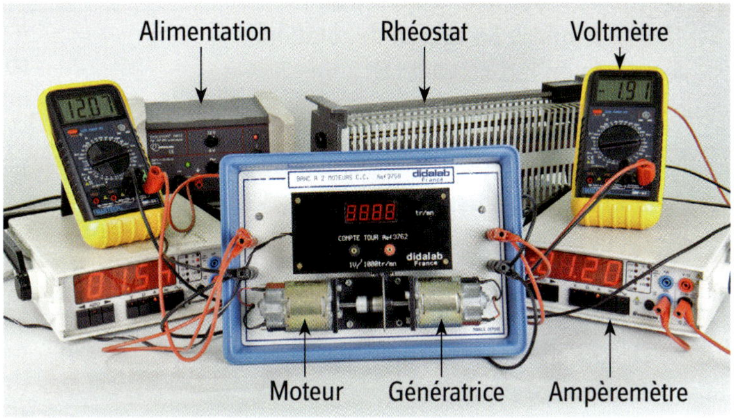


▲ *Photo du dispositif expérimental.*

### Réaliser et observer

- Régler le curseur du rhéostat pour obtenir la résistance maximale.
- Alimenter le moteur sous sa tension nominale $U_M = 25$ V.
- Diminuer progressivement la résistance du rhéostat de manière à obtenir un courant $I_M$, absorbé par le moteur, égal à 1,5 A : c'est le point de fonctionnement nominal.
- Mesurer alors $I_G$, l'intensité du courant débité par la génératrice, et la tension $U_G$ qu'elle délivre.
- Mesurer la vitesse de rotation $\Omega_N$ du groupe.
- On souhaite tracer la caractéristique couple-vitesse pour la tension nominale. Augmenter la résistance du rhéostat de manière à diminuer l'intensité du courant $I_G$. Mesurer pour plusieurs valeurs du rhéostat $I_M$ et Ω.

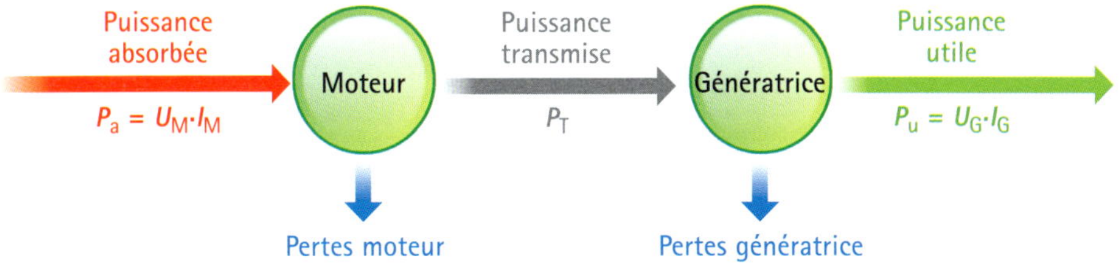


### Exploiter

On s'intéresse au point de fonctionnement nominal du moteur.

**1.** Calculer les puissances $P_a$ et $P_u$.

**2.** Le moteur et la génératrice étant des machines identiques, on considère qu'elles ont le même rendement noté η. Calculer la valeur de ce rendement η.

**3.** En déduire la puissance mécanique $P_T$ fournie par le moteur.

**4.** À l'aide de la vitesse de rotation mesurée, déterminer le moment du couple $C_M$ disponible sur l'arbre du moteur.

**5.** Tracer la caractéristique couple-vitesse du moteur et placer le point de fonctionnement nominal.

# S'entraîner

## Testez vos connaissances

*Cochez la ou les réponses exactes.*

**1** **Un moteur tourne à la vitesse de 12 000 tr·min$^{-1}$. Sa vitesse de rotation exprimée en rad·s$^{-1}$ vaut :**

- ☐ **a)** $1,26 \times 10^3$ rad·s$^{-1}$
- ☐ **b)** $3,18 \times 10^1$ rad·s$^{-1}$
- ☐ **c)** $1,15 \times 10^5$ rad·s$^{-1}$

**2** **Un convertisseur électromécanique tournant à 30 rad·s$^{-1}$ délivre un couple de 1,5 N·m.**

- ☐ **a)** la puissance électrique absorbée est inférieure à 45 W
- ☐ **b)** la puissance utile est de 45 W
- ☐ **c)** la puissance mécanique est de 45 W

**3** **Un moteur à courant continu est alimenté sous 30 V et absorbe un courant d'intensité 2,0 A.**

- ☐ **a)** la puissance utile fournie par ce moteur est de 60 W
- ☐ **b)** la puissance électrique absorbée est de 60 W
- ☐ **c)** les pertes de ce convertisseur électromécanique sont de 60 W

**4** **Un convertisseur électromécanique absorbe une puissance mécanique de 30 W et restitue une puissance électrique de 27 W.**

- ☐ **a)** le rendement de ce convertisseur est de 111 %
- ☐ **b)** les pertes de ce convertisseur sont de 3 W
- ☐ **c)** le convertisseur électromécanique fonctionne en moteur

**5** **Une pompe utilise un moteur à courant continu alimenté sous 12 V, de rendement 80 % et qui fournit une puissance mécanique de 24 W.**

- ☐ **a)** l'alimentation fournit une intensité $I = 2$ A
- ☐ **b)** la puissance absorbée est de 30 W
- ☐ **c)** si l'on augmente la tension d'alimentation, le débit de la pompe ralentira

**6** **Un moteur à courant continu est caractérisé par sa constante électromécanique $k = 0,38$ N·m·A$^{-1}$. Son induit est alimenté sous une tension $U = 25$ V, il absorbe une intensité $I = 15$ A.**

- ☐ **a)** le moment du couple $C$ disponible sur l'arbre du moteur est égal à 5,7 N·m
- ☐ **b)** si on augmente la tension d'induit, la vitesse du moteur augmente
- ☐ **c)** la puissance absorbée vaut $P_a = 375$ W

**7** **Un moteur synchrone dont le stator comporte une paire de pôles est alimenté par un système de courant triphasé de fréquence 400 Hz.**

- ☐ **a)** sa vitesse de synchronisme $\Omega_S$ est égale à $2,51 \times 10^3$ rad·s$^{-1}$
- ☐ **b)** son arbre tourne à la vitesse de $24 \times 10^3$ tr·min$^{-1}$
- ☐ **c)** si le couple résistant augmente, la vitesse de rotation du moteur diminue

**8** **Un moteur asynchrone a une vitesse de rotation $n = 1\,455$ tr·min$^{-1}$, et sa vitesse de synchronisme vaut $n_S = 1\,500$ tr·min$^{-1}$. Son glissement $g$ est égal à :**

- ☐ **a)** 3 %
- ☐ **b)** 45
- ☐ **c)** 0,03

**9** **Un moteur ayant une vitesse de rotation $n = 2\,800$ tr·min$^{-1}$ est accouplé à une charge mécanique produisant un couple résistant constant $C_R = 2,3$ N·m.**

- ☐ **a)** la vitesse de rotation est $\Omega = 2,8 \times 10^3$ rad·s$^{-1}$
- ☐ **b)** le couple moteur $C$ est égal au couple résistant $C_R$
- ☐ **c)** la puissance mécanique est $P_M = 6,7 \times 10^2$ W

► **Corrigés p. 267**

# Comment résoudre un exercice

## ÉNONCÉ Véhicule hybride

Un véhicule hybride est entraîné soit par un moteur électrique, soit par un moteur thermique, soit par les deux simultanément. La propulsion électrique est assurée par une machine synchrone. La transmission entre le moteur électrique et les roues est choisie pour que le véhicule se déplace à 40 km·h$^{-1}$ lorsque le moteur électrique tourne à $n$ = 400 tr·min$^{-1}$.

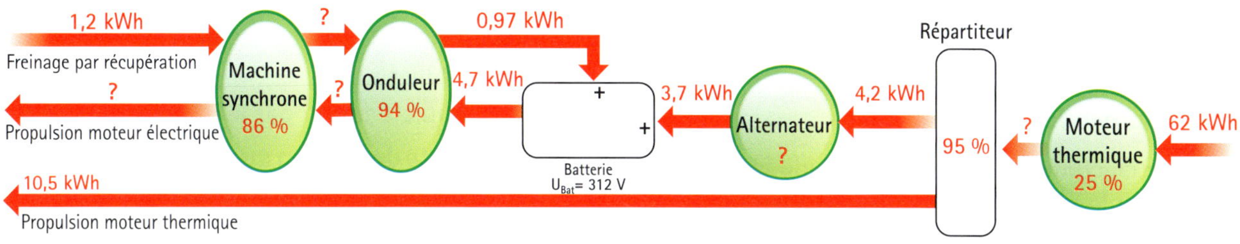


▲ *Chaînes énergétiques pour un parcours moyen de 100 km.*

**1.** Compléter les informations manquantes sur la figure. **Méthode 1 ▶**

*Pour la suite de l'exercice, on suppose que le véhicule roule à la vitesse de 40 km·h$^{-1}$.*

**2.** Le moteur électrique développe un couple utile $C$ = 85 N·m. En déduire la puissance mécanique $P_m$ fournie par la machine synchrone.

**3.** Calculer la puissance $P_{bat}$ fournie par la batterie et l'intensité du courant qu'elle débite.

**4.** La batterie a une capacité de 6,5 Ah. En déduire l'autonomie théorique du véhicule.

**Méthode 1**
Identifier les grandeurs d'entrée et de sortie de chaque convertisseur et appliquer la formule du rendement.

## SOLUTION

**1.** Le moteur thermique fournit une énergie mécanique de 6,2 × 0,25 = 16 kWh.

Le rendement de l'alternateur est égal à : $\eta = \dfrac{3,7}{4,2} = 88\ \%$ ·

L'onduleur fournit une énergie électrique de 4,7 × 0,94 = 4,4 kWh.

Le moteur synchrone fournit une énergie mécanique de 4,4 × 0,86 = 3,8 kWh.

La machine synchrone fournit une énergie électrique : 1,2 × 0,86 = 1,0 kWh.

**2.** Le moteur électrique tourne à $n$ = 400 tr·min$^{-1}$ soit $\Omega = 2\pi \dfrac{n}{60} = 42$ rad·s$^{-1}$.

On en déduit la puissance mécanique utile : $P_m = C{\cdot}\Omega = 85 \times 42 = 3,6$ kW.
**Conseil 1 ▶**

**3.** La puissance délivrée par l'onduleur est de $\dfrac{3,6}{0,86} = 4,2$ kW.

La batterie fournit une puissance $P_{bat}$ de $\dfrac{4,2}{0,94} = 4,4$ kW.

En continu, $P_{bat} = U{\cdot}I$ soit $I = \dfrac{P_{bat}}{U_{bat}} = \dfrac{4,5 \times 10^3}{312} = 14$ A.

**4.** L'autonomie de fonctionnement est de $\dfrac{6,5}{14} = 0,45$ h, soit 27 min. **Conseil 2 ▶**

**Conseil 1**
Ne pas oublier de convertir la vitesse de rotation en rad·s$^{-1}$.

**Conseil 2**
La capacité d'une batterie correspond à la quantité d'électricité qu'elle peut fournir : $Q = I{\cdot}t$.

Transport

# S'entraîner

Exercice avec résultat (page 267)

## Applications directes du cours

### 10 À vous de cocher

Un moteur asynchrone est alimenté par un système de tensions triphasées : $U_{eff}$ = 200 V ; $I_{eff}$ = 12 A. Le déphasage entre tension et courant est de 30°. La puissance électrique absorbée est égale à :

☐ a) 3,6 kW ☐ b) 6,4 × $10^2$ W

☐ c) 2,4 kW

### 11 Scooter hybride

Le moteur électrique d'un scooter hybride fournit une puissance utile nominale de 2,6 kW. Utilisé en mode 100 % électrique, il délivre un couple nominal de 15 N·m.

**1.** Calculer la vitesse de rotation nominale de ce moteur en tr·min$^{-1}$.

**2.** Sachant que le rendement de ce moteur est de 95 %, déterminer la puissance électrique absorbée.

### 12 TGV Atlantique

Chaque rame de TGVA est équipée de 2 motrices à 2 bogies moteurs, soit un total de 8 moteurs synchrones. La vitesse maximale de la rame, qui est de 300 km·h$^{-1}$ correspond à une vitesse de rotation des moteurs synchrones $n_{max}$ = 4 000 tr·min$^{-1}$. Sachant que les moteurs possèdent 3 paires de pôles, calculer la fréquence $f$ du système de tensions triphasées qui les alimentent.

### 13 Turboalternateurs d'un Airbus A320

En vol, la production d'électricité d'un A320 est assurée par deux alternateurs synchrones principaux qui délivrent un système triphasé de tensions : valeur efficace de la tension composée $U$ = 200 V et fréquence $f$ = 400 Hz.

La puissance maximale disponible est de 90 kW pour un facteur de puissance cos $\varphi$ = 1.

**1.** Déterminer l'intensité efficace $I$ débitée par chaque alternateur.

**2.** Sachant que le stator de l'alternateur possède 4 pôles, déterminer sa vitesse de rotation $\Omega_S$.

### 14 Il résiste mon couple !

Un moteur de caractéristique mécanique suivante est accouplé à une charge résistante constante $C_r$ = 0,1 N·m.

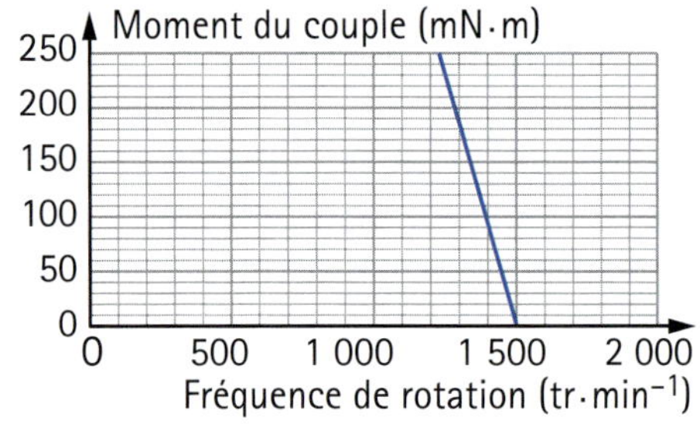


Pour le point de fonctionnement, cocher la ou les bonnes réponses.

☐ a) Le couple $C$ fourni par le moteur vaut 0,1 N·m.

☐ b) La vitesse de rotation du moteur est $\Omega$ = 10 rad·s$^{-1}$.

☐ c) La puissance mécanique reçue par la charge est nulle.

### 15 Pompe à kérosèvne

Un sous-traitant aéronautique propose un moteur à courant continu destiné à être immergé et servant de pompe à kérosène. Ses caractéristiques nominales sont les suivantes :

Tension d'induit : $U$ = 27,0 V
Puissance utile : $P_u$ = 80 W
Intensité : $I$ = 9,0 A
Vitesse de rotation : $n$ = 8 500 tr/min

**1.** Calculer la valeur du couple $C$ disponible sur l'axe du moteur.

**2.** Déterminer le rendement nominal $\eta$ de ce moteur.

### 16 Tramway

Une rame de tramway est composée de 12 roues motrices qui sont chacune entraînées par un moteur asynchrone triphasé possédant 4 pôles.

Les caractéristiques nominales de chaque moteur sont les suivantes :

Puissance utile : $P_u$ = 24,6 kW
Tension entre phases : $U$ = 585 V
Intensité efficace du courant : $I$ = 35,4 A
Fréquence statorique : $f_S$ = 88 Hz
Vitesse de rotation : $n$ = 2 610 tr·min$^{-1}$
Facteur de puissance nominale : cos $\varphi$ = 0,73
Couple utile : $C$ = 90 N·m

**1.** Calculer le glissement nominal $g$.

**2.** Déterminer la puissance nominale $P_a$ absorbée par chaque moteur.

**3.** Calculer le rendement $\eta$ au point de fonctionnement nominal.

### 17 Commande des surfaces de vol d'un avion

Dans un avion, un onduleur alimente un moteur asynchrone entraînant une pompe actionnant un vérin hydraulique utilisé pour déplacer les surfaces de vol (volets, gouvernes...). Les caractéristiques mécaniques du moteur $C(n)$ et de la pompe $C_R(n)$ sont représentées ci-dessous.

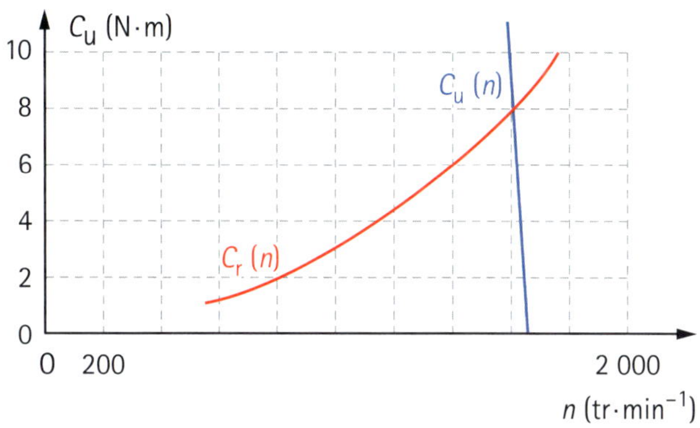


**1.** Déterminer les coordonnées ($n$ ; $C$) du point de fonctionnement du groupe moteur-pompe.

**2.** Calculer la puissance utile $P_U$ fournie par le moteur asynchrone.

**3.** Sachant que les pertes $P_D$ sont de 150 W, calculer le rendement $\eta$ de ce moteur.

### 18 Direction assistée

Un système de direction assistée est composé d'une direction manuelle classique à laquelle on adjoint un motoréducteur d'assistance. Le moteur à courant continu (12 V-65 A) est couplé à un système roue/vis sans fin qui apporte un rapport de démultiplication de $\frac{1}{15}$.

Le rendement de ce motoréducteur est de 80 %.

**1.** Déterminer la puissance électrique $P_a$ absorbée par le MCC.

**2.** Calculer la puissance mécanique $P_m$ apportée par le dispositif d'assistance.

**3.** Quel est le couple $C$ en sortie du motoréducteur, sachant que la vitesse du moteur est de 670 tr·min$^{-1}$ ?

## Exercices d'entraînement

### 19 Le commandant de bord

Le pilote d'un Airbus A330 observe son écran de contrôle des paramètres électriques.

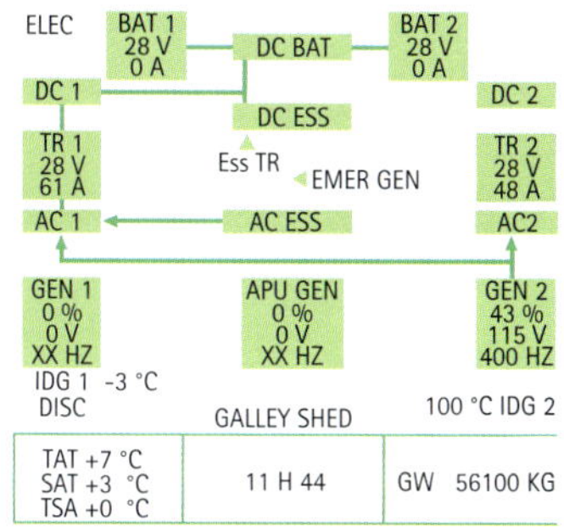


**1.** De quelle puissance électrique dispose l'avion sur le réseau de tension continue DC2 ?

**2.** Quelle est la puissance fournie aux batteries pour leur recharge ?

**3.** La puissance maximale (100 %) que peut délivrer le générateur GEN2 sur cet appareil est de 115 kW. Quelle est la puissance électrique délivrée par le générateur GEN2 sur le réseau triphasé AC2 dans le cas de figure étudié ?

**4.** Le réseau triphasé AC2 est alimenté sous une tension composée $U = 200$ V, et le déphasage entre tension et courant $\varphi$ est de 20°. Déterminer l'intensité $I$ délivrée par le générateur GEN2.

**5.** Le générateur GEN1 ne fournit plus aucune puissance électrique. Citer quelques causes possibles.

### 20 De l'air !

Le système de circulation d'air d'un avion permet son recyclage pendant le vol. L'air de la cabine est mélangé à de l'air extérieur grâce à deux ventilateurs. Chaque ventilateur est actionné par un moteur asynchrone 2 pôles qui est alimenté par un réseau électrique de tension efficace entre phase 400 V et de fréquence 400 Hz.

Caractéristiques nominales du moteur asynchrone :

Vitesse de rotation : $n = 22\,800$ tr·min$^{-1}$
Puissance utile : $P_u = 1{,}77$ kW
Intensité efficace du courant absorbé : $I = 7{,}5$ A
Rendement : $\eta = 83$ %

**1.** Calculer la vitesse de synchronisme $\Omega_S$ de ce moteur.

**2.** Calculer le glissement $g$ pour le point de fonctionnement nominal.

**3.** Exprimer, puis calculer, le couple $C$ disponible sur l'arbre du moteur.

**4.** Calculer la puissance $P_a$ absorbée par ce moteur asynchrone.

**5.** Calculer la valeur du facteur de puissance $k = \cos \varphi$.

Exercice avec résultat (page 267)

## 21 Essuie-glace BMW

Le mouvement des essuie-glaces est assuré par un motoréducteur qui comprend :

- un moteur électrique à courant continu, de tension nominale $U = 12$ V, qui possède deux enroulements rotoriques : l'un permet une vitesse lente de rotation $\Omega_{l1}$, l'autre une vitesse rapide $\Omega_{l2}$ ;

- un réducteur mécanique intégré au boîtier permet de diminuer sa vitesse et d'augmenter son couple.

Caractéristiques :

Tension nominale : $U_N = 12$ V
Puissance nominale : $P_N = 27/28$ W*
Courant nominal : $I_N = 7{,}5/9$ A
Courant maximal : $I_{max} = 28/34$ A
Vitesse de rotation nom. : $n_N = 32/53$ $min^{-1}$
Couple permanent : $C_D = 8/5$ N·m
Couple initial démarrage : $C_A = 44/36$ N·m
Réduction : $i = 108 : 2$
*vitessse 1/vitesse 2

**1.** Calculer pour chaque vitesse le rendement du convertisseur.

**2.** Déterminer le couple disponible en sortie du motoréducteur.

## 22 OBJECTIF BAC Treuil d'hélicoptère

Une société aéronautique fournit des moteurs asynchrones dont les caractéristiques nominales sont les suivantes :

Puissance utile : $P_u = 3$ kW
Fréquence du réseau triphasé : $f = 400$ Hz
Tension entre phase : $U = 200$ V
Intensité des courants de ligne : $I = 20$ A
Vitesse de rotation : 6 900 tr/min

**1.** Déterminer le nombre $p$ de paires de pôles du moteur.

**2.** Calculer le glissement nominal $g_n$.

**3.** Calculer le couple utile nominal disponible sur l'arbre moteur $C_u$.

**4.** Le rendement nominal de ce moteur étant de 69 %, déterminer la puissance électrique $P_{an}$ délivrée par le réseau triphasé.

**5.** En déduire la valeur du facteur de puissance $k = \cos \varphi$ du moteur.

**6.** Évaluer les pertes nominales du moteur.

**7.** Le moteur entraîne une pompe hydraulique dont l'évolution du couple résistant est représentée ci-dessous.

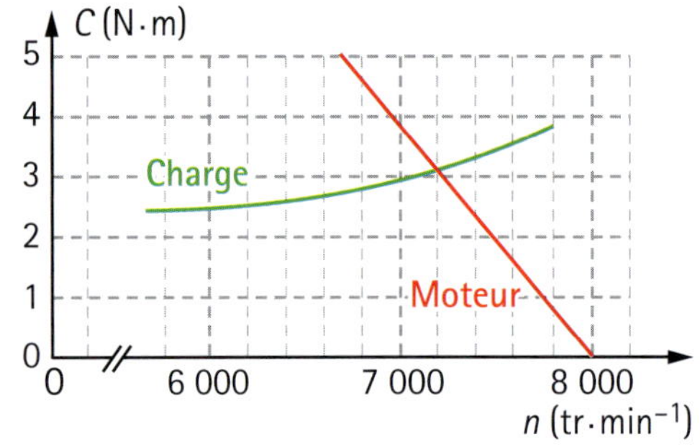


**a.** Positionner le point $A$ correspondant au fonctionnement à vide du moteur.

**b.** Positionner le point $P$ correspondant au fonctionnement nominal du moteur.

**c.** Déterminer la vitesse $n_P$ et le couple $C_P$ pour ce point de fonctionnement.

**d.** Calculer la puissance utile $P_u$ délivrée dans ces conditions par le moteur.

## 23 It's in English

The electric bicycle « e-Solex » uses a DC motor « Brushless ». It has 400 W of power, efficient up to 92 percent. It is powered by a 36 V (nominal voltage) battery.

**1.** Calculate the intensity $I$ of the current supplied by the battery.

**2.** What is the value of the torque $C$ of this engine for a rotational speed of 350 RPM (or $\cdot min^{-1}$)?

CHAPITRE 10

# Transfert d'énergie sous forme thermique

La plupart des véhicules utilisent un moteur thermique au sein duquel se produit la combustion du carburant (gazole, essences sans plomb...) qui libère un gaz à effet de serre : le dioxyde de carbone.

**→ Comment déterminer la quantité de $CO_2$ produite lors d'une combustion ?**

**Capacités**

- Utiliser le modèle de la transformation pour prévoir les quantités de matière nécessaires et l'état final d'un système.
- Calculer une enthalpie de combustion à partir d'enthalpies de formation tabulées.
- Déterminer expérimentalement l'énergie libérée au cours d'une réaction de combustion, puis confronter cette valeur à celle de l'enthalpie de combustion calculée.
- Citer différents carburants utilisés et leur mode de production.
- Citer les dangers liés aux combustions et les moyens de prévention et de protection.

Découvrir

1 Activité documentaire

# Générations de carburants

- Les carburants sont des combustibles essentiels au fonctionnement des moteurs thermiques des véhicules (voitures à essence, diesel, GPL, poids lourds, avions...). On distingue trois grandes catégories de carburants en fonction de leur mode de production :
  - les carburants issus de la pétrochimie ;
  - les carburants issus de l'agrochimie ;
  - les carburants de 3$^e$ génération (issus de l'algochimie).

- ***Les carburants issus de la pétrochimie***

La pétrochimie consiste à fabriquer des composés chimiques à partir de l'extraction et du traitement du pétrole ou du gaz naturel. Le raffinage du pétrole produit des hydrocarbures servant de combustibles pour les moteurs thermiques (gazole ou diesel, heptane, kérosène...). Le pétrole est une source d'énergie non renouvelable (énergie dite fossile).

- ***Les carburants issus de l'agrochimie***

L'agrochimie est la branche de la chimie industrielle dévolue à l'agriculture. Les carburants sont appelés biocarburants ou agrocarburants. Ils proviennent de cultures agricoles de végétaux (canne à sucre, betterave à sucre, blé, tournesol...).

On distingue le biodiesel (carburant dit de première génération), l'agrocarburant produit à partir d'oléagineux (colza ou tournesol) et le bioéthanol (carburant de deuxième génération) fabriqué à partir de plantes riches en sucres (betterave à sucre, blé...).

- ***Les carburants de troisième génération (algochimie)***

Les carburants conçus à partir de microalgues sont appelés algocarburants ou carburants de troisième génération (huiles végétales carburant). Ce sont des carburants dont la synthèse est à l'heure actuelle au stade expérimental. Leur prix de revient est très élevé.

- Actuellement, les biocarburants ont le vent en poupe : comme les algocarburants, ils ne contribuent pas globalement à l'émission de gaz à effet de serre, contrairement aux carburants de la filière pétrochimique dont les prix sont pourtant plus faibles. Cependant, la demande croissante en agrocarburants n'est pas sans poser quelques soucis. D'une part, elle a provoqué une hausse importante du prix des oléagineux (colza, tournesol...) ; d'autre part, les terres arables ne sont pas extensibles à l'infini. Il faudra dans un avenir proche arriver à concilier leur usage selon qu'elles seront destinées à l'alimentation ou utilisées en tant que ressources énergétiques.

**Exploiter**

1. Combien y a-t-il de catégories de carburants ? Les citer.
2. Donner un exemple de carburant de chaque catégorie.
3. Quels sont dans le texte les avantages et inconvénients des trois catégories de carburants ? Les lister.
4. Peut-on limiter l'émission des gaz à effet de serre avec un véhicule possédant un moteur thermique ?

2

Activité expérimentale

## ➔ Comment déterminer un bilan carbone dans la cuisine ?

Lorsque l'on utilise une gazinière pour préparer un plat, une réaction de combustion est mise en œuvre, et du $CO_2$ est produit. Quelle quantité de dioxyde de carbone la cuisson de riz émet-elle ?

On donne les caractéristiques techniques d'une gazinière alimentée en gaz propane ou butane (**DOC. 1**). Pour obtenir la cuisson de 100 g de riz, on utilise le brûleur rapide de type G30 alimenté en propane pendant une durée de 20 min.

| Brûleur | Puissance thermique nominale (kW) | GAZ BUTANE-PROPANE – G30/G31 28/37 mbar | | | | |
|---|---|---|---|---|---|---|
| | | Diamètre injecteur 1/100 mm | By-pass mm 1/100 | Puissance réduite (W) | Puissance g/h G30 | Puissance g/h G31 |
| Auxiliaire | 1 | 50 | 30 | 350 | 73 | 71 |
| Semi-Rapide | 1.8 | 65 | 33 | 450 | 131 | 129 |
| Rapide | 3 | 85 | 45 | 800 | 218 | 214 |
| Ultra-rapide (4) | 3.2 | 91 | 85 | 1500 | 233 | 229 |
| Ultra-rapide (8) | 3.5 | 94 | 85 | 1500 | 255 | 250 |
| Poissonnière | 1.9 | 88 | 45 | 800 | 138 | 138 |
| Four | 3.2 | 87 | 50 | 900 | 233 | 229 |
| Grand four | 5.2 | 110 | 59 | 1300 | 378 | 372 |
| Grill | 2.9 | 87 | // | // | 211 | 207 |
| Grand grill | 4.0 | 100 | // | // | 291 | 288 |

**DOC. 1** Données constructeurs : caractéristiques des brûleurs et injecteurs.

Transport

### Exploiter

**1.** Déterminer le nombre de moles de propane qui ont réagi lors de la cuisson.

**2.** Remplir le tableau d'avancement suivant :

| | $C_3H_8(g)$ + | ... $O_2(g)$ ⟶ | ... $CO_2(g)$ + | ... $H_2O(g)$ |
|---|---|---|---|---|
| | $n_{propane}$ (mol) | $n_{dioxygène}$ (mol) | $n_{dioxyde\ de\ carbone}$ (mol) | $n_{eau}$ (mol) |
| État initial $x = 0$ Quantités introduites à $t = 0$ (la transformation n'a pas débuté) | $n^i_{propane} = ...$ | Grand | 0 | 0 |
| État au cours de la transformation $x$ | | Grand | | |
| État au cours de la transformation $x = x_{max}$ | | Grand | | |
| Application numérique | 0 | | | |

**3.** En déduire les masses de dioxyde de carbone ($CO_2$) et d'eau ($H_2O$) produites lors de la cuisson.

**4.** Combien de kilomètres pouvez-vous parcourir avec une voiture dont l'émission de $CO_2$ est de 140 $g{\cdot}km^{-1}$ pour une quantité de dioxyde de carbone équivalente à la cuisson de votre riz ?

**5.** Dans le cas de l'utilisation d'une plaque à induction, quelle serait la quantité de $CO_2$ produite ?

*Données :* $M(C_3H_8) = 44\ g{\cdot}mol^{-1}$ ; $M(CO_2) = 44\ g{\cdot}mol^{-1}$ ; $M(H_2O) = 18\ g{\cdot}mol^{-1}$.

**Comment déterminer la quantité de $CO_2$ produite lors d'une combustion ?**

# Cours

## 1 Une transformation chimique : la combustion

### a) Rappels

$$C_7H_{16}(g) + 11\ O_2(g) \xrightarrow[\text{complète}]{\text{combustion}} 7\ CO_2(g) + 8\ H_2O(g)$$

heptane (super sans plomb) combustible — dioxygène comburant — dioxyde de carbone — eau

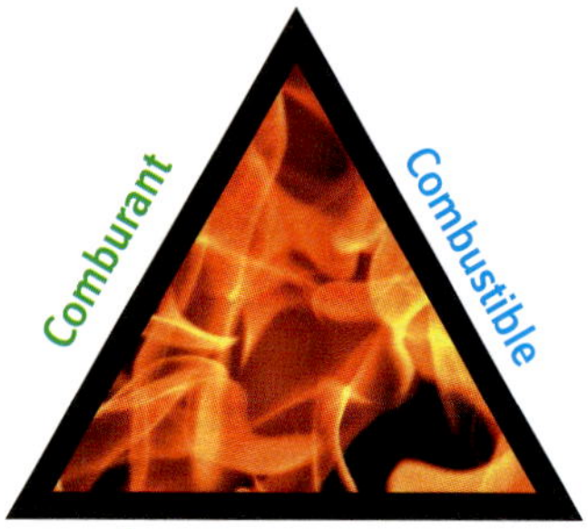


▲ *Triangle de feu.*

### b) Carburants

Un **carburant** est un **combustible** alimentant un moteur thermique (moteur essence, moteur diesel...). Ce dernier convertit l'**énergie chimique** du carburant en **énergie mécanique**. Les carburants sont classés en trois catégories suivant leur mode de production (voir activité n° 1).

| Carburant | Véhicule | Mode de production | Carburant | Véhicule | Mode de production |
|---|---|---|---|---|---|
| **Kérosène** | Avions | Pétrochimie | Biodiesel | Véhicules diesel | Agrochimie |
| **Gazole (diesel)** | Véhicules diesel | Pétrochimie | Bioéthanol | Véhicules Flex | Agrochimie |
| **Essences sans plomb (SP95-SP98, SP95-E10...)** | Véhicules essence | Pétrochimie | Huile végétale carburant (HVC) | Véhicules diesel | Algochimie |
| **Gaz de pétrole liquéfié (GPL)** | Véhicules GPL | Pétrochimie | | | |

## 2 Enthalpie de combustion

### a) Corps simple et corps composé

On appelle **corps simple** tout constituant formé d'un seul élément chimique. On appelle **corps composé** tout constituant formé d'au moins deux éléments chimiques.

▲ *Le graphite (C) est un corps simple.*

### b) État le plus stable d'un constituant

L'état le plus stable d'un constituant, à la température *T* et sous la pression de 1 bar, est l'état physique sous lequel existe effectivement ce corps.

→ *Exemples* : à 25 °C, sous 1 bar, l'état le plus stable du dioxygène est gazeux ; à – 270 °C, il est solide.

▲ *L'eau ($H_2O$) est un corps composé.*

### c) Réaction de formation

La **réaction de formation** d'un constituant, à une température *T* et sous une pression de 1 bar, est la réaction au cours de laquelle **une mole** de ce corps est formée à partir des **corps simples** correspondant aux éléments qui le constituent.

→ *Exemple* : réaction de formation de l'eau liquide à 25 °C sous 1 bar. L'état le plus stable des corps simples formés à partir des éléments H et O, à 25 °C sous 1 bar, est le dihydrogène ($H_2$) et le dioxygène ($O_2$) gazeux.

La réaction est :

$$H_2(g) + \frac{1}{2}\,O_2(g) \longrightarrow H_2O(\ell)$$

## d) Enthalpie de formation

On appelle **enthalpie de formation $\Delta_f H°$** d'un constituant, à la température $T$ et sous la pression de 1 bar, l'énergie thermique libérée ou reçue lors de la réaction de formation **d'une mole** de ce constituant. Elle s'exprime en $J{\cdot}mol^{-1}$.

Par convention, l'enthalpie de formation du corps simple correspondant à son état le plus stable à la température $T$ sous 1 bar est nulle.

→ *Exemple* : à 25 °C, $\Delta_f H°(O_2, g) = \Delta_f H°(H_2, g) = \Delta_f H°(C, s) = 0\ J{\cdot}mol^{-1}$.

Lorsque $\Delta_f H° > 0$, la transformation chimique reçoit de l'énergie.
Lorsque $\Delta_f H° < 0$, la transformation chimique libère de l'energie.

| Constituant | $\Delta_f H°$ ($J{\cdot}mol^{-1}$) |
|---|---|
| $CO_2(g)$ | $-3{,}93 \times 10^5$ |
| $H_2O(g)$ | $-2{,}42 \times 10^5$ |
| $H_2O(\ell)$ | $-2{,}86 \times 10^5$ |
| $C_7H_{16}(g)$ | $-1{,}89 \times 10^5$ |
| Butane $C_4H_{10}(g)$ | $-1{,}25 \times 10^5$ |
| Méthane $CH_4(g)$ | $-7{,}5 \times 10^4$ |
| $O_3(g)$ | $+1{,}42 \times 10^5$ |

▲ *Exemples d'enthalpies de formation à 25 °C sous la pression de 1 bar. L'état physique du constituant doit être précisé (solide, liquide, gaz).*

## e) Enthalpie de combustion

On appelle **enthalpie de combustion $\Delta_c H°$** l'énergie thermique libérée, à la température $T$ et sous la pression de 1 bar, lors de la réaction complète **d'une mole** du combustible avec le dioxygène. Elle s'exprime en $J{\cdot}mol^{-1}$.

Lors d'une combustion, le système chimique cède de l'énergie au milieu extérieur : les **enthalpies de combustion** sont de **signe négatif**.
Elles **dépendent** de la **température** à laquelle s'effectue la réaction.

→ *Exemple* : la combustion d'une mole de butane $C_4H_{10}(g)$ fournit au milieu extérieur une énergie de $2{,}9 \times 10^6$ J.

| Constituant | $\Delta_c H°$ ($J{\cdot}mol^{-1}$) |
|---|---|
| Saccharose $C_{12}H_{22}O_{11}(s)$ | $-5{,}64 \times 10^6$ |
| Butane $C_4H_{10}(g)$ | $-2{,}9 \times 10^6$ |
| Éthanol $C_2H_6O(\ell)$ | $-1{,}37 \times 10^6$ |
| Éthanol $C_2H_6O(g)$ | $-1{,}41 \times 10^6$ |
| Méthane $CH_4(g)$ | $-8{,}9 \times 10^5$ |

▲ *Exemples d'enthalpies de combustion à 25 °C sous la pression de 1 bar. L'état physique du constituant doit être précisé (solide, liquide, gaz).*

## f) Calcul d'une enthalpie de combustion à partir d'enthalpies de formation

$$\Delta_c H° = \Sigma\ \Delta_f H°(\text{produit } i){\cdot}n_i - \Sigma\ \Delta_f H°(\text{réactif } j){\cdot}n_j$$

avec $n$ : nombre stœchiométrique

→ *Exemple* : calcul de l'enthalpie de combustion complète de l'heptane gazeux à 25 °C sous 1 bar :

$$C_7H_{16}(g) + 11\,O_2(g) \longrightarrow 7\,CO_2(g) + 8\,H_2O(g)$$

$$\Delta_c H°(C_7H_{16}, g) = 7\Delta_f H°(CO_2, g) + 8\Delta_f H°(H_2O, g) - \Delta_f H°(C_7H_{16}, g) - 11\Delta_f H°(O_2, g)$$
$$= 7 \times (-3{,}93 \times 10^5) + 8 \times (-2{,}86 \times 10^5) - (-1{,}89 \times 10^5) - 11 \times 0$$
$$= -4{,}85 \times 10^6\ J{\cdot}mol^{-1}.$$

Transport

### g) Enthalpie de combustion et calcul de l'énergie thermique cédée

Lors d'une combustion, le système chimique évoluant de son état initial à son état final, à la température $T$ et sous la pression de 1 bar, l'**énergie thermique $Q_p$ cédée** est :

$$Q_P = \Delta_c H° \cdot x_{max}$$

$Q_p$ : énergie thermique cédée en joules (J)
$\Delta_c H°$ : enthalpie de combustion en joules par mole ($J \cdot mol^{-1}$)
$x_{max}$ : avancement maximal de la réaction

→ *Exemple* : à 25 °C sous la pression de 1 bar, lors d'une combustion d'éthanol liquide (utilisé comme biocarburant) avec du dioxygène pour un avancement maximal $x_{max} = 0{,}5$ mol, l'énergie thermique cédée vaut : $Q_p = \Delta_c H° \cdot x_{max} = -1{,}37 \times 10^6 \times 0{,}5 = -6{,}85 \times 10^5$ J.

## 3 Dangers et moyens de protection liés aux combustions

### a) Dangers liés aux combustions

En présence d'une source de chaleur, le remplissage du réservoir des véhicules peut provoquer une **explosion**.

Les gaz d'échappement des véhicules, produits de la combustion dans le moteur, contiennent des centaines de polluants (benzène, oxydes d'azote...) qui irritent et fragilisent les muqueuses, ainsi que le système respiratoire. Ils sont susceptibles de provoquer des **intoxications** (monoxyde de carbone).

Il y a un risque d'explosion des véhicules fonctionnant au GPL.

▲ *Réservoir d'un véhicule GPL.*

En cas de rupture du réservoir, il peut se produire un phénomène d'ébullition-explosion appelé phénomène de BLEVE.

### b) Moyens de prévention et de protection

- **Moyens de prévention**

Le remplissage d'un réservoir de véhicule est interdit en présence d'une source de chaleur (briquet, cigarette...) ou d'une source d'étincelles : le moteur doit donc être coupé et les portables éteints.

Éviter de mettre en marche le moteur des véhicules dans un endroit clos ou peu ventilé, afin d'éviter la mort par intoxication au monoxyde de carbone.

- **Moyens de protection**

Les véhicules récents possèdent un **pot catalytique** qui réduit la nocivité des gaz d'échappement.

Les réservoirs des véhicules au GPL sont munis de **soupapes de sécurité**.

**It's in English**

- Combustion : *combustion*
- Carburant : *fuel*
- Corps simple : *single element molecule*
- Corps composé : *chemical compound*
- Réaction de formation : *reaction of formation*
- Enthalpie de formation : *enthalpy of formation*
- Enthalpie de combustion : *enthalpy of combustion*

# L'essentiel

- **La réaction de formation** d'un constituant, à une **température $T$ et sous une pression de 1 bar,** est la réaction au cours de laquelle **une mole** de ce corps est formée à partir des **corps simples** correspondant aux éléments qui le constituent.

- **L'enthalpie de formation $\Delta_f H°$** d'un constituant, à la température $T$ et sous la pression de 1 bar, est **l'énergie thermique libérée ou reçue** lors de la réaction de formation **d'une mole** de ce constituant. Elle s'exprime en $J \cdot mol^{-1}$.

- **L'enthalpie de combustion $\Delta_c H°$** d'un combustible, à la température $T$ et sous la pression de 1 bar, est **l'énergie thermique libérée** lors de la réaction complète **d'une mole** du combustible avec le dioxygène. Elle s'exprime en $J \cdot mol^{-1}$. Les **enthalpies de combustion** sont de **signe négatif**. Elles dépendent de la température à laquelle s'effectue la réaction.

- **Toute enthalpie de combustion** peut être calculée à partir des **enthalpies de formation** des réactifs et produits apparaissant dans l'équation de la combustion :

$$\Delta_c H° = \sum \Delta_f H°(\text{produit } i) \cdot n_i - \sum \Delta_f H°(\text{réactif } j) \cdot n_j$$

avec $n$ : nombre stœchiométrique

- **L'énergie thermique $Q_p$ cédée** lors d'une combustion à la température $T$ sous la pression 1 bar est :

$$Q_p = \Delta_c H° \cdot x_{max}$$

$Q_p$ : énergie thermique cédée en joules (J)
$\Delta_c H°$ : enthalpie de combustion en joules par mole ($J \cdot mol^{-1}$)
$x_{max}$ : avancement maximal de la réaction

- **Un carburant est un combustible** alimentant un moteur thermique (moteur essence, moteur diesel...). Ce dernier convertit l'énergie chimique du carburant en énergie mécanique. On distingue trois catégories de carburants suivant le mode de production :
  - les carburants issus de la pétrochimie (essence sans plomb, gazole, kérosène...) ;
  - les carburants issus de l'agrochimie (biocarburants) ;
  - les carburants issus de l'algochimie (3e génération).

- **Les moyens de prévention** sont l'interdiction de remplir un réservoir de véhicule en présence d'une source de chaleur ou d'une source d'étincelles, et le fait d'éviter de mettre en marche le moteur d'un véhicule dans un endroit clos ou peu ventilé.

- **Les moyens de protection** sont l'existence sur les véhicules récents d'un pot catalytique qui réduit la nocivité des gaz d'échappement, et sur les réservoirs des véhicules au GPL de soupapes de sécurité pour limiter les risques d'accident.

# Extraire l'information utile

## $CO_2$ et automobile

• Le dioxyde de carbone (de formule $CO_2$) est un gaz à effet de serre contribuant au réchauffement climatique. Il est émis par tous les véhicules dotés d'un moteur thermique (véhicules légers ou poids lourds à essence, au gazole, avions...).

Afin de réduire les émissions en $CO_2$, les pays européens et en particulier la France ont mis en place depuis 2008 un système de bonus/malus écologique, afin d'inciter les automobilistes à se tourner vers des véhicules plus respectueux de l'environnement et donc produisant peu de $CO_2$.

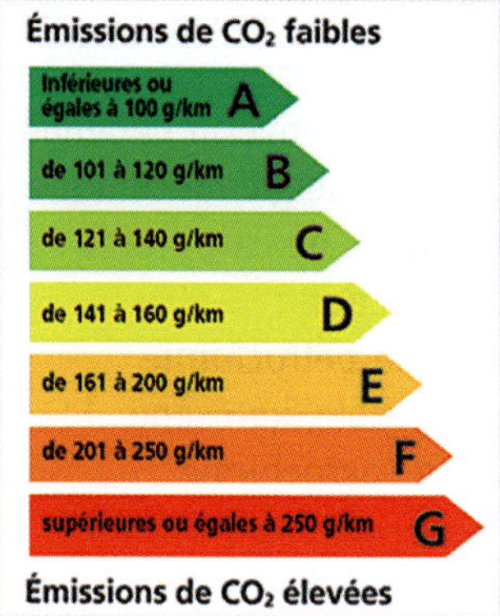


• Les véhicules disposent d'une étiquette énergie permettant une classification de la lettre A à G. Les véhicules de classes dites « vertes » émettent moins de 140 g de $CO_2$ au km, les véhicules de classe G émettant au contraire plus de 250 g de $CO_2$ par km.

Le tableau ci-après donne les montants des bonus et malus écologiques à l'achat de véhicules neufs en 2012.

| Taux d'émission en $CO_2$ (g/km) | Bonus écologique (€) | Taux d'émission en $CO_2$ (g/km) | Malus écologique (€) |
|---|---|---|---|
| taux < 50 | 5 000 | 141< taux < 151 | 200 |
| 51 < taux < 60 | 3 500 | 151 < taux < 155 | 500 |
| 61 < taux < 85 | 600 | 156 < taux < 180 | 750 |
| 86 < taux < 105 | 300 | 181 < taux < 190 | 1 100 |
| 106 < taux < 140 | 0 | 191 < taux < 200 | 1 600 |
| | | 201 < taux | 2 600 |

Cette politique de réduction des émissions de $CO_2$ est ambitieuse, mais nécessaire à la préservation de notre environnement. Elle porte ses fruits puisque, selon l'Agence de l'environnement et de la maîtrise de l'énergie (ADEME), la part des véhicules de classes vertes représentait déjà en 2009 plus de 50 % du total des achats de véhicules neufs.

**Exploiter**

**1.** À quelle(s) classe(s) appartiennent les véhicules « verts » ? Perçoivent-ils tous le bonus écologique lors de leur achat ?

**2.** À quelle(s) classe(s) appartiennent les véhicules à forte émission de $CO_2$ ?

**3.** Les voitures électriques fonctionnent avec un moteur électrique. Elles n'émettent pas de $CO_2$. À quelle classe appartiennent-elles ? Quel serait le bonus écologique ?

## Énergie thermique

**Objectif :** mesurer l'énergie thermique libérée au cours de la combustion d'un hydrocarbure (paraffine)

### Dispositif expérimental

- Bougie chauffe-plat
- Sonde thermométrique
- Balance de précision
- Canette avec dispositif d'isolation thermique

### Réaliser et observer

- Relever la température de la salle de TP.
- Peser une masse d'eau distillée $m = 200$ g de température $\theta_1 = 10$ °C et la verser dans la canette.
- Peser la bougie ; on note $m_{av}$ sa masse.
- Chauffer la canette à l'aide du dispositif de chauffage, agiter constamment l'eau dans la canette à l'aide de l'agitateur en verre et noter régulièrement la température de l'eau.
- Arrêter le chauffage lorsque la température de l'eau atteint la valeur $\theta_2 = 30$ °C.
Peser à nouveau la bougie ; on note $m_{ap}$ sa masse.

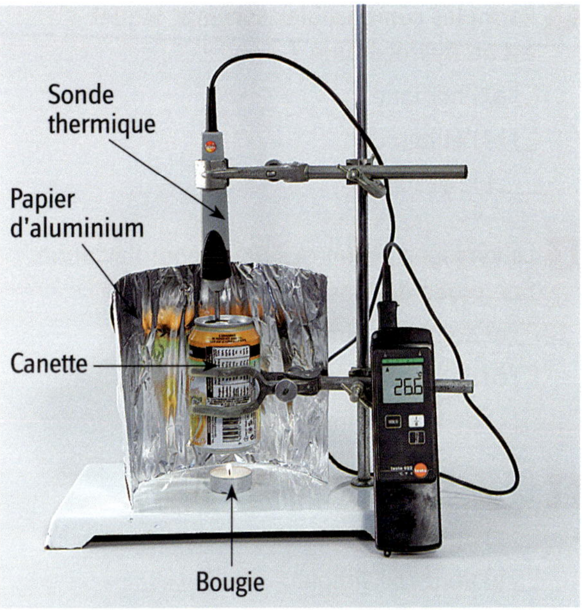

▲ *Photo du dispositif expérimental.*

Transport

### Exploiter

On suppose que la bougie est constituée de paraffine de formule brute $C_{25}H_{52}$ (en fait un mélange d'hydrocarbures).

**1.** Écrire l'équation de combustion complète de la paraffine.

**2.** Calculer l'énergie thermique $Q$ reçue par l'eau au cours de la réaction de combustion, sachant que la capacité thermique massique de l'eau vaut $c = 4{,}18\ \text{J}\cdot\text{K}^{-1}\cdot\text{g}^{-1}$.

**3.** À l'aide des masses $m_{av}$ et $m_{ap}$, calculer l'enthalpie de combustion de la paraffine $\Delta_c H^0(C_{25}H_{52}, g)$.

**4.** À l'aide des enthalpies de formation, vérifier la valeur trouvée et commenter.

*Données :*

| Constituant | Enthalpie de formation $\Delta_f H^0$ ($\text{J}\cdot\text{mol}^{-1}$) |
|---|---|
| $H_2O(g)$ | $-2{,}42 \times 10^5$ |
| $CO_2(g)$ | $-3{,}93 \times 10^5$ |
| $C_{25}H_{52}(g)$ | $-86 \times 10^5$ |

Masse molaire de la paraffine : $M = 352\ \text{g}\cdot\text{mol}^{-1}$.

# Testez vos connaissances

*Cochez la ou les réponses exactes.*

**1** **Parmi les combustibles suivants, lequel est un hydrocarbure ?**

☐ a) l'heptane

☐ b) l'éthanol

☐ c) le gazole

**2** **Le kérosène est un carburant pour l'aviation. Son mode de production est celui :**

☐ a) de l'agrochimie

☐ b) de la pétrochimie

☐ c) de l'algochimie

**3** **Le carbone graphite C(s) est :**

☐ a) un corps composé

☐ b) un corps simple

☐ c) un corps à l'état solide

**4** **L'éthanol $C_2H_6O(g)$ est :**

☐ a) un corps composé

☐ b) un corps simple

☐ c) un corps à l'état liquide

**5** **La réaction de formation de l'éthane gazeux (hydrocarbure) à 25 °C sous 1 bar a pour équation :**

☐ a) $2\ C(g) + 6\ H(g) \longrightarrow C_2H_6(g)$

☐ b) $4\ C(s) + 6\ H_2(g) \longrightarrow 2\ C_2H_6(g)$

☐ c) $2\ C(s) + 3\ H_2(g) \longrightarrow C_2H_6(g)$

**6** **Sous 1 bar, à 25 °C, l'enthalpie de combustion du butane gazeux, d'équation :**

**$C_4H_{10}(g) + \frac{1}{2}\ O_2(g) \longrightarrow 4\ CO_2(g) + 5\ H_2O(\ell)$,**

**se calcule à l'aide de l'expression :**

$$\Delta_cH° = a \cdot \Delta_fH°(CO_2, g) + b \cdot \Delta_fH°(H_2O, \ell) - c \cdot \Delta_fH°(C_4H_{10}, g) - d \cdot \Delta_fH°(O_2, g)$$

☐ a) $a = 1$ ; $b = 1$ ; $c = 1$ ; $d = 1$

☐ b) $a = 4$ ; $b = 5$ ; $c = 1$ ; $d = 3{,}5$

☐ c) $a = 4$ ; $b = 5$ ; $c = 1$ ; $d = 0{,}5$

**7** **Sous 1 bar, à 25 °C, l'enthalpie de combustion du propane gazeux d'équation $C_3H_8(g) + 5\ O_2(g) \longrightarrow 3\ CO_2(g) + 4\ H_2O(\ell)$ se calcule par :**

☐ a) $\Delta_cH° = 3\ \Delta_fH°(CO_2, g) + 4\ \Delta_fH°(H_2O, \ell) - \Delta_fH°(C_3H_8, g) - 5\ \Delta_fH°(O_2, g)$

☐ b) $\Delta_cH° = 3\ \Delta_fH°(CO_2, g) + 4\ \Delta_fH°(H_2O, g) - \Delta_fH°(C_3H_8, g) - 5\ \Delta_fH°(O_2, g)$

☐ c) $\Delta_cH° = \Delta_fH°(CO_2, g) + \Delta_fH°(H_2O, \ell) - \Delta_fH°(C_3H_8, g) - \Delta_fH°(O_2, g)$

**8** **L'énergie thermique libérée par une réaction de combustion, à la température *T* et sous une pression de 1 bar, vaut :**

☐ a) $Q_p = \Delta_cH° \cdot x_{max}$

☐ b) $Q_p = \dfrac{\Delta_cH°}{x_{max}}$

☐ c) $Q_p = \Delta_cH° - x_{max}$

**9** **Sachant que l'enthalpie de combustion du méthane vaut $-\ 806\ kJ \cdot mol^{-1}$, l'énergie thermique libérée par la combustion de 0,64 mole de méthane, à la température *T* et sous une pression de 1 bar, vaut :**

☐ a) $Q_p = 5{,}16\ J$

☐ b) $Q_p = -\ 516\ kJ$

☐ c) $Q_p = 5{,}16\ kJ$

**10** **Le remplissage d'un réservoir des véhicules à moteur thermique :**

☐ a) ne nécessite pas de précautions particulières

☐ b) exige de ne pas être en présence d'une source de chaleur importante

☐ c) doit se faire moteur éteint

▶ **Corrigés p. 267**

# Comment résoudre un exercice

## ÉNONCÉ Bonus ou malus écologique ?

L'essence sans plomb est principalement constituée d'heptane, un hydrocarbure liquide de formule brute $C_7H_{16}$. En 2012, un bonus écologique est offert à l'achat de véhicules qui dégagent moins de 105 g de dioxyde de carbone (de formule brute $CO_2$) par km parcouru. En revanche, les véhicules produisant plus de 140 g de $CO_2$ par km parcouru doivent payer un malus. On s'intéresse à un véhicule neuf à moteur à essence sans plomb consommant en moyenne 5,5 L aux 100 km. *Pour simplifier, on supposera que la réaction de combustion du carburant est de l'heptane pur.*

*Données :* masse volumique de l'heptane $\rho = 0{,}72 \text{ kg·L}^{-1}$ ; $M_{C_7H_{16}} = 100 \text{ g·mol}^{-1}$ ; $M_{CO_2} = 44 \text{ g·mol}^{-1}$.

**1.** Écrire l'équation de la combustion complète de l'heptane avec le dioxygène contenu dans l'air.

**2.** Quel est le nombre de moles d'heptane consommées par km ? **Méthode 1 ▸**

**3.** Déterminer le nombre de moles de $CO_2$ produites par le véhicule par km parcouru (l'heptane est le réactif limitant). **Méthode 2 ▸**

**4.** En déduire la masse de $CO_2$ correspondante. Le véhicule recevra-t-il un bonus écologique en 2012 ? Paiera-t-il un malus écologique ? **Méthode 3 ▸**

**Méthode 1**
On détermine la masse d'heptane consommée à partir du volume *V* grâce à la définition de la masse volumique qui est le rapport d'une masse sur un volume.

**Méthode 2**
En dressant un tableau d'avancement, on relie les quantités de matière entre les réactifs qui ont réagi et les produits formés, en particulier le dioxyde de carbone.

**Méthode 3**
La masse de dioxyde de carbone formée s'obtient à partir de la quantité de matière correspondante (déterminée à la dernière ligne du tableau d'avancement) en appliquant la formule : $m_{CO_2} = n_{CO_2} \cdot M_{CO_2}$.

## SOLUTION

**1.** L'équation de la combustion complète de l'heptane avec le dioxygène gazeux de l'air produit du dioxyde de carbone gazeux ($CO_2$) et de la vapeur d'eau ($H_2O$). En écrivant la loi de conservation des éléments carbone, oxygène et hydrogène, on obtient : $C_7H_{16}(\ell) + 11\ O_2(g) \longrightarrow 7\ CO_2(g) + 8\ H_2O(g)$

**2.** Commençons par déterminer la masse d'heptane consommée pour 100 km. Elle vaut $m = \rho \cdot V$ avec $V = 5{,}5$ L d'heptane pour 100 km.
Numériquement, $m = 3{,}96$ kg. Le nombre de moles d'heptane consommées est $n = \dfrac{m}{M} = \dfrac{3{,}96}{0{,}100} = 39{,}6$ mol. Par km parcouru, ce nombre de moles vaut 0,396 mol.

**3.** Dressons le tableau d'avancement de l'évolution des quantités de matière des espèces chimiques.

| | $1\ C_7H_{16}(\ell)$ + | $11\ O_2(g)$ ⟶ | $7\ CO_2(g)$ | + $8\ H_2O(g)$ |
|---|---|---|---|---|
| | $n_{\text{heptane}}$ (mol) | $n_{\text{dioxygène}}$ (mol) | $n_{\text{dioxyde de carbone}}$ (mol) | $n_{\text{eau}}$ (mol) |
| **État initial $x = 0$** Quantités introduites à $t = 0$ (la transformation n'a pas débuté) | $n^i_{\text{heptane}} = 0{,}396$ | Grand | $n^i_{\text{dioxyde de carbone}} = 0$ | $n^i_{\text{eau}} = 0$ |
| **État au cours de la transformation $x$** | $0{,}396 - x$ | Grand | $7\,x$ | $8\,x$ |
| **État final $x = x_{max}$** | $0{,}396 - x_{max}$ | Grand | $7x_{max}$ | $8\,x_{max}$ |
| **Application numérique** | 0 | Grand | 2,77 | 3,17 |

L'avancement final est atteint lorsque le réactif limitant, ici l'heptane, disparaît :
$0{,}396 - x_{max} = 0$
d'où $x_{max} = 0{,}396$ mol

**4.** D'après le tableau d'avancement, le nombre de moles de $CO_2$ produites par km est $n_{CO_2} = 2{,}77$ mol. La masse correspondante est :
$m_{CO_2} = n_{CO_2} \cdot M_{CO_2} = 2{,}77 \times 44 = 122$ g.
La masse de dioxyde de carbone produite par km est comprise entre 105 et 140 g : le véhicule ne recevra pas de bonus écologique, pas plus qu'il n'aura de malus.

Transport

Exercice avec résultat (page 268)

## Applications directes du cours

Pour l'ensemble des exercices, vous trouverez les valeurs des enthalpies de formation et des enthalpies de combustion dans les tableaux du cours.

### 11 Calculer une enthalpie de combustion

On travaille à 25 °C sous une pression de 1 bar.

**1.** Écrire l'équation de combustion du butane $C_4H_{10}(g)$ (carburant utilisé dans les véhicules fonctionnant au GPL).

**2.** À l'aide des enthalpies de formation, montrer que l'enthalpie de combustion du butane vaut : $\Delta_c H° = -2,9 \times 10^6\ J{\cdot}mol^{-1}$. L'eau formée est liquide à 25 °C.

### 12 Obtention de l'éthanol à partir de l'éthylène

Le vapocraquage est un procédé de la pétrochimie qui consiste, en présence de vapeur d'eau, à casser des hydrocarbures de façon à produire principalement de l'éthylène $C_2H_4$ et du propylène $C_3H_6$. Il est alors possible de fabriquer de l'éthanol à partir de l'éthylène (à $T = 30$ °C sous une pression valant 300 fois la pression atmosphérique) selon la transformation d'équation :

$$C_2H_4 + H_2O \longrightarrow C_2H_6O$$

**1.** L'équation de la transformation écrite ci-dessus est-elle équilibrée ?

**2.** L'éthanol peut être utilisé comme carburant. Citer d'autres carburants.

**3.** Quel est le mode de production de l'éthanol dans l'exercice ?

### 13 Réaction exothermique ?

**1.** Une réaction de formation de l'éthylène est :

$$2\ C(s) + 2\ H_2(g) \longrightarrow C_2H_4(g)$$

Est-ce une combustion ?

**2.** L'énergie thermique libérée par la formation d'une mole d'éthylène gazeux à 25 °C sous une pression de 1 bar vaut $Q_p = +\ 5,2 \times 10^4\ J{\cdot}mol^{-1}$. S'agit-il d'une transformation exothermique ?

### 14 Le GPL

Les gaz de pétrole liquéfié (GPL en abrégé) sont un mélange d'hydrocarbures (propane $C_3H_8$, butane $C_4H_{10}$) provenant pour moitié du traitement du gaz naturel et pour moitié du raffinage du pétrole. Les véhicules au GPL utilisent ce combustible en tant que carburant.

**1.** Écrire les équations de combustion de ces deux hydrocarbures liquides avec le dioxygène.

**2.** Quel est le mode de production de ces combustibles ?

**3.** Quelle est la signification des pictogrammes associés au GPL représentés ici ? Quels sont les dangers liés aux combustions de carburants ?

### 15 Écrire l'équation d'une réaction de formation

*On travaille dans l'exercice à 25 °C sous une pression de 1 bar.*

**1.** Écrire l'équation de la réaction de formation du butane gazeux $C_4H_{10}(g)$.

**2.** Écrire l'équation de la réaction de formation de l'éthanol liquide $C_2H_6O(l)$.

*Donnée :* à 25 °C, sous une pression de 1 bar, les corps simples les plus stables sont C(s), $H_2(g)$ et $O_2(g)$.

### 16 Des chiffres qui donnent le vert tige !

Shamash

Le projet Shamash a été mené en France de fin 2006 à 2009 afin de produire un algocarburant à partir de microalgues judicieusement choisies pouvant accumuler jusqu'à 50 % de leur poids sec en acides gras.
Ces microalgues sont donc de véritables « pièges » d'huile végétale ! Les études prédisent des rendements à l'hectare supérieurs de plus d'un facteur 30 par rapport aux plantes oléagineuses terrestres.
En outre, si les biocarburants des céréaliers font appel à des engrais et des pesticides, la culture à grande échelle de microalgues ne nécessite pas d'apport de produits phytosanitaires. Cependant, en raison de coûts de production élevés, un litre d'algocarburant coûterait environ 10 € contre 1,5 € en moyenne pour les carburants actuels (essences sans plomb, gazole) !
(D'après http://www-sop.inria.fr/comore/shamash)

**1.** Quel est le mode de production du carburant du projet Shamash ?

**2.** Quels sont les avantages et les inconvénients des algocarburants par rapport aux agrocarburants ?

## Exercices d'entraînement

### 17 Un coup de BLEVE ?

Le carburant GPL est stocké dans un réservoir à une pression allant de 7 à 11 bar (de 7 à 11 fois la pression atmosphérique), à une température de 50 °C, ce qui permet la coexistence des états liquide et gazeux des combustibles. En cas de rupture du réservoir, il se produit une explosion appelée BLEVE. Ce scénario catastrophique se déroule en trois étapes :
- La part des combustibles sous forme gazeuse s'échappe à l'extérieur, ce qui engendre une première détonation ; la pression baisse alors brutalement dans le réservoir.
- La part des combustibles sous forme liquide bout, les vapeurs libérées se « détendent » brutalement dans le réservoir, ce qui le fait exploser ; la seconde détonation est plus forte que la première.
- Les gaz libérés mélangés à l'air donnent naissance à une boule de feu.

**1.** Pourquoi y a-t-il une baisse de pression dans le réservoir lors de la première étape ?

**2.** Expliquer l'origine de la boule de feu.

**3.** Quel est le moyen de prévention contre le coup de BLEVE ?

### 18 C'est pourtant simple !

À $T = 298$ K, sous une pression de 1 bar, on donne les enthalpies de formation des constituants suivants : $\Delta_f H°(O_2, g) = 0$ ; $\Delta_f H°(O, g) = +2{,}49 \times 10^5 \text{ J·mol}^{-1}$ ; $\Delta_f H°(O_3, g) = +1{,}42 \times 10^5 \text{ J·mol}^{-1}$ ; $\Delta_f H°(H_2O, g) = -2{,}42 \times 10^5 \text{ J·mol}^{-1}$.

**1.** Parmi les constituants $O(g)$, $O_2(g)$, $O_3(g)$ et $H_2O(g)$, quel est l'intrus ? Comment appelle-t-on les autres constituants ?

**2.** Commenter le signe des enthalpies de formation. Quelle en est la signification physique ?

**3.** Lequel des corps simples est dans son état le plus stable à 25 °C ? Justifier.

### 19 Véhicule Flex, acte I

Certains pays d'Amérique du Sud comme le Brésil sont pionniers dans l'emploi de l'éthanol (de formule brute $C_2H_6O$) comme biocarburant. On l'obtient là-bas à partir d'une plante à forte teneur en sucres : la canne à sucre.

**1.** Quel est le mode de production du bioéthanol au Brésil ?

**2.** Écrire l'équation de combustion complète de l'éthanol supposé gazeux avec le dioxygène (l'eau formée est liquide).
On considère un véhicule Flex, nom donné aux véhicules conçus pour fonctionner indifféremment au carburant super sans plomb ou à l'« E85 » (85 % d'éthanol + 15 % d'essence).
Le réservoir contient une masse $m = 50$ kg de E85.
*On suppose que la réaction de combustion du biocarburant se fait avec de l'éthanol pur.*

**3.** Faire un tableau d'avancement.

**4.** Montrer qu'une fois la combustion terminée, les quantités de matière formées en $H_2O(\ell)$ et $CO_2(g)$ valent respectivement 3 261 mol et 2 174 mol.

**5.** En déduire la masse en $CO_2$ libérée par kilomètre, sachant que l'autonomie du véhicule est de 700 km.
*Données :* masse molaire de l'éthanol : 46 $\text{g·mol}^{-1}$ ; masse molaire du $CO_2$ : 44 $\text{g·mol}^{-1}$.

**6.** Quelle est l'énergie thermique libérée à 25 °C par la réaction de combustion des 50 kg d'éthanol ?
*Donnée :* l'enthalpie de combustion à 25 °C de l'éthanol gazeux vaut $\Delta_c H° = -1{,}41 \times 10^6 \text{ J·mol}^{-1}$.

### 20 Véhicule Flex, acte II

On reprend l'exercice n° 19. Le véhicule Flex fonctionne maintenant avec du carburant super sans plomb (principal constituant : l'heptane, un hydrocarbure de formule brute $C_7H_{16}$). Le réservoir contient maintenant une masse de 45 kg d'heptane.

**1.** Écrire l'équation de combustion complète de l'heptane supposé gazeux avec le dioxygène (l'eau formée est liquide).

**2.** Pour simplifier, on supposera que le biocarburant est de l'heptane pur. Faire un tableau d'avancement. Calculer, une fois la combustion terminée, les quantités de matière formées en $H_2O$ liquide et $CO_2$ gazeux. En déduire la masse en $CO_2$ libérée par kilomètre, sachant que l'autonomie du véhicule est maintenant de 800 km.
*Données :* masse molaire de l'heptane : 100 $\text{g·mol}^{-1}$ ; masse molaire du $CO_2$ : 44 $\text{g·mol}^{-1}$.

**3.** Quelle est l'énergie thermique libérée à 25 °C par la réaction de combustion des 45 kg d'heptane ?
*Donnée :* l'enthalpie de combustion de l'heptane gazeux à 25 °C sous une pression de 1 bar vaut $\Delta_c H° = -4{,}85 \times 10^6 \text{ J·mol}^{-1}$.

**4.** Un véhicule est dit écologique si son taux d'émission en $CO_2$/km est inférieur à 140 g/km. Le véhicule Flex étudié est-il un véhicule écologique en fonctionnant au bioéthanol ? À l'essence sans plomb ?

Exercice avec résultat (page 268)

## 21 Ne vous dispersez pas !

On s'intéresse à une série de mesures de l'enthalpie de combustion du butane gazeux à 25 °C par huit binômes d'élèves. Les mesures (en valeur absolue) notées $\Delta_c H_i^0$ sont les suivantes :

| $\Delta_c H_i^0$ (MJ·mol$^{-1}$) | 2,3 | 2,2 | 2,2 | 2,4 | 2,3 | 2,1 | 3,4 | 2,1 | 2,1 |
|---|---|---|---|---|---|---|---|---|---|

**1.** Y a-t-il une ou des valeurs qui semblent aberrantes ?

**2.** Calculer la valeur moyenne $\overline{\Delta_c H^0}$, soit la meilleure estimation de la mesure de l'enthalpie de combustion du butane gazeux à 25 °C.

**3.** L'écart-type estimé $s$ permet d'estimer l'incertitude de mesure.

$$s = \sqrt{\frac{\sum_{i=1}^{N}(\Delta_c H_i^0 - \overline{\Delta_c H^0})^2}{N-1}}$$

Calculer la valeur de $s$ pour la série de mesures considérées.

**4.** On admet que l'incertitude $\delta(\Delta_c H^0) = \frac{s}{\sqrt{N}}$.

**a.** Calculer sa valeur.

**b.** Présenter le résultat de la mesure sous la forme : $\overline{\Delta_c H^0} \pm \delta(\Delta_c H^0)$.

**5.** Pour connaître le domaine pour lequel nous avons une probabilité de trouver la « vraie valeur » estimée par $\overline{\Delta_c H^0}$, un intervalle de confiance associé à un niveau de confiance doit être défini. Les intervalles de confiance dépendent du traitement statistique des mesures. On peut définir sous certaines conditions l'intervalle de confiance par la relation :

$$\overline{\Delta_c H^0} - t\frac{s}{\sqrt{N}} \leq \Delta_c H^0 \leq \overline{\Delta_c H^0} + t\frac{s}{\sqrt{N}}$$

avec $t$ un coefficient caractéristique (appelé coefficient de Student) dépendant du nombre de mesures effectuées $N$ et du niveau de confiance choisi. Pour des niveaux de confiance de 95 % et de 99 %, les valeurs de $t$ sont tabulées ci-dessous :

| $N$ | 4 | 6 | 8 | 10 |
|---|---|---|---|---|
| $t_{95\,\%}$ | 3,18 | 2,57 | 2,37 | 2,26 |
| $t_{99\,\%}$ | 5,84 | 4,03 | 3,50 | 3,25 |

**a.** Calculer l'incertitude de mesure $D = t\frac{s}{\sqrt{N}}$ et l'incertitude relative $\frac{D}{\overline{\Delta_c H^0}}$ pour des niveaux de confiance de 95 % et 99 %.

**b.** Écrire le résultat de la mesure sous la forme : $\Delta_c H^0 = \overline{\Delta_c H^0} \pm t\frac{s}{\sqrt{N}}$. Donner un sens « physique » au résultat.

## 22 OBJECTIF BAC Rouler bio ? Non ! Rouler écolo

L'EMC (linoléate de méthyle ou éther méthylique de colza) est un biocarburant (sa formule brute est $C_{19}H_{34}O_2$) pour véhicules diesel provenant des graines de plantes oléagineuses telles que le tournesol ou le colza.

**1.** Pour un moteur thermique diesel utilisant l'EMC, écrire l'équation de combustion complète de l'EMC supposé gazeux avec le dioxygène.

**2.** Compléter le tableau d'avancement suivant correspondant à la combustion totale du contenu du réservoir ($V$ = 60 L).

*Données :* $\rho_{EMC}$ : 0,88 kg·L$^{-1}$ ; $M_{EMC}$ : 294 g·mol$^{-1}$.

| | $C_{19}H_{34}O_2(g)$ + ... $O_2(g)$ ⟶ ... $CO_2(g)$ + ... $H_2O(l)$ | | | |
|---|---|---|---|---|
| | $n_{EMC}$ (mol) | $n_{dioxygène}$ (mol) | $n_{dioxyde\ de\ carbone}$ (mol) | $n_{eau}$ (mol) |
| État initial $x = 0$ Quantités introduites à $t = 0$ (la transformation n'a pas débuté) | $n^i_{EMC}$ = ... | Grand | $n^i_{dioxyde\ de\ carbone} = 0$ | $n^i_{eau} = 0$ |
| État au cours de la transformation $x$ | | Grand | | $17\,x$ |
| État final $x = x_{max}$ | $179{,}6 - x_{max}$ | Grand | $19\,x_{max}$ | |
| Application numérique | 0 | Grand | | |

**3.** La consommation moyenne du véhicule est de 6,5 L aux 100 km. Quelle distance est-il capable de parcourir avec un réservoir plein ?

**4.** Déduire du tableau d'avancement et de la question précédente la masse de carbone produite par kilomètre par le véhicule.

*Donnée :* $M_{CO_2}$ : 44 g·mol$^{-1}$.

**5.** Un véhicule est dit écologique (« véhicule vert ») si le taux d'émission en $CO_2$/km est inférieur à 140 g/km. Le véhicule étudié est-il un véhicule écologique ?

## 23 It's in English

Working conditions are as follows: T = 25 °C ; P = 1 bar.

**1.** Write the reaction for the combustion of methane.

**2.** Using the different enthalpies of formation, prove that the enthalpy of combustion of methane is equal to : $\Delta_c H° = -\ 8{,}9 \times 10^5$ J·mol$^{-1}$.

**3.** A vehicle uses 5 liters of methane. Calculate the amount of heat $Q$ given off during the combustion.

*Data:* $M_{CH_4}$ = 16 g·mol$^{-1}$ ; *density of methane:* $\rho$ = 0,42 kg·L$^{-1}$.
The water that is formed is in liquid state.

CHAPITRE 11

# Transfert d'énergie : piles et accumulateurs

L'utilisation de moyens de transport moins polluants est amenée à se développer. Autolib propose l'autopartage de voitures électriques : les Bluecar. Ces véhicules propres doivent toutefois embarquer une source d'énergie leur offrant une autonomie suffisante.

**➔ Comment l'énergie est-elle stockée dans les véhicules électriques ? Comment une transformation chimique peut-elle générer un courant dans un circuit électrique ?**

**Capacités**

- Citer les caractéristiques des piles et leurs évolutions technologiques.
- Identifier l'oxydant et le réducteur mis en jeu dans une pile à partir de la polarité de la pile ou des couples oxydant/réducteur.
- Écrire les équations des réactions aux électrodes.
- Expliquer le fonctionnement d'une pile, d'un accumulateur, d'une pile à combustible.
- Utiliser le modèle de la réaction pour prévoir la quantité d'électricité totale disponible dans une pile.
- Associer charge et décharge d'un accumulateur à des transferts et conversions d'énergie.
- Définir les conditions d'utilisation optimales d'une batterie d'accumulateurs : l'énergie disponible, le courant de charge optimum et le courant de décharge maximal.

Découvrir

1

Activité documentaire

# Quelles énergies pour les véhicules électriques de demain ?

La fin du pétrole bon marché, les risques de dérèglements climatiques et les problèmes liés à la pollution ont remis la voiture électrique au centre des préoccupations des constructeurs.

- ***Véhicules électriques***

Le moteur électrique existe depuis le XIXe siècle, il est puissant et fiable. Les limites des véhicules électriques sont celles imposées par leur source d'énergie : masse, autonomie, temps de charge, risques d'explosion, pollution, prix... Aujourd'hui, de nombreux véhicules hybrides utilisent à la fois un moteur électrique et un moteur à explosion, ce qui permet de profiter des avantages des moteurs électriques sans avoir à subir les contraintes associées.

- ***Batteries « lithium métal polymère »***

Les batteries « lithium métal polymère » sont fiables, sûres et ne représentent pas de danger pour l'environnement. L'énergie massique de ces nouvelles batteries (100 Wh/kg) permet une autonomie confortable pour des trajets urbains.

- ***Piles à combustible***

Les voitures équipées de piles à combustible sont une alternative aux batteries classiques. Une pile à combustible utilise du dihydrogène et du dioxygène pour produire de l'électricité. La transformation chimique mise en jeu dans cette pile ne produit que de l'eau. Toutefois, il reste des inconvénients pour son utilisation dans les véhicules électriques, car l'hydrogène est un gaz difficile à stocker et qui nécessite beaucoup d'énergie pour sa production.

▲ *La Bluecar utilise des batteries « lithium métal polymère » de 30 kWh et de tension nominale 410 V. Elle dispose d'une autonomie annoncée de 250 km en parcours urbain pour une recharge moyenne effectuée en 4 heures.*

**Exploiter**

1. Comment caractériser un véhicule « hybride » ?
2. Calculer la valeur de l'intensité du courant pour charger la batterie de la Bluecar en 4 h.
3. Calculer la masse de la batterie de la Bluecar.
4. Pourquoi une pile à combustible est-elle dite « propre » ?
5. Quels sont les inconvénients de l'utilisation d'une pile à combustible dans un véhicule électrique ?

**Comment l'énergie est-elle stockée dans les véhicules électriques ?**

2 Activité expérimentale

## Comment les électrons échangés lors d'une réaction d'oxydoréduction peuvent-ils circuler dans un circuit électrique ?

On réalise une pile Daniell à l'aide de zinc et de cuivre qui font intervenir des réactions d'oxydoréduction.

### Dispositif expérimental

| Produits | Matériel |
|---|---|
| – Solution aqueuse de sulfate de cuivre ($Cu^{2+}$ ; $SO_4^{2-}$) de concentration 0,1 mol·L$^{-1}$<br>– Solution aqueuse de sulfate de zinc ($Zn^{2+}$ ; $SO_4^{2-}$) de concentration 0,1 mol·L$^{-1}$<br>– Plaque de zinc métallique décapée<br>– Plaque de cuivre métallique décapée | – Trois béchers<br>– Pont salin<br>– Multimètre<br>– Conducteur ohmique 10 Ω sur support<br>– Fils de connexion |

### Réaliser

- Remplir aux deux tiers deux béchers : l'un avec la solution de sulfate de cuivre, l'autre avec la solution de sulfate de zinc.
- Plonger la plaque de zinc dans le bécher qui contient la solution de sulfate de zinc et la plaque de cuivre dans celui qui contient la solution de sulfate de cuivre.
- Relier les deux béchers par le pont salin.

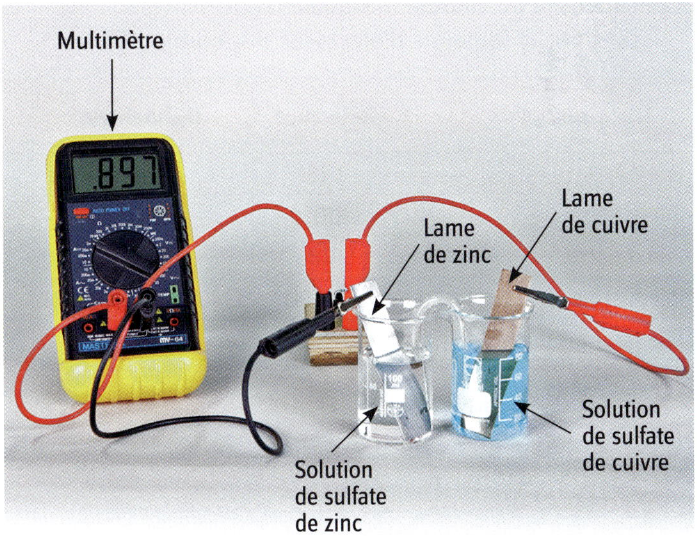


▲ *Photo de la pile Daniell.*

### Observer

- Relier les deux plaques métalliques (bornes de la pile) en série avec le conducteur ohmique et l'ampèremètre. Noter la valeur de l'intensité du courant électrique.
- Retirer le pont salin. Observer.

### Exploiter

1. Décrire, lorsqu'un courant circule, le trajet des électrons dans le circuit électrique.
2. Écrire les équations électroniques associées aux couples $Cu^{2+}(aq)/Cu(s)$ et $Zn^{2+}(aq)/Zn(s)$. Indiquer l'électrode (plaque métallique) sur laquelle se déroule chacune de ces transformations.
3. Écrire l'équation globale associée à la transformation qui a lieu lorsque la pile fonctionne.
4. Indiquer les rôles du pont salin.
5. Indiquer pourquoi la « pile Daniell » que nous avons constituée ne serait pas pratique pour un usage habituel.

Transport

# 1 Pile

## a) Qu'est-ce qu'une pile ?

Une **pile** est un dispositif qui convertit de l'énergie chimique en énergie électrique à l'aide d'une transformation chimique.

Le courant électrique correspond à un **échange d'électrons** qui circulent entre les deux bornes de la pile (pôle ⊕ et pôle ⊖). Une pile fait toujours intervenir deux couples oxydant/réducteur.

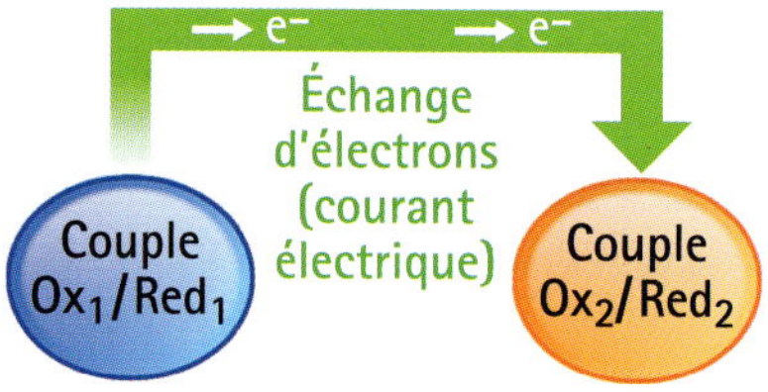


▲ *L'échange d'électrons se fait entre le réducteur d'un couple et l'oxydant de l'autre couple.*

## b) Différents types de piles

On peut caractériser une pile par :

- le type de technologie ;
- la tension à vide ($E$) ;
- l'intensité du courant maximale ($I_{max}$) ;
- sa capacité (quantité d'électricité disponible : $Q$).

| Description | Référence | Technologie | Tension à vide | Intensité du courant maximale | Masse |
|---|---|---|---|---|---|
| Pile AA | LR6 | Alcaline | 1,5 V | 1 A | 25,6 g |
| Pile « bouton » | CR1025 | Lithium | 3,0 V | 0,2 mA | 0,6 g |
| Pile montre | SR1116 | Oxyde d'argent | 1,55 V | 0,02 mA | 0,7 g |
| Pile alarme | LS14500 | Chlorure de Thionyl | 3,6 V | 100 mA | 15 g |
| Pile pour prothèse auditive | PR48 | Zinc air | 1,4 V | 5 mA | 0,86 g |

▲ *Exemple de piles.*

# 2 Fonctionnement d'une pile

## a) Constitution d'une pile

Une pile est constituée par :

- deux demi-piles dans deux compartiments ;
- un couple oxydant/réducteur dans chaque compartiment ;
- deux bornes réalisées par deux lames métalliques ;
- un pont salin qui assure la conduction du courant entre chaque demi-pile et leur électroneutralité.

▲ *Il existe un grand nombre de piles différentes ; 700 millions de piles environ sont vendues chaque année en France.*

## b) Capacité disponible

La **quantité d'électricité disponible** $Q$ dans une pile est la charge de la quantité maximale d'électrons pouvant circuler :

$$Q = n_e \cdot F$$

$Q$ : quantité d'électricité disponible en coulombs (C)
$n_e$ : quantité d'électrons pouvant être échangée dans la pile en moles (mol)
F : valeur absolue de la charge d'une mole d'électrons appelée Faraday avec : $1\ F = e \cdot N_A = 9{,}65 \times 10^4\ C \cdot mol^{-1}$
e : charge élémentaire ($e = 1{,}60 \times 10^{-19}$ C)
$N_A$ : nombre d'Avogadro ($N_A = 6{,}02 \times 10^{23}\ mol^{-1}$)

Une pile cesse de fonctionner lorsque le réactif limitant a été entièrement consommé.

### c) Durée de fonctionnement d'une pile

La **durée de fonctionnement** $\Delta t$ d'une pile se calcule à l'aide de l'intensité du courant débité et de la quantité d'électricité disponible :

$$\Delta t = \frac{Q}{I}$$

$\Delta t$ : durée d'utilisation maximale théorique en secondes (s)
$Q$ : quantité d'électricité disponible en coulombs (C)
$I$ : intensité en ampères (A)

## 3 Pile Daniell

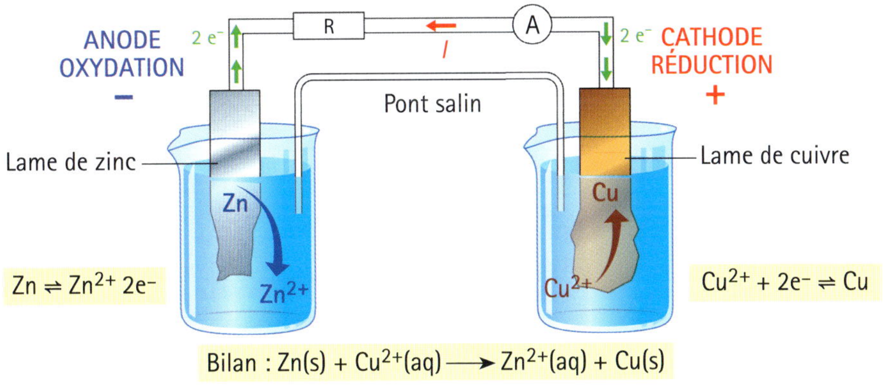


### a) Demi-piles

- La première demi-pile contenant le couple $Zn^{2+}(aq)/Zn(s)$ est le siège d'une oxydation :

$$Zn(s) \rightleftharpoons Zn^{2+}(aq) + 2\,e^-$$

- La deuxième demi-pile contenant le couple $Cu^{2+}(aq)/Cu(s)$ est le siège d'une réduction :

$$Cu^{2+}(aq) + 2\,e^- \rightleftharpoons Cu(s)$$

- Équation globale de fonctionnement de la pile :

$$Zn(s) + Cu^{2+}(aq) \longrightarrow Zn^{2+}(aq) + Cu(s)$$

### b) Anode-catode

L'électrode de la demi-pile où a lieu l'oxydation est appelée l'**anode** (borne négative) ; celle où a lieu la réduction est la **cathode** (borne positive).

### c) Courant électrique

Il est dû au **déplacement des porteurs de charges** :
- les électrons dans les fils de connexion ;
- les ions (positifs ou négatifs) dans les solutions et le pont salin.

**À l'extérieur de la pile**, le courant électrique circule **de la borne ⊕ vers la borne ⊖**.

### d) Capacité

→ *Exemple* : pile Daniell ayant comme réactif limitant l'ion $Cu^{2+}(aq)$ de quantité initiale $n_{(Cu^{2+}(aq))i} = 0{,}10$ mol.

▲ *Les piles usées contiennent des produits nocifs. Depuis 1999, il est interdit de jeter les piles avec le reste des ordures.*

Transport

L'équation à l'électrode fait intervenir l'ion $Cu^{2+}$(aq) : $Cu^{2+}(aq) + 2\,e^- \rightleftharpoons Cu(s)$.
La quantité d'électrons échangée lorsque tous les ions $Cu^{2+}$(aq) ont été consommés est $n_e = 2\ n_{(Cu^{2+}(aq))i} = 0{,}20$ mol. Cela correspond à une quantité d'électricité disponible $Q = n_e F = 19\,300$ C.

## 4 Transferts d'énergie

### a) Piles et accumulateurs

- **Pile :** processus à sens unique. Les réactifs sont introduits à la fabrication et quand le réactif limitant est épuisé, la pile ne fournit plus d'énergie.
- **Accumulateur :** processus réversible. Quand le réactif limitant est épuisé, on reconstitue le stock de réactifs en apportant de l'énergie à l'accumulateur.

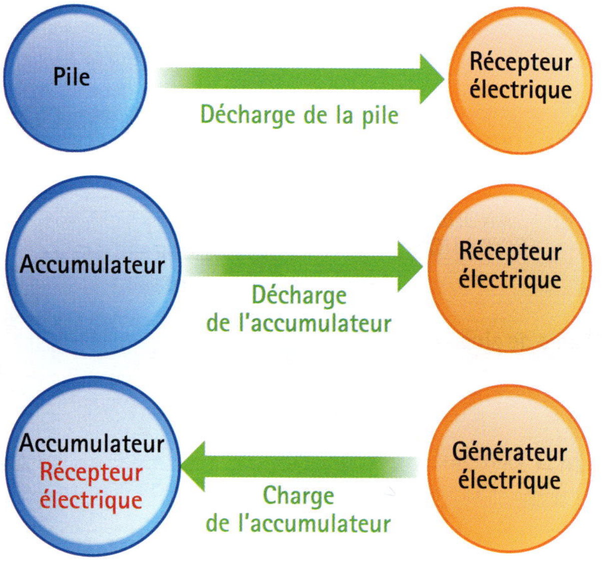


### b) Schéma équivalent d'une pile ou d'un accumulateur

La **tension aux bornes** d'une pile ou d'un accumulateur dépend de sa tension à vide, de l'intensité du courant débité et de sa résistance interne :

$U = E - r \cdot I$

$U$ : tension aux bornes de l'accumulateur ou de la pile en volts (V)
$E$ : tension à vide en volts (V)
$I$ : intensité du courant débité en ampères (A)
$r$ : résistance interne en ohms (Ω)

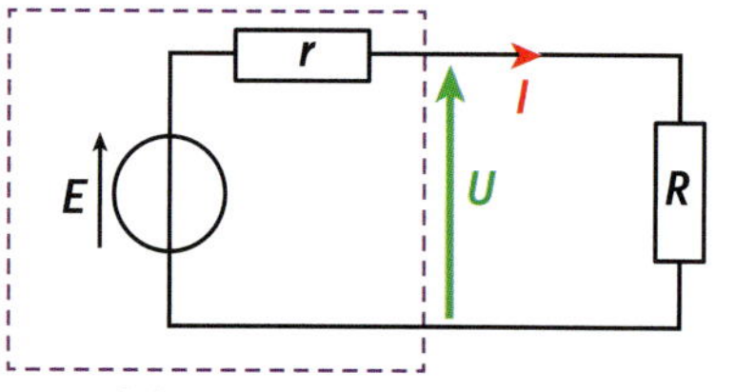


▲ *Schéma équivalent d'une pile.*

### c) Énergie disponible

Les fabricants indiquent généralement la **capacité d'une batterie** en A·h. C'est la quantité d'électricité disponible avant de devoir recharger la batterie.

1 A·h = 3 600 C

L'**énergie disponible** $W$ est déterminée par :

$W = Q \cdot E$

$W$ : énergie disponible en joules (J)
$Q$ : capacité (quantité d'électricité disponible) en coulombs (C)
$E$ : tension à vide en volts (V)

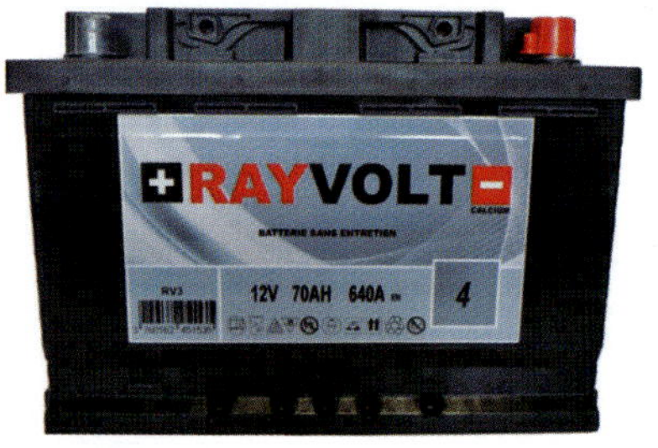


▲ *Batterie.*

**It's in English**

- Pile : *battery (or galvanic cell)*
- Accumulateur : *accumulator*
- Anode : *anode*
- Cathode : *cathode*
- Pont salin : *salt bridge*
- Capacité : *capacity*
- Batterie : *battery*
- Pile à combustible : *fuel cell*
- Transfert d'énergie : *energy transfer*

# L'essentiel

- **Les piles et les accumulateurs sont des générateurs électriques** qui fournissent un courant électrique grâce à des transformations chimiques.

- **Les piles et accumulateurs sont constitués de deux demi-piles** (deux compartiments) qui contiennent chacune un couple oxydant/réducteur.

- **Les deux couples oxydant/réducteur** ($Ox_1/Red_1$ et $Ox_2/Red_2$) échangent des électrons au travers du circuit électrique.

- **Les porteurs de charges sont :**
  - les électrons dans les solides (fils de connexion, électrodes...) ;
  - les ions (anions et cations) dans les solutions et les gels.

- **Dans le circuit extérieur, le courant électrique** délivré par une pile ou un accumulateur circule de la borne ⊕ à la borne ⊖.

- **La borne ⊕ (cathode)** de la pile, en contact avec l'oxydant, capte les électrons cédés par le réducteur.

  → *Exemple* : $Cu^{2+}(aq) + 2\,e^- \rightleftharpoons Cu(s)$.

- **La borne ⊖ (anode)** de la pile, en contact avec le réducteur, cède les électrons captés par l'oxydant.

  → *Exemple* : $Zn(s) \rightleftharpoons Zn^{2+}(aq) + 2\,e^-$.

- **Lors de la charge d'un accumulateur**, la borne ⊖ est la cathode, la borne ⊕ l'anode.

- **La constante de Faraday**, notée F, est le produit de la charge élémentaire e par la constante d'Avogadro $N_A$ :

$$F = e \cdot N_A = 9{,}65 \times 10^4\ C \cdot mol^{-1}$$

- **La quantité d'électricité disponible *Q*** dans une pile est la quantité maximale d'électrons pouvant circuler multipliée par un faraday :

$$Q = n_e \cdot F$$

$Q$ : quantité d'électricité disponible en coulombs (C)
$n_e$ : quantité d'électrons pouvant être échangée dans la pile en moles (mol)
F : constante de Faraday

- **La durée de fonctionnement $\Delta t$ d'une pile** est :

$$\Delta t = \frac{Q}{I}$$

$\Delta t$ : durée d'utilisation maximale théorique en secondes (s)
$Q$ : quantité d'électricité disponible en coulombs (C)
$I$ : intensité en ampères (A)

- **La tension aux bornes d'une pile ou d'un accumulateur** est :

$$U = E - r \cdot I$$

$U$ : tension aux bornes de l'accumulateur ou de la pile en volts (V)
$E$ : tension à vide en volts (V)
$I$ : intensité du courant débité en ampères (A)
$r$ : résistance interne en ohms (Ω)

- **L'énergie disponible *W* dans une pile ou un accumulateur** est :

$$W = Q \cdot E$$

$W$ : énergie disponible en joules (J)
$Q$ : capacité (quantité d'électricité disponible) en coulombs (C)
$E$ : tension à vide en volts (V)

- **Capacité d'une batterie en A·h :**

$$1\ A \cdot h = 3\,600\ A \cdot s = 3\,600\ C$$

- **Les accumulateurs sont des dispositifs réversibles.**

  En fonctionnement **générateur** (décharge), ils fournissent de l'énergie électrique à un récepteur.

  En fonctionnement **récepteur** (charge), ils reçoivent de l'énergie électrique d'un générateur.

Transport

# Histoire d'usages de piles...

Les piles et accumulateurs sont utilisés dans de très nombreux appareils (téléphones portables, appareils photo, calculatrices, ordinateurs, véhicules...). Ces usages ont été rendus possibles par le développement et le perfectionnement des piles et des accumulateurs depuis la « pile Daniell ».

| Dispositif électrochimique : pile ou accumulateur | Couples oxydant/réducteur mis en jeu<br>Équation de fonctionnement simplifiée | Exemple d'usage |
|---|---|---|
| L'accumulateur au plomb, inventé en 1859 par Gaston Planté, fournit une tension de 2,1 V. C'est le premier accumulateur rechargeable. Les batteries de 12 V sont destinées au démarrage des moteurs thermiques (à explosion). Ces batteries ont une énergie massique de 30 Wh/kg. | $Pb^{2+}(aq)/Pb(s)$ et $PbO_2(s)/Pb^{2+}(aq)$<br><br>$PbO_2(s) + Pb(s) + 4\,H^+(aq) \longrightarrow 2\,Pb^{2+}(aq) + 2\,H_2O(\ell)$ | ***Propulsion d'une voiture électrique***<br><br>La « jamais contente » propulsée par deux moteurs électriques est le premier véhicule à dépasser les 100 km/h en 1899. Son autonomie est de 80 km pour une batterie de 700 kg ! |
| Les piles « boutons » au mercure, produites à partir de 1952, sont les premières piles miniaturisées. | $Hg(OH)_2(s)/Hg(s)$ et $Zn(OH)_2(s)/Zn(s)$<br><br>$Zn(s) + Hg(OH)_2(s) \longrightarrow Hg(s) + Zn(OH)_2(s)$ | ***Montre-bracelet électrique***<br><br>L'*Électronic*, fabriquée par Lip, est la première montre-bracelet électrique. |
| Les batteries CdNi étanches, produites à partir des années 1980, ont permis le développement des appareils portatifs. Ces batteries ont une énergie massique de 50 Wh/kg. | $Cd(OH)_2(s)/Cd(s)$ et $NiO_2H(s)/Ni(OH)_2(s)$<br><br>$Cd(s) + 2\,NiO_2H(s) + 2\,H_2O(\ell) \longrightarrow Cd(OH)_2(s) + 2\,Ni(OH)_2(s)$ | ***Ordinateur portable***<br>Le « Papman » produit par Toshiba dès 1985 est le premier ordinateur portable autonome avec un poids de 3,9 kg et une autonomie de 8 heures. |
| Les batteries « lithium métal polymère » ont une énergie massique de 100 Wh/kg. | $Li^+/\ LiCoO_2$ et $Li^+/LiC_6$<br><br>$CoO_2 + LiC_6 \longrightarrow LiCoO_2 + 6\,C$ | ***Bluecar***<br>L'autonomie annoncée pour la Bluecar est de 250 km en parcours urbain. |

**Exploiter**

**1.** Identifier l'oxydant et le réducteur réagissant lors du fonctionnement de chaque pile ou accumulateur.

**2.** Indiquer ce qui différencie un accumulateur d'une pile.

**3.** Comparer l'énergie massique des batteries de la « jamais contente » et de la Bluecar.

**4.** Quelle précaution doit-on prendre avec les piles et les accumulateurs usagés ?

# Fonctionnement d'une pile à combustible

**Objectif :** produire du dihydrogène pour faire fonctionner une pile à combustible

## Dispositif expérimental

**Produit :** eau distillée

| Matériel | |
|---|---|
| – Cellule à hydrogène (pile à combustible) réversible et réservoirs de gaz (dihydrogène et dioxygène)<br>– Générateur fournissant une tension d'environ 2 V (pile, capteur solaire, générateur de laboratoire) | – Fils de connexion<br>– Petit moteur ou lampe basse tension<br>– Multimètre<br>– Chronomètre |

## Réaliser et observer

### Production du dihydrogène et du dioxygène par électrolyse

- Introduire de l'eau distillée du côté noté « $O_2$ » et attendre 2 min que la cellule soit hydratée.
- Relier la cellule à hydrogène aux réservoirs.
- Réaliser un circuit électrique avec en série le générateur électrique, un ampèremètre et l'électrolyseur (cellule à hydrogène).
- Faire circuler un courant durant 5 min et noter sa valeur, puis débrancher le générateur. Observer les volumes de gaz formés.

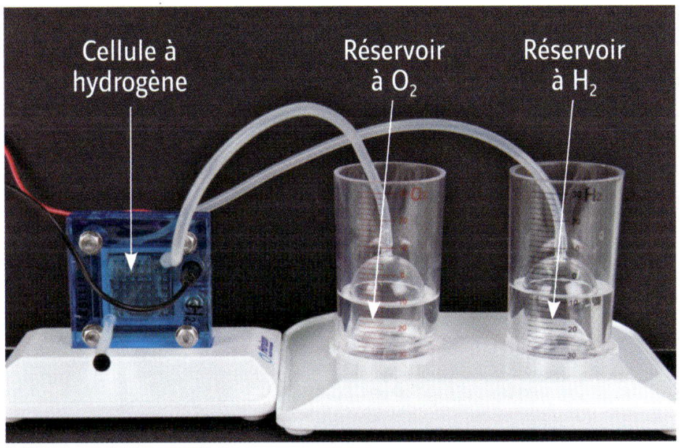

▲ *Production du dihydrogène et du dioxygène.*

### Utilisation de la pile à hydrogène

- Mesurer la tension aux bornes de la pile à combustible et noter sa polarité (borne positive et négative).
- Relier la pile à combustible au moteur ou à la lampe.

▲ *Voiture à hydrogène.*

### Exploiter

**1.** Quels sont les réactifs consommés et les produits formés lors de la production du combustible ? Indiquer les couples mis en jeu et écrire l'équation de fonctionnement de la cellule lors de cette phase.

**2.** En déduire l'équation de la transformation lors de l'utilisation de la pile. Pourquoi peut-on dire que le produit de la combustion du dihydrogène est non polluant ?

**3.** Utiliser le résultat précédent pour justifier la polarité de la pile.

**4.** Lors de quelle étape la cellule joue-t-elle le rôle de récepteur électrique ? Et le rôle de générateur électrique ?

**5.** Estimer la quantité d'électricité qui a circulé lors de la production du combustible. En déduire la quantité d'électrons échangée et les quantités de produits formées. Les volumes de gaz formés sont-ils identiques ?

**6.** Proposer une valeur pour l'énergie qui peut être produite par la pile après une charge de 10 min.

Transport

# S'entraîner

## Testez vos connaissances

*Cochez la ou les réponses exactes.*

**1** **On peut caractériser une pile par :**

☐ **a)** la tension à ses bornes
☐ **b)** la technologie employée
☐ **c)** sa couleur

**2** **Les piles et les accumulateurs sont le siège de réactions :**

☐ **a)** de précipitation
☐ **b)** acide-base
☐ **c)** d'oxydoréduction

**3** **Un accumulateur peut fonctionner comme :**

☐ **a)** récepteur électrique
☐ **b)** générateur électrique
☐ **c)** transformateur électrique

**4** **La borne positive d'une pile est en contact avec un oxydant qui, lorsque la pile fonctionne :**

☐ **a)** capte des électrons issus du circuit électrique
☐ **b)** cède des électrons issus du circuit électrique
☐ **c)** capte des électrons issus du pont salin

**5** **Les porteurs de charges sont :**

☐ **a)** des électrons dans les solutions
☐ **b)** des électrons dans les fils de connexion
☐ **c)** des ions dans les solutions

**6** **Une pile fournit une quantité maximale d'électrons $n_e$. Sa capacité $Q$ :**

☐ **a)** s'exprime en coulombs
☐ **b)** est égale à $\frac{n_e}{F}$
☐ **c)** est égale à $n_e F$

**7** **Lorsque l'un des réactifs est épuisé :**

☐ **a)** une pile ne peut plus être utilisée, il faut la recycler
☐ **b)** un accumulateur ne peut plus être utilisé, il faut le recycler
☐ **c)** un accumulateur peut être rechargé

**8** **Lors de sa recharge, un accumulateur :**

☐ **a)** reçoit de l'énergie
☐ **b)** joue le rôle d'un récepteur électrique
☐ **c)** fournit de l'énergie

**9** **Une pile de tension à vide 1,5 V et de résistance interne 0,5 Ω débite un courant de 1 A. La tension $U$ à ses bornes vaut :**

☐ **a)** 2 V
☐ **b)** 1 V
☐ **c)** 1,5 V

**10** **Un accumulateur de capacité $Q$ = 5 A·h peut débiter un courant de 1 A pendant :**

☐ **a)** 5 h
☐ **b)** 1 h
☐ **c)** 300 min

**11** **Pour un accumulateur, la cathode est :**

☐ **a)** toujours la borne ⊕
☐ **b)** la borne ⊕ lors de la décharge
☐ **c)** toujours l'électrode à laquelle on observe une réduction

► **Corrigés p. 268**

# Comment résoudre un exercice

## ÉNONCÉ Pile zinc-air pour appareil auditif

La pile « zinc-air » est une pile bon marché utilisée pour les prothèses auditives et qui possède une énergie massique élevée. La réaction de fonctionnement de la pile correspond à l'oxydation du zinc, par le dioxygène de l'air, en oxyde de zinc :

$$2\,Zn(s) + O_2(g) \longrightarrow 2\,ZnO(s)$$

Une pile utilisée pour un appareil auditif a les caractéristiques suivantes :

*Tension* : 1,4 V ; *Capacité* : 105 mA·h

La masse de zinc utile représente 60 % de la masse de la pile. On cherche à déterminer la quantité de zinc contenue dans la pile.

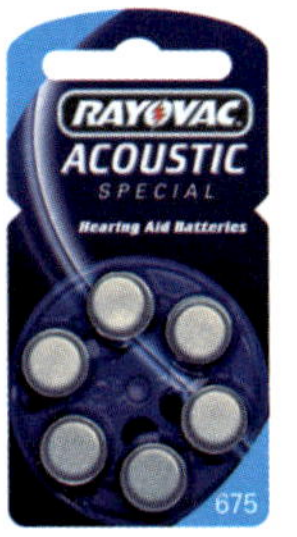


**1.** La valeur de l'intensité du courant circulant dans l'appareil auditif lors du fonctionnement est de 1,5 mA. Calculer la durée de fonctionnement de la pile. Indiquer au bout de combien de jours il faudra changer la pile. **Méthode 1 ▸**

**2.** Calculer la quantité totale d'électrons échangée $n_e$. Indiquer pourquoi on peut affirmer que le zinc est le réactif limitant.

**3.** Le couple du zinc est ZnO/Zn. L'équation avec un électrolyte basique est :

$$2\,HO^-(aq) + Zn(s) \rightleftharpoons ZnO(s) + H_2O(l) + 2\,e^-$$

Préciser quel est le réducteur. **Méthode 2 ▸**

**4.** Calculer la quantité de zinc consommée. Connaissant la masse molaire du zinc ($M_{(Zn)} = 65{,}4\ g\cdot mol^{-1}$), en déduire la masse $m$ de la pile. **Méthode 3 ▸**

**5.** Calculer l'énergie massique de cette pile.

*Donnée* : $F = e\cdot N_A = 9{,}65 \times 10^4\ C\cdot mol^{-1}$.

**Méthode 1**
La durée de fonctionnement est le quotient de la capacité de la pile (charge maximale pouvant circuler) par la valeur du courant : $\Delta t = \frac{Q}{I}$.

**Méthode 2**
L'oxydant est du côté des électrons dans une équation électronique. Un couple est toujours donné dans l'ordre oxydant/réducteur.

**Méthode 3**
On dresse un tableau d'avancement pour l'équation liant l'espèce limitante (ici le Zn(s) ) et les électrons échangés.

## SOLUTION

**1.** On obtient $\Delta t = \frac{Q}{I} = \frac{105}{1{,}5} = 70$ h. Si l'on tient compte de la durée de fonctionnement par jour (environ 16 h pour 8 h de sommeil), on devra changer la pile durant le 5^e^ jour (4,3 jours de fonctionnement). **Conseil 1 ▸**

**2.** La quantité d'électrons échangée est : $n_e = \frac{Q}{(e\cdot N_A)}$. On obtient :
$n_e = 3{,}9 \times 10^{-3}$ mol. **Conseil 1 ▸**.
Le dioxygène de l'air est en quantité « illimitée », le réactif limitant est donc le zinc.

**3.** Le réducteur est le zinc (Zn) : il cède ses électrons.

**4.**

| | $2\,HO^-(aq)$ + | $Zn(s)$ ⇌ | $ZnO(s)$ + | $H_2O(l)$ + | $2\,e^-$ |
|---|---|---|---|---|---|
| | $n$ (en mol) + | $n$ (en mol) ⇌ | $n$ (en mol) + | $n$ (en mol) + | $n$ (en mol) |
| État initial | Excès | $n^i_{Zn}$ | 0 | Solvant | 0 |
| État au cours de la transformation $x$ | / | $n^i_{Zn} - x$ | $x$ | / | $2\,x$ |
| État final $x_{max}$ | / | $n^i_{Zn} - x_{max}$ | $x_{max}$ | / | $2\,x_{max}$ |

D'après le tableau d'avancement, la quantité de zinc consommée est :
$x_{max} = n_{(Zn)i} = \frac{n_e}{2}$, soit $2{,}0 \times 10^{-3}$ mol.
La masse correspondante est : $m_{(Zn)} = M_{(Zn)}\cdot n_{(Zn)i} = 0{,}13\ g\cdot mol^{-1}$. Cela représente 60 % de la masse totale de la pile, donc $m = 0{,}21$ g.

**5.** On détermine l'énergie contenue dans la pile, produit de la charge et de la tension : $E = 530$ J. L'énergie massique correspondante est de 2,5 kJ/g. **Conseil 1 ▸**

**Conseil 1**
Attention, les unités doivent être compatibles.

Transport

# S'entraîner

Exercice avec résultat (page 268)

## Applications directes du cours

### 12 Piles et transformation

Les piles et les accumulateurs contiennent des espèces chimiques susceptibles de déclencher une transformation chimique.

**1.** Préciser de quel type de transformation il s'agit. Justifier.

**2.** Indiquer pourquoi cette transformation n'a pas lieu lorsque la pile n'est pas en fonctionnement.

### 13 Le sens du courant est :

☐ **a)** de la borne + à la borne – à l'extérieur de la pile

☐ **b)** de la borne – à la borne + à l'intérieur de la pile

☐ **c)** le même que le sens de circulation des électrons

### 14 Le pont salin :

☐ **a)** permet la circulation du courant dans la pile

☐ **b)** assure l'électroneutralité dans les deux compartiments de la pile

☐ **c)** permet la circulation des électrons entre les couples oxydant/réducteur

### 15 Générateurs électriques

La tension aux bornes d'une pile est donnée par la relation $U = E - r \cdot I$.

**1.** Dessiner le schéma équivalent associé à cette relation.

**2.** Calculer la tension $U$ aux bornes d'une pile de tension à vide $E = 1{,}5$ V, de résistance interne $r = 0{,}12\ \Omega$ et débitant un courant de 75 mA.

### 16 Pile de luxe : zinc-argent

Une pile zinc-argent est branchée en série avec une résistance $R = 8{,}1\ \Omega$ et un ampèremètre qui indique $I = -185$ mA.

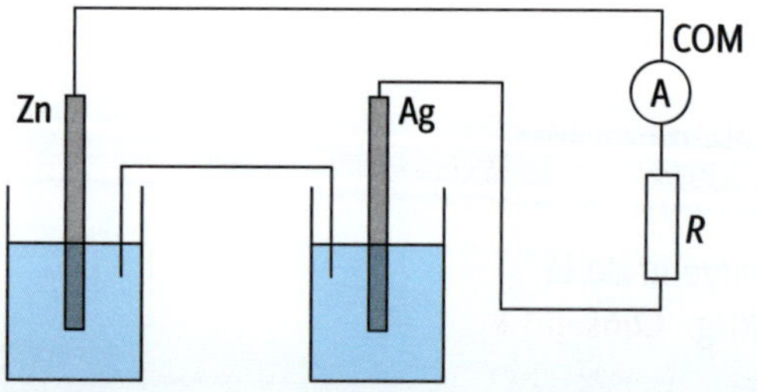


**1.** Préciser le sens du courant électrique dans la résistance.

**2.** Indiquer le pôle positif et le pôle négatif de la pile.

**3.** Calculer la tension $U$ à ses bornes.

**4.** Les couples mis en jeu sont $Ag^+(aq)/Ag(s)$ et $Zn^{2+}(aq)/Zn(s)$. Écrire les équations des réactions se produisant aux électrodes.

**5.** En déduire l'équation de fonctionnement de la pile.

### 17 Plantes vertes et accumulateurs

Les plantes vertes (chlorophylliennes) stockent de l'énergie chimique grâce à la photosynthèse : elles produisent alors des sucres. Elles consomment ces sucres, qui sont oxydés lors du processus de respiration, lorsqu'elles ont besoin d'énergie pour leur métabolisme.

**1.** Indiquer la source d'énergie qui permet à ces plantes de stocker de l'énergie chimique.

**2.** Identifier les phases (photosynthèse ou respiration) qui correspondent à la charge et à la décharge pour un accumulateur.

### 18 Radio saline ou alcaline ?

Une pile saline a une capacité $Q_s = 750$ mA·h et une pile alcaline une capacité $Q_a = 1\,900$ mA·h.

Combien de temps peut-on faire fonctionner un poste de radio qui nécessite un courant d'intensité 2,5 mA si l'on utilise une pile saline ou une pile alcaline ?

### 19 Choisir un accumulateur

En dehors des dimensions, qui sont un critère primordial pour l'utilisation d'un accumulateur, les caractéristiques principales sont :

- la tension à vide ;
- l'énergie massique en Wh/kg ;

- la résistance interne. Un accumulateur de faible résistance interne pourra débiter un courant d'intensité importante ;
- le rendement énergétique (rapport entre l'énergie fournie à la décharge et celle qu'il a absorbée lors de sa charge) ;
- la « résistance de fuite », qui est la cause de la lente décharge des accumulateurs lorsqu'ils ne sont pas employés.

Proposer un ou des critère(s) déterminant(s) pour chacune des applications suivantes :
- démarrage d'un moteur à explosion (forte intensité) ;
- utilisation occasionnelle ;
- montre ;
- utilisation intensive et stockage de grandes quantités d'énergie (véhicule électrique) ;
- téléphone portable.

## Exercices d'entraînement

### 20 Quelques caractéristiques d'une pile saline « Leclanché »

Format : LR20
Énergie volumique : 0,4 kJ·cm$^{-3}$
Pôle + (cathode) : couple $MnO_2$(s)/$MnO_2H$(s)
Pôle – (anode) : couple $Zn^{2+}$(aq)/Zn(s)
Électrolyte acide gélifié
Masse : 92 g
Tension à vide : 1,5 V
Volume : 66 cm$^3$

**1.** Écrire les équations d'oxydoréduction qui ont lieu aux électrodes.

**2.** En déduire l'équation de fonctionnement de la pile.

**3.** Calculer la quantité d'énergie $W$ disponible lorsque la pile est neuve.

**4.** En déduire la capacité $Q$ de cette pile.

**5.** Indiquer l'avantage de cette pile « sèche » par rapport aux premières piles.

### 21 Pourra-t-on repartir en voiture ?

Après un long trajet, la voiture stationne pour une journée, mais les quatre feux de position sont restés allumés. La batterie de la voiture débite alors un courant $I = 1{,}72$ A.

La batterie possède les caractéristiques suivantes :
- tension à vide : $E = 12{,}4$ V ;
- résistance interne : $r = 35$ mΩ ;
- capacité : 40 A·h.

**1.** Pourquoi la batterie est-elle totalement chargée après un long trajet ?

**2.** Calculer la tension $U$ aux bornes de la batterie lorsqu'elle alimente les feux de position.

**3.** Calculer la valeur de l'énergie $W$ fournie par la batterie en 24 h.

**4.** Le conducteur pourra-t-il démarrer à son retour ?

### 22 La pile est usée…

On veut étudier le fonctionnement d'une pile utilisant les couples $Al^{3+}$(aq)/Al(s) et $Zn^{2+}$/Zn(s). L'équation de la réaction de fonctionnement de la pile est :

$$2\,Al(s) + 3\,Zn^{2+}(aq) \longrightarrow 2\,Al^{3+}(aq) + 3\,Zn(s)$$

On réalise la pile en versant 100 mL d'une solution de sulfate de zinc de concentration 0,5 mol·L$^{-1}$ dans un bécher contenant une plaque de zinc et 100 mL d'une solution de sulfate d'aluminium de concentration 0,5 mol·L$^{-1}$ dans un bécher contenant une plaque d'aluminium. Les deux béchers sont reliés par un pont salin (nitrate d'ammonium).

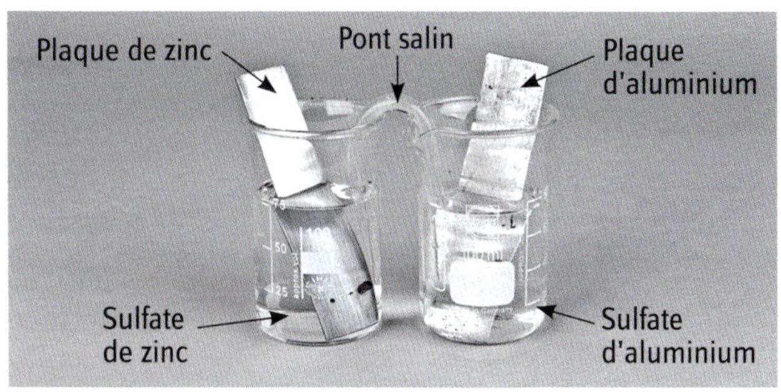


**1.** Rappeler le rôle du pont salin.

**2.** Déterminer le réactif limitant de la transformation étudiée (on pourra s'aider d'un tableau d'avancement).

**3.** Écrire les équations aux électrodes lorsque la pile débite. En déduire la capacité de cette pile.

**4.** La tension aux bornes de la pile est de 0,9 V. En déduire la quantité d'énergie disponible.

**5.** Indiquer la durée maximale de fonctionnement d'une telle pile si elle débite un courant de 10 mA.

### 23 Surveiller la charge d'un accumulateur

Pour éviter la surcharge d'un accumulateur Ni-Cd (tension à vide 1,2 V), on contrôle la tension lors de sa charge. Une première méthode consiste à arrêter la charge lorsque l'on a atteint la valeur maximale de 1,4 V aux bornes de l'accumulateur. La seconde consiste à arrêter la charge lorsque la tension commence à chuter d'environ 15 mV aux bornes de l'accumulateur après avoir atteint la valeur maximale.

Exercice avec résultat (page 268)

On dispose d'un multimètre ayant une précision absolue égale à 0,8 % du calibre choisi. Les calibres sont 200 V, 20 V, 2 V et 200 mV.

**1.** Il existe sur le multimètre deux fonctions pour mesurer des tensions (tension continue et tension alternative), préciser celle qui est adaptée.

**2.** Indiquer le calibre choisi pour mesurer la tension à vide $E$ de cet accumulateur.

**3.** Le voltmètre indique 1 238 mV. Calculer la valeur de l'incertitude de mesure $\delta E$ et écrire le résultat en utilisant deux chiffres significatifs pour l'incertitude.

**4.** Peut-on choisir le calibre 200 mV pour mesurer la chute de tension en fin de charge ?

**5.** On choisit le calibre 2,0 V pour mesurer la chute de tension d'environ 15 mV. Calculer l'incertitude relative sur cette mesure.

### 24 Une voiture hybride

Une technologie hybride consiste principalement à récupérer l'énergie générée lors du freinage et à la stocker dans une batterie, puis à la récupérer pour alimenter un moteur électrique.

**1.** Indiquer la phase durant laquelle la batterie fonctionne comme un générateur. Utiliser la notion de transfert sous forme électrique et indiquer le récepteur électrique.

**2.** Mêmes questions lorsque la batterie fonctionne comme récepteur électrique.

**3.** Indiquer, en justifiant, si cette voiture hybride est plus rentable pour des parcours sur autoroute ou en ville.

**4.** Les voitures hybrides utilisent souvent des batteries nickel-hydrure métallique. L'équation de fonctionnement lors de la décharge est :

$$Ni(OH)_2 + M \longrightarrow NiO_2H + MH$$

Indiquer l'équation de fonctionnement lors de la charge.

**5.** Les couples mis en jeu dans la batterie sont $NiO_2H/Ni(OH)_2$ (électrode positive) et M/MH (électrode négative).

Écrire les équations aux électrodes, en tenant compte du caractère basique de l'électrolyte, et retrouver l'équation globale de fonctionnement lors de la décharge.

### 25 OBJECTIF BAC Stockage du « combustible » dans un véhicule électrique

Un véhicule ayant des caractéristiques (charge utile, vitesse) usuelles consomme environ 0,5 kg de dihydrogène pour parcourir 100 km.

La pile qui transfère de l'énergie au moteur électrique est constituée de deux électrodes alimentées de façon continue : l'une en dihydrogène, l'autre en dioxygène. Les couples d'oxydoréduction mis en jeu dans la réaction sont $H^+(aq)/H_2(g)$ et $O_2(g)/H_2O(\ell)$.

**1.** Écrire les demi-équations électroniques pour chaque couple mis en jeu, quand la pile débite. En déduire l'équation de la réaction modélisant la transformation ayant lieu lors du fonctionnement de la pile.

**2.** Indiquer si le produit formé est polluant.

**3.** Préciser la nature des porteurs de charges à l'extérieur de la pile.

**4.** Le « combustible » est le réactif oxydé dans la pile. Identifier cette espèce.

**5.** Indiquer pourquoi il est inutile de transporter le second réactif.

**6.** Indiquer la quantité de matière de dihydrogène nécessaire pour parcourir 100 km avec ce véhicule.

**7.** En déduire la quantité de matière $n_{e^-}$ des porteurs de charges ayant circulé dans le moteur électrique pour parcourir cette distance.

**8.** Dans les conditions usuelles de température et de pression, le volume molaire est égal à 24 $L \cdot mol^{-1}$. En déduire le volume de dihydrogène nécessaire pour parcourir 100 km. Un réservoir de ce type vous paraît-il réalisable ?

**9.** Proposer une solution pour améliorer le stockage du combustible.

### 26 It's in English

The chemical reaction that occurs in a galvanic cell is as follows:

$$2\ Al(s) + 3\ Zn^{2+}(aq) \longrightarrow 2\ Al^{3+}(aq) + 3\ Zn(s)$$

**1.** Give the two redox pairs involved in this reaction.

**2.** Write the redox reactions that occur at each electrode.

CHAPITRE 12

# Les matériaux dans les transports

Les véhicules sont aujourd'hui fabriqués avec des matériaux divers et variés pour satisfaire les différentes contraintes mécaniques, thermiques et de vieillissement.

→ **Quels sont les principaux matériaux utilisés dans les véhicules ? Comment sont classées les différentes familles de matériaux ?**

**Capacités**

- Distinguer différentes familles de matériaux.
- Choisir un matériau d'après ses propriétés physico-chimiques.
- Mettre en évidence les facteurs agissant sur la corrosion des métaux.
- Mettre en évidence les facteurs agissant sur le vieillissement des matériaux.
- Prévoir la protection des matériaux.

# Découvrir

Activité documentaire

## 1 Les matériaux présents dans les véhicules

**• *Les matériaux des vélos électriques***

L'essor des vélos électriques a amené les constructeurs à choisir des matériaux adaptés aux contraintes de résistance mécanique, de poids, d'autonomie et de corrosion.

Ainsi, ils utilisent couramment des cadres en alliage d'aluminium anodisé, des fourches et tubes de selle en carbone. Les batteries les plus utilisées sont nickel-cadmium, ou lithium-ion en fonction du poids et de l'autonomie recherchés.

**• *Les métaux présents dans les voitures hybrides***

Une voiture est composée en grande majorité de métaux sous formes d'alliages : les aciers et les fontes.

Pour la réalisation de véhicules hybrides, on utilise aussi des métaux appartenant à la sous-famille des terres rares : le lanthane (La) est ainsi utilisé pour les batteries de type Ni-MH (Nickel hydrure métallique).

**• *D'autres matériaux utilisés dans les véhicules***

Les surfaces transparentes (pare-brise, vitres...) sont réalisées à partir de verres (feuilletés ou trempés) ou de polycarbonates. Les sièges et aménagements intérieurs sont en plastiques qui résistent bien à la corrosion tels que : PVC, polypropylène, polyéthylène téréphtalique, polyols... Certains sont en partie recyclés, ou issus de matières naturelles (céréales, cellulose de bois...). Ils peuvent être combinés à des fibres naturelles telles que le lin, le bois...

**Exploiter**

1. Citer les différents métaux présents dans le texte.
2. Quelles sont les principales applications des matériaux non métalliques ?
3. Pourquoi les utilise-t-on de plus en plus dans la fabrication des véhicules ?
4. Pourquoi les batteries au plomb ne sont-elles plus utilisées pour les vélos électriques ?

**Quels sont les principaux matériaux utilisés dans les véhicules ?**

2 *Activité expérimentale*

## Comment réagissent les métaux et les plastiques face aux attaques des acides et des UV ?

Les métaux et les matières plastiques peuvent subir des attaques dues aux acides ou aux rayons UV.

**Blouse, gants et lunettes de protection**

### Dispositif expérimental

- Solution d'acide chlorhydrique ($H^+ + Cl^-$) de concentration molaire $C = 4{,}0$ mol·L$^{-1}$.
- Batterie de tubes à essai munis de leur support.
- Métaux en poudre ou en tournure (fer, aluminium, magnésium...).
- Copeaux de matière plastique (PVC, PPMA, PE...).
- Boîte d'allumettes.
- Spatule métallique et pince en bois.

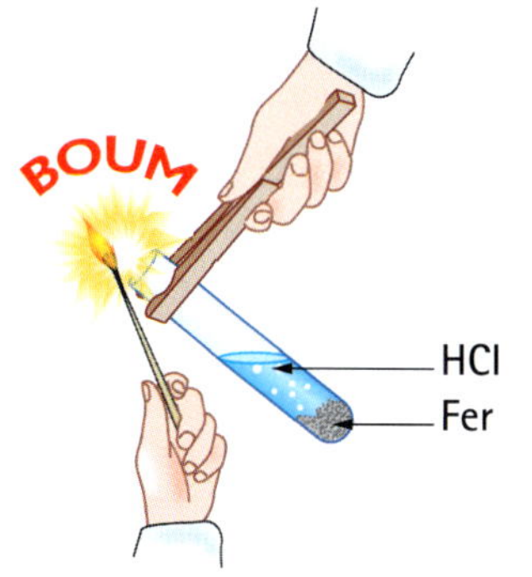


### Réaliser et observer

- Introduire une spatule de l'un des métaux (ou plastiques) dans un tube.
- Placer environ 3 cm$^3$ d'acide dans chaque tube à essai.
- S'il se produit un dégagement gazeux, attendre que ce dernier soit suffisamment abondant, puis présenter une allumette enflammée à l'extrémité du tube.

**ACIDE CHLORHYDRIQUE (⩾ 25 %)**

**DANGER**

H 314 – Provoque des brûlures de la peau et des lésions oculaires

H 335 – Peut irriter les voies respiratoires

### Exploiter

1. L'ion chlorure est inerte au cours de ces réactions. Quel est l'ion qui réagit dans l'acide chlorhydrique ?
2. Écrire les demi-équations d'oxydoréduction des couples suivants : $H^+/H_2$ ; $Fe^{2+}/Fe$ ; $Al^{3+}/Al$ ; $Mg^{2+}/Mg$
3. Quel est le gaz qui se dégage quand il y a réaction ?
4. Écrire les équations d'oxydoréduction correspondant aux réactions qui se sont produites.

3 *Démarche d'investigation*

## Quelle est l'action du rayonnement UV sur les matériaux métalliques et plastiques ?

On dispose de lames métalliques (fer, aluminium, zinc...), de lames en plastique (PVC, polyméthacrylate de méthyle...) et d'une lampe UV ($\lambda = 254$ nm, prévoir au moins 48 h pour obtenir des résultats significatifs).

### Travail à réaliser

1. Proposer un protocole expérimental pour répondre à la question posée.
2. À partir des observations effectuées, répondre à la question posée en rédigeant un compte rendu.

# Cours

## 1 Familles de matériaux

### a) Classement des matériaux

**• Les matériaux métalliques**

Ce sont les métaux ou les alliages de métaux.

**• Les matériaux organiques**

Ils contiennent essentiellement du carbone : bois, coton, carton, plastiques, caoutchouc, cuir...

**• Les matériaux minéraux**

On trouve les céramiques, les verres...

**• Les matériaux composites**

Assemblages d'au moins deux matériaux qui ne se mélangent pas : fibres de verre, fibres de carbone, contreplaqué, Kevlar...

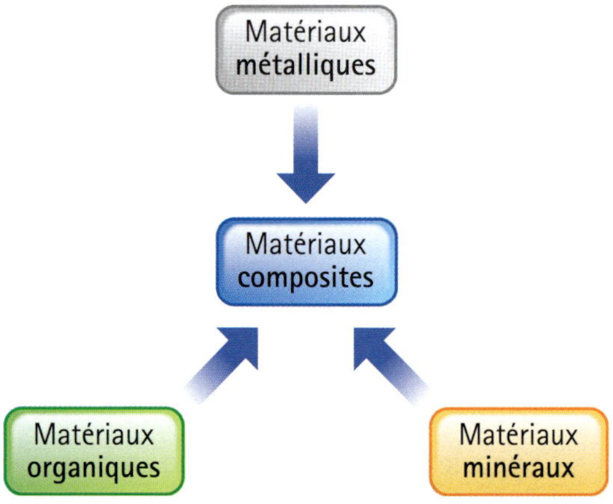


▲ *Familles de matériaux.*

### b) Propriétés physico-chimiques des matériaux

**• Les matériaux métalliques**

Ils sont généralement utilisés sous forme d'alliages, c'est-à-dire en les mélangeant à d'autres métaux, à du carbone, etc. afin d'accroître leurs propriétés mécaniques et/ou leur résistance à la corrosion.

**• Les matériaux organiques**

Utilisés principalement sous forme de plastique (PVC, PE...), ils ne s'oxydent pas, et leur faible densité est un avantage pour leur utilisation dans les véhicules. Leur mise en œuvre, l'emploi d'adjuvants et le tissage permettent de nombreuses variations possibles de leurs propriétés.

**• Les matériaux minéraux**

Les verres sont traités par trempe (baisse rapide de la température) afin d'accroître leur résistance mécanique. Les céramiques sont très utilisées, car ce sont de très bons isolants électriques. Elles résistent bien aux chocs thermiques.

▲ *La coque, matériau métallique très résistant, peut toutefois s'oxyder.*

| Famille de matériaux | Aspect | Conducteur électrique | Conducteur thermique | Résistance mécanique | Oxydation |
|---|---|---|---|---|---|
| Métalliques (fer, cuivre, aluminium...) | Brillant | Bon | Bon | Bonne | S'oxydent |
| Organiques (bois, coton, plastiques...) | Mat, brillant, transparent | Mauvais | Mauvais | Très variable | Certains plastiques s'oxydent |
| Minéraux (céramiques, verres...) | Transparent pour le verre | Isolant | Moyen | Mauvaise | Ne s'oxydent pas |

## 2 Vieillissement et corrosion des matériaux

### a) Contraintes mécaniques

Lorsqu'on applique une contrainte mécanique statique de traction de valeur $R_M$ (en Pa), le matériau se casse : c'est la **rupture**.

Dans le cas où l'on applique une contrainte cyclique évoluant en fonction du temps, la rupture du matériau apparaît pour une contrainte mécanique plus faible $R_F$ : c'est le **phénomène de fatigue**.

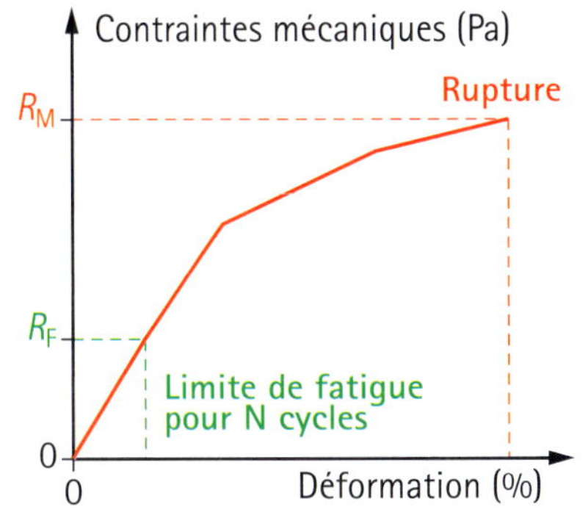


▲ *Diagramme contrainte-déformation.*

### b) Contraintes thermiques

Les **phénomènes de dilatation** dus aux changements de température entraînent des actions mécaniques qui peuvent engendrer des fissures, voire la rupture du matériau.

Les contraintes thermiques qui évoluent en fonction du temps font apparaître le phénomène de fatigue ; cela réduit l'amplitude thermique utilisable.

### c) Vieillissement dû au rayonnement

Le rayonnement solaire et particulièrement ses composantes UV (6 % de l'intensité du spectre) entraînent des **réactions chimiques** qui vieillissent les plastiques, et altèrent les couleurs des peintures...

De plus, l'absorption du rayonnement solaire élève la température du matériau, entraînant des **contraintes thermiques** (dilatation).

### d) Corrosion

- La corrosion est une **oxydation** qui se produit principalement sur les métaux : pour le fer par exemple, elle entraîne la formation de rouille.

La **corrosion d'un métal** est la transformation du métal en ions par perte d'électrons : **M = M**$^{n+}$ **+** $ne^-$. Elle correspond à la formation d'une demi-pile.

- L'**échelle électrochimique** permet de prévoir les réactions de corrosion possibles : un oxydant ne peut corroder que les métaux situés en dessous de lui sur cette échelle.

→ *Exemple :*

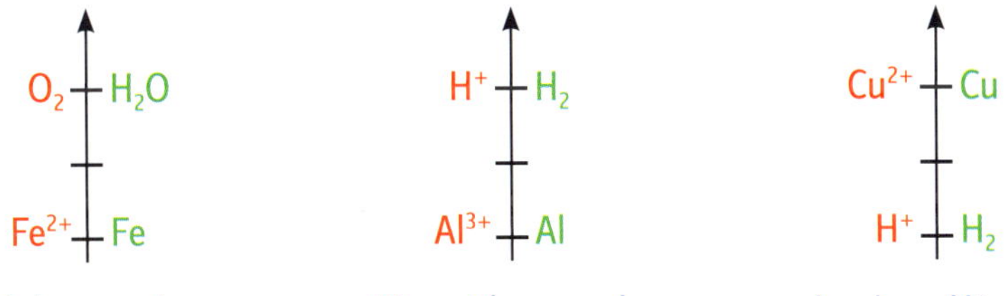


L'air corrode le fer. Il contient du dioxygène qui est un oxydant.

Un acide corrode l'aluminium. Il contient des ions $H^+$.

Les ions $H^+$ ne corrodent pas le cuivre.

Pouvoir oxydant croissant (↑)

| Couple rédox |
|---|
| $Au^{3+}/Au$ |
| $O_{2(g)}/H_2O$ |
| $Cu^{2+}/Cu$ |
| $H^+_{(aq)}/H_{2(g)}$ |
| $Fe^{2+}/Fe$ |
| $Cr^{3+}/Cr$ |
| $Zn^{2+}/Zn$ |
| $Al^{3+}/Al$ |
| $Mg^{2+}/Mg$ |

Pouvoir réducteur croissant (↓)

▲ *Échelle électrochimique.*

## 3 Protections contre la corrosion des métaux

### a) Protection physique

Une couche (de peinture, de plastique, de céramique...) non poreuse et isolante électriquement protège les métaux de la corrosion.

Cette couche est étanche aux gaz et a pour rôle de créer une barrière électrique entre le métal et le milieu environnant.

▲ *Les canalisations et la pompe sont protégées par de la peinture.*

### b) Passivation et anodisation

La **passivation** et l'**anodisation** permettent de réaliser une couche d'oxyde qui protège le métal de la corrosion.

Certains oxydes de métaux sont non poreux, et sont des isolants électriques. Ils protègent le métal contre la corrosion en profondeur. Pour protéger les pièces métalliques, on réalise une oxydation de leur surface. Cette opération s'appelle :
- la passivation pour les aciers, le zinc, le titane, le chrome ;
- l'anodisation, principalement pour l'aluminium.

### c) Protection par dépôt métallique

On dépose sur le métal à protéger une couche d'un autre métal résistant mieux à la corrosion.

Le dépôt métallique de protection subit généralement un traitement anticorrosion : passivation, chromage...
Voici quelques procédés courants :
- l'électrozingage (dépôt de zinc par électrolyse) ; la couche de zinc est ensuite passivée ;
- le nickelage électrolytique...

▲ *Remorque an acier électrozingué.*

### d) Protection cathodique par anode sacrificielle

La protection cathodique par anode sacrificielle consiste à connecter électriquement le métal à protéger (cathode) avec un autre métal (anode) situé en dessous dans l'échelle électrochimique.

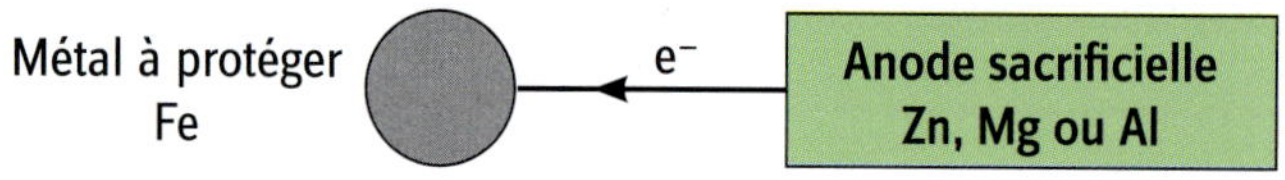


L'anode est consommée par corrosion et doit être périodiquement renouvelée.

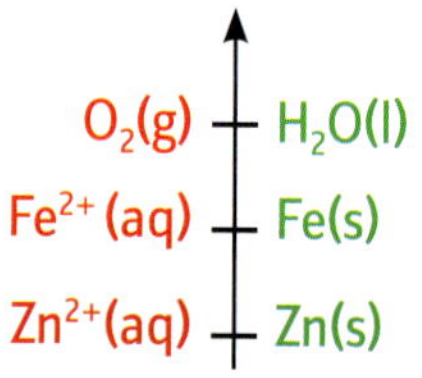


▲ *En connectant un morceau de zinc à du fer, c'est le zinc qui s'oxyde. Le fer reste immunisé de la corrosion tant qu'il reste du zinc.*

**It's in English**

- Famille de matériaux : *group of materials*
- Matériau métallique : *metallic material*
- Matériau organique : *organic material*
- Matériau minéral : *mineral material*
- Contrainte mécanique : *Mechanical stress*
- Contrainte thermique : *thermal stress*
- Corrosion : *corrosion*

# L'essentiel

| Famille de matériaux | Aspect | Conducteur électrique | Conducteur thermique | Résistance mécanique | Oxydation |
|---|---|---|---|---|---|
| Métalliques (fer, cuivre, aluminium...) | Brillant | Bon | Bon | Bonne | S'oxydent |
| Organiques (bois, coton, plastiques...) | Mat, brillant, transparent | Mauvais | Mauvais | Très variable | Certains plastiques s'oxydent |
| Minéraux (céramiques, verres...) | Transparent pour le verre | Isolant | Moyen | Mauvaise | Ne s'oxydent pas |

- **Les matériaux composites** sont des assemblages d'au moins deux matériaux qui ne se mélangent pas : fibre de verre, Kevlar...

- **Les contraintes mécaniques** peuvent provoquer la rupture du matériau. Si celui-ci est soumis à des cycles de contrainte, le phénomène de fatigue provoque la rupture du matériau plus facilement.

- **Les contraintes thermiques** entraînent des phénomènes de dilatation qui peuvent engendrer des fissures, voire la rupture du matériau.

- **Le vieillissement dû au rayonnement solaire (UV)** entraîne des réactions chimiques qui modifient les plastiques, les couleurs des peintures... L'absorption du rayonnement solaire peut engendrer des contraintes thermiques dans les matériaux.

- **La corrosion d'un métal** est la transformation du métal en ions par perte d'électrons :

$$M = M^{n+} + ne^-$$

La corrosion d'un métal correspond à la formation d'une demi-pile.

Un oxydant ne peut corroder que les métaux situés en dessous de lui sur l'échelle électrochimique.

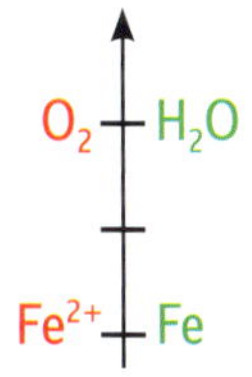


L'oxygène de l'air provoque par exemple l'oxydation du fer, entraînant la formation de rouille.

- **Protection physique** : une couche (de peinture, de plastique, de céramique...) non poreuse et isolante électriquement protège les métaux de la corrosion.

- **Protection par passivation et anodisation** : quand elles sont possibles, ces opérations permettent de réaliser une couche d'oxyde qui protège le métal de la corrosion.

- **Protection par dépôt métallique** : on dépose sur le métal à protéger une couche d'un autre métal résistant mieux à la corrosion.

- **Protection cathodique par anode sacrificielle** : on connecte électriquement le métal à protéger (cathode) avec un autre métal (anode) qui s'oxyde plus facilement.

# Comment tester un matériau ? Quels facteurs prendre en compte ?

• ***Les tests de corrosion***

Les métaux peuvent être corrodés (oxydés) en fonction de l'environnement physico-chimique. Il existe des moyens d'accélérer la vitesse de corrosion, ce qui permet de diminuer les temps de tests par rapport aux conditions réelles d'utilisation des matériaux. Pour ce faire, on agit sur un ou plusieurs paramètres physico-chimiques, parmi lesquels : la température, l'hygrométrie, l'immersion partielle ou totale dans l'eau, l'acidité, les gaz oxydants ($H_2S$, $SO_2$, $NO_2$, $Cl_2$) simulant les atmosphères corrosives, le brouillard salin (brouillard d'eau contenant NaCl).

• ***Les tests d'ensoleillement et tests UV***

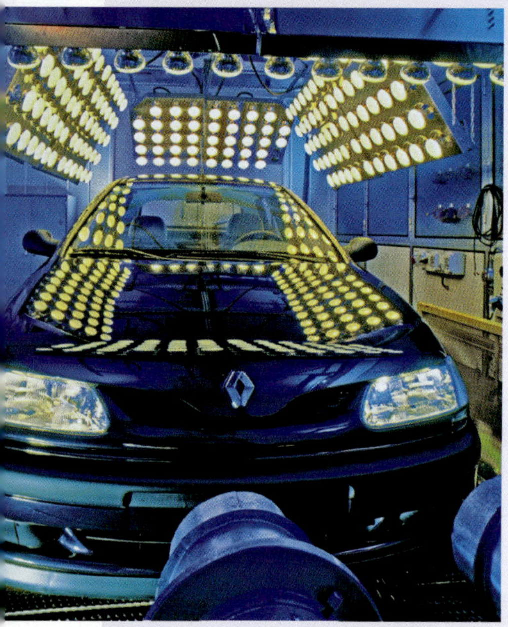

Le rayonnement solaire est un facteur important du vieillissement des matières plastiques. On réalise ainsi des tests en éclairant le matériau avec des lampes dont le spectre contient du rayonnement infrarouge accompagné de plus ou moins de longueurs d'onde visibles. D'autres tests de photovieillissement simulent l'impact du rayonnement ultraviolet présent dans le rayonnement solaire. Les paramètres tels que la température ou l'hygrométrie peuvent également être pris en compte.

• ***Les tests de fatigue***

La fatigue d'un matériau intervient quand une ou des forces qui évoluent en fonction du temps lui sont appliquées. L'apparition de fissures au niveau microscopique, puis macroscopique en est une des conséquences. Différents types de sollicitations peuvent être exercés :

- fatigue en traction-compression ;
- fatigue en torsions alternées ;
- fatigue en flexion.

Généralement, les sollicitations sont appliquées de façon sinusoïdale en fonction du temps. L'humidité de l'air et la température peuvent également être des paramètres pris en compte au cours des essais.

**Exploiter**

**1.** Parmi les facteurs physico-chimiques réglables lors des tests de corrosion, déterminer ceux qui relèvent de la physique, et ceux qui relèvent de la chimie (ou des deux à la fois).

**2.** Quels types de rayonnements sont utilisés pour simuler l'action du Soleil ?

**3.** Quelles sont les conditions pour qu'un matériau soit soumis à de la fatigue ?

**4.** Quel(s) paramètre(s) peuvent intervenir dans les différents tests ?

# Protection contre la corrosion

**Objectif :** mettre en œuvre une méthode de protection de l'aluminium : l'anodisation

### Dispositif expérimental

On dispose d'un générateur continu (12 V), d'un rhéostat (10 Ω), d'un grand bécher, d'un ampèremètre, d'une cathode en graphite (ou plomb), d'une plaque d'aluminium.

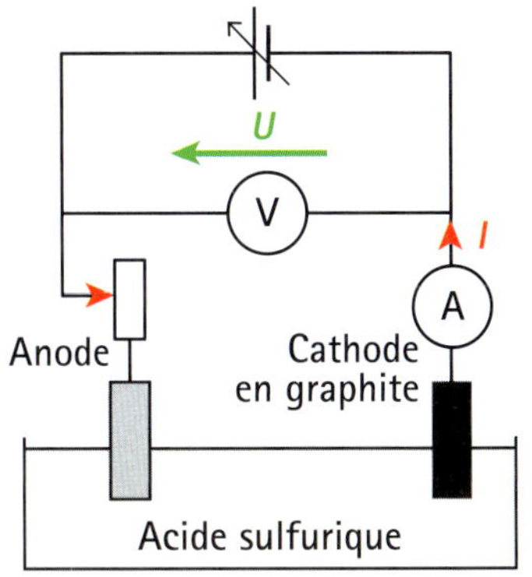


▲ *Schéma du montage.*

## 1. Expérience n° 1 : anodisation de l'aluminium

### Réaliser et observer    Gants et lunettes de protection obligatoires

- Dans un bécher, dégraisser les pièces à l'acétone, puis les rincer sous l'eau du robinet (**photo A**).
- Dans un bécher, réaliser un bain de soude ($C$ = 10 mol·L$^{-1}$) pendant 1 min, puis rincer sous l'eau du robinet.
- Évaluer la surface de l'anode qui plongera dans la solution d'acide sulfurique, puis calculer l'intensité d'électrolyse : $I = j \cdot S$ avec $j$ = 15 mA·cm$^{-2}$.
- Verser l'électrolyte (l'acide sulfurique $C$ = 6 mol·L$^{-1}$), puis démarrer l'anodisation (temps d'anodisation : 15 min).
- Sortir l'anode du bain, puis la rincer abondamment sous l'eau.
- Plonger ensuite la plaque d'aluminium dans un bécher d'eau en ébullition pendant 10 min (**photo B**).

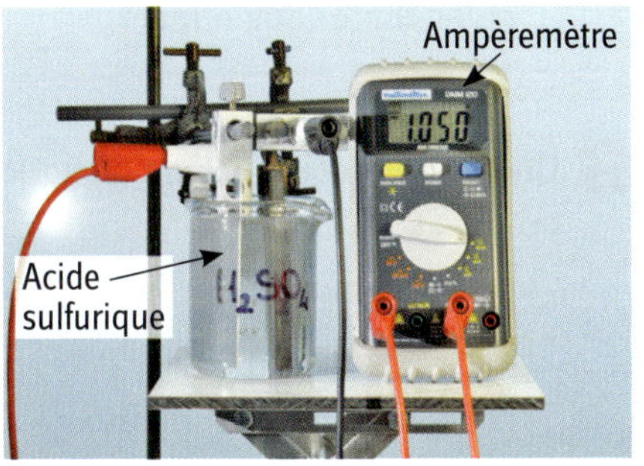


▲ *Anodisation de l'aluminium.*

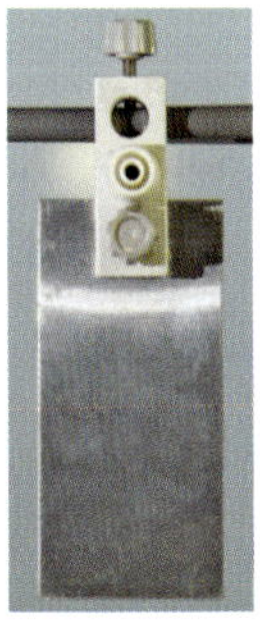

**photo A**

**photo B**

## 2. Expérience n° 2 : propriétés de l'aluminium anodisé

### Réaliser et observer

Mesurer l'intensité du courant du circuit si l'on utilise :
- deux lames d'aluminium non anodisées ;
- deux lames d'aluminium anodisées.

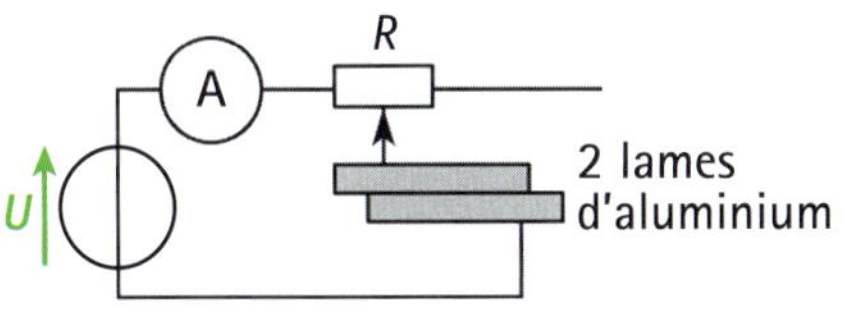


▲ *Schéma du montage.*

### Exploiter

**1.** Quel élément du circuit permet de régler l'intensité d'anodisation ?

**2.** Quelle propriété électrique de la couche d'aluminium anodisée est ainsi mise en évidence ?

**3.** Expliquer pourquoi l'anodisation de l'aluminium le protège contre la corrosion.

# Testez vos connaissances

*Cochez la ou les réponses exactes.*

**1 Parmi les familles de matériaux, on trouve :**

☐ **a)** les matériaux électroniques
☐ **b)** les matériaux chimiques
☐ **c)** les matériaux composites

**2 Les bons conducteurs thermiques sont :**

☐ **a)** les matériaux organiques
☐ **b)** les métaux
☐ **c)** les matériaux minéraux

**3 Une bonne résistance mécanique est constatée pour :**

☐ **a)** les métaux
☐ **b)** les matériaux organiques
☐ **c)** les matériaux minéraux

**4 Quand un matériau est soumis à des contraintes mécaniques cycliques, il est alors soumis à des contraintes :**

☐ **a)** qui dépendent du temps
☐ **b)** élastiques
☐ **c)** de fatigue

**5 Le rayonnement solaire provoque :**

☐ **a)** pour les UV, le vieillissement des plastiques
☐ **b)** pour les IR, le vieillissement des plastiques
☐ **c)** des dilatations dans tous les matériaux

**6 La corrosion d'un métal correspond :**

☐ **a)** à la formation d'une demi-pile au niveau du métal
☐ **b)** à une oxydation de ce métal
☐ **c)** à un gain d'électrons par le métal

**7 Les oxydants courants rencontrés sont :**

☐ **a)** l'oxygène de l'air
☐ **b)** les pluies acides
☐ **c)** la sueur des mains parce qu'elle est souvent acide

**8 Pour qu'un revêtement plastique protège efficacement un métal de la corrosion, il faut qu'il soit :**

☐ **a)** non poreux
☐ **b)** bien rigide
☐ **c)** surtout pas conducteur électrique

**9 Oxydation possible ou pas ?**

☐ **a)** un acide peut corroder le fer
☐ **b)** le cuivre est oxydé par les ions oxonium
☐ **c)** l'air peut oxyder quasiment tous les métaux

**10 Pour réaliser des électrodes sacrificielles qui protègent la coque en acier (assimilé à du fer) d'un navire, on peut utiliser :**

☐ **a)** des anodes en magnésium
☐ **b)** des cathodes en cuivre
☐ **c)** des anodes en cuivre

► **Corrigés p. 268**

# Comment résoudre un exercice

## ÉNONCÉ Des matériaux pour le train

**1.** Certains éléments transparents utilisent des combinaisons de verre et de polyméthacrylate de méthyle (plexiglas, altuglas...). À quelle famille appartient cette combinaison de matériaux ?

**2.** Les essieux des trains sont constitués essentiellement d'aciers. Ceux-là seront assimilés à du fer pour la suite.

a) Quel est le principal oxydant présent dans l'air ?

b) Écrire l'équation de corrosion du fer en ions fer (II). **Méthode 1 ▶**

c) On assimile l'ensemble du courant de corrosion d'une des pièces à $I = 10$ mA. Calculer la masse de fer corrodée au bout d'une année de 365 jours. **Méthode 2 ▶**

**3.** L'aluminium est également très utilisé pour le gain qu'il peut apporter en termes de poids.

a) L'aluminium utilisé est aluminé. Pourquoi réalise-t-on ce traitement ?

b) La sueur des mains est généralement acide. Quel ion est oxydant dans un liquide acide ?

*Données :* $M(\text{Fe}) = 55{,}8\ \text{g·mol}^{-1}$ ; $F = 96\ 500\ \text{C·mol}^{-1}$.

**Méthode 1**
La corrosion d'un métal est modélisée par sa demi-équation électronique d'oxydation, c'est-à-dire sa transformation en ion.

**Méthode 2**
La première étape consiste à calculer la quantité d'électricité Q pour en déduire la quantité de matière d'électrons. Il faut ensuite réaliser un bilan chimique à partir de la demi-équation électronique pour déterminer la quantité de matière de fer consommée (attention : on connaît l'état final, il faut remonter à l'état initial !). On en déduit alors la masse correspondante.

Transport

## SOLUTION

**1.** Le verre appartient à la famille des minéraux. Le plexiglas est un plastique, il appartient à la famille des matériaux organiques. L'association des deux constitue donc un matériau composite. **Conseil 1 ▶**

**2. a)** C'est le dioxygène qui est le principal oxydant dans l'air.

**b)** $\text{Fe} = \text{Fe}^{2+} + 2\ \text{e}^-$

**c)** $Q = I{\cdot}t = Fn_{e^-}$

$$n_{e^-} = \frac{I{\cdot}t}{F} = \frac{10 \times 10^{-3} \times 365 \times 24 \times 3\ 600}{96\ 500} = 3{,}27\ \text{mol}$$

| | Fe | = Fe | + 2 e⁻ |
|---|---|---|---|
| | $n_{\text{Fe}}$ (mol) | $n_{\text{Fe}^{2+}}$ (mol) | $n_{e^-}$ (mol) |
| État initial | 1,634 | 0 | 0 |
| État au cours de la transformation $x$ | $1{,}634 - x$ | $x$ | $2\,x$ |
| État final $x_{max}$ | 0 | $x_{max}$ | $2\,x_{max}$ |

$n_{e^-} = 2\,x_{max}$. On a donc $x_{max} = 1{,}634$ mol.
La quantité de matière de fer consommée vaut $n_{\text{Fe}} = 1{,}634$ mol.
On calcule ensuite la masse correspondante :
$m_{\text{Fe}} = n_{\text{Fe}}M_{\text{Fe}} = 1{,}634 \times 55{,}8 = 91{,}2$ g.

**3. a)** L'anodisation de l'aluminium permet de le protéger contre la corrosion. **Conseil 2 ▶**

**b)** L'ion $H^+$ est l'ion oxydant commun à tous les acides.

**Conseil 1**
Les deux matériaux appartiennent-ils à la même famille ?

**Conseil 2**
L'anodisation de l'aluminium est équivalente à une couche passivante pour le fer.

# S'entraîner

Exercice avec résultat (page 268)

## Applications directes du cours

### 11 Passivation de la boulonnerie

La boulonnerie en acier utilisée dans les trains, les voitures... subit très souvent des traitements anti-corrosion parmi lesquels la passivation.

**1.** Quel est le principal oxydant présent dans l'air ?

**2.** Quelle doit être la principale caractéristique de la couche passivante pour éviter la corrosion par l'« air » ?

### 12 Structure d'un pneu

Le schéma ci-dessous donne une vue en écorché d'un pneumatique.

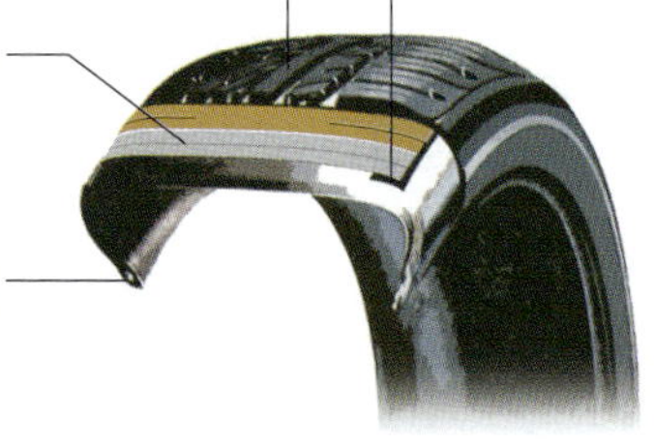


**1.** Expliquer pourquoi ce pneumatique peut être considéré comme une structure composite.

**2.** Classer les différents matériaux qui le composent en fonction de la famille à laquelle ils appartiennent (matériaux métalliques, organiques et minéraux).

**3.** Lequel de ces matériaux permet d'assurer une bonne résistance mécanique ?

### 13 Les facteurs de vieillissement d'un matériau

Classer par type de contraintes (mécanique, thermique, de rayonnement, de corrosion) les facteurs suivants qui influent sur le vieillissement des matériaux utilisés dans le domaine du transport : alternance jour/nuit, vibrations, air humide, salage des routes, frottements, pluies acides, accélération/freinage, condensation/évaporation.

### 14 Équations de corrosion des métaux

Écrire, puis équilibrer les demi-équations électroniques de corrosion des métaux suivants :

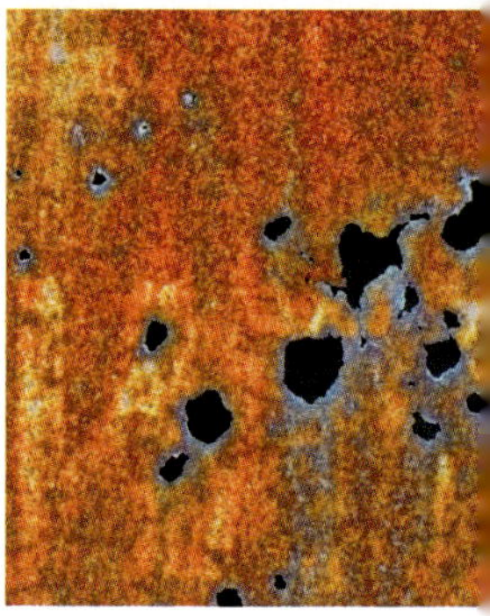

**1.** Corrosion du cuivre en ions cuivre (II).

**2.** Corrosion de l'aluminium entraînant la perte de trois électrons.

**3.** Corrosion du fer en ions fer (II), puis de fer (II) en fer (III).

### 15 Un matériau qui donne des ailes !

Le Noryl GTX® est un thermoplastique utilisé pour les ailes de carrosserie des véhicules. Il permet un gain de poids pouvant aller jusqu'à 40 %. Ses caractéristiques mécaniques élastiques lui permettent de reprendre sa forme initiale après un choc à 10 $km \cdot h^{-1}$. Ce matériau peut être rendu conducteur, pour être ensuite recouvert d'un apprêt électrostatique permettant de le recouvrir d'une laque. Il est inerte vis-à-vis de l'humidité, ainsi que des carburants.

**1.** À quelle famille de matériaux appartient le Noryl ?

**2.** Quelle caractéristique possède le Noryl que n'ont pas la grande majorité des plastiques ?

**3.** Quelles sont les caractéristiques chimiques innovantes de ce matériau ?

### 16 Anode sacrificielle

Les coques métalliques des bateaux sont soumises à de fortes contraintes de corrosion. L'acier qui les constitue est assimilé à du fer.

**1.** Écrire l'équation chimique de corrosion du fer.

**2.** Choisir parmi les matériaux suivants ceux qui peuvent servir d'anodes sacrificielles pour protéger une coque de navire : cuivre, aluminium, fer, zinc, or, magnésium.

**3.** Pourquoi les anodes sont-elles appelées sacrificielles ?

*Données :* $E(Au^{3+}/Au) = 1,42$ V ; $E(Fe^{2+}/Fe) = -0,44$ V ; $E(Cu^{2+}/Cu) = 0,34$ V ; $E(Mg^{2+}/Mg) = -2,38$ V ; $E(Al^{3+}/Al) = -1,66$ V ; $E(Zn^{2+}/Zn) = -0,76$ V

## Exercices d'entraînement

### 17 Dilatation thermique

Sous l'effet de changements de la température, les matériaux subissent des variations de longueur.

| θ | – 20 °C | – 10 °C | 25 °C | 40 °C | 60 °C |
|---|---|---|---|---|---|
| $\Delta L$ (m) | 11,9971 | 11,9986 | 12,0036 | 12,0058 | 12,0086 |

**1.** À l'aide d'un tableur graphique, tracer l'évolution de la longueur d'un rail en fonction de la température.

**2.** À l'aide du tableur, trouver quel encadrement de température engendre des dilatations inférieures à 0,005 % de la longueur à $\theta = 0$ °C.

**3.** Que se passerait-il si les rails étaient montés parfaitement jointifs ?

**4.** Calculer la taille des espaces (entre rails), sachant que les rails ont été posés à la température de 20 °C et que l'intervalle de température d'utilisation est [– 20 °C ; 60 °C].

**5.** La taille de ces espaces (joints de dilatation) pour ce type de rail est souvent prise égale à 0,012 m. Comparer vos résultats à cette valeur.

### 18 Fatigue d'un matériau

Le graphe ci-contre donne pour trois matériaux l'amplitude maximale de contrainte en fonction du nombre de cycles de traction-compression que subit une vis avant rupture probable.

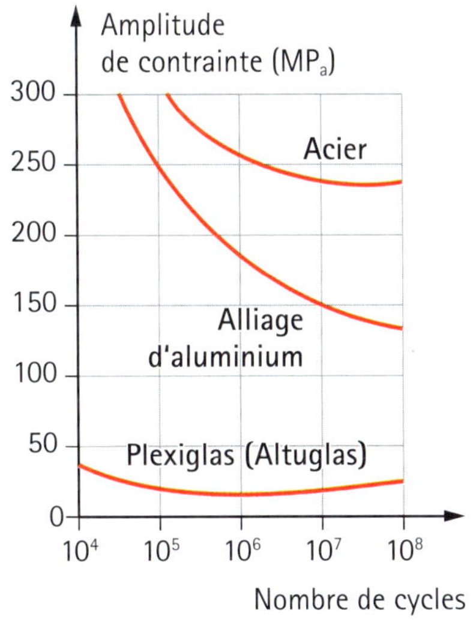


**1.** Indiquer l'amplitude maximale de contrainte ($\sigma_{Max}$) que peut subir chaque matériau pour $10^5$ cycles.

**2.** Une vis doit subir une amplitude maximale de contrainte $\sigma_{Max} = 100$ MPa. Indiquer quel matériau ne sera pas utilisable.

**3.** Pour $\sigma_{Max} = 200$ MPa, le cahier des charges stipule un minimum de 108 cycles. Quel matériau choisir ?

### 19 Courants vagabonds

Les tramways, les chemins de fer et les métros génèrent des courants dans le sol que l'on appelle communément courants vagabonds, car ils sont variables en intensité, ainsi qu'en direction. Ces courants causent de nombreux dommages tant aux installations de transport ferroviaire qu'aux éléments métalliques proches (canalisations, ponts...) en contact avec le sol.

On suppose qu'un ensemble de rails a perdu une masse $m = 1{,}0$ kg de fer par corrosion suite à des courants vagabonds.

**1.** Écrire l'équation de corrosion du fer en ions fer (II).

**2.** Calculer la quantité de matière de fer corrodé, puis en déduire la quantité de matière d'électrons libérés lors de cette corrosion.

**3.** On suppose que cette corrosion s'est produite en une année. À quel courant moyen de corrosion cette perte annuelle de masse correspond-elle ?

*Données :* $M(\text{Fe}) = 55{,}8$ g·mol$^{-1}$ ; F = 96 500 C·mol$^{-1}$.

### 20 Plastique transparent, mais pas à tout !

Il existe différents types de polyméthacrylate de méthyle (noms commerciaux : Plexiglas, Altuglas...) qui n'ont pas tous le même pouvoir de transmission (voir graphe).

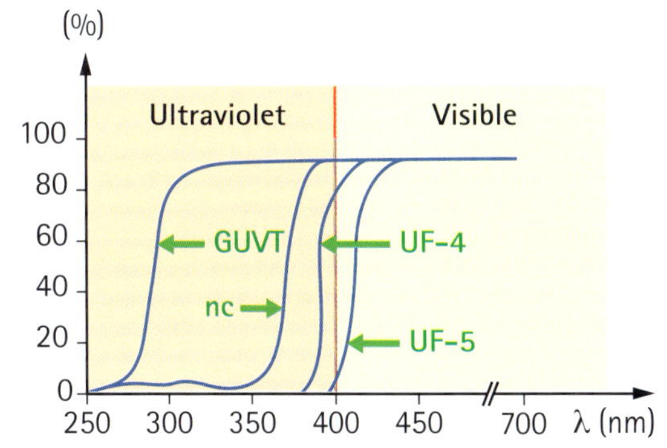


**1.** Indiquer les types de plastiques qui permettent de transmettre la lumière visible.

**2.** Quels sont les principaux effets du rayonnement UV sur la matière organique et les couleurs ?

**3.** Pour les éléments suivants que l'on rencontre dans le domaine des transports, quel type de plastique choisiriez-vous : plaque minéralogique, écran acoustique, hublot d'avion... ?

Exercice avec résultat (page 268)

## 21 Énergie des UV et énergie de liaison chimique

Le rayonnement ultraviolet (de longueurs d'onde dans le vide comprises entre 100 nm et 400 nm) est l'une des principales causes du vieillissement des plastiques. Ce rayonnement peut casser des liaisons chimiques quand son énergie est supérieure ou égale à celle d'une liaison chimique dans le matériau.

**1.** Calculer les énergies $E_{max}$ et $E_{min}$ correspondant aux bornes du rayonnement UV.

**2.** La plupart des liaisons chimiques dans les plastiques sont rompues par des énergies comprises entre 3 eV et 7 eV. Conclure quant à l'action du rayonnement ultraviolet sur les plastiques.

**3.** Le rayonnement UV est classé suivant les longueurs d'onde décroissantes en UV-A, UV-B et UV-C. Quel type d'UV engendre le plus de ruptures de liaisons chimiques ?

*Données :* $E = h \cdot \upsilon$ avec $h = 6{,}63 \times 10^{-34}$ J·s ; 1 eV = $1{,}6 \times 10^{-19}$ J

## 22 Rigide ou résistant ?

Voici quelques caractéristiques de métaux. Le module d'Young caractérise la rigidité tandis que la limite élastique caractérise la résistance mécanique.

| | Acier | Aluminium | Titane |
|---|---|---|---|
| Module d'Young : $E$ (MPa) | 200 | 70 | 110 |
| Limite d'élasticité : $R_e$ (GPa) | 350 | 250 | 800 |
| Masse volumique : ρ (kg·m$^{-3}$) | 7 800 | 2 700 | 4 500 |

On dimensionne le châssis d'un véhicule en fonction de sa résistance mécanique.

**1.** Calculer le rapport résistance mécanique sur masse volumique pour montrer qu'un tel châssis sera 2 fois plus léger en aluminium qu'en acier.

**2.** Quel serait ce rapport entre l'acier et le titane ?

**3.** En calculant des rapports que vous aurez choisis, montrer que le châssis le plus léger sera également le moins rigide.

## 23 OBJECTIF BAC Corrosion d'une canalisation de transport

Une canalisation de transport cylindrique a un diamètre extérieur $D$ = 20 cm et une longueur $L$ = 1 km. Différents matériaux peuvent être envisagés pour la réaliser : acier courant ou acier inoxydable.

**1.** On suppose que seule la surface extérieure est soumise à de la corrosion. Calculer l'aire de cette surface.

**2.** Calculer la perte de masse engendrée par la corrosion au bout de 5 ans pour l'acier courant.

**3.** L'inox se corrode moins que l'acier courant, car il se recouvre d'une couche passivante. Qu'est-ce qu'une couche passivante pour un métal ?

**4.** Lors de la mise en place des canalisations, il est indispensable que la couche passivante ne soit pas rayée, rompue... Que se passerait-il sinon ?

**5.** Pour réaliser la jonction entre plusieurs tubes, il existe des techniques dites de soudage sous atmosphère inerte. Du gaz argon est envoyé dans la zone où est effectuée la soudure. Pourquoi chasse-t-on l'air de cette zone ?

**6.** Proposer au moins deux méthodes de protection contre la corrosion de la canalisation en acier courant.

*Donnée :* perte horaire de métal par unité de surface de l'acier courant $p = 1{,}2 \times 10^{-4}$ kg·m$^{-2}$·h$^{-1}$.

## 24 It's in English

Saline conditions have an impact on corrosion kinetics of metals (also called rate of corrosion). Thus, in coastal regions, the joint action of air and sodium chloride speeds up the corrosion of metallic parts of boats, bridges, trains, cars, bikes...

Salt spray is used as a technique to test corrosion in materials test laboratories.

**1.** Which chemical compounds are involved in metal corrosion?

**2.** How do they impact corrosion?

**3.** In which case do salt sprays come in handy?

CHAPITRE 13

# Les capteurs dans les dispositifs de transport

Les capteurs présents dans les véhicules (détecteur de ceintures de sécurité, capteur de pluie, allumage automatique des phares...) offrent de plus en plus d'assistance lors du pilotage. Ils améliorent le confort du conducteur et des passagers, et leur sécurité.

→ **Comment sont traités les différents signaux délivrés par les capteurs utilisés dans les véhicules ? Quelles sont les fréquences utilisées ?**

**Capacités**

- Citer quelques exemples de capteurs et de détecteurs utilisés dans un dispositif de transport.
- Identifier les grandeurs d'entrée et de sortie d'un capteur.
- Distinguer les deux types de grandeurs : analogiques ou numériques.
- Interpréter le spectre d'un signal périodique.
- Connaître la structure d'une chaîne de mesure (conditionneur de capteur, conditionneur de signal, numérisation...).

1 Activité documentaire

# Capteur de pluie dans l'automobile

- Un capteur de pluie permet la mise en route automatique des essuie-glaces. Il est placé en haut du pare-brise, côté intérieur. Le fonctionnement de ce capteur utilise la réflexion totale de la lumière émise par une DEL. Le signal lumineux émis par la DEL traverse un guide de lumière (prisme en Plexiglas), puis il est réfléchi à l'interface verre-air et détecté par une photodiode.

- Lorsqu'une goutte de pluie tombe devant le capteur, une partie des rayons lumineux est réfractée et donc transmise à l'extérieur du pare-brise. Le signal détecté par la photodiode diminue, et un dispositif électronique met en route les essuie-glaces. Le capteur de pluie est capable de régler la vitesse de cadencement des essuie-glaces en fonction de l'intensité de la pluie détectée.

**Loi de Snell-Descartes** : lorsqu'un rayon lumineux passe d'un milieu d'indice $n_1$ à un milieu d'indice $n_2$, l'angle d'incidence $i_1$ et l'angle de réfraction $i_2$ vérifient la relation suivante : $n_1 \cdot \sin i_1 = n_2 \cdot \sin i_2$.

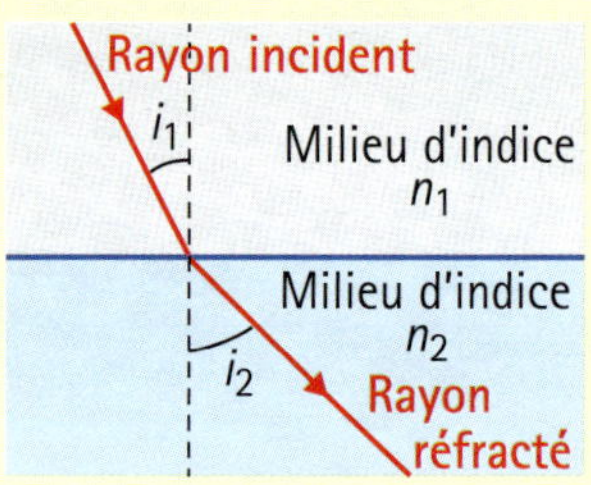


**Cas particulier** : lorsque $i$ est suffisamment grand, le rayon incident ne peut plus être réfracté. Il y a **réflexion totale** si $n_1 > n_2$.

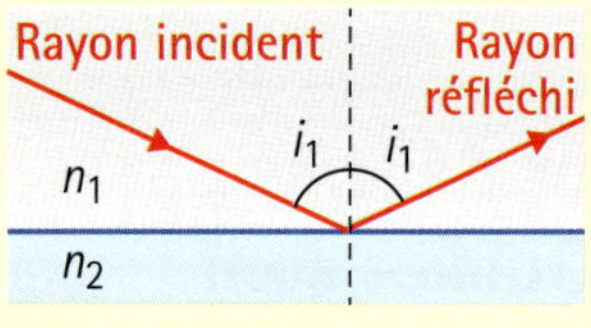


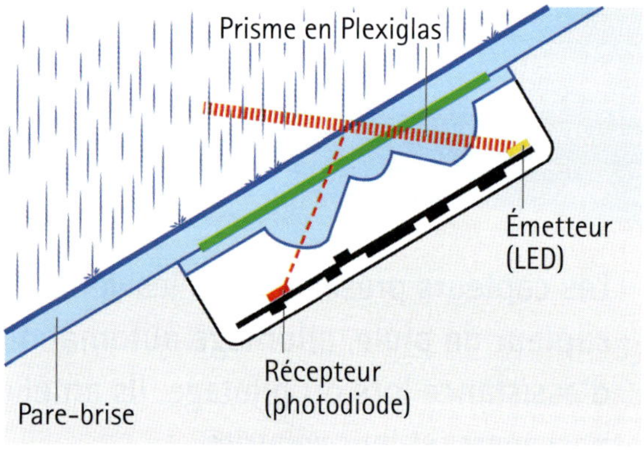


Indice optique du verre : $n_v = 1{,}5$
Indice optique de l'eau : $n_e = 1{,}3$
Indice optique de l'air : $n_a = 1{,}0$

▲ *Fonctionnement d'un capteur de pluie pour la mise en route automatique des essuie-glaces.*

**Exploiter**

**1.** En l'absence de pluie, montrer que le rayon lumineux émis par la DEL subit une réflexion totale au passage de l'interface verre-air pour $i_1 = 50°$. Que vaut alors l'intensité du rayon réfracté ?

**2.** En présence d'une goutte d'eau sur le pare-brise, dessiner le trajet du rayon lumineux à l'interface verre-eau pour $i_1 = 50°$. Que peut-on dire alors de l'intensité détectée par la photodiode ?

2 Activité expérimentale

## Comment analyser un signal sonore périodique ?

Avertissement de dépassement de vitesse, oubli de la ceinture de sécurité, niveau d'essence trop faible... les voitures actuelles génèrent des signaux sonores de plus en plus nombreux. Comment peut-on analyser ces signaux sonores ?

### Dispositif expérimental

On dispose d'un PC et d'un logiciel d'analyse harmonique « Fourier création d'onde » disponible à l'adresse suivante :
http://phet.colorado.edu/en/simulations/translated/fr

### Simulation

Lancer le logiciel. On observe un signal sinusoïdal que l'on peut entendre en cochant la case *Son* en bas à droite.

#### Signal sinusoïdal

- Réduire la fenêtre *Harmoniques* en cliquant sur ▬ et dans *Réglages graphes*, choisir *Fonction du temps*.
- On observe un signal sinusoïdal que l'on peut entendre en cochant la case *Son*.
- Faire varier la hauteur de la barre. Que constate-t-on ?
- Mesurer la période et en déduire la fréquence du signal sinusoïdal.
- Réduire la première barre à zéro et mettre la deuxième barre à 1, puis mesurer à nouveau la fréquence.

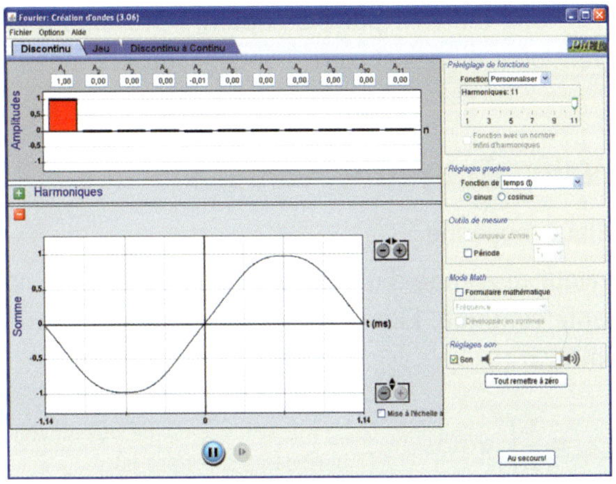


#### Signal carré

- Dans *Préréglage de fonctions*, choisir *carré*.
- Écouter le son associé au signal carré. Comment peut-on le caractériser ?
- Relever les amplitudes des différentes barres.
- Visualiser la fenêtre *Harmoniques* et mesurer la valeur de la fréquence des différents harmoniques.

### Travail à réaliser

**1.** Comment peut-on représenter les fréquences contenues (spectre) dans un signal périodique ? Quelle est l'unité utilisée pour l'axe des abscisses ?

**2.** On appelle fondamentale la première raie du spectre du signal périodique. Pour le signal carré, relever la fréquence de la fondamentale et la comparer à celle du signal carré.

**3.** La note émise par un instrument de musique est caractérisée par son intensité, sa hauteur et son timbre. Relier ces termes musicaux aux termes d'analyse spectrale : amplitude, fréquence fondamentale et harmoniques.

**Quelles sont les fréquences utilisées ?**

Transport

# 1 Caractéristiques des signaux périodiques

## a) Période et fréquence

- **Période**

La **période** d'un signal périodique est la durée $T$ qui sépare deux motifs élémentaires qui se répètent à l'identique.

- **Fréquence**

La **fréquence** correspond au nombre de périodes par seconde :

$$F = \frac{1}{T}$$

$F$ : fréquence en hertz (Hz)
$T$ : période en secondes (s)

Les signaux délivrés par les capteurs présents dans un véhicule sont souvent périodiques et correspondent souvent à des tensions électriques.

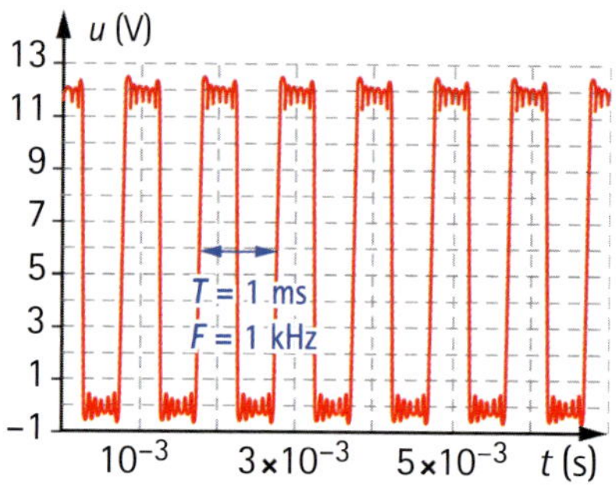


▲ *Tension délivrée par un capteur de vitesse de roue d'automobile.*

## b) Valeur moyenne, valeur efficace

- **Valeur moyenne**

La **valeur moyenne** d'une tension $u(t)$, notée $U_{moy}$, correspond à sa composante continue. Elle se mesure avec un voltmètre en mode DC et est définie par :

$$U_{moy} = \frac{1}{T}\int_a^{a+T} u(t)\mathrm{d}t$$

$U_{moy}$ : valeur moyenne de $u(t)$ en volts
$T$ : période en secondes (s)

- **Valeur efficace**

La **valeur efficace** d'une tension $u(t)$, notée $U_{eff}$, donne une information sur la puissance associée au signal $u(t)$. Elle se mesure avec un voltmètre en mode RMS (*Root Mean Square*) et est définie par :

$$U_{eff} = \sqrt{\frac{1}{T}\int_a^{a+T} u^2(t)\mathrm{d}t}$$

$U_{eff}$ : valeur efficace de $u(t)$ en volts
$T$ : période en secondes (s)

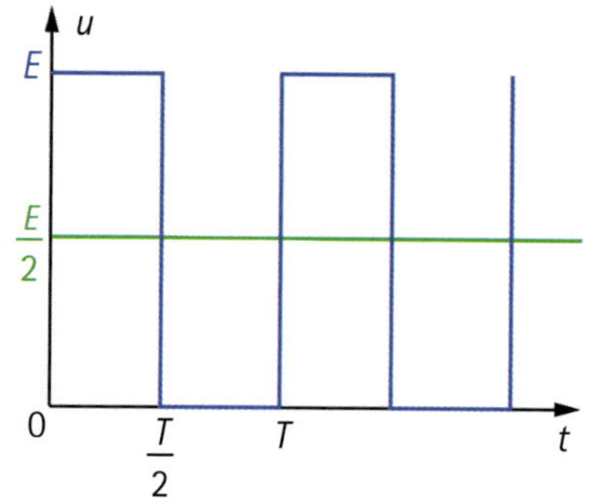


▲ *Signal carré de composante continue* $\frac{E}{2}$ :

$U_{moy} = \frac{E}{2}$

$U_{eff} = \frac{E}{\sqrt{2}}$

## c) Spectre d'un signal périodique

Le spectre d'un signal périodique correspond à la représentation graphique des fréquences qu'il contient. L'axe des abscisses d'un spectre est gradué en fréquences et l'ordonnée en volts.

Un **signal sinusoïdal** contient une seule fréquence : son spectre correspond à une seule raie.

Un **signal périodique non sinusoïdal**, de fréquence $F$ appelée fréquence fondamentale, contient plusieurs fréquences qui sont des multiples de $F$. Ces différentes raies correspondent aux harmoniques du signal périodique.

L'observation d'un spectre peut être réalisée en utilisant la fonction FFT (*Fast Fourier Transform*) d'un logiciel de traitement de données.

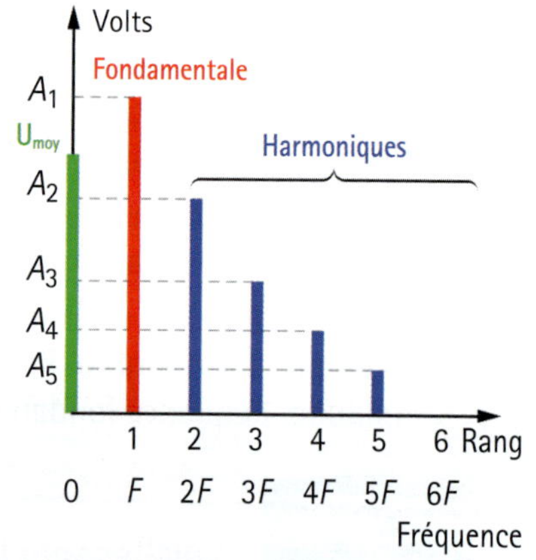


▲ *Spectre d'amplitude d'un signal périodique de fréquence* F.

## 2 Traitement des signaux

▲ *L'amplificateur audio fournit une tension de sortie qui alimente le haut-parleur.*

### a) Amplification

Les tensions ou courants délivrés par les capteurs sont souvent de faible amplitude ; il est indispensable de les amplifier pour les utiliser.

Un **amplificateur** multiplie la tension d'entrée par un coefficient d'amplification noté *A*.

$v_E$ → Amplificateur → $v_S = A \cdot v_E$

On définit le **gain *G* d'un amplificateur** en décibels (dB) par :

$$G = 20 \log |A|$$

### b) Filtrage

Le signal utile délivré par un capteur est souvent parasité. Pour supprimer ces signaux parasites, on utilise un circuit électrique, appelé **filtre**. Il existe différents types de filtres :

- le **filtre passe-bas** transmet les fréquences basses du spectre et élimine les fréquences élevées ;
- le **filtre passe-haut** transmet les fréquences élevées et élimine les fréquences basses ;
- le **filtre passe-bande** laisse passer une bande de fréquences autour d'une fréquence centrale.

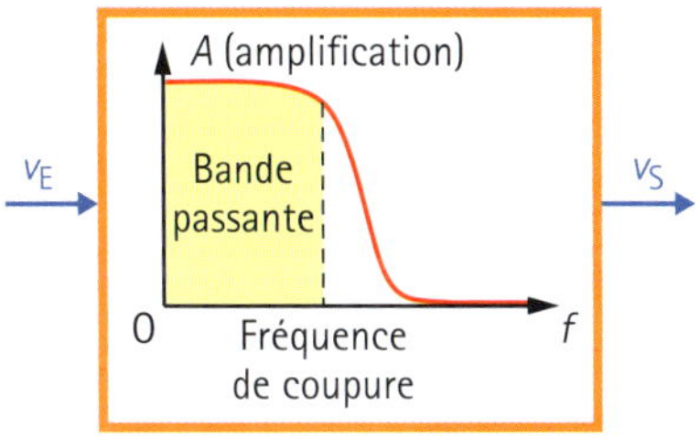


▲ *Filtre passe-bas.*

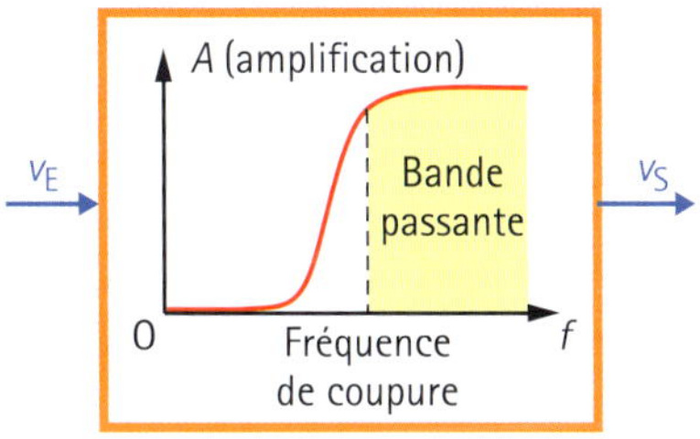


▲ *Filtre passe-haut.*

### c) Fréquence de coupure et bande passante

Les filtres passe-bas et passe-haut sont caractérisés par leur **fréquence de coupure $f_c$ à − 3 dB** : atténuation de 3 dB par rapport au gain dans la bande passante.

Un filtre passe-bande est caractérisé par :

- sa **fréquence centrale** $f_0$ : fréquence où le gain est maximal ;
- sa **bande passante** à − 3 dB.

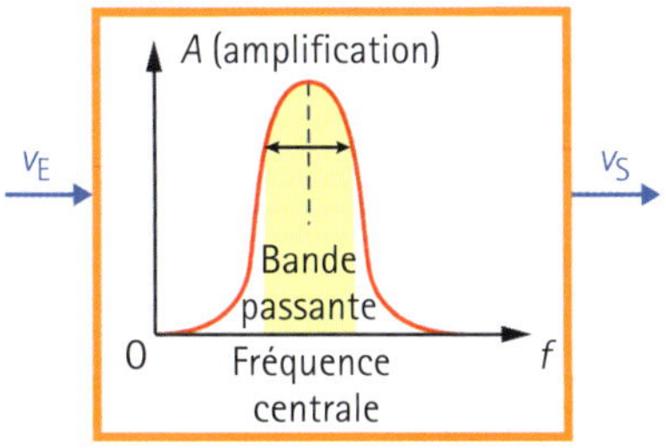


▲ *Filtre passe-bande.*

## 3 Numérisation des signaux

Pour enregistrer, afficher et traiter les signaux analogiques délivrés par les capteurs, il faut les numériser : une tension va alors correspondre à un nombre binaire exprimé sur *N* bits.

Les différentes étapes de la **numérisation d'un signal analogique** sont :
- la prise d'un échantillon ou échantillonnage ;
- le maintien durant la conversion A/N (Analogique/Numérique) ou blocage ;
- la quantification.

Transport

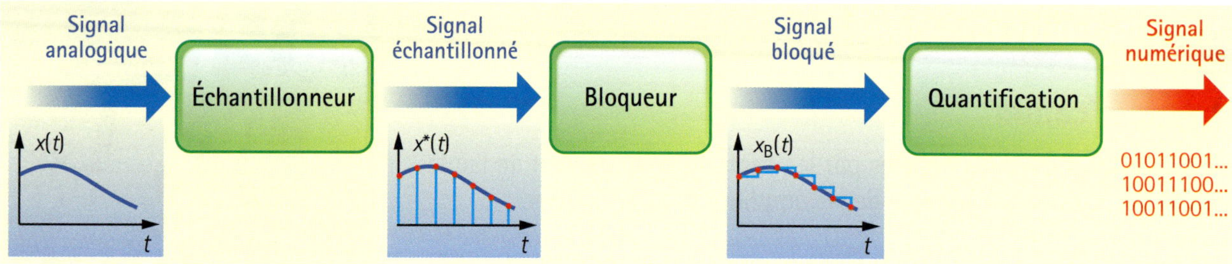


## a) Échantillonnage

- Pour échantillonner un signal analogique, on prélève périodiquement à des intervalles de temps $T_e$ la valeur du signal. $T_e$ correspond à la **période d'échantillonnage**.
- La **fréquence d'échantillonnage** est définie par : $F_e = \dfrac{1}{T_e}$.

Spectre d'un signal échantillonné : lorsque l'on échantillonne un signal analogique, on introduit une périodisation du spectre initial.

> **Condition de Shannon** : l'échantillonnage d'un signal est correct, c'est-à-dire réalisé sans perte d'information, si la fréquence d'échantillonnage est supérieure au double de la fréquence maximale contenue dans son spectre : $F_e > 2\,F_{max}$.

- Si le critère de Shannon n'est pas respecté, il apparaît un phénomène appelé ***repliement de spectre***, qui rend impossible la restitution du signal initial.

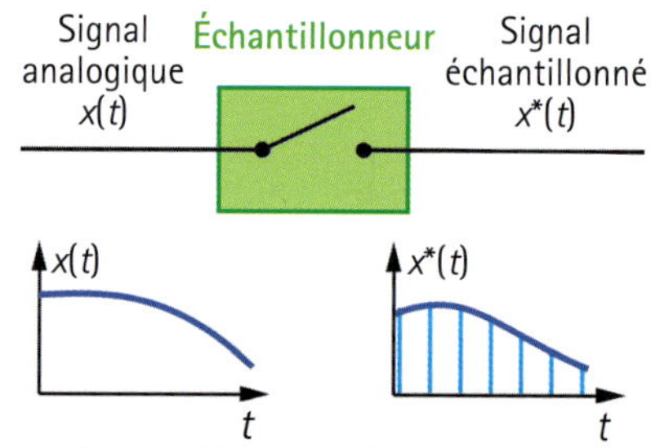


▲ *Échantillonnage d'un signal analogique.*

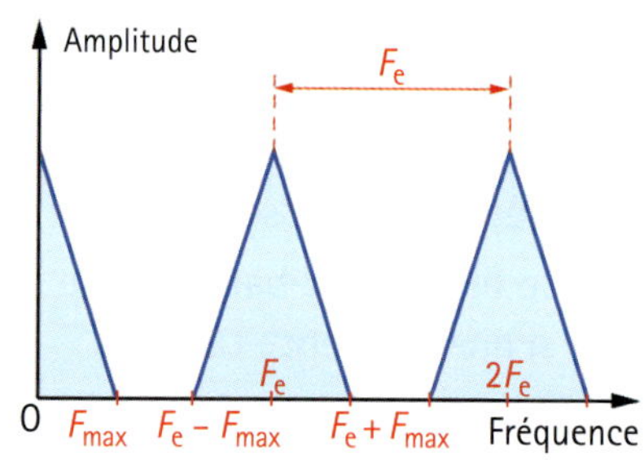


▲ *Spectre d'un signal échantillonné ; les spectres ne doivent pas se chevaucher.*

## b) Quantification

- La quantification est réalisée à l'aide d'un **Convertisseur Analogique Numérique** (CAN) : une tension analogique $v_E$ est convertie en un nombre binaire codé sur $N$ bits.

> Un CAN est défini par :
> - la plage de tension d'entrée de conversion : $\Delta V_{Emax}$ ;
> - le nombre de bits $N$ des nombres binaires de sortie ;
> - le temps de conversion.

Le **quantum**, noté $q$, est la variation minimale de la tension d'entrée, qui incrémente ou décrémente d'une unité la valeur d'un nombre de sortie. Il est défini par : $q = \dfrac{\Delta V_{Emax}}{2^N}$. La plage de conversion est fixée par une tension de référence notée $V_{ref}$.

La quantification introduit une erreur d'autant plus petite que $N$ est élevé. L'**erreur de quantification** correspond à l'écart entre la tension que l'on convertit (entrée du CAN) et la tension correspondant au mot binaire obtenu. Elle évolue entre $+\dfrac{q}{2}$ et $-\dfrac{q}{2}$.

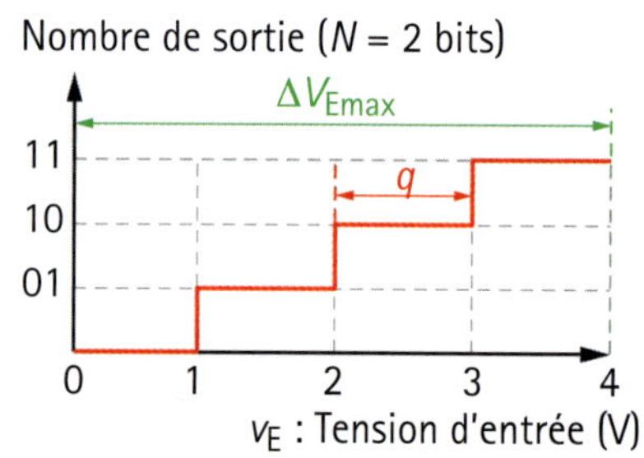


▲ *Caractéristique de transfert du CAN.*

### It's in English

- Convertisseur Analogique Numérique : *Digital Analog Converter*
- Échantillonnage : *sampling*
- Spectre : *spectrum*
- Filtre passe-bas : *low pass-filter*
- Filtre passe-haut : *high pass-filter*
- Filtre passe-bande : *band pass-filter*
- Fréquence de coupure : *cut-off frequency*

# L'essentiel

- **La valeur moyenne d'une tension périodique *u(t)*** se mesure avec un voltmètre en mode DC :

$$U_{moy} = \frac{1}{T}\int_a^{a+T} u(t)\mathrm{d}t$$

$U_{moy}$ : valeur moyenne de $u(t)$ en volts
$T$ : période en secondes (s)

La valeur moyenne d'une tension sinusoïdale est nulle.

- **La valeur efficace d'une tension périodique *u(t)*** se mesure avec un voltmètre en mode RMS (*Root Mean Square*). Elle est définie par :

$$U_{eff} = \sqrt{\frac{1}{T}\int_a^{a+T} u^2(t)\mathrm{d}t}$$

$U_{eff}$ : valeur efficae de $u(t)$ en volts
$T$ : période en secondes (s)

La valeur efficace d'une tension sinusoïdale vaut : $\frac{U_{max}}{\sqrt{2}}$.

- **Le spectre d'un signal périodique** correspond à la représentation graphique des fréquences qu'il contient.

Un signal périodique, de fréquence $F$ appelée fréquence fondamentale, contient plusieurs fréquences qui sont des multiples de $F$.

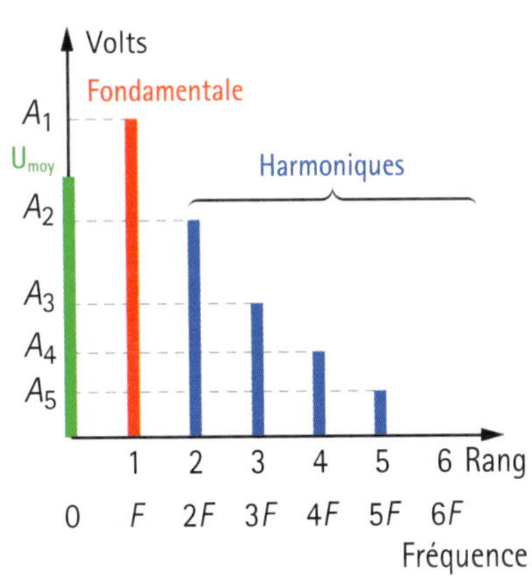


- **Un amplificateur** multiplie la tension d'entrée par un coefficient d'amplification noté $A$.

$v_E$ → Amplificateur → $v_S = A \cdot v_E$

- **Le gain *G* d'un amplificateur** est défini par :

$$G = 20 \log |A|$$

$G$ : gain en décibels (dB)
$A$ : coefficient d'amplification

- **Un filtre est un circuit électrique** qui élimine les signaux de fréquence non désirée.

- **Une fréquence de coupure à − 3 dB** correspond à une atténuation de 3 dB par rapport au gain maximal dans la bande passante du filtre.

- **La numérisation d'un signal analogique** nécessite :
  - la prise d'un échantillon ou **échantillonnage** ;
  - le maintien durant la conversion A/N ou **blocage** ;
  - la **quantification**.

- **La fréquence d'échantillonnage** est définie par :

$$F_e = \frac{1}{T_e}$$

$F_e$ : fréquence d'échantillonnage en hertz (Hz)
$T_e$ : période d'échantillonnage en secondes (s)

- **Condition de Shannon** : l'échantillonnage d'un signal est correct, si :

$$F_e > 2\,F_{max}$$

$F_e$ : fréquence d'échantillonnage (Hz)
$F_{max}$ : fréquence maximale du signal à échantillonner (Hz)

- **Un Convertisseur Analogique Numérique** (CAN) convertit une tension analogique $v_E$, en un nombre binaire codé sur $N$ bits.

- **Le quantum *q*** d'un CAN est défini par :

$$q = \frac{\Delta V_{Emax}}{2^N}$$

$V_{Emax}$ : plage de conversion du CAN (notée $V_{ref}$)

- **L'erreur de quantification** évolue entre $+\frac{q}{2}$ et $-\frac{q}{2}$ : elle correspond à l'écart entre la tension que l'on convertit (entrée du CAN) et la tension correspondant au mot binaire obtenu en sortie.

Transport

# Utilisation des sondes lambda dans l'automobile

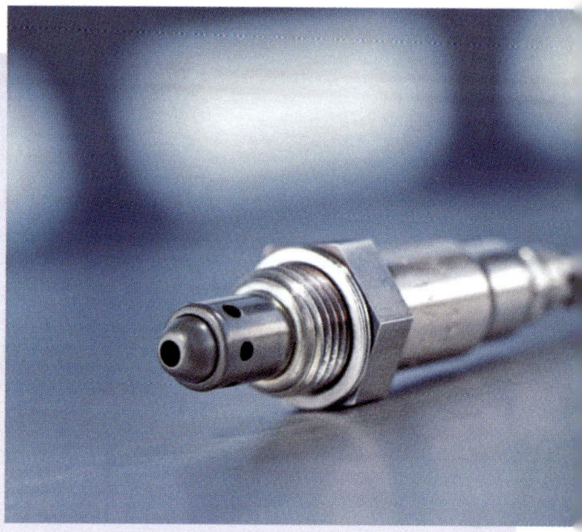

- La sonde lambda est un capteur utilisé dans le système d'injection d'un véhicule à moteur qui joue un rôle essentiel en matière de consommation de carburant.

- Le fonctionnement correct de la sonde garantit une utilisation optimale de toute la puissance du moteur et le respect des normes prescrites en matière de gaz d'échappement.

- Une sonde lambda conventionnelle mesure le taux d'oxygène résiduel dans les gaz d'échappement : elle génère une tension située entre environ 25 mV et 900 mV en fonction du taux d'oxygène dans les gaz d'échappement. Elle détecte ainsi le passage du mélange riche (manque d'air, $\lambda < 1$) au mélange pauvre (excédent d'air, $\lambda > 1$) ,et vice versa.

- La tension fournie par la sonde lambda permet au calculateur de connaître la composition du mélange (pauvre ou riche). Il règle la quantité d'injection de telle manière qu'une composition optimale du mélange ($\lambda = 1$) soit assurée, en vue de créer des conditions idéales pour le traitement des gaz d'échappement dans le pot catalytique.

- La vérification de la sonde lambda doit être effectuée tous les 30 000 km. On relève pour cela à l'oscilloscope le signal délivré par la sonde lorsque le moteur tourne à 2 000 tours par minute. La tension doit osciller entre 100 mV et 900 mV et effectuer approximativement 8 cycles sur une période d'observation de 10 secondes.

*Source :* http://www.bosch-sondelambda.fr

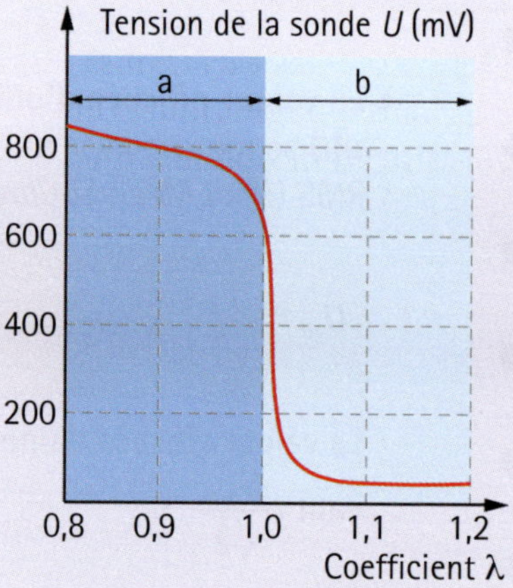


**DOC. 1** Tension fournie par la sonde lambda.

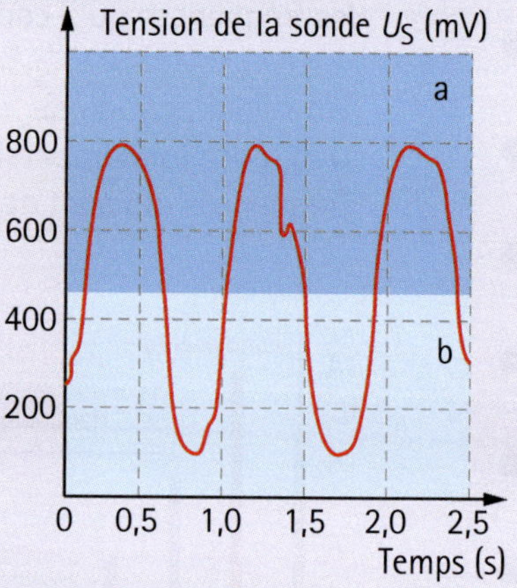


**DOC. 2** Essai de la sonde lambda.

**Exploiter**

1. Déterminer la période du signal de sortie du **DOC. 2** et en déduire la fréquence du cycle d'injection d'essence.
2. Quelles sont les deux valeurs extrêmes du coefficient $\lambda$ correspondant à l'essai effectué.
3. Déterminer la valeur de la sensibilité du capteur au point de fonctionnement $\lambda = 0,9$.
4. Au vu du relevé effectué **DOC. 2**, est-il nécessaire de remplacer la sonde lambda ?

# Réaliser un TP



## Mesure de vitesse à l'aide d'un capteur à effet Hall

**Objectif :** réaliser une chaîne de mesure de la vitesse d'une roue à l'aide d'un capteur à effet Hall

### Dispositif expérimental

On dispose d'un moteur à courant continu (MCC) et de son alimentation. Sur l'arbre moteur est fixé un aimant permanent. On utilise le capteur à effet Hall d'un teslamètre pour enregistrer les variations de champ magnétique. Un amplificateur opérationnel et des composants passifs (résistance, condensateur) permettent de réaliser un filtre.

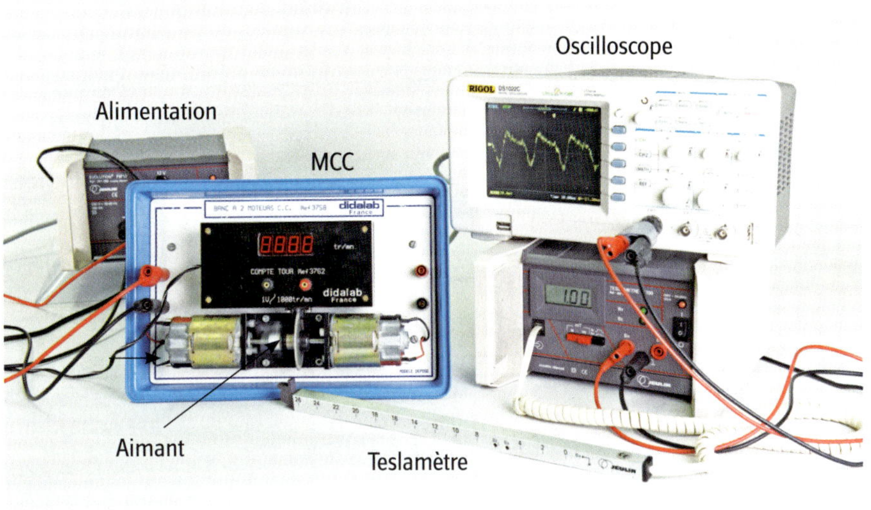


▲ *Photo du dispositif expérimental.*

### Réaliser et observer

- Alimenter le moteur à courant continu et régler sa vitesse à la valeur nominale.
- Brancher la sortie analogique du teslamètre sur l'oscilloscope et acquérir sur la voie 1 le signal délivré par le teslamètre.
- À l'aide de la fonction FFT de l'oscilloscope, relever le spectre du signal fourni par le teslamètre.
- Câbler le filtre actif représenté ci-contre et l'insérer entre la sortie analogique du teslamètre et l'entrée 2 de l'oscilloscope.
- Relever sur la voie 2 de l'oscilloscope la tension qu'il délivre.

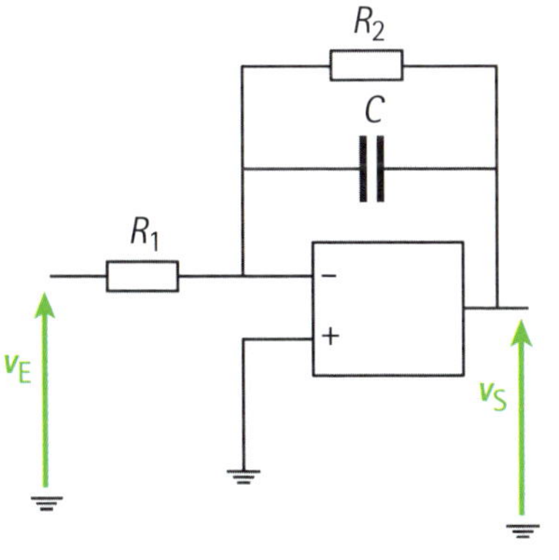


$R_1 = 10$ kΩ, $R_2 = 100$ kΩ et $C = 1$ nF
L'AO (TL081) est alimenté en ± 15 V.

▲ *Schéma du filtre.*

### Exploiter

**1.** À l'aide du chronogramme relevé sur la voie 1, déterminer la vitesse de rotation du moteur.

**2.** Identifier sur le spectre obtenu par la FFT : la valeur moyenne, la fréquence fondamentale et les raies correspondant aux harmoniques.

**3.** Mesurer le coefficient d'amplification $\frac{V_S}{V_E}$ apporté par le filtre.

**4.** Comparer le spectre de la tension délivrée par le capteur et celui de la tension délivrée par le filtre. Quelles fréquences ce filtre a-t-il éliminées ?

**5.** En déduire le type de filtre utilisé : passe-bas, passe-haut ou passe-bande.

Transport

# Testez vos connaissances

*Cochez la ou les réponses exactes.*

**1** **Une tension sinusoïdale d'amplitude 5 V et de fréquence 50 Hz a :**

- ☐ **a)** une valeur efficace égale à 3,5 V
- ☐ **b)** une valeur moyenne nulle
- ☐ **c)** une période égale à 20 ms

**2** **Le spectre d'un signal sinusoïdal de fréquence 100 Hz est représenté par :**

- ☐ **a)** une raie à 100 Hz
- ☐ **b)** une raie à 50 Hz
- ☐ **c)** une raie à 100 Hz et une raie à 200 Hz

**3** **Le spectre d'un signal périodique de fréquence 440 Hz contient :**

- ☐ **a)** plusieurs raies, dont une à 440 Hz
- ☐ **b)** des harmoniques de fréquences multiples de 440 Hz
- ☐ **c)** une seule raie à 440 Hz

**4** **On applique à l'entrée d'un amplificateur, d'amplification $A = 25$, un signal sinusoïdal d'amplitude 10 mV. Le signal de sortie :**

- ☐ **a)** est sinusoïdal
- ☐ **b)** a une amplitude de 250 mV
- ☐ **c)** contient plusieurs raies dans son spectre

**5** **Un amplificateur d'amplification $A = 100$ correspond à un gain de :**

- ☐ **a)** 100 dB
- ☐ **b)** 92 dB
- ☐ **c)** 40 dB

**6** **Un capteur de température fournit une tension continue. Un signal parasite de fréquence 50 Hz se superpose au signal utile. Pour supprimer le signal parasite, on utilise :**

- ☐ **a)** un filtre passe-bas
- ☐ **b)** un filtre passe-haut
- ☐ **c)** un filtre passe-bande

**7** **On a mesuré le gain d'un amplificateur en fonction de la fréquence du signal d'entrée :**

| Fréquence (kHz) | 0,10 | 1,0 | 1,5 | 2,0 | 5,0 |
|---|---|---|---|---|---|
| Gain (dB) | 45 | 43 | 42 | 38 | 15 |

**La fréquence de coupure à − 3 dB est égale à :**

- ☐ **a)** 5,0 kHz
- ☐ **b)** 1,5 kHz
- ☐ **c)** 1,0 kHz

**8** **Un signal sinusoïdal de fréquence $f = 100$ Hz est échantillonné de façon correcte pour :**

- ☐ **a)** $f_e = 220$ Hz
- ☐ **b)** $f_e = 100$ Hz
- ☐ **c)** $T_e = 0{,}10$ ms

**9** **Un signal vocal a un spectre limité à $f_{max} = 3{,}2$ kHz. Il est échantillonné de façon correcte pour :**

- ☐ **a)** $f_e = 3{,}2$ kHz
- ☐ **b)** $f_e = 8$ kHz
- ☐ **c)** $f_e = 20$ kHz

**10** **La tension issue du capteur de la pédale d'accélérateur est numérisée par un CAN 8 bits ayant une plage de conversion de 5,0 V**

- ☐ **a)** le quantum est égal à 20 mV
- ☐ **b)** la plus grande valeur décimale possible en sortie est 255
- ☐ **c)** pour une tension d'entrée de 3,00 V, le CAN affiche en sortie la valeur décimale 150

**11** **L'erreur de quantification pour un CAN 10 bits ayant une plage de conversion de 10 V évolue entre :**

- ☐ **a)** ± 1 V
- ☐ **b)** ± 0,1 V
- ☐ **c)** ± 5 mv

► **Corrigés p. 269**

# Comment résoudre un exercice

## ÉNONCÉ Capteur de vitesse inductif

Un véhicule dispose d'une chaîne de mesure délivrant une tension $v_E$ image de sa vitesse $v$.

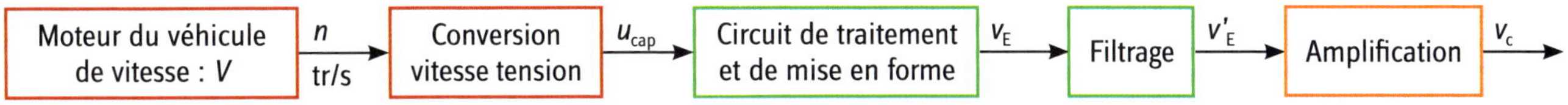


Lorsque la roue de rayon $R$ tourne, elle entraîne un disque métallique muni de 40 dents. Chaque fois qu'une dent passe devant le capteur, un signal alternatif est généré. Après remise en forme, on obtient un signal rectangulaire d'amplitude 8 V et de fréquence variable en fonction de la vitesse du véhicule.

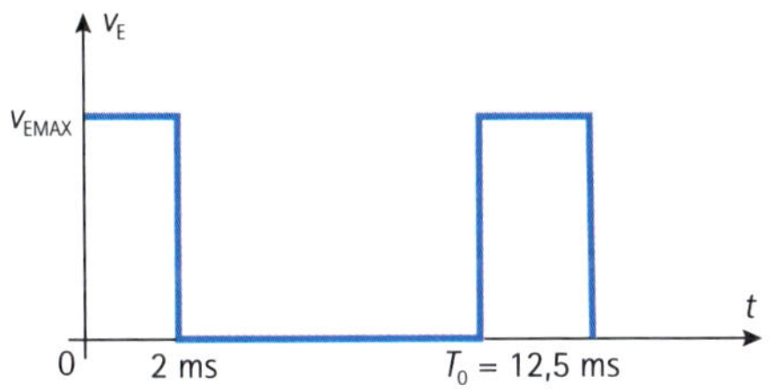


▲ *Signal après mise en forme.*

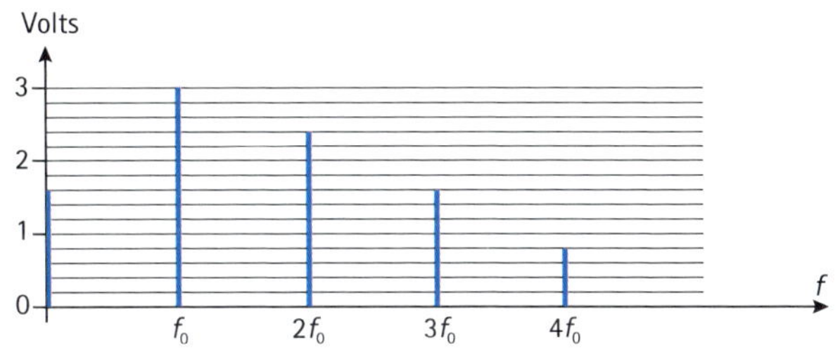


▲ *Spectre d'amplitude.*

**1.** Calculer la valeur de la fréquence $f_0$ du signal périodique $v_E(t)$.

**2.** Déterminer la vitesse de rotation Ω de la roue exprimée en rad·s$^{-1}$.

**3.** En déduire la vitesse $V$ du véhicule, sachant que le rayon $R$ vaut 0,37 m.

**4.** Relever les amplitudes et les fréquences du fondamental et des deux premiers harmoniques de la tension $v_E(t)$. **Méthode 1 ▶**

**5.** Que représente la première raie du spectre d'amplitude ?

**Méthode 1**
Repérer le fondamental qui correspond à la première raie de fréquence non nulle, puis les harmoniques.

## SOLUTION

**1.** La période du signal $v_E(t)$ est de 12,5 ms, ce qui correspond à une fréquence $f_0 = \dfrac{1}{12{,}5 \times 10^{-3}} = 80$ Hz.

**2.** Il y a 80 impulsions générées à chaque seconde, qui correspondent à deux tours de roue, car il y a 40 dents sur le disque métallique. **Conseil 1 ▶**

On a donc $\Omega = 2$ tr·s$^{-1}$ = $2 \times 2\,\pi$ rad·s$^{-1}$ = $4\,\pi$ rad·s$^{-1}$ =12,6 rad·s$^{-1}$.

**3.** $V = R \cdot \Omega = 0{,}37 \times 4\,\pi = 4{,}65$ m·s$^{-1}$ soit 17 km·h$^{-1}$. **Conseil 2 ▶**

**4.** La raie fondamentale est à la même fréquence que le signal périodique $v_E(t)$, soit 80 Hz. Son amplitude est de 3 V.

L'harmonique de rang deux est à la fréquence $2 \times f_0 = 160$ Hz avec une amplitude de 2,4 V.

Enfin, l'harmonique de rang trois est à la fréquence de 240 Hz et possède une amplitude de 1,6 V.

**5.** La fréquence 0 Hz correspond à la composante continue. C'est la valeur moyenne du signal $v_E(t)$ et elle vaut 1,6 V.

**Conseil 1**
À l'aide du nombre de dents, exprimer dans un premier temps la vitesse angulaire en tours par seconde.

**Conseil 2**
Il faut utiliser la relation qui relie la vitesse angulaire Ω, le rayon $R$ de la roue et la vitesse $v$ du véhicule.

Transport

Exercice avec résultat (page 269)

## Applications directes du cours

### 12 Signal créneau : valeur moyenne

Calculer la valeur moyenne de la tension créneau suivante :

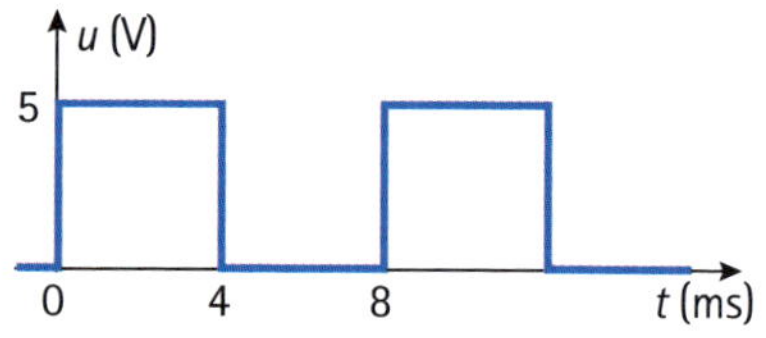


### 13 Signal créneau : valeur efficace

Calculer la valeur efficace du signal créneau de l'exercice 1.

### 14 Signal mystère

L'analyse harmonique de la tension $u(t)$ délivrée par un capteur a produit le spectre ci-contre :

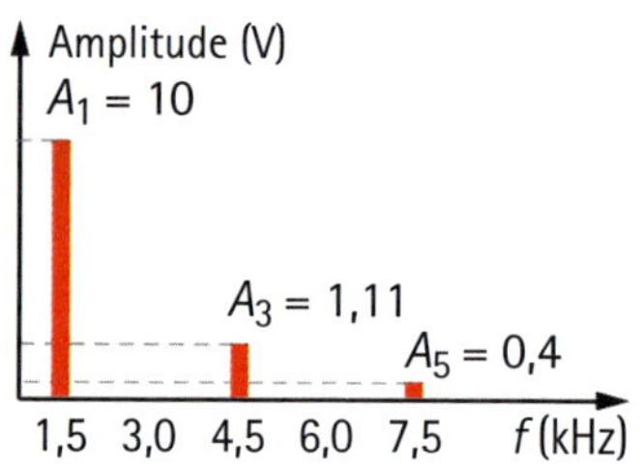


**1.** Quelle est la valeur de la fréquence du signal délivré par le capteur ?

**2.** Que vaut l'amplitude de l'harmonique 3 et celle de l'harmonique 4 ?

**3.** Que vaut la valeur moyenne du signal $u(t)$ ?

### 15 Le spectre à grande vitesse

Un capteur surveille en permanence le courant absorbé par les pantographes du TGV Atlantique. Le tableau suivant récapitule les informations contenues dans le spectre du courant lors d'une accélération.

| | A | B | C |
|---|---|---|---|
| 1 | | Fréquence | Amplitude |
| 2 | Rang 1 | 50 Hz | 410 |
| 3 | Rang 2 | | 0,2 |
| 4 | Rang 3 | | 12 |
| 5 | Rang 4 | | 0,06 |
| 6 | Rang 5 | | 29 |
| 7 | Rang 6 | | 0,05 |

**1.** Indiquer la valeur de la fréquence de l'harmonique 3, ainsi que son amplitude.

**2.** Représenter l'allure du spectre de l'intensité du courant absorbé par le pantographe du TGV.

**3.** Au vu de ce spectre, que peut-on dire de l'allure du courant absorbé ?

### 16 Porte coulissante

Un capteur optique est fixé sur le carter en regard d'une roue de diamètre 10 cm équipée de 20 fentes. Il permet de mesurer la vitesse de déplacement d'une porte coulissante. Lors d'un essai, le capteur fournit le signal $s(t)$ suivant :

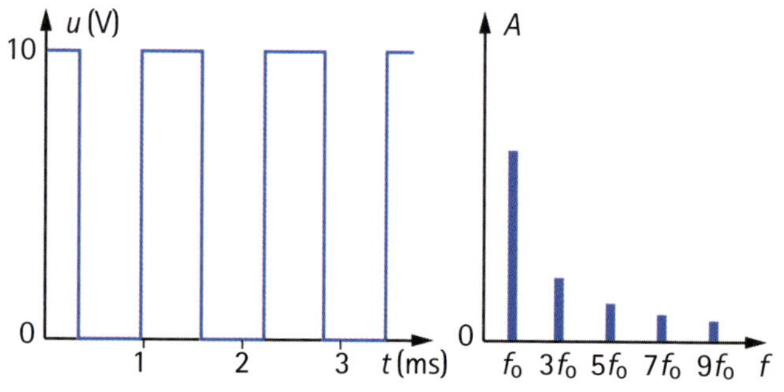


**1.** Déterminer la fréquence du signal issu du capteur optique.

**2.** En déduire la vitesse de translation de la porte coulissante.

**3.** Pour amplifier le signal fourni par le capteur optique, on utilise un amplificateur de fréquence de coupure à − 3 dB : $f_c$ = 50 kHz. À l'aide du spectre du signal $s(t)$, indiquer si le choix de cet amplificateur est satisfaisant.

### 17 Des décibels pour amplifier

On a relevé les signaux d'entrée et de sortie d'un amplificateur de tension :

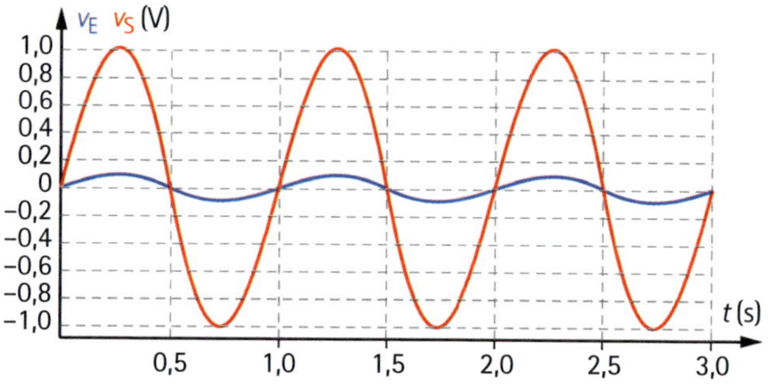


**1.** Déterminer la valeur $A$ du coefficient d'amplification.

**2.** Calculer le gain $G$ de cet amplificateur.

### 18 Filtre passe-bas

On a tracé la courbe du gain $G$ (dB) d'un filtre passe-bas en fonction de la fréquence du signal d'entrée :

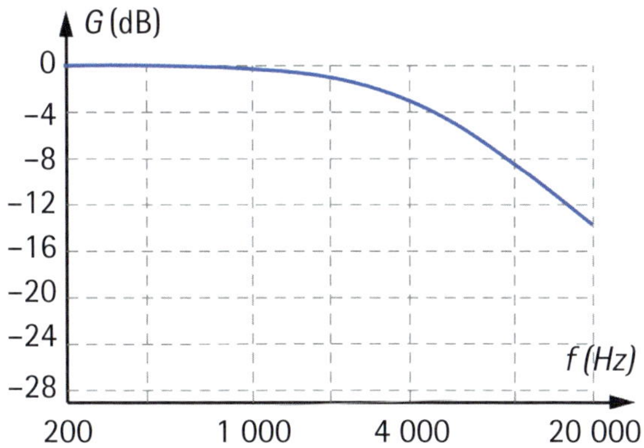


**1.** Relever la valeur de la fréquence de coupure à – 3 dB.

**2.** On applique à l'entrée du filtre un signal sinusoïdal de fréquence 40 kHz et d'amplitude $U_{max} = 3{,}2$ V. Calculer l'amplitude du signal à la sortie du filtre.

## 19 Échantillonnage

On échantillonne le signal étudié à l'exercice 14 avec une fréquence $F_e = 20$ kHz.

**1.** Indiquer si cette valeur est bien choisie et justifier la réponse.

**2.** Chaque échantillon est codé sur 8 bits. Calculer le nombre de bits correspondant à un enregistrement du signal pendant une durée de 1 min.

## 20 Niveau de carburant

Le calculateur « habitacle » qui gère la jauge d'essence possède en entrée un convertisseur analogique/numérique 10 bits auquel on fournit une tension de référence de précision $V_{ref} = 5{,}00$ V qui détermine la plage de tension de conversion.

**1.** Calculer la valeur du quantum $q$.

**2.** Déterminer le nombre délivré par le convertisseur lorsque l'on arrive sur la « réserve » d'essence ; la jauge délivre alors une tension de 4,34 V.

# Exercices d'entraînement

## 21 Un CAN sous pression

Un mécanicien automobile relève la tension fournie par le capteur mesurant la pression de l'essence entrant dans la rampe commune d'injection COMMON RAIL d'un moteur diesel.

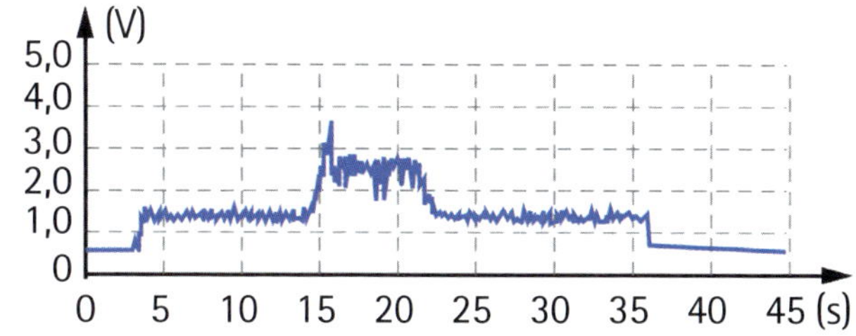


**1.** Sur le relevé du capteur apparaissent des parasites. Quel type de filtre placé avant le CAN permet de les atténuer fortement ?

**2.** Les caractéristiques du CAN placé en entrée du calculateur gérant les paramètres moteur sont les suivantes : 14 bits, tension de référence de 5,00 V.

**a.** Calculer le quantum de ce CAN.

**b.** Quelle est l'erreur de quantification maximale introduite par cette conversion analogique/numérique ?

**3.** On a relevé la caractéristique du capteur de pression :

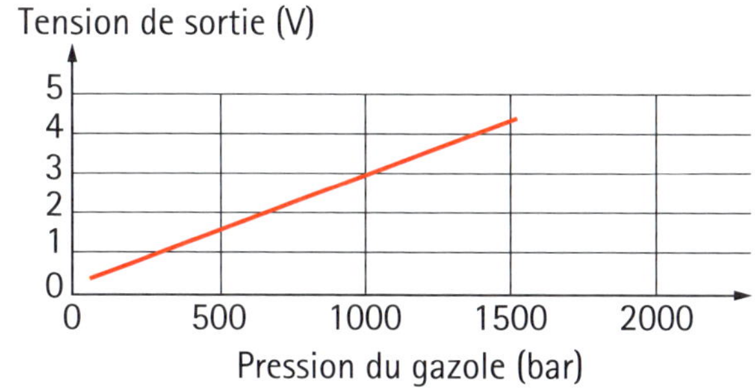


**a.** Mesurer sa sensibilité.

**b.** Quelle est la pression maximale atteinte lors de l'essai précédent ?

## 22 Mesure de température des gaz d'échappement du réacteur

La température des gaz d'échappement d'un réacteur d'avion est mesurée à l'aide de neuf thermocouples situés dans la zone Basse Pression du réacteur.

La constante $K$ du thermocouple chromel/alumel vaut 41 $\mu V \cdot K^{-1}$.

Exercice avec résultat (page 269)

La sonde est compensée à 0 °C, c'est-à-dire que la tension délivrée par le thermocouple à cette température est nulle.

**1.** Déterminer la tension délivrée par le thermocouple correspondant à la température extrême $\theta_{max} = 1\,100$ °C.

Les neuf thermocouples donnent les valeurs suivantes en mV :

| | | | | | | | | |
|---|---|---|---|---|---|---|---|---|
| 27,6 | 27,9 | 27,1 | 28,2 | 29,1 | 27,8 | 27,7 | 28,0 | 27,3 |

**a.** Calculer la valeur moyenne des mesures réalisées et en déduire la mesure de la température $\theta_m$ des gaz d'échappement du réacteur.

**b.** L'incertitude $\delta\theta$ sur la mesure de la température $\theta_m$ est donnée par : $\delta\theta = \frac{s}{\sqrt{N}}$ où $N$ est le nombre de mesures réalisées et $s$ l'écart-type de la série de mesures,

avec : $s = \sqrt{\frac{\sum_{i=1}^{N}(\theta - \theta_m)^2}{N-1}}$.

Calculer la valeur de l'incertitude $\delta\theta$.

**2.** Après une amplification par 100 de la tension générée par le thermocouple, un convertisseur 12 bits de tension de référence de 5,00 V effectue la numérisation.

**a.** Déterminer le quantum noté $q$ correspondant.

**b.** Quel nombre, exprimé en décimal, délivre le CAN pour la valeur mesurée $\theta_m$ ?

## 23 OBJECTIF BAC Clignotant

Lorsque l'on active le clignotant sur le commodo d'une C3, la valeur moyenne de la tension du fil n° 2 930 qui est relié au calculateur habitacle vaut 3,725 V pour le clignotant droit et 1,244 V pour le clignotant gauche.

| | Tension (V) |
|---|---|
| Clignotant gauche | 3,725 |
| Clignotant droit | 1,244 |

Juste avant la numérisation de cette tension est inséré un filtre afin d'éliminer les parasites qui se superposent au signal. On a représenté les spectres de la tension avant et après filtrage.

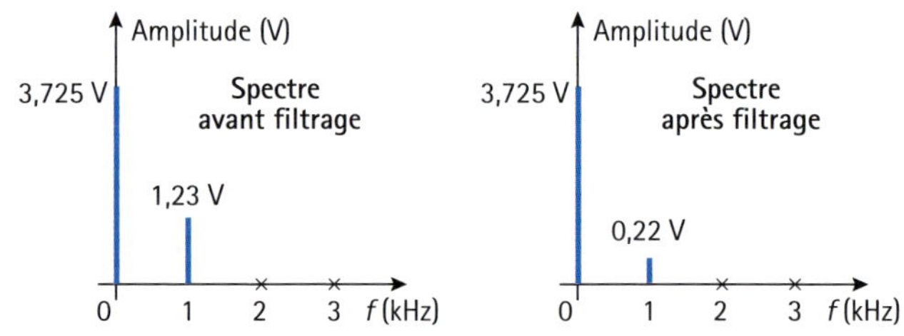


**1.** Observer le spectre en entrée du filtre et en déduire la position de clignotant demandée par le conducteur.

**2.** En comparant les deux spectres, déterminer le type de filtre utilisé et en déduire la valeur du coefficient d'amplification apporté par ce filtre pour la raie parasite de fréquence 1 kHz.

**3.** Pour numériser la tension filtrée, on utilise un CAN 8 bits dont la plage de conversion va de 0 V à 5,00 V.

**a.** Calculer le quantum du CAN.

**b.** Quelles sont les deux valeurs en décimales fournies par le CAN pour les deux positions du clignotant ?

## 24 It's in English

The harmonic analysis of the tension $u(t)$ delivered by a sensor produced the following spectrum:

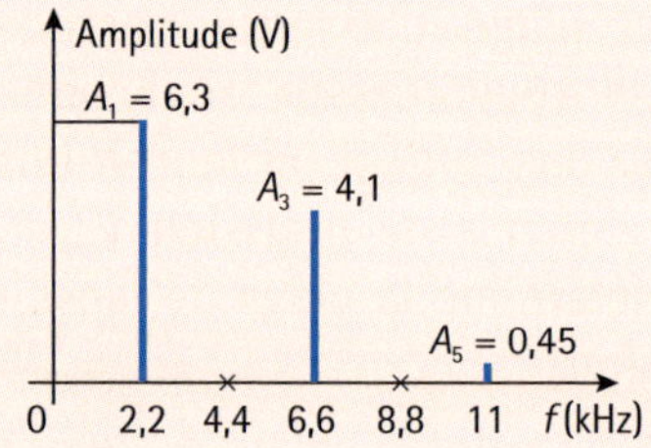


**1.** What is the value of the frequency of the signal delivered by the sensor?

**2.** What is the amplitude of harmonic 3 and harmonic 4?

**3.** A filter is used to obtain the signal corresponding to the fundamental frequency.

What type of filter must be chosen and what must its cut-off frequency be?

**Entraînement n° 1**

# Véhicule à propulsion électrique

L'Opel Ampera est un véhicule hybride qui peut se recharger sur le réseau électrique domestique (230 volts/16 A) en quatre heures et qui est doté d'un réservoir de carburant de 35 L. La batterie, de type lithium-ion, composée de 288 accumulateurs (associés en série) est capable de stocker jusqu'à 16 kWh d'énergie.
Ce véhicule peut fonctionner en tout électrique sur un parcours d'environ 60 km. Lorsque la batterie est faible, un moteur thermique, qui fonctionne à régime constant optimisé, est utilisé pour produire le courant qui alimente le moteur électrique. L'autonomie du véhicule est alors de 500 km.

## 1. Énergie stockée dans le réservoir

**a)** Indiquer si le moteur thermique est utilisé comme force propulsive directe.

**b)** La combustion de l'essence libère une énergie $\Delta H = 3{,}5 \times 10^7\ J \cdot L^{-1}$. Calculer la quantité d'énergie disponible dans le réservoir.

**c)** Indiquer un danger possible en cas d'accident avec ce type de véhicule.

## 2. Énergie stockée dans la batterie

**a)** La tension nominale d'un accumulateur lithium-ion est de 3,6 V. Indiquer la tension de la batterie utilisée dans ce véhicule. En déduire un autre danger possible en cas d'accident avec ce type de véhicule.

**b)** Calculer en joules l'énergie $E_{bat}$ qui peut être stockée dans cette batterie.

**c)** Déduire des résultats précédant la quantité d'électricité $Q_{bat}$ stockée dans la batterie.

**d)** Déterminer la valeur de l'intensité I du courant lors de la de charge.

**e)** Indiquer pourquoi la batterie n'est pas chargée avec un courant d'intensité de 16 A.

## 3. Autonomie

**a)** Calculer la quantité d'énergie moyenne $E_{moyE}$ consommée par km parcourue lorsque le véhicule fonctionne en « tout électrique ».

**b)** Calculer la quantité d'énergie moyenne $E_{moyT}$ consommée par km parcourue lorsque la batterie est faible et que le moteur thermique fonctionne.

**c)** Utiliser la notion de rendement pour justifier la différence entre les deux résultats précédents.

**d)** Indiquer l'intérêt d'un « moteur thermique, qui fonctionne à régime constant optimisé ».

## 4. Et après...

Le lithium peut être toxique et les batteries en fin de vie doivent obligatoirement être recyclées, il est alors utile de connaître alors la masse de lithium qu'elles contiennent.

**a)** On considère que le lithium appartient au couple $Li^+/Li$.
Écrire l'équation électronique correspondante.

**b)** Chaque accumulateur peut échanger une charge de $5{,}5 \times 10^4$ C.
On rappelle qu'un faraday est égal à $9{,}6 \times 10^4\ C \cdot mol^{-1}$.
En déduire la quantité d'électrons ne qui peut traverser chaque accumulateur.

**c)** La masse molaire du lithium est $M_{Li} = 36{,}9\ g \cdot mol^{-1}$.
En déduire la masse de lithium consommé dans chaque accumulateur.

**d)** En déduire la masse totale de lithium mLi à recycler pour une batterie.

## Entraînement n°2

# Limiter les vitesses sur les autoroutes pour économiser le carburant ?

Une vitesse réduite améliore considérablement la sécurité sur les routes, mais permet également de faire des économies de carburant. C'est pourquoi depuis le printemps 2011 la vitesse maximale autorisée sur autoroute en Espagne est passée de 120 à 110 $km \cdot h^{-1}$. Selon le gouvernement de ce pays, très dépendant des importations d'hydrocarbures, une telle mesure permettrait une économie de 11 à 15 % de la facture énergétique.

On se propose de vérifier les indications du texte en évaluant la consommation d'une voiture à essence sur autoroute pour les deux vitesses limites indiquée. On considère comme système la {voiture} lorsque celle-ci se déplace à une vitesse constante sur une route droite et horizontale sur une distance $d$ = 100 km.

### 1. Forces exercées sur la voiture

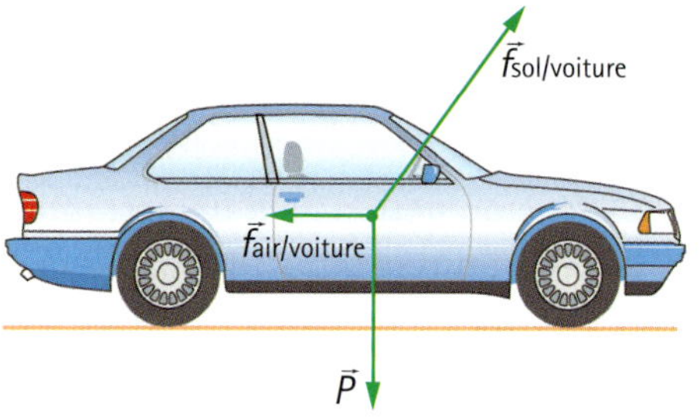


**a)** Que peut-on dire, dans le cas étudié, des forces exercées sur la voiture ?

**b)** La force de résistance exercée par l'air sur la voiture est associée à une force de frottement fluide de valeur $f_{air/voiture} = k \cdot v^2$ ; où $k$ est une constante et $v$ la valeur de la vitesse de la voiture.
Indiquer les paramètres, optimisés par les constructeurs, qui ont une influence sur la valeur de ce coefficient de frottement $k$.

### 2. Travail « moteur »

On cherche à estimer l'énergie nécessaire pour parcourir la distance d pour chacune les deux vitesses limites. On considère que le travail du moteur, qui compense la force de frottement fluide, est égal à $W(\vec{f}_{route/voiture}) = k \cdot v^2 \cdot d$.

Pour la voiture étudiée, la valeur de k est prise égale à 0,40 $N^2 \cdot s^2 \cdot m$ .

Calculer les valeurs des travaux $W_1$ et $W_2$ du moteur pour un parcours de distance $d$ à chacune des deux vitesses $v_1$ = 110 $km \cdot h^{-1}$ et $v_2$ = 120 $km \cdot h^{-1}$.

### 3. Consommation en carburant

On cherche à estimer, et à comparer, la consommation en carburant pour les deux vitesses limites.

**a)** Décrire les étapes conduisant, dans une voiture, de la combustion du carburant à l'énergie mécanique.

**b)** Le rendement total d'une voiture dotée d'un moteur thermique à essence est de l'ordre de 20 %.
Vérifier, en utilisant les résultats du 2., que le carburant doit fournir, pour 100 km, une énergie $E_1 = 1{,}9 \times 10^8$ J pour le parcours à la vitesse $v_1$ et une énergie $E_2 = 2{,}2 \times 10^8$ J pour le parcours à vitesse $v_2$.

**c)** L'énergie libérée lors de la combustion de l'essence est $\Delta H$ = 35,5 $MJ \cdot L^{-1}$.
En déduire les consommations pour les 100 km parcourus à chacune des deux vitesses limites. Calculer, en pourcentage, l'économie de carburant résultant de la réduction de la vitesse limite. Comparer ce résultat aux valeurs proposées dans le texte introductif et conclure

**Sujet type bac**

# Comment choisir un vélo électrique adapté à ses besoins ?

## Document 1

| | |
|---|---|
| Cadre : | Aluminium type sloping |
| Tailles (H/F) : | 53/58 |
| Fourche : | Trekking Carbone |
| Cintre : | VTT, cdes de puissance : continue et maximum |
| Pédales : | choix : plates sport, cale-pied, mixtes automatiques |
| Selle : | au choix |
| Transmission : | au choix : Shimano 3x8 Vit, 3x9 Vit., moyeu Nexus 8 Vit. intégrées |
| Pneus : | Schwalbe Marathon Plus, taille 25 ou 28 |
| Garde-boue : | Avant et Arrière |
| Porte-bagages : | Monté |
| Béquille : | Option: Fourche centrale alu |
| Eclairage : | Halogène avant, diodes arrière, à piles |
| Compteur : | 7 fonctions, sans fil, installé |
| Autres accessoires : | sonnette, porte-bidon et bidon |
| **Système Cybien** | |
| Moteur : | 2 moteurs débrayables puissance totale 250W |
| Batterie : | 16Ah, 25,9V Lithium-Polymère, 800 cycles |
| Chargeur : | sur 220V ou/et en option sur 12V |
| Poids : | 22,60 Kg (vélo "Tiagra" complet avec pédales) |
| Autonomie : | 70 km sur parcours vallonné |
| Prix : | nous consulter |
| Garantie : | cadre 5 ans, système Cybien 1 an, 1 révision gratuite à 1000km ou pdt la 1ère année |
| Eclairage en sus | Eclairage sur accumulateur 12V 5W halogène à l'avant et diodes à l'arrière (option) |

## Document 2 : Caractéristiques - Réservélec (batterie des vélos Cybien)

Les éléments électroniques et électrochimiques sont protégés par un boitier aliminum, très solide.

Stockage de l'énergie: Lithium-polymère
Capacité : 16Ah
Tension : 25,9 Volts
Coût d'une recharge : 0,05 euro
Poids du pack Li-Po : 2,5 kg
Durée de vie : 800 cycles
Le lithium-polymère n'est pas sujet à l'effet "mémoire", à chaque cycle la décharge peut être partielle ou totale. Avec 800 cycles, plus de 50 000 km sont envisageables.

**Quelques informations :**

- Le stockage de même capacité avec une batterie au plomb aurait un poids de 20 kg et une durée de vie de 300 cycles.

## Document 3 : Caractéristiques - Performances

**Contexte légal** : « cycles à pédalage assisté, ... moteur auxiliaire... puissance maximale continue de 250 W.... vitesse de 25km/h...pendant le pédalage ».

**La puissance développée par le cycliste** en Watts (W) (valeur de fond et non valeur de pointe) : d'après des études, la moyenne des humains en bonne santé développe 90 W.
Pour connaître sa propre puissance, il y a divers moyens : test à l'effort, indication sur home-trainer ou encore par la connaissance de votre vitesse sur le plat sans vent pour avoir un ordre de grandeur :
18 km/h = 40 W
24 km/h = 80 W
29 km/h =120 W
33 km/h = 160 W
36 km/h = 210 W

Le tableau ci-dessous permet d'apprécier les **performances apportées par Cybien dans une côte** à 5 % (ou 3°). C'est une comparaison approchée, mais réaliste. Nous présentons divers cyclistes, avec un vélo traditionnel puis les mêmes avec un vélo Cybien.

| | | Performances avec vélo traditionnel | | | Performances avec vélo Cybien | |
|---|---|---|---|---|---|---|
| Poids cycliste (kg) | Puissance | Sur le plat sans vent | Sur le plat vent face 18 km/h | Pente 5 % sans vent | Pente 5 % sans vent | Puissance apportée (Watts) |
| 60 | 80 | 24 km/h | 16 km/h | 7 km/h | 23,5 km/h | 240 |
| 70 | 180 | 34 km/h | 24 km/h | 14.5 km/h | 24 km/h | 170 |
| 80 | 120 | 29 km/h | 19 km/h | 9km/h | 21,6 km/h | 230 |
| 90 | 90 | 25 km/h | 16 km/h | 6 km/h | 15 km/h | 165 |
| 90 | 150 | 31 km/h | 21 km/h | 9,7 kmlh | 21,4 km/h | 230 |

**En pratique**, les cyclistes vont souvent un peu plus vite que ce qui est indiqué dans le tableau, parce qu'ils forcent, au-delà de leur puissance de fond!
Avec un vélo Cybien, on arrive à bonne allure au sommet sans essoufflement.
Plus besoin de phase de récupération, ce **plus**, donne de l'aisance sur le plat et dans la descente. C'est l'**une des originalités** des vélos Cybien qui, par le débrayage des moteurs au-dessus de 25km/h, préservent les performances du cycliste.
Dans la gamme sport, nous proposons des transmissions et moyeux de roues haut de gamme (Shimano Ultegra), pour une résistance au roulement encore plus faible!

*Source :* Cybien

M. Martin désire se rendre à son travail tous les jours. Sa masse corporelle vaut 90 kg, il est en bonne santé et se situe physiquement dans la moyenne. Son trajet aller de 7 km est vallonné, il comporte plusieurs pentes de 5 %. Il met actuellement entre 46 et 47 minutes sur son vélo classique pour effectuer le trajet aller, et souhaiterait au moins gagner 50 % sur son temps de trajet. D'autre part, il souhaiterait que la batterie de son futur vélo dure au moins 5 ans, et avoir de la souplesse sur les périodes de recharges.

Après lecture du document joint, répondez aux questions suivantes en vous appuyant sur vos connaissances acquises.

**1)** M. Martin aimerait pouvoir rouler à la vitesse de 30 $km \cdot h^{-1}$ en bénéficiant de la puissance des moteurs électriques. Est-ce réaliste ?

**2)** Quel gain de temps sur un trajet aller M. Martin peut-il espérer gagner en utilisant ce vélo électrique par rapport à un vélo normal ?

**3)** En supposant 5 allers-retours hebdomadaires, combien de recharges de batterie doit-il prévoir par semaine ? Au bout de combien de temps devra-t-il changer de batterie s'il travaille 45 semaines par ans ?

**4)** M. Martin ne veut surtout pas se retrouver à pédaler sans assistance des moteurs. Peut-il recharger la batterie de son vélo tous les soirs ?

**5)** Le modèle choisit convient-il sur tous les critères de M. Martin ?

THÈME 3

# Santé

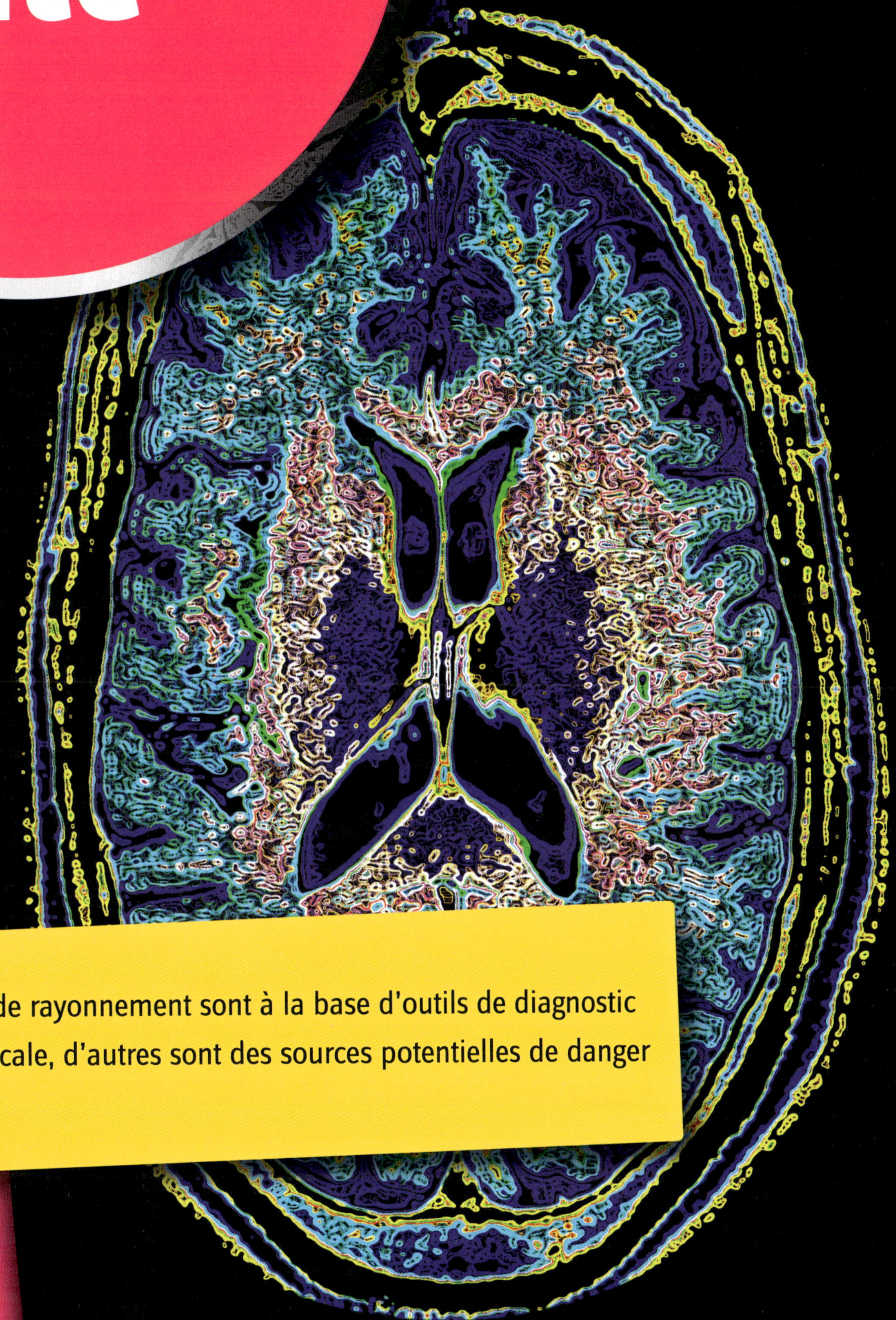

Certains types de rayonnement sont à la base d'outils de diagnostic en imagerie médicale, d'autres sont des sources potentielles de danger pour la santé.

THÈME 3 **Santé**

CHAPITRE 14

# Champ magnétique

L'imagerie par résonance magnétique (IRM) permet de visualiser les différents organes du corps humain. Elle permet d'obtenir des images d'une grande qualité qui aident au diagnostic des tumeurs.

→ **Quel dispositif utilise-t-on pour produire un champ magnétique à l'aide d'un courant ? Comment produire un champ magnétique intense dans le cas de l'IRM ?**

**Capacités**

- Connaître les différentes sources de champ magnétique et savoir les détecter.
- Mesurer les caractéristiques d'un champ magnétique.
- Connaître les ordres de grandeur des intensités des champs magnétiques utilisés dans différents domaines.

# Découvrir

1 *Activité expérimentale*

## Comment caractériser le champ magnétique créé par un aimant ?

Un aimant crée un champ magnétique statique dans son voisinage. Il est constitué d'un pôle Nord et d'un pôle Sud. Pour visualiser le champ magnétique créé par un aimant, on utilise une aiguille aimantée qui va indiquer la direction et le sens de ce champ.

### Dispositif expérimental

On dispose d'un aimant droit avec repère des pôles, d'une plaque transparente contenant un grand nombre d'aiguilles aimantées mobiles et d'un teslamètre.

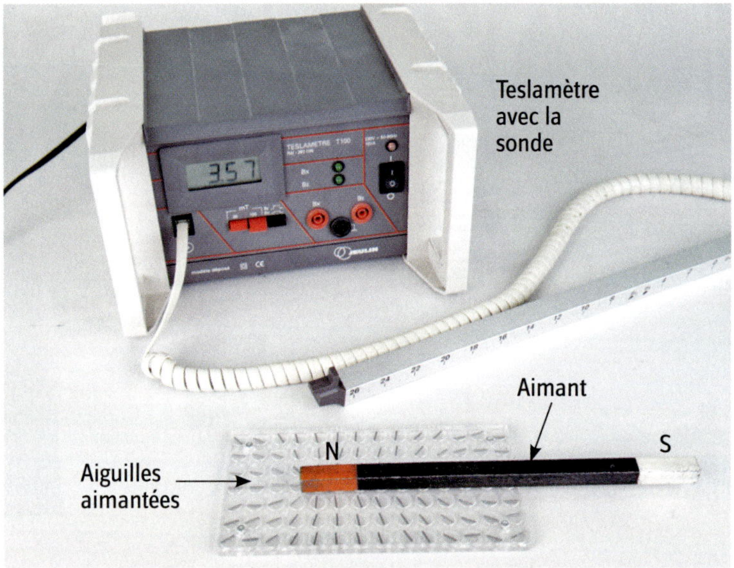


▲ *Photo du dispositif expérimental.*

Les pôles identiques d'un aimant se repoussent. Les pôles contraires s'attirent.

### Réaliser et observer

- Placer l'aimant droit sur la plaque transparente.
- Observer l'orientation des aiguilles aimantées. Les lignes formées par les aiguilles aimantées s'appellent les lignes de champ magnétique de l'aimant.
- Dessiner l'aimant droit et ses lignes de champ magnétique.
- À l'aide de la sonde du teslamètre, mesurer l'intensité $B$ du champ magnétique pour plusieurs points d'une ligne de champ.

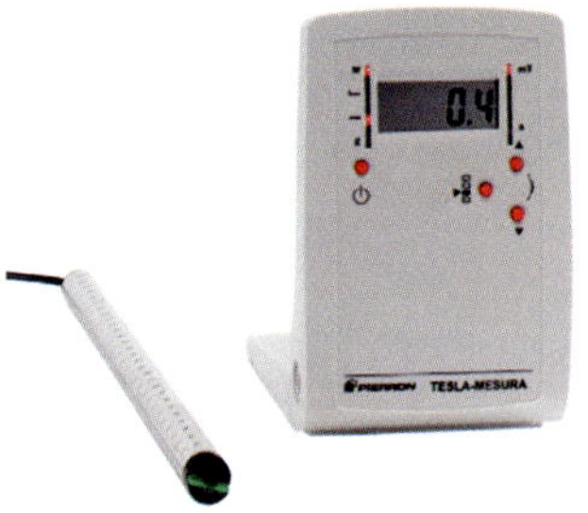

▲ *Un teslamètre permet de mesurer l'intensité du champ magnétique en un point. Celle-ci s'exprime en teslas.*

### Exploiter

**1.** Orienter les lignes de champ sachant qu'elles partent du pôle Nord de l'aimant et qu'elles se dirigent vers son pôle Sud.

**2.** Sachant que $\overrightarrow{B}$ est toujours tangent aux lignes de champ, représenter le vecteur champ magnétique $\overrightarrow{B}$ pour quelques points d'une ligne de champ.

**3.** L'intensité du champ magnétique est-elle constante le long d'une ligne de champ ?

2 Activité expérimentale

## Une bobine parcourue par un courant électrique crée-t-elle un champ magnétique ?

À l'aide d'une bobine parcourue par un courant électrique, on peut dévier un faisceau d'électrons. Ce phénomène est utilisé dans les microscopes électroniques pour focaliser les faisceaux d'électrons comme le fait une lentille en verre avec la lumière.

### Dispositif expérimental

On dispose d'une bobine, d'une alimentation continue, d'un ampèremètre et d'une aiguille aimantée.

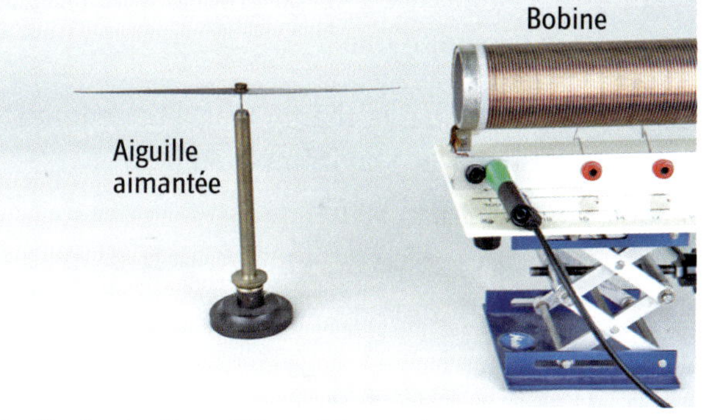

▲ *Photo du dispositif expérimental.*

### Réaliser et observer

- Placer l'aiguille aimantée à l'intérieur de la bobine et noter sa direction et son sens.
- Alimenter la bobine à l'aide de l'alimentation continue et la régler pour qu'elle débite un courant de l'ordre de 5 A.
- Repérer la nouvelle position de l'aiguille aimantée en notant sa direction et son sens.
- Après avoir ôté l'aiguille aimantée, saupoudrer la bobine avec la poudre de fer et observer les lignes de champ magnétique.
- Refaire les deux expériences en inversant les bornes de l'alimentation.

### Exploiter

1. La bobine parcourue par un courant produit-elle un champ magnétique ? Justifier.
2. Représenter les lignes de champ magnétique créées par la bobine et les orienter.
3. Quel est l'effet produit par le changement de sens du courant électrique dans le circuit ?

**Quel dispositif utilise-t-on pour produire un champ magnétique à l'aide d'un courant ?**

Santé

3 Démarche d'investigation

## Comment évolue l'intensité du champ magnétique lorsque l'on s'éloigne d'un aimant ?

On dispose d'un aimant droit et d'un teslamètre. On souhaite connaître les variations de l'intensité du champ magnétique en fonction de la distance par rapport au pôle d'un aimant.

### Travail à réaliser

1. Proposer un protocole expérimental pour répondre à la question posée.
2. Réaliser les mesures prévues et tracer la courbe $B(x)$ à l'aide d'un tableur.
3. Modéliser $B(x)$ et répondre à la question initiale.

# 1 Sources de champ magnétique

## a) Champ magnétique terrestre

La Terre est une source de champ magnétique. Ce dernier peut être modélisé à l'aide d'un **aimant droit dont le pôle Sud est dirigé vers le pôle Nord géographique**.

En un point du globe, le champ magnétique terrestre fait un angle $I$, appelé inclinaison, avec l'horizontale du lieu.

À Paris, $I = 60°$ et $B = 50\ \mu T$.

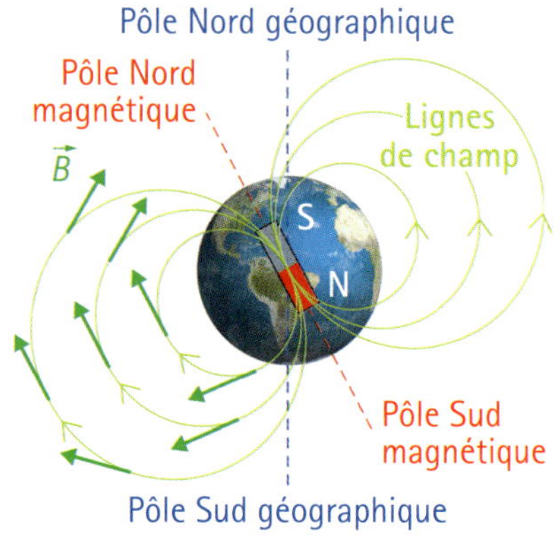


▲ *Modèle magnétique de la Terre. La valeur du champ magnétique varie suivant le lieu géographique et est comprise entre 20 μT et 70 μT.*

## b) Aimants permanents

Il existe quatre catégories principales d'aimants permanents. On trouve du moins puissant au plus puissant :

| | Points positifs | Points négatifs | $Br$ (T) | $\theta_{max}$ (°C) | $\theta_{Curie}$ (°C) |
|---|---|---|---|---|---|
| **Ferrite** | Faible coût, bonne tenue en température | Faible champ magnétique | 0,39 | 280 | 460 |
| Aluminium-Nickel-Cobalt **Alnico** | Faible coût, haute tenue en température | Démagnétisable par un champ externe fort | 1,25 | 540 | 800 |
| Samarium-Cobalt dit « terres rares » **SmCo** | Puissant, bonne tenue en température | Température limitée à 300 °C, fragile, coût élevé | 1,05 | 300 | 750 |
| Néodyme-Fer-Bore dit « terres rares » **NdFeB** | Le plus puissant | Température limitée à 80 °C, fragile, coût élevé | 1,28 | 80 | 310 |

***Br*** : valeur du **champ magnétique résiduel** (en teslas) que l'aimant est capable de produire après magnétisation.
$\theta_{max}$ : **température maximale** de fonctionnement de l'aimant. Si l'aimant est porté à une température un peu supérieure à $\theta_{max}$, il retrouve ses propriétés magnétiques lorsqu'on le refroidit.

$\theta_{Curie}$ : **température de curie.** C'est la température à partir de laquelle l'aimant est démagnétisé.

## c) Circuits parcourus par des courants

• Un circuit parcouru par un courant électrique est une source de champ magnétique. Si le courant est continu, le circuit crée un **champ magnétique statique**. Si le courant est sinusoïdal de fréquence $f$, le champ magnétique créé sera variable au cours du temps, sinusoïdal et de même fréquence. La valeur de $B$ créé par un courant dans un circuit dépend :
- de la géométrie du circuit ;
- du point de mesure ;
- de l'intensité $I$ du courant.

• Si le circuit n'est pas bobiné sur un matériau magnétique, la valeur de $B$ est donnée par :

$$B = k \cdot I$$

$B$ : champ magnétique en teslas (T)
$k$ : constante qui dépend du circuit en teslas par ampère ($T \cdot A^{-1}$)
$I$ : intensité du courant électrique en ampères (A)

## 2 Vecteur champ magnétique $\vec{B}$

### a) Champ magnétique terrestre

Le champ magnétique en un point de l'espace est caractérisé par le **vecteur champ magnétique $\vec{B}$**.

- La direction de $\vec{B}$ est celle de l'axe d'une aiguille aimantée.
- Le sens de $\vec{B}$ va du pôle Sud de l'aiguille aimantée vers son pôle Nord.
- La valeur de $B$ s'exprime en teslas (T) et se mesure avec un teslamètre.

▲ *Vecteur champ magnétique.*

### b) Lignes de champ magnétique

Une **ligne de champ magnétique** est une ligne tangente en chacun de ses points au vecteur $\vec{B}$.

- Elle est orientée par une flèche dans le sens du champ.
- Pour un aimant, elle est orientée du pôle nord vers le pôle sud.
- Les lignes se resserrent dans les régions où le champ est intense.
- Elles sont parallèles entre elles dans les régions de champ uniforme.

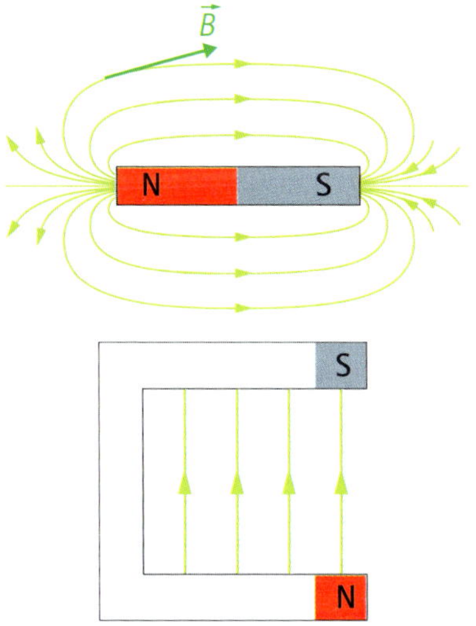


▲ *Lignes de champ.*

### c) Champ magnétique créé par un solénoïde

Un **solénoïde** est une bobine constituée de $N$ spires et de longueur $\ell$ grande devant son rayon. Lorsqu'il est alimenté et parcouru par un courant d'intensité $I$, le solénoïde se comporte comme un aimant. Le champ magnétique est pratiquement uniforme à l'intérieur du solénoïde et dirigé suivant l'axe du solénoïde. La valeur de $B$ à l'intérieur est donnée par :

$$B = \mu_0 \frac{N}{\ell} I$$

$B$ : valeur du champ magnétique en teslas (T)
$I$ : intensité du courant électrique en ampères (A)
$N$ : nombre de spires
$\ell$ : longueur du solénoïde en mètres (m)
$\mu_0 = 4\pi \times 10^{-7}$ H·m$^{-1}$ (henrys par mètre)

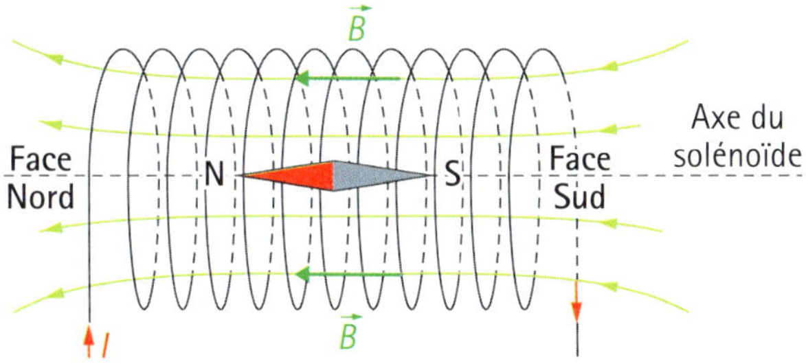


*Spectre magnétique d'un solénoïde.* ▶

### d) Mesure du champ magnétique

La valeur du champ magnétique se mesure avec un **teslamètre**. Les teslamètres de laboratoire permettent de mesurer des champs magnétiques statiques compris entre 0,1 mT et 100 mT.

*Exemple de valeurs de champ magnétique.* ▶

| Source | Champ (T) |
|---|---|
| Champ magnétique terrestre | $50 \times 10^{-6}$ à Paris |
| Aimant supraconducteur | 10 |
| Grand électroaimant de laboratoire | 5 |
| Petit aimant en céramique (à proximité) | 1 |
| Aimant droit (près des pôles) | $10^{-2}$ |
| Téléviseur | $10^{-4}$ |
| Ligne haute tension | $0,5 \times 10^{-4}$ |

Santé

## 3 Utilisation de champs magnétiques

### a) Électroaimants

Un électroaimant est constitué d'une bobine associée à un matériau ferromagnétique qui permet d'augmenter l'intensité du champ magnétique produit en canalisant les lignes de champ. Quand **l'électroaimant** est alimenté, il **crée un champ magnétique**. Celui-ci peut être utilisé pour produire une force électromagnétique qui attire des pièces contenant du fer ou du nickel.

▲ *Dans les chantiers, l'électroaimant est souvent utilisé pour évacuer la ferraille.*

### b) Plaques à induction

Les plaques à induction sont des plaques de cuisson utilisant un champ magnétique variable pour produire des courants qui vont convertir par effet Joule l'énergie électrique en chaleur dans le récipient.

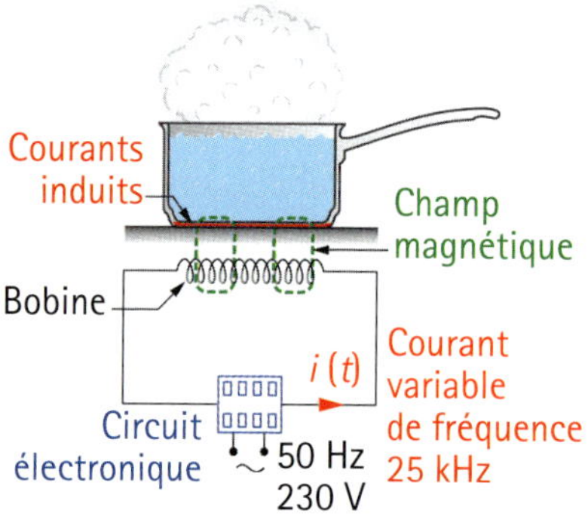


▲ *Fonctionnement d'une plaque à induction.*

### c) IRM (voir « Extraire l'information utile »)

### d) Effets sur la santé

La Commission internationale de Protection contre le Rayonnement non ionisant recommande, dans le cadre professionnel, une limite d'exposition au cours d'une journée de travail de 200 mT, avec une valeur maximale de 2 T. **Une limite de 40 mT est fixée pour l'exposition continue du grand public.** Une personne qui se déplace dans un champ magnétique supérieur à 2 T peut présenter des sensations de vertige et des nausées.
Les champs magnétiques statiques ont aussi un effet sur les dispositifs métalliques implantés dans l'organisme tels que les *pacemakers*. Il est conseillé à ceux qui en portent d'éviter les endroits où le champ magnétique dépasse 0,5 mT.

| Appareil | À 3 cm (µT) | À 30 cm (µT) | À 1 m (µT) |
|---|---|---|---|
| Aspirateur | 200-800 | 2-20 | 0,13-2 |
| Tube fluorescent | 40-400 | 0,5-2 | 0,02-0,25 |
| Four micro-ondes | 73-23 | 4-8 | 0,25-0,6 |
| Lave-linge | 0,8-50 | 0,15-3 | 0,01-0,15 |
| Ordinateur | 0,5-30 | < 0,01 | |
| Téléviseur couleur | 2,5-50 | 0,04-2 | 0,01-015 |

▲ *Valeurs caractéristiques de l'intensité du champ magnétique à diverses distances de certains appareils électriques.*

**It's in English**

- Champ magnétique : *magnetic field*
- Aiguille aimantée : *magnetized needle*
- Ligne de champ : *field line*
- Aimant : *magnet*
- Bobine : *coil or solenoid electromagnet*
- Spectre magnétique : *magnetic spectrum*

# L'essentiel

- **La Terre est une source de champ magnétique**. On peut modéliser son champ magnétique à l'aide d'un aimant droit dont le pôle Sud est dirigé vers le pôle Nord géographique.

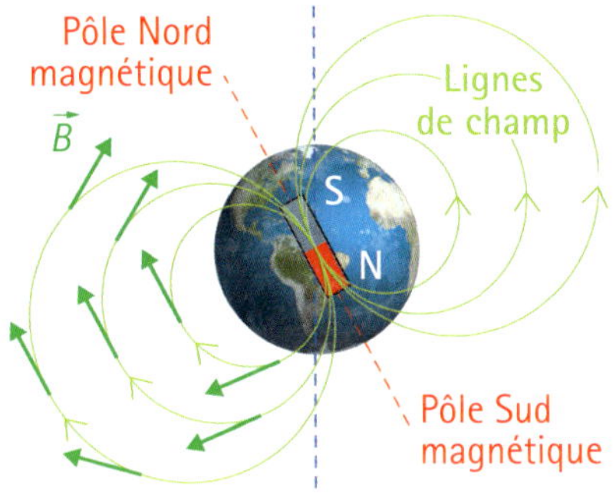


- **Les aimants permanents** sont fabriqués à l'aide de matériaux ayant des propriétés magnétiques (fer, ferrite). Ils peuvent produire à leur voisinage des champs magnétiques d'une valeur qui peut atteindre 1 tesla.

- **Un circuit parcouru par un courant électrique** est une source de champ magnétique. Si le courant électrique est continu, le circuit crée un champ magnétique statique. Si le courant est sinusoïdal de fréquence $f$, le champ magnétique créé sera variable au cours du temps, sinusoïdal et de même fréquence.

- **La valeur de $B$ créé par un courant** dans un circuit dépend de la géométrie du circuit, du point de mesure et de l'intensité $I$ du courant. Si le circuit n'est pas bobiné sur un matériau magnétique, la valeur de $B$ est donnée par :

$$B = k \cdot I$$

$B$ : champ magnétique en teslas (T)
$k$ : constante qui dépend du circuit en teslas par ampère ($T \cdot A^{-1}$)
$I$ : intensité du courant électrique en ampères (A)

- **Le champ magnétique en un point de l'espace** est caractérisé par le **vecteur champ magnétique $\vec{B}$** :
  - sa direction est celle de l'axe d'une aiguille aimantée ;
  - son sens va du pôle Sud de l'aiguille aimantée vers son pôle Nord ;
  - sa valeur s'exprime en teslas (T).

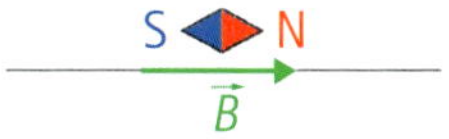


- **Une ligne de champ magnétique** est une ligne tangente en chacun de ses points au vecteur $\vec{B}$ :
  - elle est orientée par une flèche dans le sens du champ ;
  - pour un aimant, elle est orientée du pôle Nord vers le pôle Sud ;
  - les lignes se resserrent dans les régions où le champ est intense ;
  - elles sont parallèles entre elles dans les régions de champ uniforme.

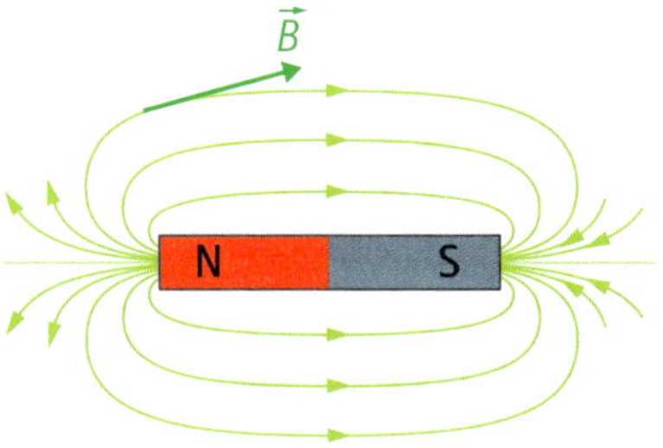


- **La valeur du champ magnétique** se mesure avec un teslamètre.

| | Champ (T) |
|---|---|
| Étoile à neutrons (à sa surface) | $10^8$ |
| Aimant supraconducteur | 10 |
| Grand électroaimant de laboratoire | 5 |
| Petit aimant en céramique (à proximité) | 1 |
| Aimant droit (près des pôles) | $10^{-2}$ |
| Téléviseur | $10^{-4}$ |
| Ligne haute tension | $0,5 \times 10^{-4}$ |

Santé

# Extraire l'information utile

## L'imagerie par résonance magnétique : IRM

### • Le principe

L'IRM est basée sur les propriétés magnétiques du noyau d'hydrogène présent dans les tissus biologiques. Les noyaux d'hydrogène se comportent alors comme des petits aimants.

Lorsqu'un patient passe une IRM, dans un premier temps il est soumis à un champ magnétique intense et constant obtenu à l'aide de bobines supraconductrices. Les noyaux des atomes d'hydrogène s'orientent selon la direction et le sens du champ magnétique statique.

Puis, on envoie une impulsion électromagnétique Radio Fréquence (RF) qui provoque un basculement de l'orientation des noyaux. C'est le phénomène de résonance magnétique nucléaire. Par exemple, pour un champ magnétique de 1,5 T, la fréquence de l'onde RF doit être de 63,9 MHz.

**Résonance magnétique nucléaire**

1 Les noyaux sont dotés d'un moment magnétique, appelé « spin ».

2 Dans un champ magnétique, le spin se comporte comme une aiguille aimantée qui s'oriente dans la direction du champ.

3 Si on lui applique alors une série d'ondes radio, son orientation bascule.

4 À la fin de chacune de ces impulsions, le spin retourne spontanément à sa position initiale (image 2) en émettant une onde de la même fréquence que celle qui l'a désorienté. On dit que le noyau entre en résonance.

*Source* : CEA

Après l'arrêt de l'émission des ondes RF, les noyaux d'hydrogène reviennent à leur état d'équilibre au bout d'un temps appelé temps de relaxation $T_{relax}$. Ils restituent alors une onde de même fréquence captée par un réseau d'antennes et traitée par un système informatique. Le temps de relaxation $T_{relax}$ dépend de l'environnement des tissus analysés et permet de reconstituer une image des organes en 2D ou en 3D.

Pour produire un champ magnétique de plusieurs teslas, on utilise des électro-aimants supraconducteurs refroidis à l'aide d'hélium liquide qui maintient une température de 4 K. Les conducteurs ont alors une résistance électrique nulle qui permet de faire circuler un courant d'une grande intensité (de 30 A à 90 A) sans pertes par effet Joule.

| | |
|---|---|
| **Eau** | 3 s |
| **Graisse** | 200 ms |
| **Foie** | 500 ms |
| **Muscle** | 800 ms |
| **Cerveau** | 850 ms |

▲ *Temps de relaxation des milieux biologiques pour B = 1,5 T*

### • L'examen

L'IRM est un examen médical non invasif et indolore qui n'utilise pas de rayonnement ionisant. Elle est plus performante que la radiographie ou le scanner et permet d'atteindre une résolution spatiale de l'ordre du millimètre.

**Exploiter**

**1.** Quels sont les avantages de l'IRM par rapport aux autres techniques d'imagerie ?

**2.** Quel est l'intérêt d'utiliser un électroaimant supraconducteur ?

**3.** Quel est l'élément qui émet un signal RF lorsque l'impulsion radioélectrique est coupée ?

**4.** Quel type de perte diminue-t-on en utilisant de l'hélium liquide ?

**5.** Une contre-indication à l'IRM est la présence d'un corps étranger métallique intraoculaire. Justifier cette contre-indication.

## Mesure de la valeur du champ magnétique dans un solénoïde

**Objectif :** étudier les variations de la valeur du champ magnétique $B$ produit par un solénoïde en fonction de l'intensité du courant électrique qui le parcourt et du nombre de spires

### Dispositif expérimental

- Solénoïde : c'est une bobine dont la longueur est grande devant le diamètre.
- Teslamètre : il permet de mesurer la valeur de $B$.
- Alimentation fournissant une tension continue.
- Ampèremètre.
- Rhéostat pour régler l'intensité $I$.

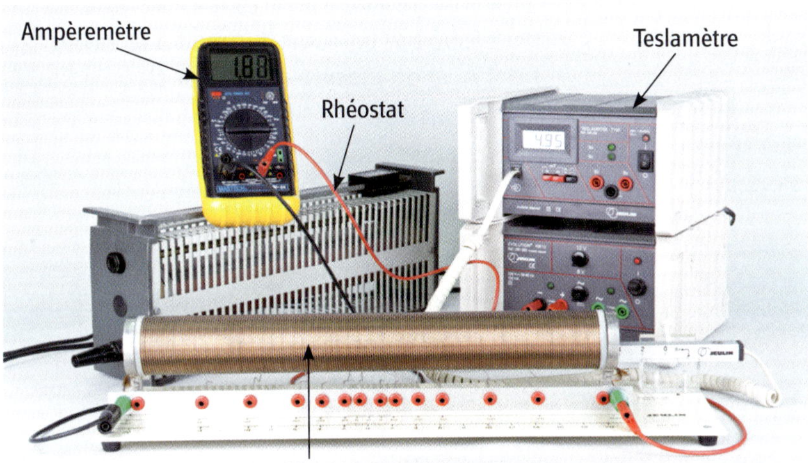


*Photo du dispositif expérimental.*

### Réaliser et observer

- Dessiner le schéma du circuit permettant d'alimenter le solénoïde, de régler et de mesurer l'intensité $I$.
- Réaliser le circuit et placer la sonde du teslamètre au centre du solénoïde.
- À l'aide du rhéostat, faire varier l'intensité $I$ de 0 A à 3 A et relever les valeurs de $B$ correspondantes.
- Régler $I$ sur 3 A, faire varier le nombre de spires et relever les valeurs de $B$.

### Exploiter

1. Tracer la courbe $B$ en fonction de $I$.
2. Modéliser cette courbe à l'aide de la relation $B = kI$.
3. En déduire la valeur de $k$.
4. On peut montrer que pour un solénoïde, la valeur de $B$ est donnée par : $B = \mu_0 \frac{N}{\ell} I$ avec $\mu_0 = 4\pi \times 10^{-7}$ H·m$^{-1}$, $N$ le nombre de spires, $\ell$ la longueur du solénoïde en m et $I$ l'intensité du courant en A.
Calculer la valeur théorique de $k$, la comparer à la valeur expérimentale et conclure.
5. Suivre la même démarche pour les mesures de $B$ lorsque le nombre de spires du solénoïde varie.

Santé

# Testez vos connaissances

*Cochez la ou les réponses exactes.*

**1** **Le champ magnétique terrestre vaut environ :**

- ☐ **a)** 50 mT
- ☐ **b)** 50 μT
- ☐ **c)** 5 T

**2** **On mesure le champ magnétique terrestre avec :**

- ☐ **a)** un teslamètre
- ☐ **b)** une aiguille aimantée
- ☐ **c)** un solénoïde

**3** **Une aiguille aimantée placée dans une région où règne un champ magnétique $\vec{B}$ s'oriente de la façon suivante :**

☐ **a)** 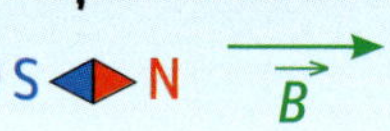


☐ **b)** 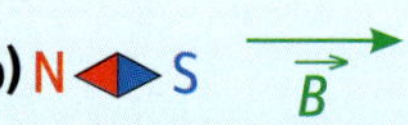


☐ **c)** 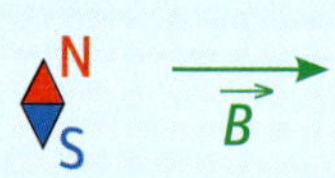


**4** **Parmi ces figures, lesquelles correspondent à des lignes de champ magnétique ?**

☐ **a)** 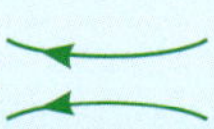

☐ **b)** 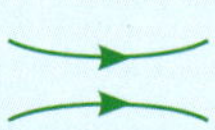

☐ **c)** 

**5** **Parmi ces lignes de champ magnétique, lesquelles correspondent à un champ magnétique uniforme ?**

☐ **a)** 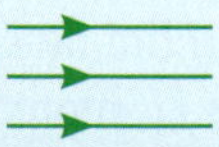

☐ **b)** 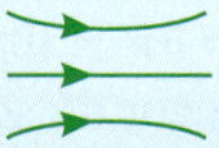

☐ **c)** 

**6** **Quelle est la figure qui représente le spectre magnétique d'un aimant droit ?**

☐ **a)** 

☐ **b)** 

☐ **c)** 

**7** **Une bobine parcourue par un courant $I = 2$ A crée un champ magnétique à l'intérieur de la bobine de valeur $B = 20$ mT. On règle l'intensité qui parcourt le circuit à la valeur $I = 4$ A, et on mesure alors pour $B$ :**

- ☐ **a)** 10 mT
- ☐ **b)** 80 mT
- ☐ **c)** 40 mT

**8** **Un électroaimant crée un champ magnétique :**

- ☐ **a)** utilisé pour soulever une charge contenant du fer
- ☐ **b)** lorsque la bobine est parcourue par un courant
- ☐ **c)** utilisé pour attirer des pièces en plastique

**9** **Un solénoïde alimenté par un courant sinusoïdal de fréquence 50 Hz crée un champ magnétique :**

- ☐ **a)** statique
- ☐ **b)** alternatif
- ☐ **c)** uniforme à l'intérieur du solénoïde

**10** **L'IRM est un examen d'imagerie médicale :**

- ☐ **a)** qui utilise un champ magnétique intense
- ☐ **b)** qui utilise un électroaimant supraconducteur
- ☐ **c)** qui utilise un rayonnement ionisant

► **Corrigés p. 269**

# Comment résoudre un exercice

## ÉNONCÉ Champ magnétique dans un solénoïde

Un solénoïde de longueur $\ell = 20$ cm comprenant $N = 1\,000$ spires est parcouru par un courant d'intensité $I = 5$ A.

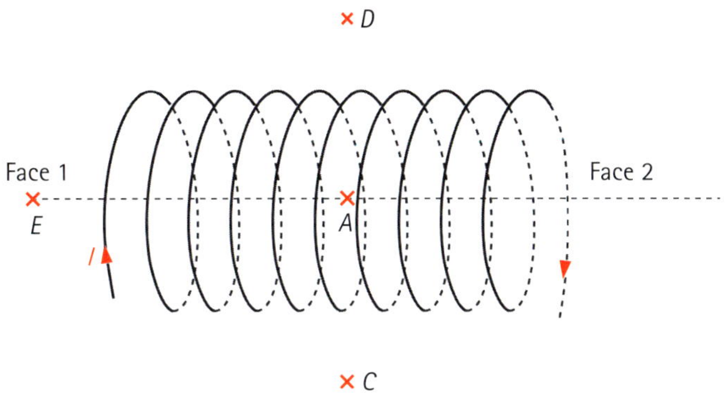


**1.** Indiquer la face correspondant à la face nord et celle correspondant à la face sud.

**2.** Calculer la valeur de $B$ à l'intérieur du solénoïde. **Méthode 1** ▶

**3.** Tracer le vecteur champ magnétique au point $A$ (échelle 1 cm pour 10 mT).

**4.** Tracer l'allure des lignes de champ passant par $A$, $C$ et $D$. **Méthode 2** ▶

**5.** Représenter une aiguille aimantée placée au point $E$.

**6.** Que peut-on dire du champ magnétique à l'intérieur du solénoïde ?

**Méthode 1**
Utiliser la formule du solénoïde pour le calcul de $B$ ($B = \mu_0 \frac{N}{\ell} I$) en étant vigilant sur les unités.

**Méthode 2**
Utiliser les propriétés des lignes de champ pour les tracer. On n'oubliera pas de les orienter du pôle Nord vers le pôle Sud.

Santé

## SOLUTION

**1.** La face 1 correspond à la face nord et la face 2 à la face sud. **Conseil 1** ▶

**2.** $B = 31$ mT.

**3. 4.** et **5.** **Conseil 2 et 3** ▶

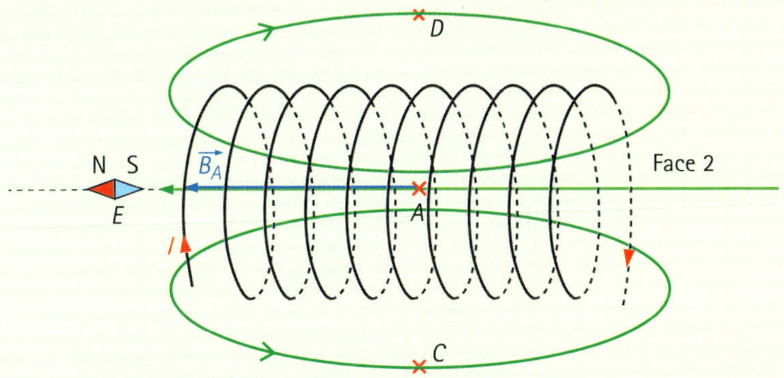


**6.** Le champ magnétique est uniforme à l'intérieur du solénoïde. **Conseil 4** ▶

**Conseil 1**
Il faut repérer le sens du courant au niveau de la face 1 et le comparer au schéma du cours.

**Conseil 2**
Respecter l'échelle demandée.

**Conseil 3**
Les pôles contraires s'attirent.

**Conseil 4**
L'allure des lignes de champ donne une information sur les caractéristiques de $B$.

Exercice avec résultat (page 269)

## Applications directes du cours

*Donnée :* $\mu_0 = 4\pi \times 10^{-7}$ H·m$^{-1}$.

### 11 Spectre d'un aimant droit

Le schéma ci-dessous représente les lignes de champ d'un aimant droit.

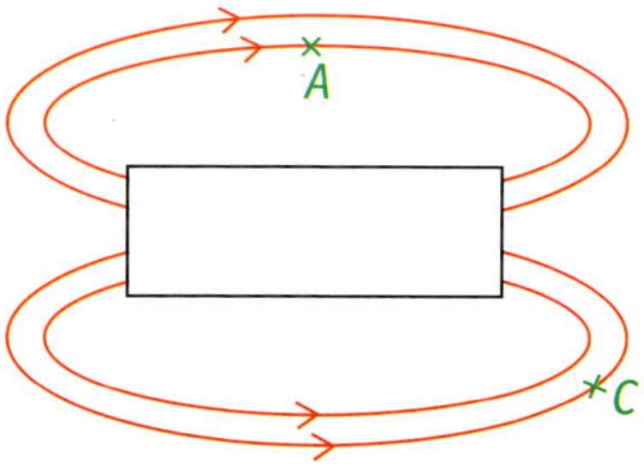


**1.** Indiquer où se trouvent les pôles Nord et Sud de cet aimant.

**2.** Représenter une aiguille aimantée placée au point *A*.

**3.** Représenter le vecteur champ magnétique $\overrightarrow{B}$ au point *C*.

### 12 Champ magnétique variable

Un solénoïde est parcouru par un courant $i(t)$ sinusoïdal : $i(t) = I_M \sin(\omega t)$ avec $I_M = 2{,}5$ A et $\omega = 4\pi$ rad·s$^{-1}$.

**1.** Sachant qu'à l'intérieur du solénoïde, $B = ki$, représenter $B(t)$ pour $k = 2{,}0$ mT·A$^{-1}$.

**2.** On place une aiguille aimantée, montée sur pivot, à l'intérieur du solénoïde. Quel peut être le mouvement de l'aiguille aimantée ?

### 13 Champ magnétique dans un solénoïde

On souhaite produire un champ magnétique uniforme de valeur $B = 50$ mT dans un solénoïde de longueur $l = 15$ cm. On dispose d'une alimentation qui peut fournir un courant d'intensité maximale $I_{max} = 5$ A.

Calculer le nombre de spires minimal $N_{min}$ que l'on doit bobiner pour réaliser le dispositif souhaité.

### 14 Paris et son champ magnétique

La figure ci-contre représente le champ magnétique terrestre $B_T$.

On appelle inclinaison l'angle $\alpha$ entre $B_T$ et l'horizontale. $B_h$ et $B_v$ sont les composantes horizontale et verticale de $B_T$.

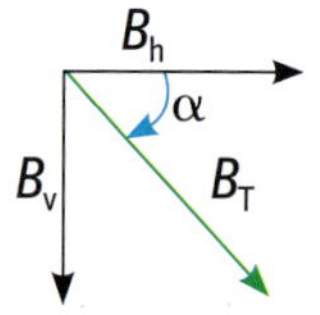


Calculer l'inclinaison $\alpha$ du champ magnétique à Paris sachant que l'on a mesuré $B_T = 45$ µT et $B_h = 21$ µT.

### 15 Bobine et aimant

Une bobine crée en un point *A* un champ magnétique de valeur 4,0 mT. Un aimant crée au même point *A* un champ magnétique de valeur 8,0 mT.

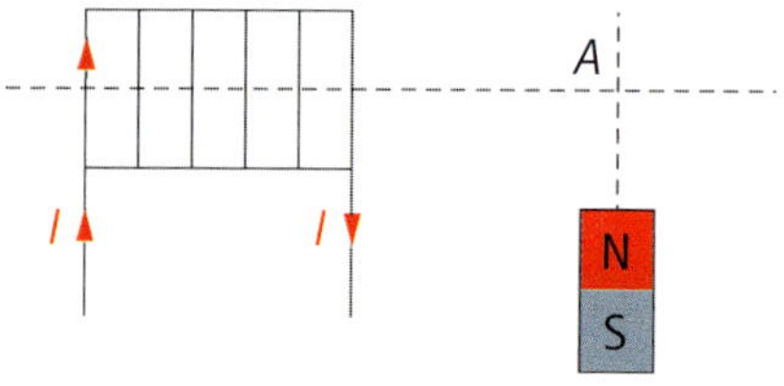


**1.** Représenter les vecteurs $\overrightarrow{B_b}$ et $\overrightarrow{B_a}$ au point *A* (échelle 1 cm pour 4 mT).

**2.** Représenter le champ résultant $\overrightarrow{B_r}$ au point *A*.

**3.** Calculer la valeur de $B_r$.

### 16 IRM

L'imagerie par résonance magnétique peut être effectuée avec des champs magnétiques de différentes intensités. Une imagerie obtenue en employant un champ magnétique compris entre 0,5 et 1 tesla est dite à moyen champ. Avec des champs magnétiques supérieurs à 1 tesla, on parle d'imagerie par résonance magnétique à haut champ. Une IRM utilisant un champ magnétique d'intensité inférieure à 0,5 tesla est dite à bas champ.

| Intensité du champ (T) | Type d'aimant |
|---|---|
| 0,25 | Permanent |
| 0,60 | Résistif |
| 0,70 | Supraconducteur |
| 1,8 | Supraconducteur |

Pour obtenir le phénomène de résonance magnétique nucléaire, on envoie une impulsion radiofréquence de fréquence adaptée à la valeur du champ magnétique.

La fréquence $f$ de l'impulsion RF est proportionnelle à la valeur du champ magnétique.

Calculer les valeurs des fréquences pour les quatre cas présentés dans le tableau ci-dessus, sachant que pour 0,50 T, la valeur de la fréquence RF est réglée à 21,3 MHz.

## Exercices d'entraînement

### 17 Nombre de spires

Un teslamètre permet de mesurer la valeur du champ magnétique, noté $B$, à l'intérieur d'un solénoïde lorsqu'il est parcouru par un courant d'intensité $I$. Le tableau ci-dessous donne les valeurs de $B$ en fonction de $I$.

| $I$ (A) | 0 | 0,50 | 1,0 | 1,5 | 2,0 | 2,5 | 3,0 |
|---|---|---|---|---|---|---|---|
| $B$ (mT) | 0 | 0,12 | 0,25 | 0,38 | 0,48 | 0,62 | 0,76 |

**1.** À l'aide d'un tableur, tracer la courbe $B(I)$.

**2.** Modéliser cette courbe à l'aide d'une fonction linéaire et en déduire la valeur $k$ de la pente de la droite.

**3.** En déduire le nombre de spires $N$ du solénoïde sachant que sa longueur vaut $l$ = 15 cm.

### 18 Le champ magnétique ne tient qu'à un fil

Un fil rectiligne parcouru par un courant d'intensité $I$ crée un champ magnétique à une distance $r$ dont la valeur est donnée par : $B = \dfrac{\mu_0 I}{2\pi r}$.

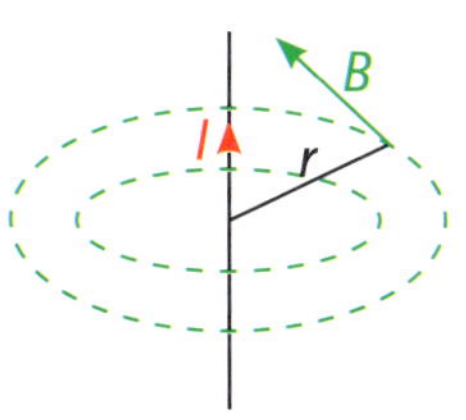


Les lignes de champ sont des cercles concentriques.

**1.** Calculer la valeur du champ magnétique $B$ à une distance $r$ = 1,0 m d'un câble parcouru par un courant d'intensité $I$ = 50 A.

**2.** Comparer cette valeur avec celle du champ magnétique terrestre.

**3.** Pour éviter des problèmes de santé, l'OMS recommande de ne pas dépasser la valeur de 100 µT. Quelle distance minimale doit-on alors respecter ?

### 19 Quand deux aimants s'en mêlent...

On dispose deux aimants droits identiques de telle façon que leurs axes soient perpendiculaires.

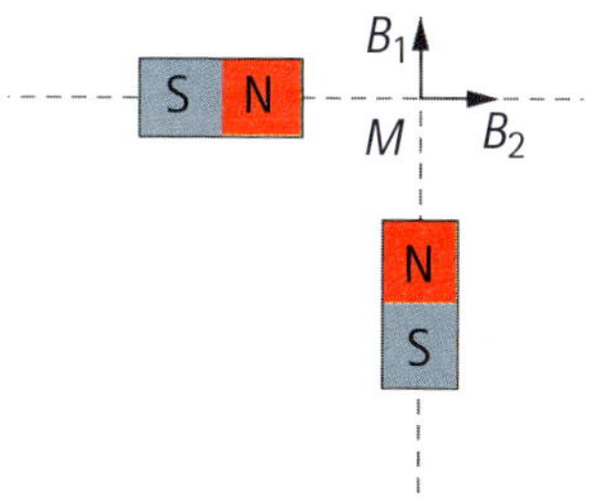


**1.** Le point $M$ est à égale distance des deux aimants. Que peut-on dire des intensités $B_1$ et $B_2$ ?

**2.** À l'aide d'un teslamètre, on a mesuré le champ en $M$ : $B$ = 1,4 mT. En déduire alors la valeur de $B_1$ et $B_2$.

### 20 Véhicule hybride et champ magnétique

Le champ magnétique d'un véhicule hybride a été mesuré en différents points :

**1.** Que peut-on dire du champ magnétique terrestre par rapport aux mesures réalisées ?

**2.** Proposer un protocole expérimental permettant de mesurer le champ magnétique en différents points du véhicule.

**3.** Quelle hypothèse peut-on faire pour justifier la valeur maximale de $B$ dans le coffre du véhicule hybride ?

### 21 Électroaimant

Un électroaimant produit une force, qui dépend du champ magnétique $B$ et de sa surface $S$, telle que $F = \dfrac{B^2}{2\mu_0 S}$.

Un électroaimant de surface $S$ = 25 cm² produit un champ $B(x)$ à une distance $x$ tel que $B(x) = \dfrac{B_0}{x^3}$ avec $B_0$ = 0,1 T.

On dispose d'une masse ferromagnétique $m$ = 2,5 kg. À partir de quelle distance l'électroaimant peut-il soulever la masse $m$ ?

*Donnée : $g$ = 10 m·s⁻².*

Santé

Exercice avec résultat (page 269)

## 22 Utilisation d'un teslamètre

Pour mesurer l'intensité d'un champ magnétique produit par une bobine, on utilise un teslamètre qui a les caractéristiques techniques suivantes :

> **Affichage numérique.**
> 2 gammes : 10 mT ou 100 mT.
> Réglage du zéro par potentiomètre.
> Calibre/Gammes : 10 mT et 100 mT
> Résolution : 10 mT : 0,01 mT
> 100 mT : 0,1 mT
> Précision (à 25 °C) :
> 10 mT : 2 % VL* ± 3 UR*
> 100 mT : 2 % VL* ± 1 UR*
> 3 douilles bananes de sécurité Ø 4 mm pour mesure simultanée de Bx et Bz.
> *VL : Valeur lue – UR : Unité de résolution.

**1.** On lit sur l'afficheur la valeur de 8,54 mT. Quel calibre a-t-on utilisé ? Proposer un encadrement possible de la valeur de $B$.

**2.** On augmente l'intensité du courant dans la bobine et l'afficheur indique 12,4 mT. Quel calibre a-t-on utilisé ? Proposer un encadrement possible de la nouvelle valeur de $B$.

**3.** Pour augmenter la précision de la mesure de $B$, on répète la mesure et on obtient le tableau suivant :

| n° de la mesure | 1 | 2 | 3 | 4 |
|---|---|---|---|---|
| $B$ (mT) | 11,4 | 13,7 | 12,2 | 12,5 |

**a.** Calculer une nouvelle valeur plus précise de $B$.

**b.** On choisit une incertitude sur chaque mesure égale à 2 mT. En déduire alors le nouvel encadrement de la valeur de $B$ sachant que $\delta B = \frac{0,2}{\sqrt{N}}$ en mT avec $N$ : nombre de mesures.

## 23 Champ magnétique aux extrémités d'un solénoïde

On réalise un solénoïde de longueur 2 $L$ comprenant 2 $N$ spires, parcouru par un courant d'intensité $I$.

**1.** Donner l'expression $B_o$ au point $O$ correspondant au centre du solénoïde.

**2.** On ne garde que la moitié du solénoïde précédent et on s'intéresse au champ $B_E$ correspondant au point $O$ situé à une extrémité du solénoïde.

**a.** Exprimer la relation entre $B_o$ et $B_E$.

**b.** En déduire l'expression de $B_E$ en fonction de $\mu_0$, $N$, $L$ et $I$.

**3.** Représenter l'allure B(z) (composante sur l'axe Oz) du centre à l'extrémité du solénoïde.

## 24 OBJECTIF BAC Principe de fonctionnement du moteur pas-à-pas

Un moteur pas-à-pas est constitué d'un aimant permanent mobile autour d'un axe et de deux circuits magnétiques sur lesquels sont disposées deux bobines : bobine $A$ et bobine $B$.

Sur la figure ci-dessous, la bobine $A$ est alimentée et crée un pôle Sud et un pôle Nord qui obligent l'aimant mobile à s'orienter selon une direction verticale.

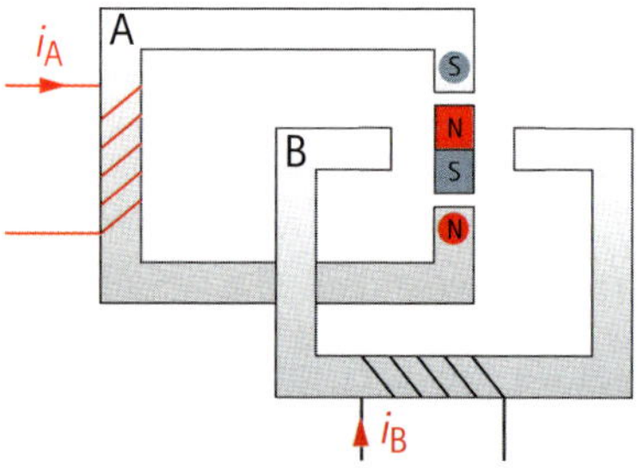

**1.** On coupe l'alimentation de la bobine $A$ et on alimente la bobine $B$ de telle façon que le pôle Sud créé se trouve à gauche de la figure. Dessiner la nouvelle position de l'aimant.

**2.** On coupe l'alimentation de la bobine $B$ et on alimente la bobine $A$. On souhaite que le pôle Sud créé soit inversé par rapport à la première figure.

**a.** Indiquer comment doit alors circuler le courant dans la bobine $A$.

**b.** Dessiner la nouvelle position de l'aimant.

**3.** Représenter en fonction du temps l'intensité $i_A(t)$ de la bobine $A$ et celle $i_B(t)$ de la bobine $B$ pour obtenir un mouvement de rotation uniforme de l'aimant.

## 25 It's in English

**1.** Make a diagram of a horseshoe magnet and label the north pole and the south pole.

**2.** Which property does the magnetic field produced in the gap of this magnet have?

**3.** Draw a few field lines in the gap of this horseshoe magnet.

**4.** Position the magnetic field vector $\vec{B}$ in the gap of this horseshoe magnet.

CHAPITRE 15

# Radioactivité

La radioactivité est un phénomène naturel qui existe depuis toujours. Des roches comme le granite, qui contient des traces d'uranium, possèdent une activité radioactive.

➔ **Quelle est l'origine de la radioactivité naturelle et artificielle ? Quel est l'impact sur l'environnement des déchets produits ?**

**Capacités**

- Citer les différents types de radioactivité et préciser la nature des particules émises ou des rayonnements émis.
- Définir l'activité d'une source et l'exploiter.
- Définir l'isotopie et reconnaître des isotopes.
- Exploiter une courbe de décroissance radioactive et le temps de demi-vie d'une espèce radioactive.

# Découvrir

## 1 Les chemins de la radioactivité naturelle

*Activité documentaire*

- Les atomes radioactifs à l'origine de la radioactivité naturelle sont présents dans les roches de l'écorce terrestre depuis la formation de la Terre ou se forment en permanence à partir du rayonnement cosmique. On trouve dans la première catégorie l'uranium, le thorium, leurs descendants, dont le radon qui passe dans l'atmosphère, et le potassium 40. Le rayonnement cosmique produit principalement du carbone 14 qui passe dans la végétation. Les rayons cosmiques et le rayonnement des roches sont à l'origine d'une exposition externe pour l'homme, alors que les radioéléments inhalés dans l'air ou ingérés via l'eau et les aliments causent une exposition interne.

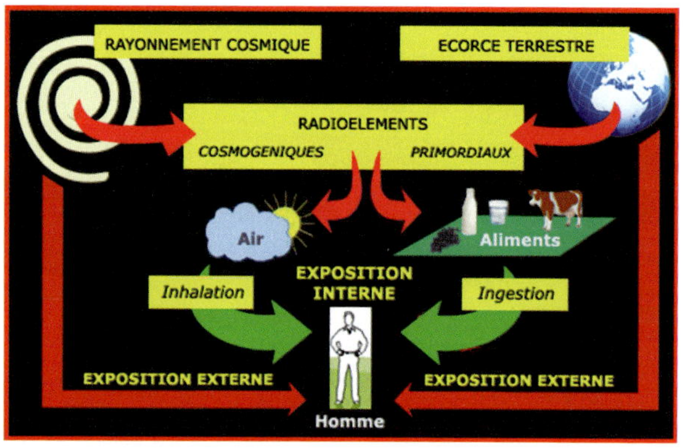


▲ *Origine de la radioactivité naturelle.*

*Source* : IN2P3/Laradioactivite.com

- Dans un pays comme la France, le radon est responsable de 34 % de l'exposition totale de la population à la radioactivité. Cette exposition varie beaucoup d'un endroit à l'autre. Les sols granitiques, plus riches en uranium, libèrent davantage de radon que les sols sédimentaires.

- Tous nos aliments sont un peu radioactifs, car ils contiennent des éléments comme du carbone 14 et du potassium 40 (voir tableau).

| | |
|---|---|
| Eau minérale | 1 à 2 Bq/L |
| Poisson | 100 Bq/kg |
| Lait | 80 Bq/L<br>(due au potassium 40) |
| Pomme de terre | 150 Bq/kg |
| Pain blanc | 546 Bq/kg |
| Thé | 740 Bq/kg |

▲ *Exemples de radioactivité pour quelques aliments.*

**Exploiter**

1. Quelles sont les deux origines de la radioactivité naturelle ?
2. Quel est l'élément qui produit la plus grande activité radioactive ?
3. Quels sont les éléments responsables de la radioactivité dans notre alimentation ?
4. Quelle est la composition d'un noyau de carbone 14 ?

**Quelle est l'origine de la radioactivité naturelle ?**

2 Activité expérimentale

## Mesurer la radioactivité, c'est compter ; mais quoi ?

Le granite contient des noyaux radioactifs, c'est-à-dire des noyaux instables dont la désintégration peut être détectée par un compteur de radioactivité.

### Dispositif expérimental

- Détecteur de radioactivité
- Bloc de granite

### Réaliser et observer

Après avoir lu le texte sur l'utilisation du détecteur de radioactivité, proposer un protocole expérimental pour mesurer la radioactivité du granite.

*Utilisation du détecteur de radioactivité SOEK*

– Pour localiser une « source » ponctuelle, basez-vous sur l'émission sonore de l'appareil (mode recherche).
– Étant donné le caractère statistique de la radioactivité, la valeur moyenne d'au moins 5 mesures réalisées dans les mêmes conditions peut être considérée comme significative, surtout pour les bas niveaux.
– Mesurez d'abord le niveau de rayonnement ambiant qui constitue le « bruit de fond ». Vous pouvez ensuite contrôler des objets proprement dits : approchez la partie latérale ajourée de l'appareil de l'objet susceptible d'émettre un rayonnement.
– Si la mesure est supérieure au « bruit de fond », l'objet est radioactif, et le détecteur vous permet d'évaluer le débit de dose au contact ou à distance.
– Si la mesure est égale au « bruit de fond », on peut, en première analyse, considérer l'objet comme non radioactif.

**Exploiter**

**1.** Écouter les bips sonores produits à chaque désintégration. Que peut-on en déduire sur le phénomène lié à la radioactivité ?

**2.** Quelle grandeur pourrait avoir un sens pour mesurer la radioactivité ?

**3.** Indiquer l'unité utilisée pour mesurer la radioactivité d'un élément.

3 Activité expérimentale

## De l'atome à la radioactivité : quand l'indivisible est apparu divisible

- Se rendre sur le site de l'université du Colorado et lancer l'animation « Alpha Decay ».

  http://phet.colorado.edu/en/simulations/category/physics/quantum-phenomena

- Observer la simulation de la désintégration d'un échantillon de polonium 211 et celle d'un noyau seul.
- Faire de même avec la simulation « Beta Decay ».

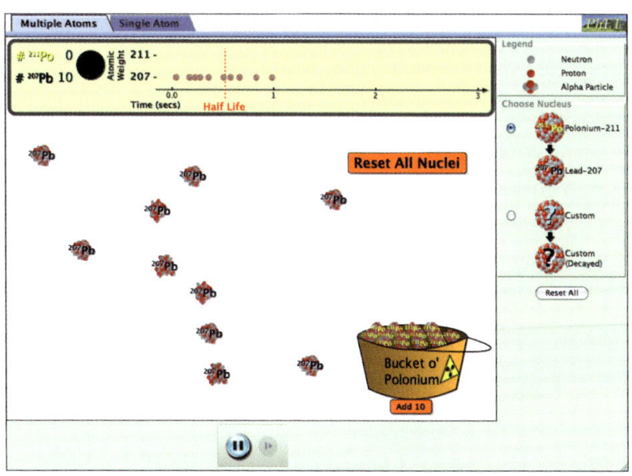


**Exploiter**

Donner quelques caractéristiques propres au phénomène de radioactivité.

Santé

# Cours

## 1 Noyau de l'atome et isotope

### a) Constitution du noyau

Le noyau d'un atome (nucléide) est composé de **nucléons** : les protons et les neutrons.

Le nombre de **nucléons** est noté *A*, c'est le **nombre de masse**. Le nombre de **protons** est noté *Z*, c'est le **nombre de charge** ou numéro atomique. La différence *A* – *Z* donne le nombre de **neutrons** dans le noyau.

→ *Exemple* : $^{12}_{6}C$ noyau d'un atome de carbone qui contient $Z = 6$ protons et $A = 12$ nucléons, soit $A - Z = 6$ neutrons.

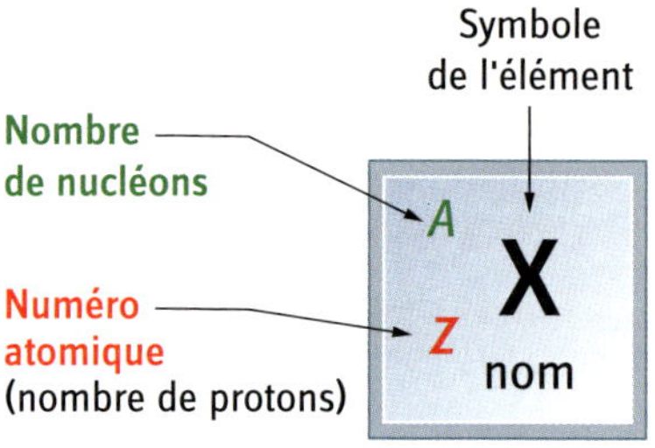


▲ *Représentation du noyau d'un atome correspondant à un élément chimique de symbole X.*

### b) Isotopes

Des noyaux sont appelés **isotopes** s'ils ont le même nombre de protons *Z*, mais un nombre de nucléons *A* différent.

Des noyaux isotopes ne diffèrent que par leur nombre de neutrons. Le pourcentage des isotopes d'un élément dans la nature est quasiment constant au cours du temps.

→ *Exemple* : les noyaux d'uranium 235 et 238 sont des isotopes.

| **Symbole** | $^{238}_{92}U$ | $^{235}_{92}U$ |
|---|---|---|
| Protons | 92 | 92 |
| Neutrons | 146 | 143 |
| Proportion | 99,3 % | 0,7 % |

▲ *Composition des noyaux d'uranium 235 et 238, avec leur pourcentage dans la nature.*

## 2 Radioactivité

### a) Définition et caractéristiques

La radioactivité est une transformation qui met en jeu les noyaux des atomes. Un noyau radioactif est un noyau instable dont l'instant de la désintégration ne peut pas être prévu.

La radioactivité est une **réaction nucléaire spontanée**. Un noyau radioactif instable, appelé **noyau père**, se désintègre en un autre noyau, appelé **noyau fils**, et émet une **particule**.

La radioactivité est un phénomène :

- *aléatoire* : il est impossible de prévoir l'instant de la désintégration ;
- *spontané* : les réactions se déclenchent seules, sans aucune intervention extérieure ;
- *inéluctable* : un noyau instable se désintégrera tôt ou tard ;
- *indépendant* des paramètres de pression et de température.

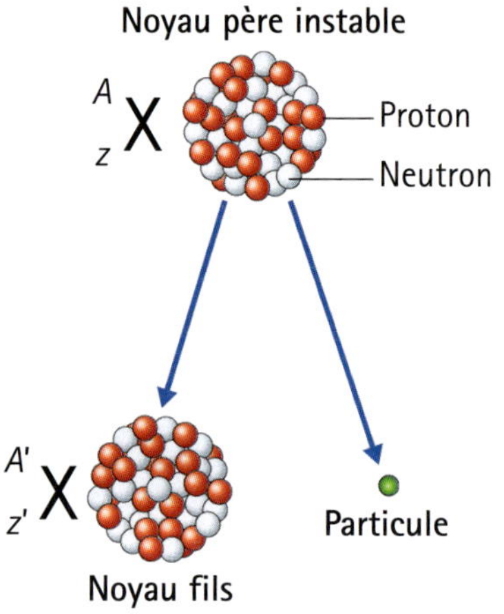


▲ *Réaction nucléaire.*

### b) Activité d'un échantillon radioactif

L'**activité** d'un échantillon radioactif, notée *A*, est égale au nombre moyen de désintégrations par seconde de noyaux dans l'échantillon. Elle s'exprime en **becquerels** (symbole Bq).
$1 \text{ Bq} = 1 \text{ désintégration} \cdot s^{-1}$

**Remarque** : l'activité *A* dépend de la nature des noyaux radioactifs et de leur quantité dans l'échantillon.

▲ *Mesure de contrôle de la radioactivité.*

## 3 Différents types de radioactivité

Les particules émises peuvent être de trois types : $\alpha$, $\beta^-$ et $\beta^+$.

### a) Radioactivité $\alpha$

La radioactivité $\alpha$ correspond à la désintégration de noyaux radioactifs avec émission de **noyaux d'hélium** $^{4}_{2}He^{2+}$ appelés **particules $\alpha$**. Les noyaux des éléments lourds ($A > 200$, *excès de nucléons*) produisent une radioactivité $\alpha$.

→ *Exemple* : $^{235}_{92}U \longrightarrow ^{4}_{2}He + ^{231}_{90}Th$

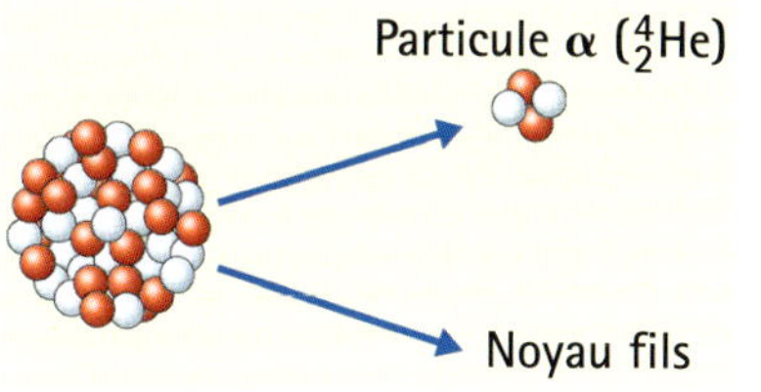


▲ *Radioactivité $\alpha$.*

### b) Radioactivité $\beta^-$

La radioactivité $\beta^-$ correspond à la désintégration de noyaux radioactifs avec émission d'**électrons**.
Les noyaux qui produisent une radioactivité $\beta^-$ possèdent un *excès de neutrons* par rapport au nombre de protons.

→ *Exemple* : $^{14}_{6}C \longrightarrow ^{0}_{-1}e + ^{14}_{7}N$

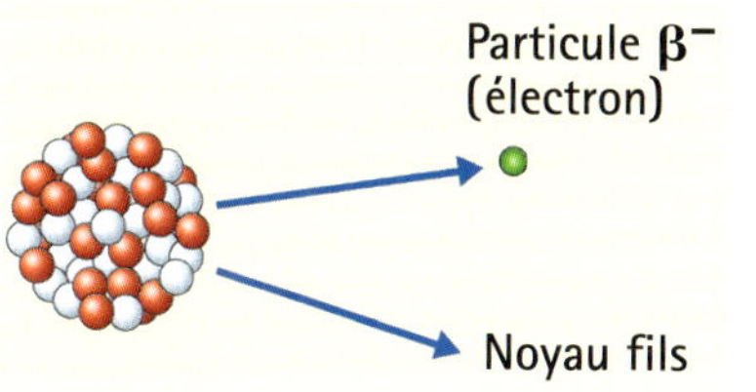


▲ *Radioactivité $\beta^-$.*

### c) Radioactivité $\beta^+$

La radioactivité $\beta^+$ correspond à la désintégration de noyaux radioactifs avec émission de **positons** (le positon est l'antiparticule de l'électron, de même masse que celui-ci, mais de charge électrique opposée).
Les noyaux qui produisent une radioactivité $\beta^+$ possèdent un *excès de protons* par rapport au nombre de neutrons.

→ *Exemple* : $^{15}_{8}O \longrightarrow ^{0}_{+1}e + ^{15}_{7}N$

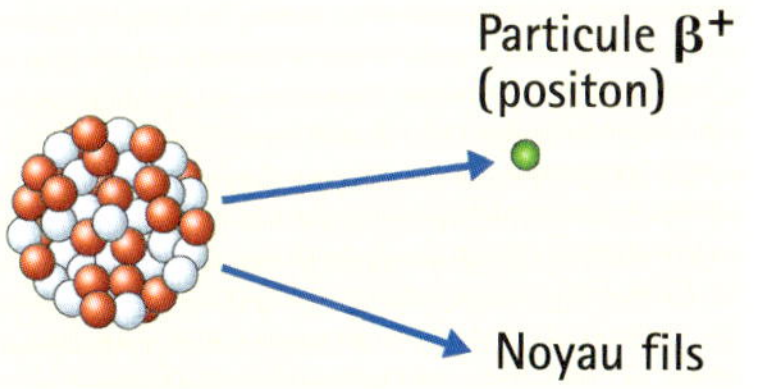


▲ *Radioactivité $\beta^+$.*

### d) Rayonnement $\gamma$ : désexcitation du noyau fils

- Un rayonnement, de même nature que la lumière (rayonnement électromagnétique), accompagne chacun des trois types de radioactivité. On l'appelle **rayonnement $\gamma$**.
- Lors de la désintégration, le noyau fils est généralement obtenu dans un état excité noté Y*.

> La désexcitation du noyau fils Y se fait avec l'émission d'un rayonnement $\gamma$ : $Y^* \longrightarrow Y + \gamma$

- Le rayonnement $\gamma$ est très pénétrant, très difficile à arrêter. Il faut une vingtaine de centimètres de plomb pour s'en protéger.

**Remarque** : dans chaque transformation nucléaire, on a conservation de la charge et conservation de la masse (conservation du nombre de nucléons)

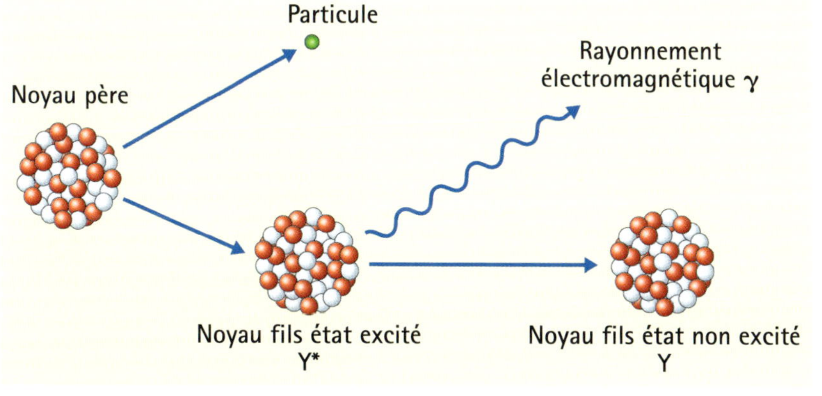


◄ *Transformation nucléaire et rayonnement $\gamma$.*

## 4 Évolution de la radioactivité d'un échantillon au cours du temps

### a) Demi-vie d'un échantillon radioactif

La **demi-vie** est la durée, notée $t_{1/2}$, au bout de laquelle la moitié des noyaux radioactifs d'un échantillon s'est désintégrée. L'activité $A(t)$ de l'échantillon est alors divisée par 2.

La demi-vie ne dépend que de la nature de l'échantillon. Elle est très différente d'un radionucléide à un autre.

| Radionucléide | Demi-vie $t_{1/2}$ |
|---|---|
| Uranium 238 | $4,5 \times 10^9$ ans |
| Carbone 14 | 5 600 ans |
| Radium | 1 620 ans |
| Césium 137 | 30 ans |
| Iode 131 | 8,1 jours |
| Polonium 212 | $3 \times 10^{-7}$ s |

▲ *Exemple de valeurs de demi-vie.*

### b) Loi de décroissance radioactive d'un échantillon

- **L'activité $A(t)$ d'un échantillon radioactif** décroît au cours du temps de façon exponentielle :

$$A(t) = A_0 \cdot e^{-\lambda t}$$

$A_0$ : activité initiale de l'échantillon en becquerels (Bq)
$A(t)$ : activité de l'échantillon à l'instant $t$ en becquerels (Bq)
$\lambda$ : constante radioactive qui dépend de la nature de l'échantillon

La constante radioactive s'exprime en $s^{-1}$, mais on peut aussi exprimer $\lambda$ en $min^{-1}$, $h^{-1}$, $jour^{-1}$ ou $an^{-1}$.

On remarque sur la courbe de décroissance radioactive que l'activité $A(t)$ est divisée par deux à intervalle de temps régulier.

| Radionucléide | Constante radioactive $\lambda$ |
|---|---|
| Uranium 238 | $1,5 \times 10^{-10}$ $an^{-1}$ |
| Carbone 14 | $1,2 \times 10^{-4}$ $an^{-1}$ |
| Radium | $6,2 \times 10^{-4}$ $an^{-1}$ |
| Césium 137 | $2,3 \times 10^{-2}$ $an^{-1}$ |
| Iode 131 | $0,12$ $jour^{-1}$ |
| Polonium 212 | $3 \times 10^{6}$ $s^{-1}$ |

▲ *Exemples de valeurs de constante radioactive.*

- **Le nombre moyen de noyaux radioactifs** d'un échantillon suit la même loi de décroissance radioactive que l'activité. Ce nombre est lié à l'activité par la relation :

$$A(t) = \lambda \cdot N(t)$$

$A(t)$ : activité de l'échantillon à l'instant $t$ en becquerels (Bq)
$\lambda$ : constante radioactive qui dépend de la nature de l'échantillon
$N(t)$ : nombre moyen de noyaux radioactifs présents dans l'échantillon à l'instant $t$

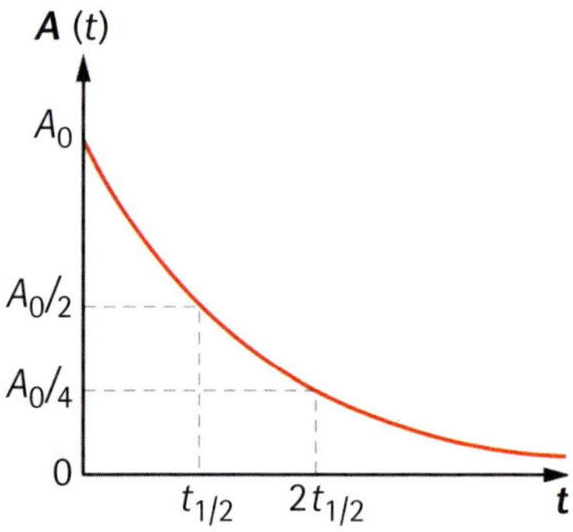

▲ *Courbe de décroissance radioactive.*

- La **demi-vie** est liée à la constante radioactive par la relation suivante :

$$t_{1/2} = \frac{\ln 2}{\lambda}$$

**It's in English**

- Radioactivité : *radioactivity*
- Noyau : *nucleus* (pour un atome)
- Désintégration : *radioactive decay*
- Rayonnement : *radiation*
- Demi-vie : *half life*
- Loi de décroissance : *law of radioactive decay*

# L'essentiel

- **Des noyaux sont appelés isotopes** s'ils ont le même nombre de charge *Z*, mais un nombre de nucléons *A* différent.

- **La radioactivité est une réaction nucléaire spontanée.** Un noyau radioactif instable, appelé noyau père, se désintègre en un autre noyau, appelé noyau fils, et émet une particule. C'est un phénomène aléatoire et inéluctable qui peut être naturel ou artificiel.

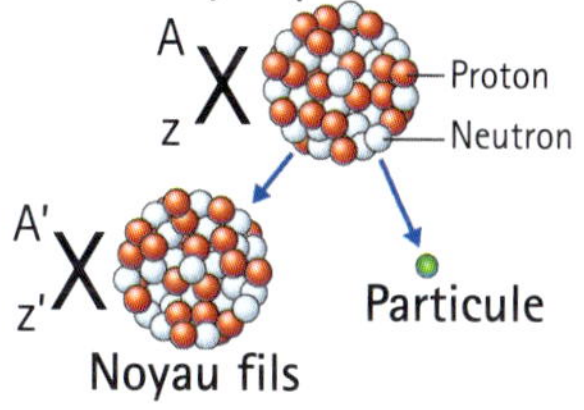


- **L'activité d'un échantillon radioactif**, notée *A*, est égale au nombre moyen de désintégrations par seconde de noyaux dans l'échantillon. Elle s'exprime en becquerels de symbole Bq :

  $1\ \text{Bq} = 1\ \text{désintégration} \cdot \text{s}^{-1}$

- **La radioactivité $\alpha$** correspond à la désintégration de noyaux radioactifs avec émission de noyaux d'hélium $^{4}_{2}He$ appelés particules $\alpha$.

- **La radioactivité $\beta^-$** correspond à la désintégration de noyaux radioactifs avec émission d'électrons notés $e^-$.

- **La radioactivité $\beta^+$** correspond à la désintégration de noyaux radioactifs avec émission de positons notés $e^+$.

- **Le rayonnement $\gamma$** accompagne chaque type de désintégration. Il correspond à la désexcitation du noyau fils Y* :

$$Y^* \longrightarrow Y + \gamma$$

- **La demi-vie d'un échantillon radioactif** est la durée, notée $t_{1/2}$, au bout de laquelle la moitié des noyaux radioactifs d'un échantillon s'est désintégrée. L'activité *A* de l'échantillon est alors divisée par 2.

- **L'activité $A(t)$** d'un échantillon radioactif décroît au cours du temps de façon exponentielle :

$$A(t) = A_0 \cdot e^{-\lambda t}$$

$A_0$ : activité initiale de l'échantillon en becquerels (Bq)
$A(t)$ : activité de l'échantillon à l'instant *t* en becquerels (Bq)
$\lambda$ : constante radioactive qui dépend de la nature de l'échantillon

L'activité est divisée par deux à intervalle de temps régulier.

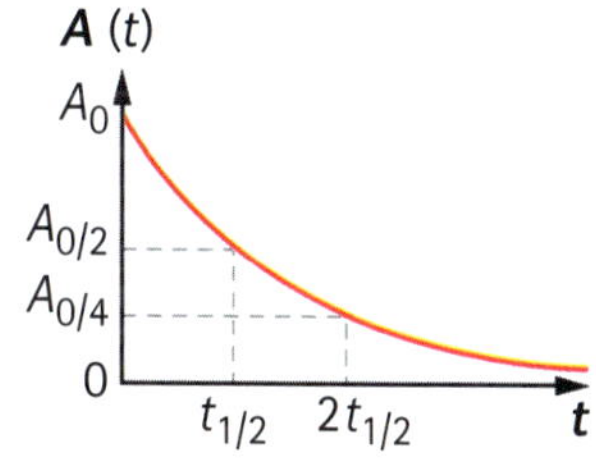


Le nombre de noyaux radioactifs présent dans un échantillon est lié à l'activité :

$$A(t) = \lambda \cdot N(t)$$

$A(t)$ : activité de l'échantillon à l'instant *t* en becquerels (Bq)
$\lambda$ : constante radioactive qui dépend de la nature de l'échantillon
$N(t)$ : nombre moyen de noyaux radioactifs présents dans l'échantillon à l'instant *t*

- **La demi-vie** est liée à la constante radioactive par la relation suivante :

$$t_{1/2} = \frac{\ln 2}{\lambda}$$

Santé

# Extraire l'information utile

## Classer les déchets pour mieux les gérer

Comme de nombreux pays, la France a fait le choix du stockage comme solution de gestion à long terme des déchets radioactifs. En France, c'est l'Agence nationale pour la gestion des déchets radioactifs (Andra) qui est chargée de concevoir et d'exploiter les centres de stockage. Ces centres sont conçus pour permettre de confiner durablement les substances contenues dans les déchets le temps nécessaire à leur décroissance radioactive.
La classification des déchets radioactifs retenue par la France repose sur deux paramètres : le niveau de radioactivité et la période radioactive. D'autres pays ont fait d'autres choix.

● ***Classification des déchets radioactifs***

Les déchets radioactifs sont classés en fonction de leur niveau d'activité et de leur durée de vie. Les déchets à vie courte sont stockés en surface. Les déchets à vie longue sont temporairement stockés sur les sites des usines de La Hague et de Marcoule en attendant un enfouissement dans des couches géologiques. Les déchets à vie très courte proviennent principalement des produits radioactifs utilisés dans le domaine médical (radiodiagnostic, radiothérapie). Ces déchets sont entreposés sur place de quelques jours à quelques mois, temps suffisant pour leur décroissance radioactive.

| | |
|---|---|
| **Très Faible Activité (TFA)** | TFA < $10^5$ Bq/g : proche de la radioactivité naturelle |
| **Faible Activité (FA)** | $10^5$ Bq/g < FA < $10^8$ Bq/g |
| **Moyenne Activité (MA)** | $10^8$ Bq/g < MA < $10^9$ Bq/g |
| **Haute Activité (HA)** | HA > $10^9$ Bq/g |
| **Vie Très Courte (VTC)** | Demi-vie < 100 jours |
| **Vie Courte (VC)** | Demi-vie < 31 ans ; plus de risque au bout de 300 ans. |
| **Vie Longue (VL)** | Demi-vie > 31 ans ; plus de risque au bout de quelques milliers à quelques centaines de milliers d'années. |

▲ *Définition de la nomenclature des classification des déchets radioactifs.*

L'Andra est chargée de recenser l'ensemble des matières et des déchets radioactifs présents sur le territoire national. Les tableaux qui suivent sont issus du bilan que l'Agence est tenue de faire tous les trois ans.

■ **Le stockage en chiffres**
Fin 2007, plus de 70 % des produits sont définitivement stockés. 11 % sont actuellement entreposés en attente de la création d'un stockage adapté.

■ **Les déchets à vie très courte (VTC)**
Il s'agit principalement de déchets hospitaliers contenant des radionucléides à vie très courte (dont la période radioactive est inférieure à 100 jours) utilisés à des fins diagnostiques ou thérapeutiques. En raison de leur durée de vie très courte, ces déchets sont entreposés sur place, de quelques jours à quelques mois, temps suffisant pour leur décroissance radioactive. Ils sont ensuite éliminés dans des filières de déchets classiques.

<table>
<tr><td>Très Faible Activité (TFA)</td><td></td><td colspan="2">Déchets TFA<br>Stockés en surface au centre de stockage TFA de l'Aube.</td></tr>
<tr><td>Faible Activité (FA)</td><td rowspan="2">Déchets VTC<br>Gérés sur place par décroissance radioactive.<br>Ils sont ensuite gérés comme des déchets classiques.</td><td rowspan="2">Déchets FMA-VC*<br>Stockés en surface au centre de stockage FMA de l'Aube qui a succédé au centre de stockage de la Manche, aujourd'hui fermé et sous surveillance.</td><td>Déchets FA-VL<br>Centre de stockage à faible profondeur (entre 15 et 200 m) à l'étude. Mise en service prévue en 2019.</td></tr>
<tr><td>Moyenne Activité (MA)</td><td>Déchets MA-VL<br>Centre de stockage profond (à 5 000 m) à l'étude. Mise en service prévue en 2025.</td></tr>
<tr><td>Haute Activité (HA)</td><td></td><td colspan="2">Déchets HA<br>Centre de stockage profond (à 5 000 m) à l'étude. Mise en service prévue en 2025.</td></tr>
<tr><td></td><td colspan="3" align="right">Durée de vie →</td></tr>
<tr><td></td><td>Vie très courte (VTC)<br>période radioactive<br>< 100 jours</td><td>Vie courte (VC)<br>période radioactive<br>≤ 31 ans</td><td>Vie longue (VL)<br>période radioactive<br>≥ 31 ans</td></tr>
</table>

■ **La radioactivité : un phénomène qui décroît**
Du fait de la décroissance radioactive, on considère que les déchets à vie courte ne présentent généralement plus de risques au bout de 10 périodes radioactives, soit environ 300 ans.

* Certains déchets contenant une quantité trop importante de tritium (hydrogène radioactif) doivent être entreposés avant stockage afin de permettre la décroissance de ce tritium dont la période radioactive est d'environ 12 ans.

▲ *Classification des déchets radioactifs français en fonction de leur mode de gestion.*

• ***Volume des déchets radioactifs***

La production de déchets radioactifs en France représente environ 2 kg par habitant et par an. Chaque Français produit chaque année environ 390 kg de déchets ménagers. La production de déchets industriels représente environ 2 500 kg par an et par habitant.

Volume des déchets radioactifs, entreposés ou stockés, à fin 2007, en $m^3$ équivalent conditionné

| | Volumes $m^3$ |
|---|---|
| TFA | 231 688 (dont 89 331 stockés) |
| FMA-VC | 792 695 (dont 735 278 stockés) |
| FA-VL | 82 536 |
| MA-VL | 41 757 |
| HA | 2 293 (dont 74 de combustibles usés) |
| Filière de gestion à définir | 1 564 |
| Total | 1 152 533 (dont 824 609 $m^3$ stockés) |

| Radionucléide | Demi-vie $t_{1/2}$ |
|---|---|
| Uranium 238 | $4,5 \times 10^9$ ans |
| Carbone 14 | 5 600 ans |
| Radium | 1 620 ans |
| Césium 137 | 30 ans |
| Iode 131 | 8,1 jours |
| Polonium 212 | $3 \times 10^{-7}$ s |

▲ *Exemple de valeurs de demi-vie.*

Santé

Répartition, à fin 2007, du volume par type de déchets radioactifs produit en France (en %)

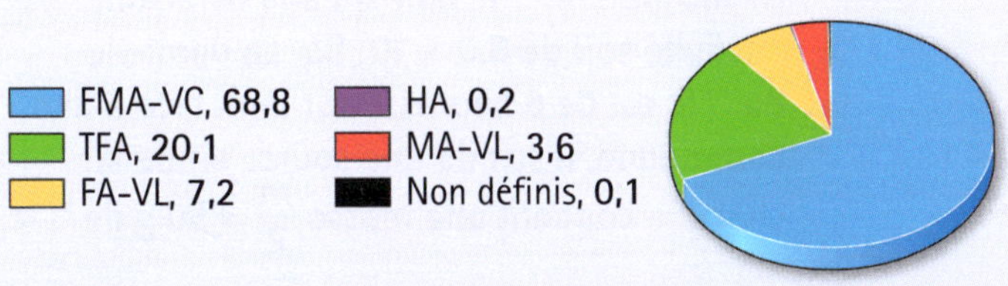

**3 pièces** de 1 euro... c'est à peu près le poids des déchets HA et MA-VL produits chaque année en France par habitant et destinés au stockage profond.

Répartition, à fin 2007, du niveau de radioactivité par type de déchets radioactifs produit en France (en %)

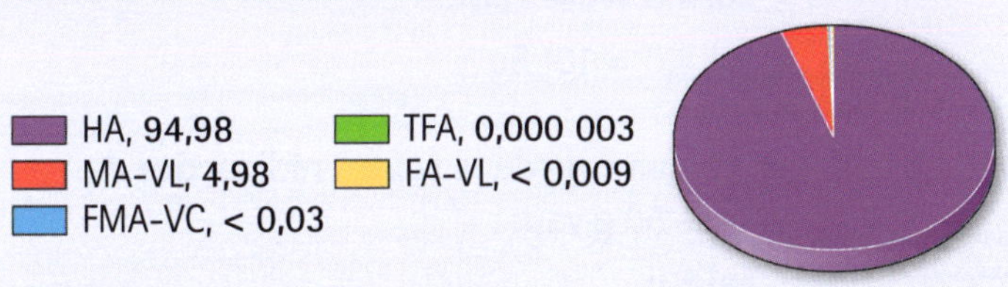


▲ *Volume des déchets radioactifs.*

*Source :* Andra.

**Exploiter**

**1.** Quels sont les critères retenus par la France pour classer ses déchets radioactifs ?

**2.** Classer les déchets radioactifs qui contiennent un des éléments suivants : uranium 238, césium 137, iode 131.

**3.** Calculer la masse des déchets radioactifs HA et MA-VL produits en France chaque année.

**4.** Commenter les deux répartitions données sous forme de « camembert » dans la plaquette de l'Andra. Que peut-on tirer comme informations importantes de ces deux graphiques ?

S'entraîner

# Testez vos connaissances

*Cochez la ou les réponses exactes.*

**1** **La radioactivité est une transformation :**

☐ **a)** chimique

☐ **b)** physique

☐ **c)** nucléaire

**2** **On peut arrêter la désintégration radioactive d'un échantillon en :**

☐ **a)** le refroidissant très fortement

☐ **b)** le mettant à l'abri de la lumière

☐ **c)** le mettant dans l'eau

**3** **Deux noyaux sont isotopes s'ils ont :**

☐ **a)** le même nombre de nucléons et un nombre de charge $Z$ différent

☐ **b)** le même nombre de protons et un nombre de charge $A$ différent

☐ **c)** $Z$ identique et $A - Z$ différent

**4** **L'activité d'un échantillon radioactif se mesure :**

☐ **a)** en secondes

☐ **b)** en becquerels

☐ **c)** en becquerels par seconde

**5** **Lors de la désintégration $\alpha$ d'un échantillon radioactif, il y émission :**

☐ **a)** de noyaux d'hélium

☐ **b)** d'un rayonnement $\gamma$

☐ **c)** d'électrons

**6** **La radioactivité $\beta^-$ correspond à l'émission :**

☐ **a)** de positons

☐ **b)** d'électrons

☐ **c)** de noyaux d'hélium

**7** **L'émission $\gamma$ est due à la désexcitation :**

☐ **a)** du noyau père

☐ **b)** du noyau fils

☐ **c)** de la particule émise

**8** **Un échantillon contient $N$ noyaux radioactifs. Au bout d'une durée égale à sa demi-vie, il contient :**

☐ **a)** aucun noyau radioactif

☐ **b)** $\frac{N}{2}$ noyaux radioactifs

☐ **c)** $\frac{N}{10}$ noyaux radioactifs

**9** **$3{,}6 \times 10^6$ désintégrations par heure correspond à une activité de :**

☐ **a)** 3 600 Bq

☐ **b)** 1 000 Bq

☐ **c)** 60 Bq

**10** **Un laboratoire prépare des sources radioactives contenant une masse $m = 100$ g de technétium $^{99}$Tc telle qu'à la livraison, l'activité soit de $8{,}0 \times 10^9$ Bq. La demi-vie du $^{99}$Tc est de 6 heures. Pour faire face à une commande, il scinde une source en deux, chacune contient une masse $\frac{m}{2} = 50$ g de $^{99}$Tc.**

**1.** **L'activité initiale de la source radioactive de masse 50 g vaut :**

☐ **a)** $8{,}0 \times 10^9$ Bq

☐ **b)** $4{,}0 \times 10^{4,5}$ Bq

☐ **c)** $4{,}0 \times 10^9$ Bq

**2.** **La demi-vie de la source radioactive de masse 50 g vaut :**

☐ **a)** 3 h

☐ **b)** 6 h

☐ **c)** 12 h

**3.** **Au bout de 12 h, l'activité de la source radioactive de masse 50 g vaut :**

☐ **a)** 1,0 GBq

☐ **b)** $1{,}0 \times 10^6$ Bq

☐ **c)** $1{,}0 \times 10^9$ Bq

► **Corrigés p. 269**

# Comment résoudre un exercice

ÉNONCÉ

## Radioactivité de l'iode 131 et évolution de son activité au cours du temps

- L'iode 131 est un élément fréquemment utilisé dans le domaine du diagnostic médical. L'isotope $^{131}_{53}\text{I}$ est radioactif de type $\beta^-$. Sa demi-vie vaut $t_{1/2} = 8{,}0$ jours.

**1.** Donner la composition du noyau de cet isotope.

**2.** Quelle est la particule émise lors de sa désintégration radioactive ?

**3.** Choisir parmi les noyaux ci-dessous celui qui correspond au noyau fils :

$$^{130}_{52}\text{I} \qquad ^{131}_{54}\text{Xe} \qquad ^{131}_{52}\text{Te}$$

- On dispose d'un échantillon dont l'activité initiale $A_0$ est de 44 MBq.

**4.** Calculer la valeur de la constante de désintégration radioactive $\lambda$ de l'iode 131.

**5.** Quel est le nombre de noyaux radioactifs $N_0$ présents dans l'échantillon à $t = 0$ ?

**6.** Quelle sera l'activité de cet échantillon au bout de 16 jours ?
**Méthode 1 ▶**

**7.** Au bout de quelle durée l'activité $A_0$ de cet échantillon sera-t-elle divisée par 1 000 ?
**Méthode 2 ▶**

**Méthode 1**
L'activité est divisée par 2 pour chaque demi-période de 8 jours.

**Méthode 2**
Exprimer $t$ en fonction de $A(t)$, $A_0$ et $\lambda$ à l'aide de la loi de décroissance radioactive.

Santé

SOLUTION

**1.** $^{131}_{53}\text{I}$ est composé de $Z = 53$ protons et de $A = 131$ nucléons, soit $A - Z = 78$ neutrons. **Conseil 1 ▶**

**2.** Lors de la désintégration radioactive $\beta^-$, l'iode 131 émet des électrons.

**3.** Le noyau fils est : $^{131}_{54}\text{Xe}$. En effet :

$$^{131}_{53}\text{I} \longrightarrow {}^{0}_{-1}\text{e} + {}^{131}_{54}\text{Xe}$$

**4.** On a $\lambda = \dfrac{\ln 2}{t_{1/2}}$, on obtient : $\lambda = \dfrac{\ln 2}{6{,}9 \times 10^5}$, soit $\lambda = 1{,}0 \times 10^{-6}\ \text{s}^{-1}$. **Conseil 2 ▶**

**5.** $N_0$, $A_0$ et $\lambda$ sont liés par la relation suivante : $A_0 = \lambda \cdot N_0$ donc $N_0 = \dfrac{A_0}{\lambda}$,
soit $N_0 = \dfrac{44 \times 10^6}{1{,}0 \times 10^{-6}} = 44 \times 10^{12}$ noyaux radioactifs. **Conseil 3 ▶**

**6.** $\Delta t = 16$ jours $= 2\,t_{1/2}$, donc l'activité sera divisée par 4 au bout de 16 jours,

soit $A(16 \text{ jours}) = \dfrac{45 \times 10^6}{4} = 11$ MBq.

**7.** $A(t) = A_0 \cdot e^{-\lambda t}$, alors $e^{-\lambda t} = \dfrac{A(t)}{A_0}$ et $-\lambda \cdot t = \ln\left(\dfrac{A(t)}{A_0}\right)$, soit $t = \dfrac{-\ln\left(\dfrac{A(t)}{A_0}\right)}{\lambda}$.

$$t = \frac{-\ln(10^{-3})}{1{,}0 \times 10^{-6}} = 6{,}9 \times 10^6 \text{ s} = 80 \text{ jours.}$$

**Conseil 1**
Il faut identifier $Z$ et $A$.

**Conseil 2**
Utiliser $\lambda = \dfrac{\ln_2}{t_{1/2}}$.

**Conseil 3**
Utiliser $A_0 = \lambda \cdot N_0$.

# S'entraîner

Exercice avec résultat (page 269)

## Applications directes du cours

### 11 À vous de cocher

Un noyau de symbole ${}^{A}_{Z}X$ contient :

☐ a) $Z$ neutrons ☐ b) $Z$ protons ☐ c) $A$ nucléons

### 12 Carbone et isotope

Un noyau isotope du carbone est noté ${}^{14}_{6}C$, il contient :

☐ a) 6 protons ☐ b) 14 nucléons ☐ c) 8 neutrons

### 13 Les noyaux de A à Z

Donner la composition du noyau ${}^{15}_{7}N$. Combien l'atome correspondant possède-t-il d'électrons dans le cortège électronique ? Quel est le nom de cet élément ?
Même question avec le noyau ${}^{59}_{27}Co$.

### 14 Tout est dans le symbole

Compléter le tableau suivant :

| | | | | |
|---|---|---|---|---|
| **Élément** | | H | | |
| **Noyau** | ${}^{1}_{1}H$ | | | |
| $Z$ | | | 6 | |
| $A$ | | | | 40 |
| **Nombre de neutrons** | | 1 | 6 | 21 |

### 15 Au top sur les isotopes

On considère les noyaux suivants : ${}^{30}_{15}P$, ${}^{32}_{15}P$, ${}^{58}_{27}Co$, ${}^{58}_{28}Ni$.
Déterminer la composition de ces noyaux. Quels sont les noyaux isotopes ?

### 16 Élément ou isotope, quelles différences !

La liste des couples de points suivants correspond aux valeurs ($Z$, $A$) d'un certain nombre de noyaux.

(26, 53) ; (26, 59) ; (27, 55) ;
(27,61) ; (28, 59) ; (28,64)

**1.** Quels sont les noms des éléments des différents noyaux de la liste ?

**2.** Donner les isotopes de chaque élément.

### 17 Vous avez dit l'eau lourde !

Une des variétés de l'eau lourde a pour formule $D_2O$. Les noyaux de deutérium D ont pour symbole ${}^{2}_{1}H$. L'eau « normale » par contre est formée avec des noyaux ${}^{1}_{1}H$.

**1.** Qu'est-ce qui différencie ces deux noyaux ? Comment les appelle-t-on ?

**2.** Justifier l'expression « eau lourde ».

**3.** Il existe plus d'une dizaine de variétés d'eau lourde. À votre avis, pourquoi ? Donner la formule d'une autre variété d'eau lourde possible.

### 18 Détermination graphique du temps de demi-vie

On considère une population initiale (à $t = 0$) de $1{,}00 \times 10^{20}$ noyaux de néon 19 émetteur $\beta^-$. Le nombre de noyaux $N$ qui restent à une date $t$ est donné par le tableau suivant :

| $t$ (s) | 0 | 5 | 10 |
|---|---|---|---|
| $N$ | $10^{20}$ | $8{,}25 \times 10^{19}$ | $6{,}80 \times 10^{19}$ |

| $t$ (s) | 15 | 20 | 25 |
|---|---|---|---|
| $N$ | $5{,}61 \times 10^{19}$ | $4{,}63 \times 10^{19}$ | $3{,}82 \times 10^{19}$ |

| $t$ (s) | 30 | 35 | 40 |
|---|---|---|---|
| $N$ | $3{,}15 \times 10^{19}$ | $2{,}60 \times 10^{19}$ | $2{,}14 \times 10^{19}$ |

**1.** Tracer le graphique représentant l'évolution du nombre $N$ de noyaux non désintégrés en fonction du temps.

Échelles : axe des abscisses : 2 cm → 5 s.
axe des ordonnées : 1 cm → $10^{19}$ noyaux.

**2.** Déterminer le nombre $N$ de noyaux :
- qui restent à la date $t = 12$ s ;
- désintégrés entre $t = 0$ et $t = 12$ s ;
- désintégrés entre $t = 12$ s et $t = 24$ s.

**3.** Déterminer la demi-vie radioactive du néon 19.

### 19 Lequel est le plus dangereux ?

On dispose de deux échantillons émetteurs $\beta^-$ qui contiennent initialement le même nombre de noyaux $N_0$. Le premier est formé d'iode 131 de demi-vie radioactive $t_{1/2}$ (I) = 8,0 jours, l'autre est formé de césium 137 de demi-vie radioactive $t_{1/2}$ (Cs) = 30 ans.

**1.** Définir la demi-vie radioactive.

**2.** Exprimer, en fonction de $N_0$, le nombre $N$ de noyaux présents dans chaque échantillon aux dates $t$ indiquées dans le tableau.

| Date $t$ | 0 | 8 j | 1 an | 30 ans | 300 ans |
|---|---|---|---|---|---|
| $N$ (${}^{131}I$) | $N_0$ | | | | |
| $N$ (${}^{137}Cs$) | $N_0$ | | | | |

3. Lors d'incidents radioactifs, de l'iode 131 et du césium 137 peuvent être rejetés dans l'atmosphère.

Lequel de ces deux échantillons vous semble, à terme, le plus dangereux pour l'homme ?

4. À un instant donné, quel doit être le rapport des deux populations radioactives pour que les deux échantillons aient la même activité ?

### 20 Au musée Curie

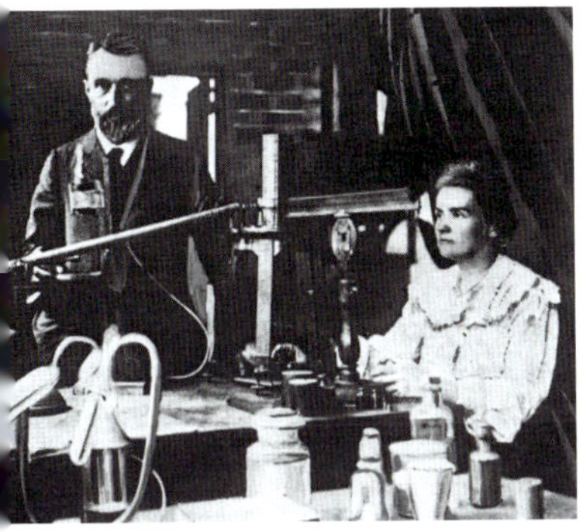

Rechercher les informations suivantes sur les sites Internet du musée Curie (http://musee.curie.fr/) ou sur le site du centenaire de la radioactivité (http://www.ccr.jussieu.fr/radioactivite/).

1. Combien d'éléments comptait la classification périodique à la fin du XIXe siècle ? Combien étaient radioactifs sans qu'on le sache ?
2. Par quel type de procédé P. et M. Curie isolent-ils le radium ? Pour quel travail Marie Curie obtient-elle un deuxième prix Nobel ?
3. Comment Rutherford montre-t-il l'existence d'un noyau au centre de l'atome ?
4. Sur quelle propriété du rayonnement les premiers appareils de mesure de la radioactivité reposent-ils ?
5. Quels effets biologiques les savants qui étaient exposés aux rayonnements radioactifs ont-ils constaté ?
6. Quelles ont été les premières applications de ce rayonnement en médecine ?

## Exercices d'entraînement

### 21 Tomographie par émission de positons (TEP)

L'eau marquée par l'oxygène 15 permet de visualiser l'irrigation sanguine du cerveau suivant une technique appelée la tomographie à positons.

1. Qu'appelle-t-on de l'eau marquée à l'oxygène 15 ?
2. L'oxygène 15 est radioactif $\beta^+$. Quelle particule compose le rayonnement $\beta^+$ ?
3. Quand un positon rencontre un électron, les deux s'annihilent en produisant deux rayons $\gamma$ qui partent dans des directions opposées.

Schématiser cette information. Comment doit-on placer les caméras pour détecter les coïncidences des émissions ?

### 22 Radionucléide en médecine

Le tableau ci-après indique les valeurs des demi-vies de quelques nucléides radioactifs utilisés en médecine nucléaire.

| $^{99}$Mo | $^{99}$Tc | $^{51}$Cr | $^{131}$I | $^{132}$I |
|---|---|---|---|---|
| 66 h | 6 h | 28 j | 8 j | 140 min |

1. Le technétium 99 ($^{99}$Tc) est obtenu à partir du molybdène 99 ($^{99}$Mo). Il est utilisé par exemple pour obtenir des images de la ventilation des poumons. Pourquoi est-il préférable de disposer d'une réserve de $^{99}$Mo dans un service médical utilisant le radionucléide $^{99}$Tc ?
2. La durée de vie moyenne des globules rouges dans le sang est de l'ordre de 4 mois. Dans certaines formes d'anémie, elle est divisée par deux.

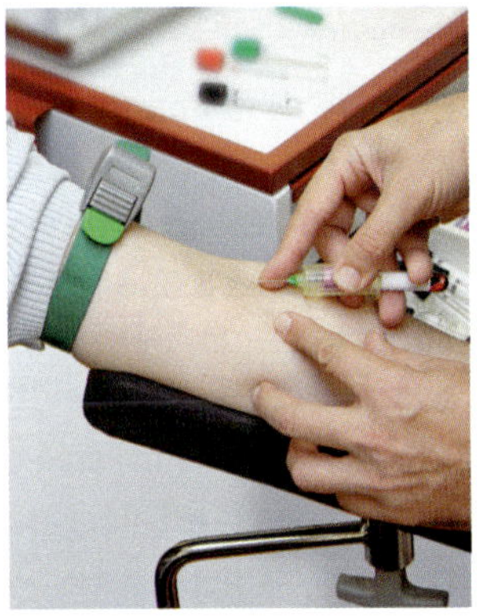

Un prélèvement sanguin effectué sur un patient est marqué avec du chrome 51 qui a la propriété de se fixer sur les globules rouges. Il lui est ensuite réinjecté. Son activité moyenne est de $3{,}7 \times 10^7$ Bq.

Donner l'ordre de grandeur de l'activité d'un échantillon de sang de même volume prélevé chez ce patient deux mois après selon qu'il est ou non atteint d'anémie.

3. Pourquoi utilise-t-on l'iode 131 et non l'iode 132 pour détecter une anomalie de fonctionnement de la thyroïde ?

### 23 Rhénium 186 et rhumatismes

La radiothérapie vise à administrer un produit dont les rayonnements émis sont destinés à traiter un organe. On utilise du rhénium 186 dans le but de soulager la maladie rhumatoïde.

Données :
- le rhénium 186 $^{186}_{75}$Re est un noyau radioactif $\beta^-$ ;
- le temps de demi-vie du rhénium 186 est $t_{1/2}$ = 3,7 jours.

1. Donner la composition du noyau de rhénium 186.
2. Quel nom porte la particule émise au cours de la désintégration d'un noyau de rhénium 186 ?

Santé

Exercice avec résultat (page 269)

**3.** Pour la très grande majorité d'entre eux, les noyaux fils obtenus lors de cette transformation ne sont pas dans un état excité. À quel type de rayonnement particulièrement pénétrant le patient n'est-il pas exposé ?

Le produit injectable se présente sous la forme d'une solution contenue dans un flacon de volume $V_{flacon} = 10$ mL ayant une activité $A_0 = 3\,700$ MBq à la date de calibration, c'est-à-dire à la sortie du laboratoire pharmaceutique.

**4.** Pourquoi est-il précisé « à la date de calibration » en plus de l'activité ?

**5.** Quelle est la valeur de l'activité $A_1$ de l'échantillon contenu dans le flacon au bout de 3,7 jours après la date de calibration ?

**6.** L'activité de l'échantillon à injecter dans l'articulation d'une épaule est $A_{thérapie} = 70$ MBq. En supposant que l'injection a lieu 3,7 jours après la date de calibration, calculer le volume $V$ de la solution à injecter dans l'épaule.

## 24 OBJECTIF BAC Dis-moi ton âge !

***Principe de la datation par le carbone 14***

- Dans la haute atmosphère, les rayons cosmiques provoquent des réactions nucléaires qui libèrent des neutrons.
- Ces neutrons, une fois ralentis, sont absorbés par des noyaux d'azote $^{14}_{7}N$, au cours d'une réaction qui donne naissance à du carbone $^{14}_{6}C$ et à une autre particule.
- Le carbone 14 ainsi créé est radioactif.
- Le carbone 14 est alors assimilé comme le carbone stable ($^{12}_{6}C$) par les plantes au cours de la synthèse chlorophyllienne. Pendant toute leur vie, la proportion de carbone 14 reste très stable dans les plantes.
- À leur mort, la quantité de carbone 14 décroît par radioactivité. Il suffit donc de mesurer l'activité du carbone 14 restant dans l'échantillon étudié pour dater sa mort.

Donnée :

Lois de conservation : lors d'une réaction nucléaire, il y a conservation du nombre de nucléons $A$ et du nombre de protons $Z$.

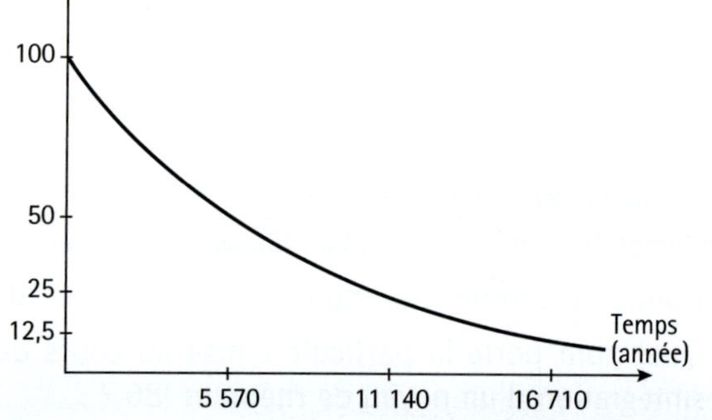


**1.** Donner la composition des noyaux $^{14}_{6}C$ et $^{12}_{6}C$. Comment appelle-t-on de tels noyaux ?

**2.** Quelle est la particule apparue en plus du carbone 14 lors de sa production ?

**3.** Le carbone 14 est radioactif $\beta^-$. Quelle est la nature de ce rayonnement ?

**4.** Quelle est la valeur de la demi-vie $t_{1/2}$ du carbone 14 ? En déduire la valeur de la constante radioactive $\lambda$.

**5.** Pour un morceau de bois vivant, on mesure une activité $A_0 = 23$ Bq. Pour un morceau de bois mort de même masse, retrouvé lors de fouilles archéologiques, on mesure une activité $A = 7{,}2$ Bq.
Calculer l'âge de ce morceau de bois.

**6.** On considère que les datations obtenues par cette méthode sont fiables lorsque la valeur de l'activité $A$ de l'échantillon étudié diffère d'au moins 10 % de celle $A_0$ de l'échantillon comparable actuel, et que cette valeur $A$ est supérieure à 0,1 $A_0$.

Déterminer les limites de la période durant laquelle des datations par le carbone 14 sont possibles.

## 25 It's in English

Polonium 210 is alpha radioactive.

Its half life is $t_{1/2} = 138$ days.

**1.** Work out the decay constant $\lambda$ of polonium 210.

**2.** The initial activity $A_0$ of a sample was measured : $A_0 = 3{,}9 \times 10^{10}$ Bq. Work out the initial number $N_0$ of polonium 210 nuclei in this sample.

**3.** Compute the amount of time ellapsed before the activity $A$ of the sample is equal to $3{,}9 \times 10^7$ Bq.

CHAPITRE 16

# Dangers de la radioactivité

La radioactivité est dangereuse, et il est nécessaire de s'en protéger. Les doses reçues sont ainsi strictement contrôlées, et des normes réglementaires sont fixées. En médecine nucléaire, les propriétés de la radioactivité sont utilisées pour soigner ou pour faire un diagnostic.

**→ Quelles sont les mesures à prendre pour se protéger des dangers de la radioactivité ?**

**Capacités**

- Connaître les dangers de la radioactivité et les moyens de s'en protéger.
- Savoir évaluer la dose d'énergie absorbée lors d'une exposition à la radioactivité.
- Utiliser le modèle corpusculaire pour expliquer les échanges d'énergie rayonnement-matière.
- Positionner le rayonnement gamma dans le spectre des ondes électromagnétiques.

Découvrir

1 Activité documentaire

## Savoir se protéger contre la radioactivité

Objectif Sciences International

- Un matériau radioactif produit un rayonnement énergétique nocif, appelé rayonnement ionisant, car il interagit avec la matière. Ce rayonnement ionisant peut endommager l'ADN des cellules. Il décroît avec la distance, et ses effets varient avec le temps d'exposition, la quantité de matière radioactive et le système de protection mis en œuvre.

- Lors d'un accident nucléaire, un dispositif de protection contre les radiations et un éloignement des personnes des sources radioactives peuvent ne pas être suffisants. Il peut être important d'empêcher la fixation dans le corps d'éléments radioactifs par des apports alimentaires ou médicamenteux. Ainsi, il faut saturer sa thyroïde en ingérant de l'iode avant d'être contaminé ; on trouvera cet iode dans des comprimés (iodure de potassium dosé à 130 mg, 65 mg) ou dans des aliments. Cependant, l'ingestion d'iode ne protège pas des autres éléments radioactifs rejetés dans l'atmosphère (césium, strontium...).

| Aliment | Teneur | Aliment | Teneur |
|---|---|---|---|
| Algue marine séchée | 7 000 | Huître | 57 |
| Sel iodé | 1 500 | Ananas | 30 |
| Huile de foie de morue | 838 | Groseille | 20 |
| Saumon | 245 | Mûre | 10 |
| Morue | 143 | Œuf | 9,3 |
| Farine de poisson | 100 | Beurre | 5,6 |
| Ail frais | 90 | Fromage | 5 |
| Farine de maïs | 80 | Céréales | 5 |
| Thon frais | 80 | Porc | 4,5 |
| Coquillage | 78 | Lait de vache | 3,5 |

▲ *Teneur en iode en microgrammes pour 100 g.*

- En effet, en cas d'accident nucléaire grave, l'iode est un des éléments rapidement rejetés dans l'atmosphère et concentrés dans le corps humain. Les comprimés d'iode ne protégeant que de l'iode radioactif, d'autres mesures seront prises : mise à l'abri, restrictions alimentaires ou évacuation.

- Certains aliments seront à éviter après leur contamination, car ils concentrent l'iode dans leurs tissus. Cependant, il est difficile de savoir où seront présentes les particules radioactives et où elles seront concentrées. Seules les agences sanitaires équipées d'un matériel d'analyse adapté sont en mesure de signaler la toxicité des aliments.

- En s'informant sur la provenance des aliments et sur leur possible exposition, on est en mesure d'évaluer grossièrement le risque sanitaire. Des légumes soumis aux vents, à la pluie si la météo est défavorable, conduiront à une contamination. Un prédateur va accumuler les toxines dans ses tissus longtemps après son exposition en se nourrissant de proies contaminées. Ainsi, les poissons prédateurs (thons) auront une teneur en produits radioactifs plus importante que les herbivores.

*Source :* http://www.objectif-sciences-international.org/

### Exploiter

**1.** Pourquoi l'iode est-il un élément dont on suit l'évolution de la concentration dans les zones contaminées lors d'un accident nucléaire ?

**2.** Quelle quantité de thon doit-on manger pour remplacer un comprimé d'iodure de potassium dosé à 130 mg ?

**3.** En cas d'accident nucléaire, quels sont les aliments les plus susceptibles d'être contaminés ?

**4.** Quelles autres mesures doit-on prendre pour se protéger des conséquences d'un accident nucléaire en plus de la prise de comprimés d'iode ?

Activité documentaire

## 2 La scintigraphie

- La scintigraphie du cœur est un examen qui permet d'évaluer le fonctionnement du muscle cardiaque, et d'obtenir des renseignements sur ses capacités de contraction. Il s'agit d'un examen indolore, d'une durée moyenne de 15 à 30 minutes.
- Après un épisode coronarien douloureux (douleurs thoraciques), les cellules qui constituent le muscle cardiaque peuvent être détruites (**infarctus** du myocarde) ou avoir seulement souffert du manque d'oxygène dû à une réduction de l'irrigation sanguine (**ischémie** coronaire). Une scintigraphie myocardique permet de diagnostiquer la nature de la maladie. On injecte une solution de thallium 201 par voie veineuse. C'est un élément radioactif qui émet, suite à un mécanisme dit de capture électronique, un rayonnement gamma.
- Le thallium a les mêmes propriétés chimiques que le potassium, qui est le constituant fondamental des cellules. Il n'est fixé que par les cellules vivantes du cœur (il est un indicateur de leur bon état). Il émet des photons gamma de faible énergie qui peuvent être détectés par une gamma-caméra à scintillations.

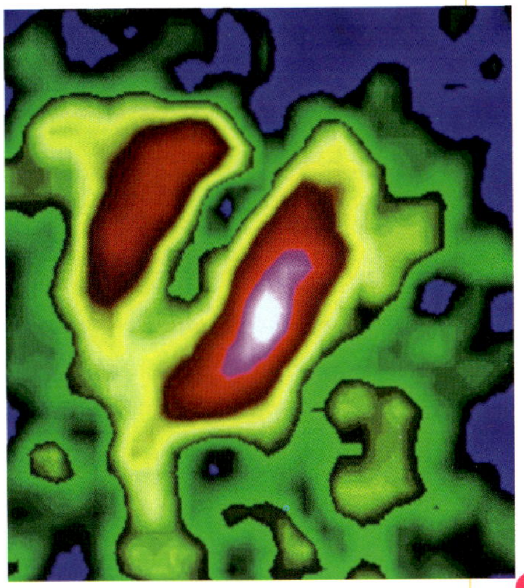

▲ *Infarctus du myocarde : lacune de fixation de la pointe (scintigraphie Ti 201).*

**Exploiter**

**1.** Le thallium 201 est un traceur radioactif. D'après le texte, quelles doivent être les caractéristiques d'un traceur radioactif en médecine ?

**2.** Le thallium 201 se désintègre en mercure 201 par un processus qui n'est ni de type alpha, ni de type béta. Comment se nomme ce type particulier de transformation radioactive ? Quel intérêt y a-t-il à utiliser ce type de désintégration dans le cas présent ?

Santé

Activité documentaire

## 3 Traceur en médecine nucléaire

Le tableau ci-dessous présente quelques radionucléides utilisés en imagerie médicale nucléaire.

| Radioélément | Demi-vie $t_{1/2}$ | Type de rayonnement et énergie | Application |
|---|---|---|---|
| $^{18}F$ (fluor 18) | 110 min | $\beta^+$ : 634 keV<br>$\gamma$ : 511 keV | Imagerie de la consommation du glucose par les tissus |
| $^{99}Tc$ (technétium 99) | 6 h | $\gamma$ : 140 keV | Imagerie en marqueur de molécules biologiquement actives |
| $^{201}Tl$ (thallium 201) | 73 h | $\gamma$ : 167 keV<br>X : 71 keV | Imagerie des tissus myocardiques |

**Exploiter**

**1.** Rappeler la définition de la demi-vie. Qu'est-ce qui caractérise les demi-vies des radioéléments utilisés en médecine nucléaire ? Comment le justifier ?

**2.** Calculer et comparer les longueurs d'onde associées au rayonnement $\gamma$ et aux rayons X émis par le thallium 201.

# Cours

## 1 Exposition à la radioactivité

### a) Dangers de la radioactivité

Les dangers de la radioactivité sont de deux types pour l'homme :

- **l'irradiation** due à une exposition externe : rayons cosmiques provenant des étoiles, éléments radioactifs se trouvant dans la croûte terrestre, sources artificielles ;
- **la contamination** due à une exposition interne : inhalation ou ingestion d'éléments radioactifs.

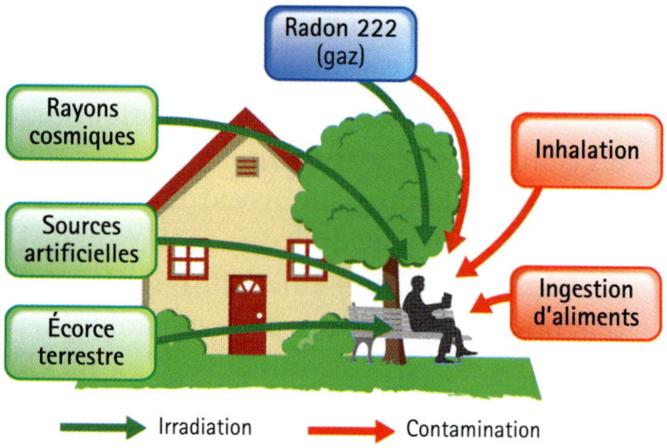


La Terre présente de **500 à 5 000 désintégrations par seconde et par kilogramme** selon les terrains dont l'origine est **l'uranium.** Le radon est un gaz issu de la désintégration de l'uranium. La CEE recommande de ne pas dépasser une concentration de 400 désintégrations/s/m$^3$ dans les habitations.

▲ *Dangers de la radioactivité.*

### b) Radioprotection

Les rayonnements produits par les sources radioactives peuvent ioniser la matière, c'est-à-dire arracher des électrons. Ces rayonnements ionisants sont potentiellement dangereux pour l'homme. **La radioprotection** définit les **mesures prises pour protéger l'homme et son environnement.**

Éloigner les personnes des sources radioactives, limiter la durée d'exposition, utiliser des écrans protecteurs sont des précautions à prendre.

## 2 Caractéristiques des rayonnements $\alpha$ et $\beta$

### a) Rayonnement $\alpha$

Les **particules $\alpha$** (noyaux d'hélium) sont peu pénétrantes, mais très ionisantes.

Le rayonnement $\alpha$ est **dangereux** pour l'homme. Il arrache facilement des électrons aux atomes qui constituent les molécules des tissus biologiques. Les particules $\alpha$ sont arrêtées par quelques centimètres d'air ou une feuille de papier.

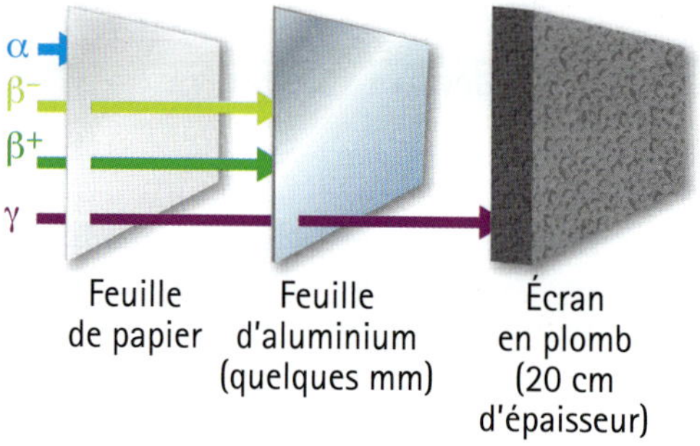


▲ *Écrans de protection pour les différents rayonnements.*

### b) Rayonnement $\beta$

- **Les particules $\beta^-$ (électrons)** sont assez pénétrantes, elles sont arrêtées par quelques millimètres d'aluminium.
- **Les particules $\beta^+$ (positons)** ont des durées de vie très courtes dans la matière, car dès qu'elles rencontrent un électron, elles réagissent et donnent un rayonnement $\gamma$.

## 3 Caractéristiques du rayonnement $\gamma$

### a) Rayonnement $\gamma$ et noyau

Quand un noyau se trouve dans un état excité, il revient à l'état fondamental en émettant un photon d'énergie caractéristique, appelé **photon** $\gamma$.

Les états d'**énergie du noyau** ne peuvent prendre que des valeurs précises. L'état de plus basse énergie est appelé l'**état fondamental**, les autres correspondent à des **états excités**.

L'**énergie des photons** $E_\gamma$ pour une transition entre deux niveaux vaut :

$$E_\gamma = E_1 - E_0 = h \cdot \upsilon$$

$E_\gamma$ : énergie des photons $\gamma$ en joules (J)
h : constante de Planck en joules·seconde (J·s) ($h = 6{,}62 \times 10^{-34}$ J·s)
$\upsilon$ : fréquence de l'onde électromagnétique émise en hertz (Hz)

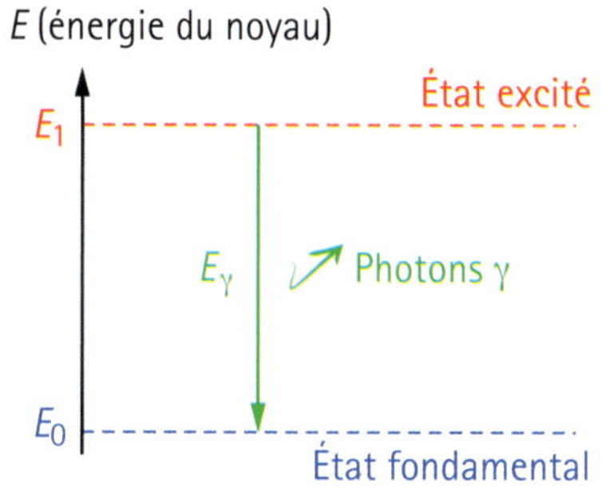

▲ *Diagramme énergétique.*

Les photons ont une énergie très petite par rapport à un joule, on utilise donc l'électronvolt : **1 eV = 1,6 × $10^{-19}$ J**.

### b) Rayonnement $\gamma$ dans le spectre des ondes électromagnétiques

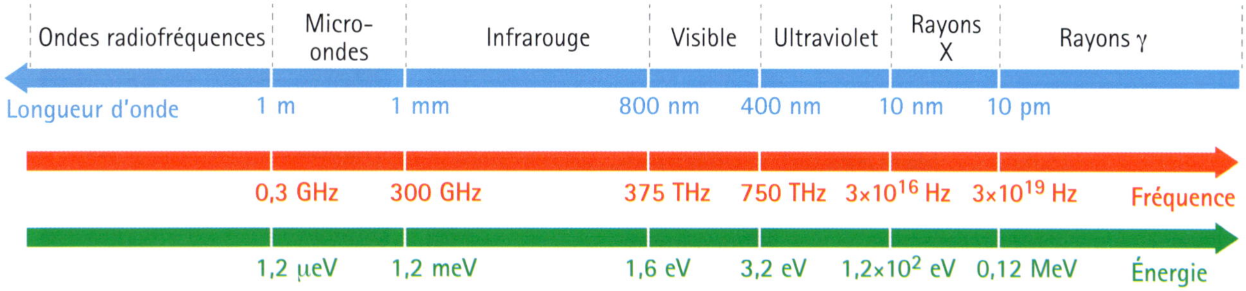

▲ *Spectre électromagnétique.*

Le rayonnement $\gamma$ est **très énergétique** ; il peut atteindre le GeV (1 giga électronvolt = $10^9$ eV), et est **très pénétrant**.

Le blindage contre les rayons $\gamma$ nécessite une forte épaisseur de matériau pour réduire leur dangerosité. Un écran en plomb d'une épaisseur de 5 cm n'arrête que 90 % du rayonnement $\gamma$. Pour l'eau, cette épaisseur est d'environ 15 cm.

### c) Effets biologiques du rayonnement $\gamma$

Les rayons $\gamma$ sont **moins ionisants** que les rayonnements $\alpha$ ou $\beta$, mais ils sont **très dangereux** du fait de leur portée et de leur pouvoir de pénétration beaucoup plus grands.

Les ions ou les radicaux libres créés par les rayons $\gamma$ sont souvent très réactifs et peuvent entraîner des réactions chimiques avec d'autres molécules dont l'ADN.

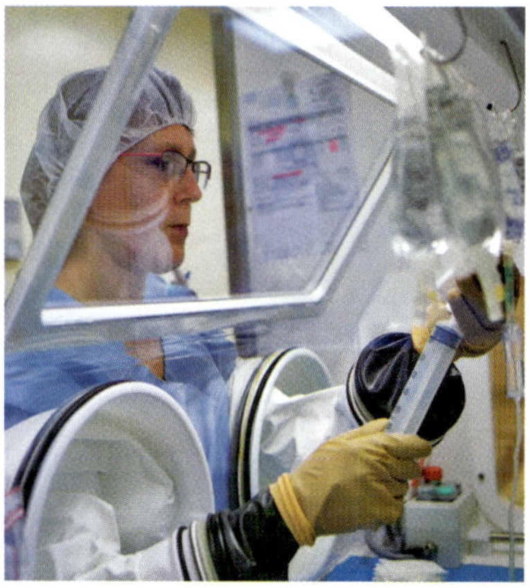
▲ *Les manipulations de produits très radioactifs se font en boîte à gants.*

Santé

## 4 Dose absorbée et dose équivalente

### a) Dangerosité d'une source

L'action sur les tissus d'une source radioactive dépend de l'activité de la source, de l'énergie et de la nature de chaque particule reçue, du fractionnement de la dose reçue et de la nature des tissus touchés.

### b) Dose absorbée

La dose absorbée *D* traduit la quantité d'énergie *E* reçue par une masse *m* de matière irradiée. Elle est définie par :

$$D = \frac{E}{m}$$

*D* : dose d'énergie absorbée en grays (Gy)
*E* : énergie reçue en joules (J)
*m* : masse irradiée en kilogrammes (kg)

Le **gray** correspond à une faible quantité d'énergie ; il faut 4 200 grays pour élever la température de 1 kg d'eau de 1 °C. Mais dans le cas d'une irradiation, l'énergie est dissipée dans un très petit volume et peut avoir des effets très dangereux.

| Activité | *D* |
|---|---|
| Radiographie dentaire | 0,2 mGy |
| Séance de radiothérapie | 2 Gy |
| Ionisation de denrées alimentaires | 10 kGy |

▲ *Exemples de doses absorbées.*

### c) Dose équivalente

La dose équivalente *H* permet de tenir compte des effets des différents rayonnements ionisants sur les tissus biologiques. Elle est définie par :

$$H = w_R . D$$

*H* : dose équivalente en sieverts (Sv)
$w_R$ : facteur de pondération
*D* : dose absorbée en grays (Gy)

La dose équivalente *H* est mesurée avec un **dosimètre.**

Attention : **les doses sont cumulatives** !

Dans le cas d'une exposition pour le public, la réglementation française a fixé pour un an les limites suivantes :

| Exposition | Partie exposée | H (mSv) |
|---|---|---|
| Exposition globale | Organisme entier | 1 |
| Exposition partielle | Peau | 50 |
| | Cristallin | 15 |

| Nature du rayonnement | Facteur de pondération $w_R$ |
|---|---|
| $\gamma$, x, $\beta$ | 1 |
| Protons | 5 |
| Neutrons | 5 à 20 |
| Particules $\alpha$ | 20 |

▲ *Une dose absorbée d'un gray de rayonnement $\alpha$ est vingt fois plus cancérigène qu'une dose d'un gray de rayonnement $\gamma$.*

| Activité | *H* (mSv) |
|---|---|
| Un an dans une région granitique | 3 à 10 |
| Un an en haute montagne | 0,6 |
| Radiographie des poumons | 1 |
| Radiothérapie | 20 000 |

▲ *Exemples de doses équivalentes.*

**It's in English**

- Irradiation : *radiation*
- Contamination : *contamination*
- Dose absorbée : *absorbed dose*
- Dose équivalente : *equivalent dose*
- Radioprotection : *radiation protection*
- Rayonnement ionisant : *ionizing radiation*
- Écran de protection : *protection shield*

# L'essentiel

- **Les dangers de la radioactivité** pour l'homme sont de deux types :
  - **l'irradiation** : due à une exposition externe ;
  - **la contamination** : due à une exposition interne suite à l'inhalation ou à l'ingestion d'éléments radioactifs.

- **Un rayonnement ionisant** est un rayonnement qui produit des ionisations dans la matière qu'il traverse. Sa dangerosité dépend de la nature et de l'énergie du rayonnement émis.

- **La radioprotection** définit les mesures prises pour protéger l'homme et son environnement contre les effets dangereux des rayonnements ionisants.

- **Le rayonnement $\alpha$** est très ionisant, mais peu pénétrant ; il est arrêté par quelques centimètres d'air ou une feuille de papier.

- **Les rayonnements $\beta^-$ et $\beta^+$** sont assez pénétrants ; ils sont arrêtés par quelques millimètres d'aluminium.

- **Le rayonnement $\gamma$** est moins ionisant que les rayonnements $\alpha$ et $\beta$, mais il est très pénétrant. Une vingtaine de centimètres de plomb ou quelques mètres d'eau (piscines des réacteurs nucléaires) sont nécessaires pour l'arrêter.

- **L'énergie des photons $E_\gamma$** est due à la désexcitation d'un noyau. Elle est définie par :

$$E_\gamma = h \cdot \upsilon$$

$E_\gamma$ : énergie des photons $\gamma$ en joules (J)
h : constante de Planck en joules·seconde (J·s)
$h = 6{,}62 \times 10^{-34}$ J·s
$\upsilon$ : fréquence de l'onde électromagnétique émise en hertz (Hz)

On utilise l'électronvolt : $1 \text{ eV} = 1{,}6 \times 10^{-19}$ J.

- **Le rayonnement $\gamma$ est très énergétique** ; il peut atteindre le GeV (giga électronvolt) ; il est de fréquence plus élevée que les rayons X et les rayons UV.

- **La dose absorbée *D*** traduit la quantité d'énergie *E* reçue par une masse *m* de matière irradiée.

$$D = \frac{E}{m}$$

*D* : dose d'énergie absorbée en grays (Gy)
*E* : énergie reçue en joules (J)
*m* : masse irradiée en kilogrammes (kg)

Un gray correspond à une énergie absorbée d'un joule pour une masse irradiée d'un kilogramme.

- **La dose absorbée** dépend de :
  - l'activité de la source ;
  - la durée d'exposition ;
  - la distance à la source ;
  - l'absorption due aux différents matériaux traversés.

- **La dose équivalente *H*** permet de tenir compte des effets des différents rayonnements ionisants sur les tissus biologiques.

$$H = w_R \cdot D$$

*H* : dose équivalente en sieverts (Sv)
$w_R$ : facteur de pondération
*D* : dose absorbée en grays (Gy)

La dose équivalente *H* est mesurée avec un dosimètre.

| Nature du rayonnement | Facteur de pondération $w_R$ |
|---|---|
| $\gamma$, x, $\beta$ | 1 |
| Protons | 5 |
| Neutrons | 5 à 20 |
| Particules $\alpha$ | 20 |

Une dose absorbée d'un gray de rayonnement $\alpha$ est vingt fois plus cancérigène qu'une dose d'un gray de rayonnement $\gamma$.

Santé

# Les effets de la radioactivité sur la santé

Les dommages à la santé causés par les rayonnements ionisants dépendent de la quantité d'énergie déposée par les rayonnements dans les cellules de chaque organe ou tissu du corps humain (dose d'irradiation). Pour une même quantité d'énergie absorbée (dose exprimée en grays, Gy), les dommages varient en fonction de la nature du rayonnement, des modalités d'exposition et de l'organe atteint. Ils sont de deux types : les effets aigus et les effets différés.

- ***Cas d'une exposition conduisant à l'apparition d'effets aigus***

À forte dose, les rayonnements ionisants provoquent la destruction des cellules. Des effets cliniques « aigus » sont alors observables à plus ou moins court terme (quelques heures à quelques mois). Dans le cas d'une irradiation aiguë localisée sur un organe, des effets tels que des brûlures de la peau, une cataracte ou une stérilité peuvent apparaître à partir d'une dose seuil et devenir irréversibles à fortes doses (schéma ci-contre).

Dans le cas d'une irradiation aiguë délivrée sur une grande partie du corps, des troubles hématologiques, des atteintes plus ou moins importantes des voies digestives ou du système nerveux central sont observés selon la gravité de l'exposition. En absence totale de traitement, ces troubles vont conduire à des défaillances multiples des fonctions vitales du corps humain.

La dose à laquelle se produit le décès de 50 % des personnes ayant subi une irradiation du corps entier est d'environ 4,5 à 5 Gy, en l'absence de traitement.

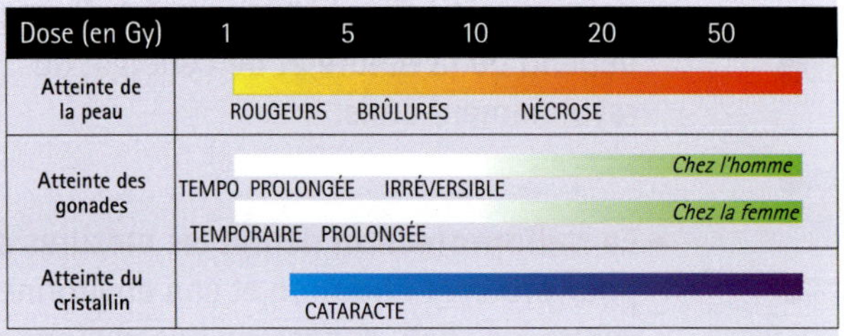


▲ *Effets d'une irradiation aiguë selon l'organe exposé.*

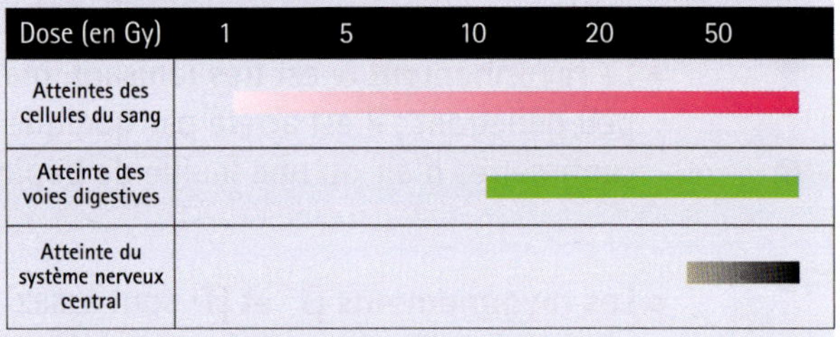


▲ *Effets d'une irradiation aiguë selon la partie de l'organisme exposée.*

- ***Cas d'une exposition conduisant à l'apparition d'effets différés***

Les rayonnements ionisants induisent aussi des transformations des cellules qui, plusieurs années après l'exposition, peuvent engendrer des effets sanitaires survenant de façon aléatoire dans la population exposée. Parmi ces effets dits « différés » dans le temps, on trouve principalement les leucémies et divers cancers. Ces pathologies ont des causes multiples, et il n'existe pas de moyen biologique permettant de différencier, par exemple, un cancer du poumon dû au tabac d'un cancer du poumon induit par des rayonnements ionisants.

*Source* : http://www.mesure-radioactivite.fr/public/
(Réseau national de mesures de la radioactivité de l'environnement)

**Exploiter**

**1.** Indiquer la valeur de la dose seuil pour des effets d'une irradiation aiguë sur le système nerveux central.

**2.** Pourquoi est-il difficile d'évaluer les effets différés dus à une exposition radioactive ?

**3.** Que signifie « les effets sanitaires survenant de façon aléatoire » ?

## Radioprotection et dosimétrie (activité TICE)

**Objectif :** réaliser un outil graphique pour choisir les paramètres permettant de se protéger des rayons ionisants produits par une source radioactive

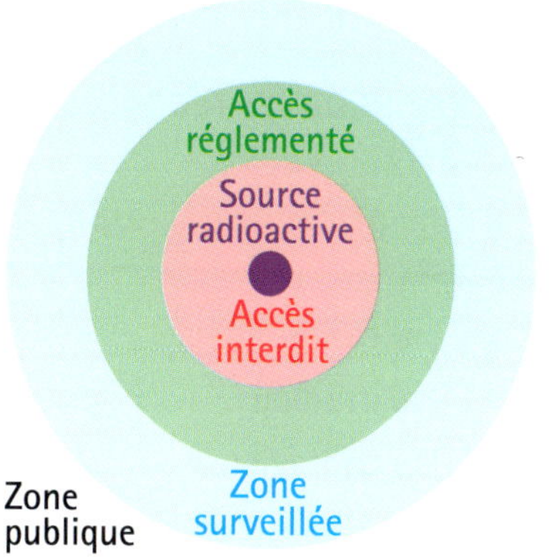


### Données pour la simulation

- Une source radioactive de cobalt 60 et de masse $m = 20$ mg émet un rayonnement $\beta^-$. Chaque désintégration émet 2 photons gamma d'énergie $E = 1{,}2$ MeV.
- Après avoir traversé une épaisseur $x$, le flux de photons transmis $\varphi$ est égal à :

$$\varphi = \varphi_0 \cdot e^{-\mu \cdot x}$$

x : épaisseur traversée en mètres (m)
μ : coefficient d'atténuation linéique par mètre ($m^{-1}$)
$\varphi_0$ : flux initial

- La couche de demi-atténuation $d_{1/2}$ est l'épaisseur nécessaire pour diviser par deux l'intensité du faisceau incident, on a : $d_{1/2} = \dfrac{\ln 2}{\mu}$.

| Matériau | Air | Eau | Plomb |
|---|---|---|---|
| $d_{1/2}$ | 83 m | 98 mm | 8,8 mm |

*Valeur de la couche de demi-atténuation pour des photons gamma d'énergie 1,2 MeV.*

- Pour une source isotrope, qui émet dans toutes les directions, le flux de photons reçu $\varphi_R$ par une surface $S_R$ est donné par :

$$\varphi_R = \frac{\varphi_E \cdot S_R}{4\pi \cdot r^2}$$

$S_R$ : surface de réception en mètres carrés ($m^2$)
$\varphi_E$ : flux émis
$r$ : distance à la source en mètres (m)

### Réaliser

- Calculer le nombre initial $N_0$ d'atomes de la source radioactive de cobalt 60.
- Calculer l'énergie totale $E_T$, en joules, due aux rayons gamma que peut fournir la source radioactive.
- Après avoir estimé la surface $S_R$ d'une personne debout face à la source, exprimer l'énergie reçue $E_R(t)$ pour une personne située à 1 m de la source sans écran de protection en fonction de la durée d'exposition notée $t$. À l'aide d'un tableur-grapheur, tracer la courbe de l'énergie reçue $E_R(t)$.
- Faire de même pour une personne située à 2 m.
- On intercale un écran en plomb d'épaisseur $d$. Tracer les courbes. de l'énergie reçue en fonction de la durée d'exposition pour un écran d'épaisseur 1 cm, puis 5 cm, pour une personne placée à 1 m, puis à 2 m.

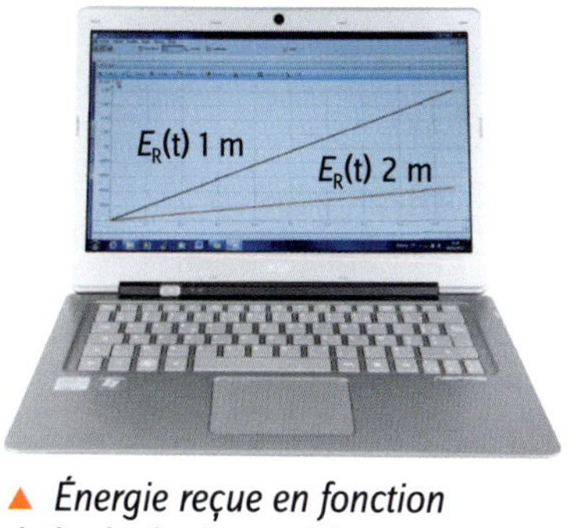


*Énergie reçue en fonction de la durée d'exposition.*

### Exploiter

On souhaite limiter la dose équivalente $H$ reçue par une personne de masse $m = 80$ kg à 2 mSv.

**1.** Combien de temps une personne placée à 1 m, puis à 2 m, peut-elle être irradiée lorsque l'on n'utilise pas d'écran en plomb ?

**2.** Même question avec les deux écrans en plomb choisis précédemment.

Santé

# S'entraîner

## Testez vos connaissances

*Cochez la ou les réponses exactes.*

**1** **Une personne qui respire un gaz radioactif est :**

- ☐ **a)** contaminée
- ☐ **b)** irradiée
- ☐ **c)** contagieuse

**2** **Un technicien qui réalise une radiographie peut être :**

- ☐ **a)** contaminé
- ☐ **b)** irradié
- ☐ **c)** en danger

**3** **Le rayonnement le plus ionisant est :**

- ☐ **a)** le rayonnement $\gamma$
- ☐ **b)** le rayonnement $\alpha$
- ☐ **c)** le rayonnement $\beta$

**4** **L'unité de la dose absorbée est :**

- ☐ **a)** le gray
- ☐ **b)** le becquerel
- ☐ **c)** l'électronvolt

**5** **Une dose de 1 mGy correspond à une énergie absorbée de :**

- ☐ **a)** 1 J par kg
- ☐ **b)** 1 mJ par kg
- ☐ **c)** $10^{-3}$ J·kg$^{-1}$

**6** **L'unité de la dose équivalente est :**

- ☐ **a)** le becquerel
- ☐ **b)** le sievert
- ☐ **c)** le joule

**7** **La dose équivalente $H$ se calcule à l'aide de l'expression suivante :**

- ☐ **a)** $H = D \cdot w_R$
- ☐ **b)** $H = \frac{D}{w_R}$
- ☐ **c)** $H = \frac{w_R}{D}$

**8** **Lors de la désexcitation d'un noyau, l'énergie d'un photon émis pour une transition entre deux niveaux vaut $E_\gamma = 364$ keV. $E_\gamma$ correspond à une énergie de :**

- ☐ **a)** 364 kJ
- ☐ **b)** $5,8 \times 10^{-14}$ J
- ☐ **c)** $2,3 \times 10^{24}$ J

**9** **Pour se protéger des effets nocifs de la radioactivité, on peut :**

- ☐ **a)** s'éloigner de la source radioactive
- ☐ **b)** disposer un écran face à la source radioactive
- ☐ **c)** limiter son temps d'exposition

**10** **Une personne ingère une dose de 3,5 µGy d'un produit radioactif émettant un rayonnement $\alpha$. La dose équivalente absorbée vaut :**

- ☐ **a)** 3,5 µSv
- ☐ **b)** 70 µSv
- ☐ **c)** 17 Sv

► **Corrigés p. 270**

# Comment résoudre un exercice

## ÉNONCÉ Le césium 137

Dans un laboratoire, un technicien utilise pendant une heure une source radioactive de césium 137 dont l'activité vaut $A_0 = 3{,}7 \times 10^5$ Bq. La demi-vie du césium 137 vaut $t_{1/2} = 30$ ans.

**1.** L'activité évolue-t-elle au cours d'une manipulation de 1 h ? Justifier. Combien de désintégrations se produisent en moyenne en 1 h ? **Méthode 1 ▶**

**2.** Le césium 137 est émetteur de particules $\beta^-$. On admettra que chaque désintégration $\beta^-$ est accompagnée d'un photon $\gamma$ d'énergie 0,662 MeV. Expliquer l'origine des photons $\gamma$.

**3.** En manipulant avec toutes les précautions voulues, le technicien n'absorbe qu'une petite fraction du rayonnement $\gamma$.

a) Comment peut-il se protéger du rayonnement $\beta^-$ ?

b) On suppose que le technicien absorbe une fraction égale à 10 % du rayonnement $\gamma$. Calculer l'énergie absorbée par le technicien en 1 h. Le technicien a une masse de 80 kg. Calculer la dose *D* absorbée en grays. **Méthode 2 et 3 ▶**

**4.** Pour obtenir la dose équivalente *H*, il faut introduire un facteur de pondération $w_R$. Pour cette source, il vaut 0,8. Calculer la dose équivalente. Comparer la valeur obtenue à la dose annuelle moyenne due à la radioactivité naturelle de 1 à 5 mSv/an. Conclure.

*Donnée* : 1 eV = $1{,}6 \times 10^{-19}$ J.

**Méthode 1**
Donner le résultat avec le même nombre de chiffres significatifs que l'activité.

**Méthode 2**
L'énergie absorbée en 1 h est proportionnelle au nombre de désintégrations reçues.

**Méthode 3**
Attention, 1 Gy = 1 J/s et 1 MeV = $10^6$ eV.

Santé

## SOLUTION

**1.** D'après la définition de la demi-vie, l'activité diminue de moitié tous les 30 ans. On peut donc considérer que l'activité moyenne est constante pendant une heure.

Nombre *N* de désintégrations par heure : par définition, 1 Bq = 1 désintégration par seconde, donc $N = A_0 \times 3\,600 = 1{,}3 \times 10^9$ désintégrations par heure. **Conseil 1 ▶**

**2.** Les états d'énergie du noyau sont quantifiés. Lors de la désintégration, le noyau fils est obtenu dans un état excité. Le retour à l'état fondamental se fait avec une émission de photons $\gamma$.

**3. a)** Le rayonnement $\beta^-$ est arrêté par quelques centimètres d'air. Il suffit que le technicien se tienne assez loin de la source.

**b)** Énergie absorbée : $E = 0{,}1\ N \cdot E_\gamma = 0{,}1 \times 1{,}3 \times 10^9 \times 0{,}622 = 8{,}3 \times 10^7$ MeV.

Dose absorbée : $D = \dfrac{E}{m}$ avec *E* exprimée en J

donc $D = \dfrac{8{,}3 \times 10^{13} \times 1{,}6 \times 10^{-19}}{80} = 1{,}6 \times 10^{-7}$ Gy. **Conseil 2 ▶**

**4.** Dose équivalente : $H = w_R \cdot D = 0{,}8 \times 1{,}6 \times 10^{-7} = 1{,}3 \times 10^{-6}$ Sv d'où $H = 1{,}3 \times 10^{-3}$ mSv.

C'est une valeur qui est mille fois plus faible que la dose équivalente annuelle due à la radioactivité naturelle.

**Conseil 1**
Écrire la définition du becquerel et de la demi-vie.

**Conseil 2**
Faire attention aux unités.

Exercice avec résultat (page 270)

## Applications directes du cours

### 11 Le lait de Tchernobyl

Lors de la catastrophe de Tchernobyl, l'augmentation de la radioactivité s'est manifestée par des effets externes et internes dus entre autres à la formation d'iode 131 et de césium 137. Le lait est un bon indicateur de pollution.

**1.** Préciser les expressions contamination externe et contamination interne.

**2.** Expliquer pourquoi on a observé aussi une émission de rayonnement $\gamma$.

### 12 Dose absorbée

Un technicien de laboratoire travaillant à proximité d'une source radioactive reçoit une énergie $E = 5{,}5$ J.

**1.** Sachant que sa masse est de 73 kg, calculer la dose $D$ absorbée par ce technicien.

**2.** Sachant que la source émet un rayonnement $\beta^-$, calculer la dose équivalente $H$ reçue par ce technicien.

**3.** Cette irradiation est-elle dangereuse pour l'organisme ?

### 13 Dose absorbée dans une centrale nucléaire

La fission de l'uranium 235 produit du césium 137, émetteur radioactif $\gamma$. Un technicien d'une centrale nucléaire reste durant 1 h à proximité d'une source de 1,0 g de césium 137. Durant cette exposition, il absorbe, uniformément sur l'ensemble de son corps, 5 % des rayons $\gamma$ d'énergie 0,66 MeV émis par cette source. On suppose que l'activité de cette source est égale à $3{,}0 \times 10^{12}$ Bq.

**1.** Montrer que la source radioactive produit une énergie de 0,32 $\text{J}\cdot\text{s}^{-1}$.

**2.** Sachant que le technicien a une masse $m = 75$ kg, calculer la dose $D$ absorbée par cet employé.

**3.** Calculer la dose équivalente $H$ reçue par ce technicien sachant que le facteur de pondération associé à ce rayonnement $\gamma$ vaut 0,05.

**4.** Sachant que la dose maximale annuelle autorisée est de 50 mSv, ce technicien peut-il continuer à travailler dans cette centrale ?

### 14 L'iode et la glande thyroïde

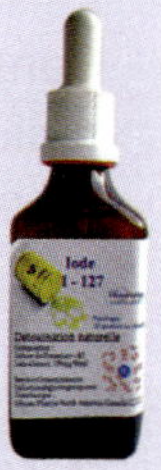


L'iode participe à la synthèse des hormones thyroïdiennes comme la tri-iodothyromine. Il contribue à la stéréospécificité des hormones et à leur capacité de liaison avec les protéines. L'apport d'iode est essentiel à l'organisme humain, la captation se fait sous forme d'ions iodure au niveau de la glande thyroïde. L'iode ne possède qu'un seul isotope naturel : l'iode 127, qui est non radioactif.
En revanche, son isotope artificiel l'iode 131 est radioactif. Il est présent lors de tout incident nucléaire et il sert aussi dans de nombreux examens en médecine. Sa demi-vie est de 8,1 jours.

**1.** Quelle glande fixe l'iode dans le corps humain ? S'agit-il d'une transformation nucléaire ou d'une transformation chimique ?

**2.** La population française vivant dans les environs d'une centrale nucléaire a reçu des comprimés d'iode 127 à prendre en cas de fuite radioactive d'iode 131. Justifier cette mesure.

**3.** La scintigraphie des glandes surrénales nécessite une solution d'iode 131 à 37 MBq. Quelle masse d'iode 131 est alors injectée ?

**4.** Déterminer au bout de combien de temps l'activité est divisée par dix.

*Données :* masse molaire atomique de l'iode 131 $M = 131\ \text{g}\cdot\text{mol}^{-1}$ ; constante d'Avogadro $N_A = 6{,}02 \times 10^{23}\ \text{mol}^{-1}$.

### 15 Irradiation des fruits et légumes

Un irradiateur de puissance 15 kW fournit des électrons dont l'énergie vaut 10 MeV. Il permet d'augmenter la durée de conservation d'un certain nombre de fruits et légumes par des rayons ionisants plutôt que par voie chimique. Quelle masse de pommes de terre peut-il traiter en 1 h pour qu'elles absorbent une dose globale de 10 kGy ?

### 16 Émission gamma du noyau fils

Le césium 137 produit lors des catastrophes nucléaires émet un rayonnement $\beta^-$. Il se transforme en baryum 137 dans un état fondamental et dans un état excité comme l'indique le diagramme ci-après.

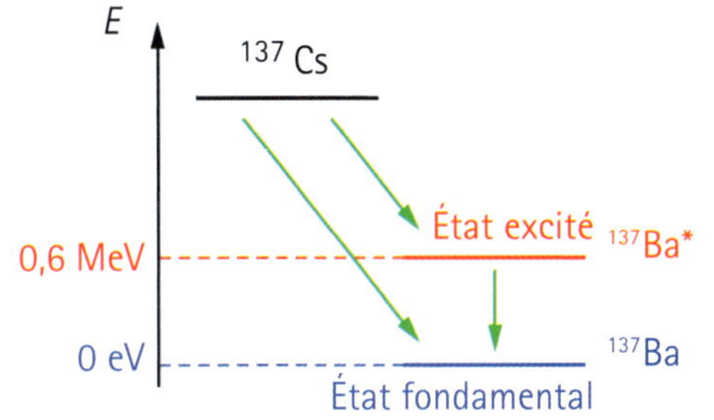


**1.** Quel phénomène accompagne le passage de l'état excité à l'état fondamental ?

**2.** Que vaut l'énergie $E$ du rayonnement émis lors de la désexcitation du noyau de baryum ?

**3.** En déduire la fréquence $\nu$ associée au photon émis.

**4.** Positionner ce rayonnement sur le spectre des ondes électromagnétiques.

## 17 Émission $\beta^-$ et doses reçues

Une source radioactive d'activité $A = 37$ GBq émet des électrons d'énergie 25 MeV.

**1.** Calculer l'énergie $E$ produite par cette source par seconde.

**2.** En déduire la dose $D$ absorbée par une personne de masse $m = 50$ kg.

**3.** Que vaut alors la dose équivalente $H$ ? Est-elle dangereuse si l'œil de la personne est irradié ?

## 18 Tomographie

En radiothérapie locale, où l'objectif est de détruire des cellules malignes, on injecte des radio-isotopes $\beta^-$ en solution comme le phosphore 32 en hématologie.
En revanche, l'imagerie médicale consiste à vérifier le fonctionnement d'un organe par une détection externe d'un produit radioactif injecté. On utilise des radio-isotopes émetteurs $\gamma$ ou $\beta^+$ comme le technétium 99 en tomographie.

**1.** Pourquoi préfère-t-on détecter des rayons $\gamma$ plutôt que des rayons $\beta^-$ en imagerie médicale ?

**2.** Lorsque l'on injecte du technétium 99 dans un organisme, pourquoi ne détecte-t-on que des rayons $\gamma$ à l'extérieur du corps ?

# Exercices d'entraînement

## 19 Du radon dans les maisons

Le radon de symbole Rn est un gaz incolore et inodore issu des désintégrations de l'uranium et du thorium contenus dans l'écorce terrestre. Sa concentration est plus importante avec des sous-sols granitiques ou schisteux. La CEE recommande de ne pas dépasser une concentration de 400 désintégrations par seconde et par mètre cube dans les habitations.

**1.** Quels sont les modes d'irradiation possibles dus au radon ?

**2.** Quelle recommandation élémentaire feriez-vous pour diminuer la radioactivité due au radon dans une maison ?

## 20 Thérapeutique, mais pour combien de temps ?

Un malade a ingéré une dose $m_0 = 1$ µg d'iode 131 dont la demi-vie est $t_{1/2} = 8{,}0$ jours.

**1.** Montrer qu'à la date $t = n \cdot t_{1/2}$, la masse restante dans le corps du patient vaut $m = \dfrac{m_0}{2^n}$.

**2.** En déduire la masse d'iode 131 encore présente dans le corps du malade au bout de deux semaines et au bout de trois mois.

**3.** L'activité de la dose injectée vaut 25 MBq, et le rayonnement $\gamma$ émis a une énergie de 364 keV. Calculer la valeur de la dose $D$ reçue par le patient si l'irradiation a concerné une masse $m = 3{,}5$ g.

Santé

## 21 Laisser passer les gamma, stopper les bêta

Le zinc 65 est un émetteur $\beta^+/\gamma$ dont les caractéristiques sont les suivantes :

| Émission | $E$ (keV) | Intensité (%) |
|---|---|---|
| $\gamma$ | 511<br>1 116 | 3<br>51 |
| $\beta^+$ | 320 | 1,5 |

Un écran d'aluminium de masse volumique $\rho = 4$ g·cm$^{-3}$ est utilisé afin de rendre insensible le détecteur aux rayonnements $\beta^+$ du zinc 65, tout en permettant une détection maximale des rayonnements électromagnétiques.

On indique que, pour les positons d'énergie $E$ comprise entre 0,3 MeV et quelques dizaines de MeV, le parcours moyen $L$ (en cm), dans un milieu de masse volumique $\rho$ (g·cm$^{-3}$), est approximativement donné par : $L = E \cdot \dfrac{\rho}{2}$ avec $E$ en MeV.

La longueur maximale de la trajectoire électronique à cette énergie est donnée par $L_{max} = 1{,}33\ L$.

**1.** Déterminer le parcours moyen des particules bêta dans l'aluminium.

**2.** Montrer qu'une épaisseur d'écran de 1 cm est suffisante pour arrêter le rayonnement $\beta^+$.

Exercice avec résultat (page 270)

## 22 Pollution radioactive atmosphérique

À la suite d'un rejet de krypton 85 dans l'atmosphère par une centrale nucléaire, la teneur en 85 Kr est de 0,3 $ng \cdot m^{-3}$. Ce nucléide est radioactif $\beta^-$, sa période est de 10,9 ans. L'énergie libérée lors de chaque désintégration vaut en moyenne $3{,}7 \times 10^{-14}$ J.

L'activité d'un kilogramme de 85 Kr est de $1{,}44 \times 10^{16}$ Bq.

**1.** Calculer l'activité volumique de l'air pollué due à la désintégration du krypton 85.

**2.** Calculer l'énergie émise par 1 $m^3$ d'air pollué pendant chaque seconde du fait de la désintégration de 85 Kr.

**3.** Calculer la dose absorbée par 1 $m^3$ d'air pendant 1 an.

*Donnée :* masse volumique de l'air $\rho = 1{,}25\ kg \cdot m^{-3}$.

## 23 Atténuation des gammas : eau et plomb

L'efficacité d'un écran dépend de son épaisseur, de sa nature et de l'énergie du rayonnement incident. On définit une « longueur de demi-atténuation » qui correspond à une intensité divisée par 2 après chaque longueur.

Le graphique ci-dessous représente la longueur de demi-atténuation en fonction de l'énergie du rayonnement $\gamma$ pour l'eau et le plomb.

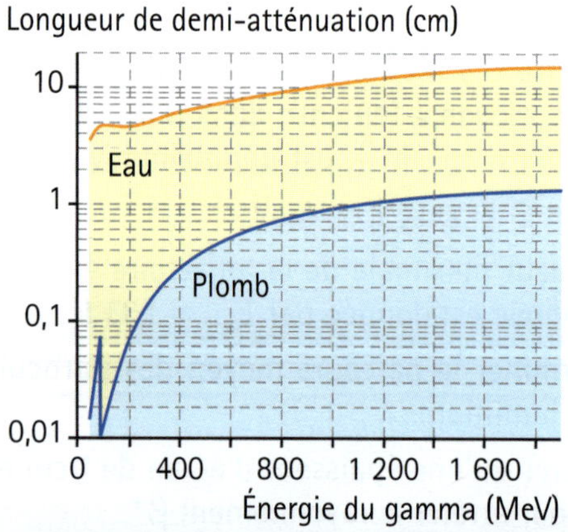


**1.** Que vaut la longueur de demi-atténuation pour un rayonnement $\gamma$ de 400 MeV pour l'eau et pour le plomb ?

**2.** Déterminer l'atténuation d'un écran en plomb d'épaisseur 1 cm pour un rayonnement $\gamma$ de 1,2 GeV.

**3.** On souhaite atténuer d'un facteur 1 000 des rayons $\gamma$ d'énergie 600 MeV. Calculer l'épaisseur d'un écran en plomb et d'un écran utilisant de l'eau.

## 24 OBJECTIF BAC Radiothérapie au cobalt 57

Le cobalt 57 est utilisé en radiothérapie dans des appareils appelés « bombes au cobalt ». Il est destiné à traiter certains cancers. Le cobalt permet une irradiation externe des tissus. Pour limiter l'irradiation, on utilise des « masques » pour protéger les parties saines.

Sa demi-vie est $t_{1/2}$ = 270 jours. L'activité de la source de cobalt utilisée est $A_0 = 1{,}2 \times 10^{14}$ Bq.

**1.** Citer un effet biologique du rayonnement ionisant.

**2.** À partir de quel métal sont constitués les « masques » utilisés pour protéger le patient des rayonnements ?

**3.** L'irradiation de la zone à traiter dure 2 s. Montrer que la source subit $2{,}4 \times 10^{14}$ désintégrations pendant l'irradiation.

**4.** L'énergie transmise au patient à chaque désintégration est de $5{,}0 \times 10^{-15}$ J. Calculer l'énergie absorbée par la zone irradiée pendant l'irradiation.

**5.** Déterminer la dose absorbée $D$ si l'on considère que la zone irradiée possède une masse $m$ = 3 g.

**6.** Le facteur de pondération, qui tient compte de la nature de l'organe irradié, vaut $w_R = 0{,}05$. Déterminer la dose équivalente $H$ reçue par le patient.

**7.** La limite d'exposition réglementaire pour l'organisme entier est fixée à 10 mSv par an pour un professionnel. Expliquer pourquoi ces « bombes au cobalt » sont de plus en plus abandonnées au profit de nouveaux accélérateurs de particules.

## 25 It's in English

A rod of irradiated fuel taken from a nuclear plant has an activity of $A_0 = 3{,}7 \times 10^{13}$ Bq. One assumes that 100% of the activity is due to $\gamma$ radiation.

In order to divide the activity of $\gamma$ radiation by two, a 1 cm lead screen is necessary.

**1.** A 3 cm thick lead screen is set up: work out the activity A1 that a Geiger counter would measure.

**2.** During the transport of a nuclear fuel rod, an external activity of $3{,}7 \times 10^{-7}$ Bq is required. Prove that a 20 cm thick lead container is needed.

CHAPITRE 17

# Ondes électromagnétiques et imagerie médicale

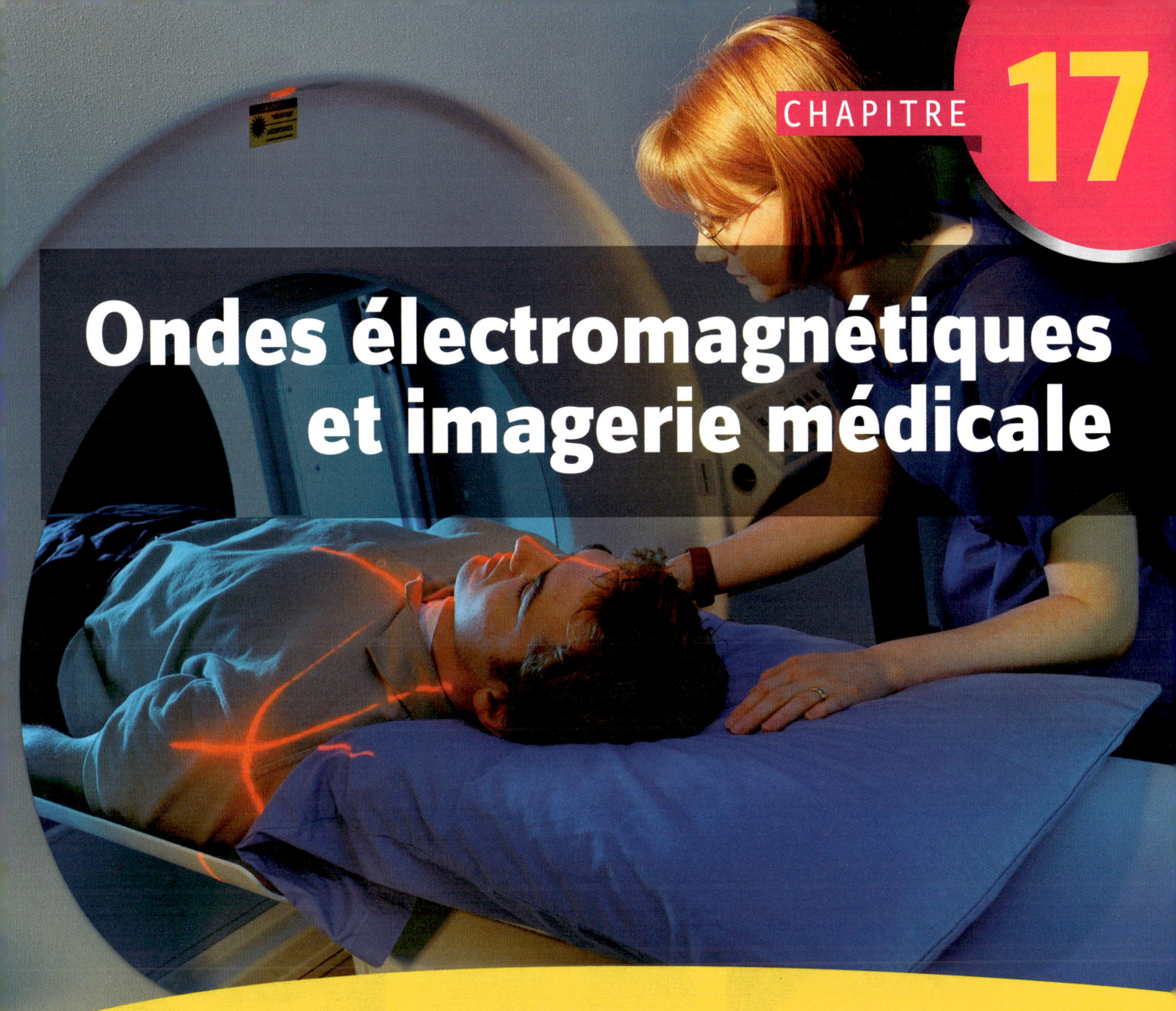

L'imagerie médicale regroupe l'ensemble des techniques utilisées par la médecine pour le diagnostic et le traitement d'un grand nombre de maladies. Les rayonnements utilisés sont de différentes natures, et certains peuvent être dangereux.

➔ **Quelles sont les ondes électromagnétiques utilisées en imagerie médicale ? Comment s'en protéger ?**

**Capacités**

- Classer les ondes électromagnétiques selon leur fréquence, leur longueur d'onde dans le vide et leur énergie.
- Connaître la dépendance entre la puissance rayonnée par un corps et son énergie, et exploiter le lien entre sa température et la longueur d'onde pour laquelle l'intensité rayonnée est maximale.
- Associer l'absorption d'une onde électromagnétique à la nature du milieu concerné.

# Découvrir

## 1 Quel type d'onde utilise-t-on en imagerie médicale ?

*Activité documentaire*

L'imagerie médicale utilise différentes techniques pour explorer le corps humain. Toutes ont leurs spécificités et sont indispensables à l'établissement d'un diagnostic sûr. Différents types d'ondes sont utilisés par les appareils d'imagerie.

On s'intéresse à six images utilisées dans le domaine médical pour aider le médecin à établir un diagnostic.

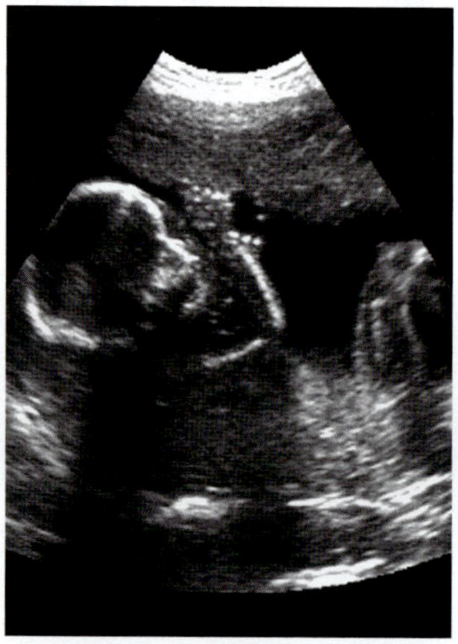

▲ *Échographie fœtale.*

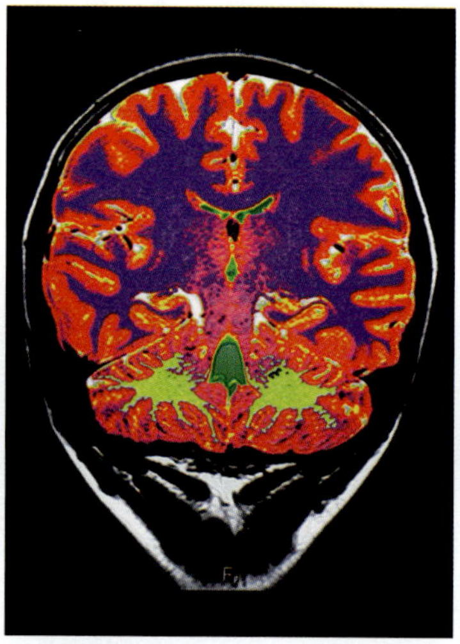

▲ *IRM du cerveau.*

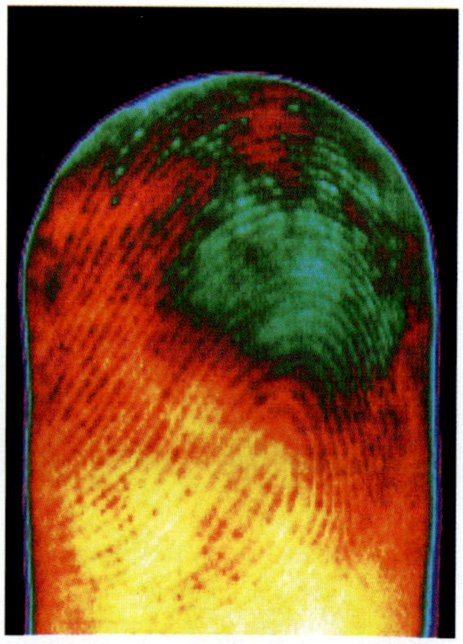

▲ *Thermographie du doigt.*

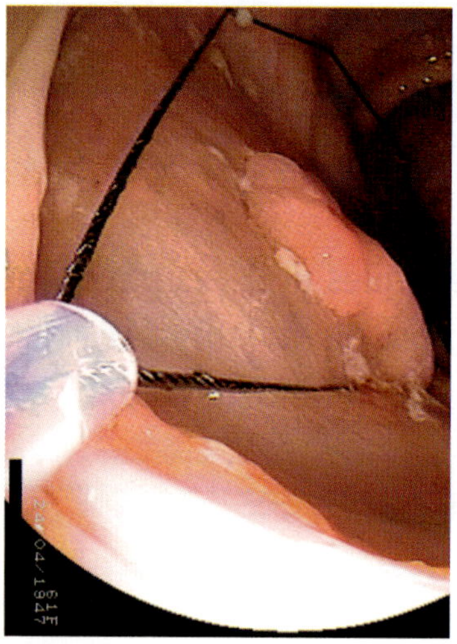

▲ *Endoscopie digestive.*

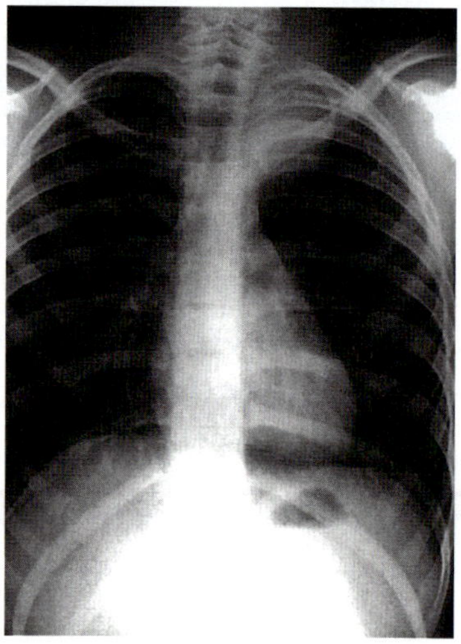

▲ *Radiographie pulmonaire.*

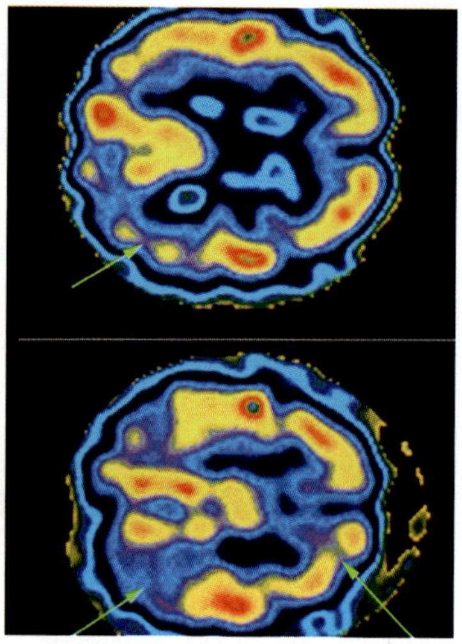

▲ *Scintigraphie cérébrale.*

**Exploiter**

1. Quelle image n'a pas utilisé d'ondes électromagnétiques ?
2. Quelle image est produite à l'aide de rayons X ? Quelle image utilise le rayonnement visible ?
3. À quelle image appartient l'information suivante : fréquence = 63,9 MHz (voir chap. 14) ?
4. Quelle image est obtenue avec le rayonnement gamma ?

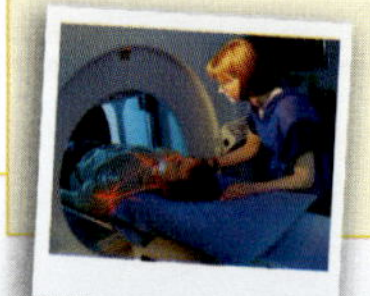

**Quelles sont les ondes utilisées en imagerie médicale ?**

2

Activité documentaire

# Rayons $\gamma$ : la scintigraphie

- La scintigraphie est une technique d'exploration de la médecine nucléaire. Elle consiste à injecter au patient un produit radioactif, choisi en fonction du diagnostic à effectuer, qui se fixe de façon passagère sur les tissus, les organes à analyser. On peut suivre ce traceur radioactif dans l'organisme, car il émet des rayons $\gamma$ détectés par une « gamma-caméra ».

- L'écran de détection d'une gamma-caméra est constitué d'un matériau scintillateur qui a la propriété de scintiller, autrement dit d'émettre de la lumière (des photons), sous l'effet du rayonnement $\gamma$. Ces scintillations permettent de mesurer la radioactivité des molécules émettrices. Un traitement informatique reconstitue ensuite la cartographie de sa répartition sur l'organe à analyser. Cette image est obtenue en une fraction de seconde, et la succession des images permet de suivre, pratiquement en temps réel, le fonctionnement de l'organe.

- La thyroïde est une glande dont la fonction principale est la fabrication des hormones thyroïdiennes à partir de l'iode alimentaire qui s'y fixe temporairement. Pour une scintigraphie thyroïdienne, de l'iode 131 radioactif est injecté au patient. Il constitue un traceur absorbé par le tissu glandulaire à la place de l'iode ordinaire pour contribuer à la fabrication des hormones thyroïdiennes. Normalement, l'iode devrait se répartir de façon homogène sur la glande. Si une partie de la glande fabrique trop d'hormones (présence d'un nodule hyperfixant), elle va « fixer » beaucoup d'iode, voire tout l'iode. À l'inverse, si une partie de la glande ne travaille pas (présence d'un nodule hypofixant), elle ne fixera rien du tout.

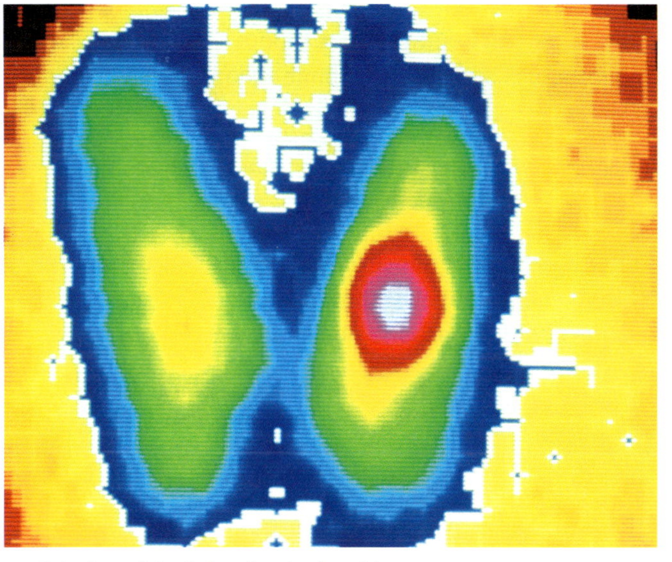

▲ *Scintigraphie de la glande thyroïde.*

L'équation de désintégration de l'iode 131 est :

$$^{131}_{53}\text{I} \longrightarrow {}^{131}_{54}\text{Xe} + {}^{0}_{-1}\text{e} + \underbrace{\gamma}_{\text{rayon gamma}}$$

*Données :*
- énergie des rayons gamma émis : 364 keV
- l'iode 131 a une durée de demi-vie de 8 jours.

**Exploiter**

1. Comment est-il possible, à partir de l'image scintigraphique, de localiser l'iode fixé sur la thyroïde ?
2. Repérer sur l'image la présence d'un nodule.
3. Au bout de combien de temps la quantité d'iode 131 initiale a-t-elle été divisée par 10 ?
4. Quelle est la longueur d'onde $\lambda$ dans le vide du rayonnement gamma émis ?

Santé

# Cours

## 1 Rayonnement électromagnétique et imagerie médicale

L'imagerie médicale est une technique de production d'images des organes ou des tissus du corps humain qui apporte une aide au diagnostic. Elle utilise différents types de rayonnements électromagnétiques.

| Imagerie médicale | Domaine | Longueur d'onde dans le vide | Énergie $E$ |
|---|---|---|---|
| Thermographie | Infrarouge (IR) | $800\ \text{nm} < \lambda < 1\ \text{mm}$ | $10^{-3}\ \text{eV} < E < 1{,}6\ \text{eV}$ |
| Endoscopie<br>Microscopie | Visible | $400\ \text{nm} < \lambda < 800\ \text{nm}$ | $1{,}6\ \text{eV} < E < 3{,}2\ \text{eV}$ |
| Fluorescence | Ultraviolet (UV) | $10\ \text{nm} < \lambda < 400\ \text{nm}$ | $3{,}2\ \text{eV} < E < 120\ \text{eV}$ |
| Radiologie | Rayons X | $0{,}01\ \text{nm} < \lambda < 10\ \text{nm}$ | $120\ \text{eV} < E < 120\ \text{keV}$ |
| Médecine nucléaire | Rayons $\gamma$ | $\lambda < 0{,}01\ \text{nm}$ | $120\ \text{keV} < E$ |

- Une **onde électromagnétique monochromatique** est caractérisée par sa fréquence $\upsilon$ et sa longueur d'onde $\lambda$ dans le vide telle que :

$$\lambda = \frac{c}{\upsilon}$$

$\lambda$ : longueur d'onde dans le vide en mètres (m)
$c$ : célérité en mètres par seconde ($\text{m}\cdot\text{s}^{-1}$)
$\upsilon$ : fréquence en hertz (Hz)

▶ Dans le vide ou dans l'air, les ondes électromagnétiques se propagent à la célérité : $c = 3{,}00 \times 10^{8}\ \text{m}\cdot\text{s}^{-1}$.

- Une **radiation monochromatique** de fréquence $\upsilon$ est constituée de grains d'énergie appelés **photons**.

Chaque photon transporte une énergie $E$ :

$$E = h\cdot\upsilon = h\cdot\frac{c}{\lambda}$$

$E$ = énergie d'un photon en joules (J)
$h = 6{,}63 \times 10^{-34}\ \text{J}\cdot\text{s}$ (constante de Planck)

▶ On utilise comme unité d'énergie l'électronvolt (eV) :
$1\ \text{eV} = 1{,}6 \times 10^{-19}\ \text{J}$

## 2 Thermographie : le rayonnement IR

### a) Principe et applications

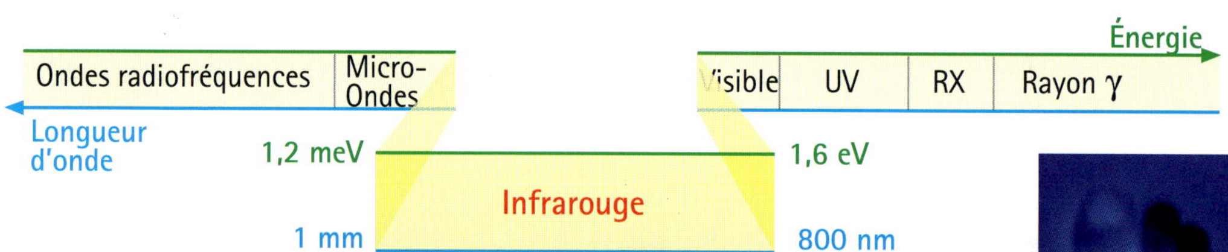


La **thermographie infrarouge** est basée sur le principe que chaque corps émet un rayonnement électromagnétique dont les longueurs d'onde dépendent de sa température.

En détectant le rayonnement émis par un patient (le corps humain émet dans l'infrarouge), il est possible de cartographier la température à la surface du corps. Les écarts de température permettent d'identifier d'éventuelles anomalies. C'est une technique sans danger pour le patient et son environnement.

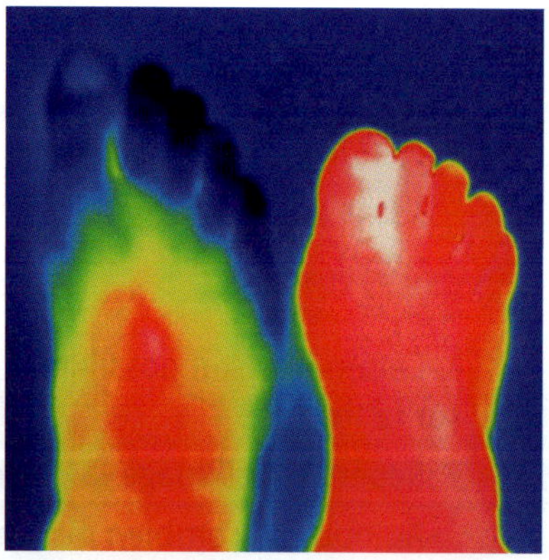

▲ *Le pied à droite présente une anomalie.*

## b) Puissance rayonnée par un corps

À l'équilibre thermique, la puissance rayonnée par un corps se calcule à l'aide de la **loi de Stéfan** (modèle du corps noir) :

$$P = \sigma \cdot S \cdot T^4$$

$P$ : puissance rayonnée en watts (W)
$\sigma$ : constante de Stefan ($\sigma = 5{,}67 \times 10^{-8}\ W \cdot m^{-2} \cdot K^{-4}$)
$S$ : surface en mètres carrés ($m^2$)
$T$ : température du corps en kelvins (K)

## c) Spectre d'émission et température d'un corps

Le spectre d'émission d'un corps chauffé a une intensité maximale pour une longueur d'onde notée $\lambda_{max}$.

La **loi de Wien** permet de calculer cette longueur d'onde $\lambda_{max}$ en fonction de la température $T$ :

$$\lambda_{max} = \frac{B}{T}$$

$\lambda_{max}$ : longueur d'onde en mètres (m)
$T$ : température du corps en kelvins (K)
B : constante de Wien ($B = 2{,}9 \times 10^{-3}\ K \cdot m$)

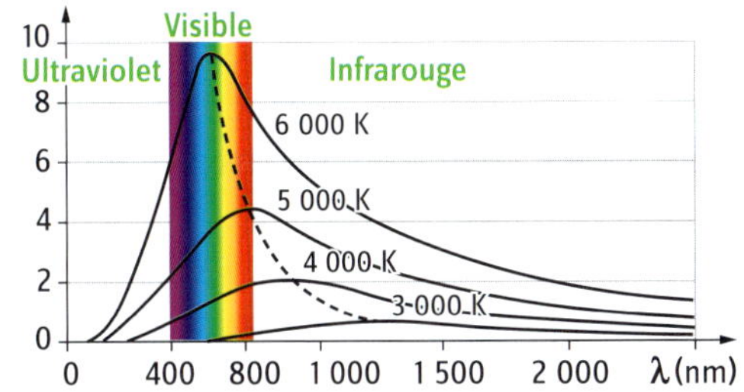


▲ *Courbe de rayonnement du corps noir.*

# 3 Radiographie : les rayons X

## a) Principe de la radiographie

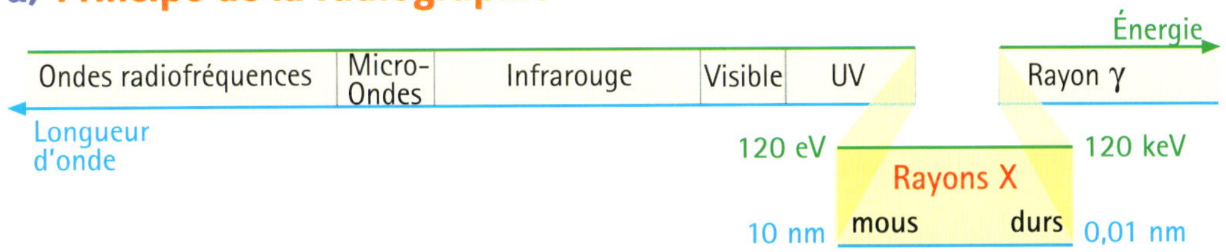


Une source de rayons X émet un rayonnement vers le patient. Un film ou un détecteur électronique enregistre l'image créée par la différence d'opacité aux rayons X due aux tissus du corps humain.

Les tissus dits « mous » (comme la peau, la graisse, les muscles) laissent passer les rayons X, alors que les tissus dits « durs » (les os) sont opaques et arrêtent ces rayons.

L'injection de produits (iode) permet d'augmenter le contraste de l'image obtenue.

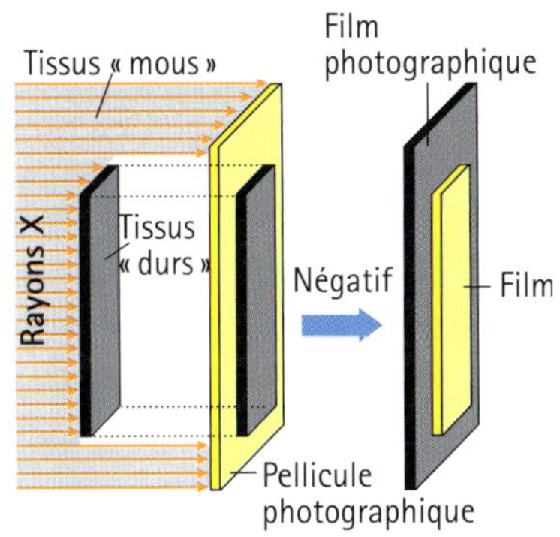


▲ *Principe de la radiographie.*

## b) Scanner ou tomodensitométrie

Le scanner à rayons X, ou tomodensitomètre, utilise une source de rayons X qui tourne autour du patient. Des rangées de capteurs mesurent leur intensité après leur traversée du corps humain.

À l'aide d'un calculateur, on obtient des images en coupe transversale d'une très grande précision. Le scanner permet d'étudier le cerveau, la cage thoracique, l'abdomen ou encore les os, et de rechercher des anomalies qui ne sont pas visibles sur des radiographies standards.

Santé

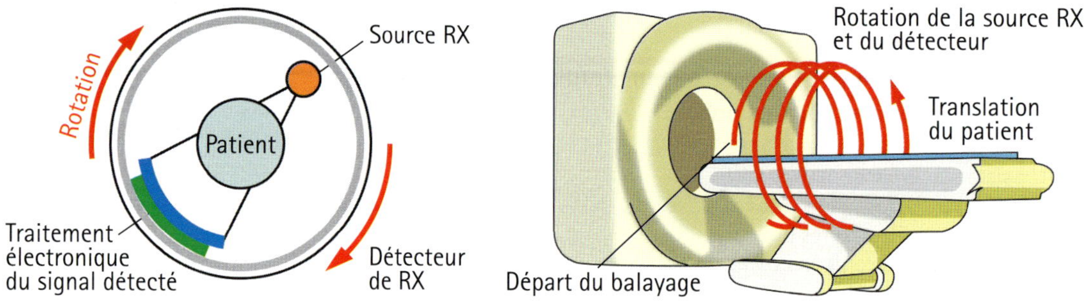


◄ *Principe du scanner à rayons X.*

Les rayonnements X sont ionisants et dangereux, car ils sont très énergétiques. Ils peuvent détruire des cellules ou induire une mutation de l'ADN susceptible de provoquer l'apparition de cancers. Des vitres et une blouse suffisent pour arrêter les rayons X mous, mais il faut une épaisseur de plomb pour stopper les rayons X durs.

### c) Radiothérapie

Le pouvoir ionisant des rayons X détruit les cellules cancéreuses en bloquant leur capacité à se multiplier. Le patient est pour cela exposé à un rayonnement fortement énergétique.

Si la source du rayonnement est externe, on parle de **radiothérapie**, mais la source radioactive peut être introduite au sein même de la tumeur, il s'agit de **curiethérapie**.

## 4 La médecine nucléaire : le rayonnement gamma

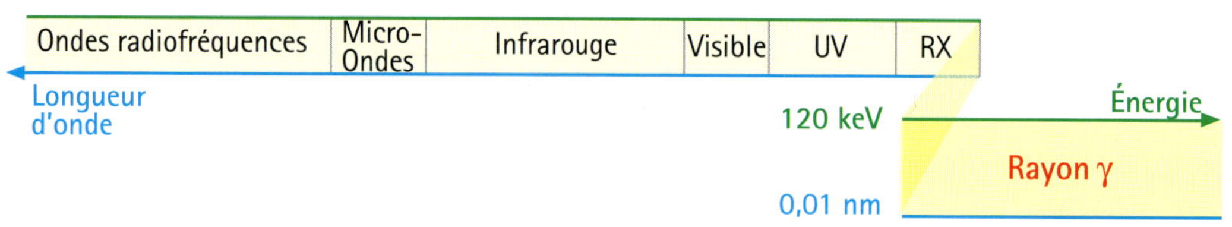


La **scintigraphie** utilise des traceurs radioactifs qui sont injectés à l'intérieur du corps humain. Ils vont se fixer sur les organes ou les tissus que l'on souhaite visualiser. Une caméra spécifique, la « gamma caméra », enregistre le rayonnement gamma émis par le produit radioactif.

L'image de la région explorée est visualisée sur l'écran d'un ordinateur. La succession des images enregistrées permet de suivre, pratiquement en temps réel, le fonctionnement de l'organe.

La **scintigraphie osseuse** est utilisée pour repérer les zones inflammatoires du squelette, qui ne sont pas toujours visibles sur une radiographie normale. Le traceur radioactif injecté est le technétium 99, il se fixe sur les lésions osseuses qui apparaissent fortement colorées.

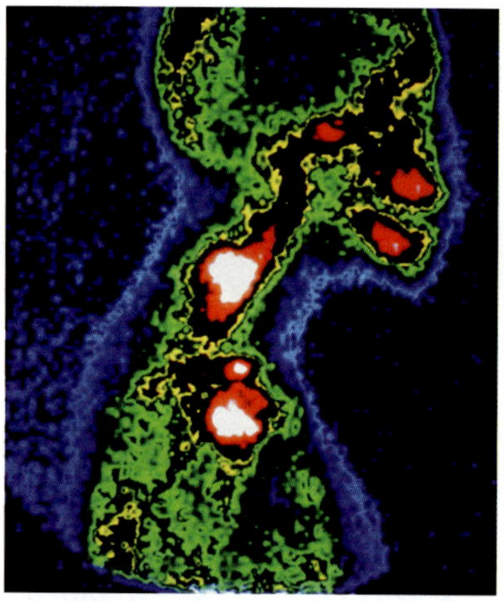

▲ *Scintigraphie osseuse.*

**It's in English**

- Imagerie médicale : *medical imaging*
- Rayons X : *X rays*
- Médecine nucléaire : *nuclear medicine*
- Scintigraphie : *scan*
- Radiographie : *radiography*
- Surface d'émission : *surface of emission*
- Corps noir : *black body*
- Absorption : *absorption*

# L'essentiel

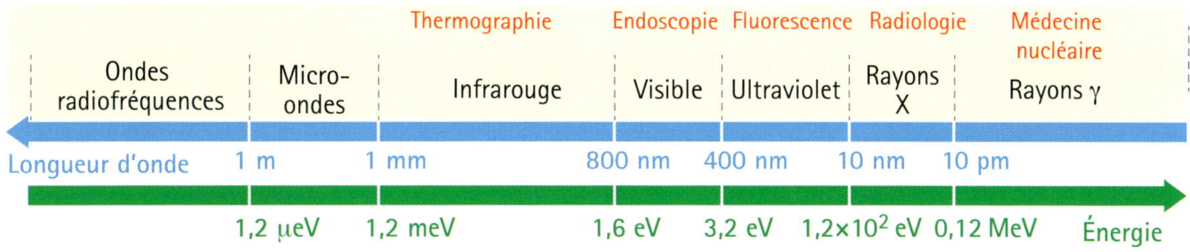


- **Onde électromagnétique : énergie et fréquence**

$$E = h \cdot \upsilon = h \cdot \frac{c}{\lambda}$$

*E* : énergie en joules (J)
h = 6,63 × $10^{-34}$ J·s : constante de Planck en joules secondes (J·s)
υ : fréquence en hertz (Hz)
λ : longueur d'onde en mètres (m)
*c* = 3,0 × $10^8$ m·$s^{-1}$ : célérité dans le vide en mètres par seconde (m·$s^{-1}$)

- **La thermographie infrarouge** est basée sur le principe que chaque corps émet un rayonnement électromagnétique dont les longueurs d'onde dépendent de sa température.

- **La puissance rayonnée** par un corps de surface *S* porté à la température *T* se calcule par la **loi de Stefan** (modèle du corps noir).

$$P = \sigma \cdot S \cdot T^4$$

*P* : puissance rayonnée en watts (W)
σ : constante de Stefan
($\sigma = 5{,}67 \times 10^{-8}$ W·$m^{-2}$·$K^{-4}$)
*S* : surface en mètres carrés ($m^2$)
*T* : température du corps en kelvins (K)

- **Spectre d'émission et température d'un corps** : **loi de Wien**

$$\lambda_{max} = \frac{B}{T}$$

$\lambda_{max}$ : longueur d'onde en mètres (m)
*T* : température du corps en kelvins (K)
B : constante de Wien
(B = 2,9 × $10^{-3}$ K·m)

- **La radiographie** : une source de rayons X émet un rayonnement vers le patient. Un film ou un détecteur électronique enregistre l'image créée par la différence d'opacité des différents tissus du corps humain traversés par les rayons X.

- **Le scanner à rayons X, ou tomodensitomètre** utilise une source de rayons X qui tourne autour du patient. Des rangées de capteurs mesurent leur intensité après leur traversée du corps humain. Un calculateur permet d'obtenir des images en coupe transversale d'une très grande précision.

- **La radiothérapie** utilise le pouvoir ionisant des rayons X qui détruit les cellules cancéreuses en bloquant leur capacité à se multiplier. Le patient est pour cela exposé à un rayonnement fortement énergétique.

- **La médecine nucléaire** : la scintigraphie utilise des traceurs radioactifs qui sont injectés à l'intérieur du corps humain. Ils vont se fixer sur les organes ou les tissus que l'on souhaite visualiser. Une caméra spécifique enregistre le rayonnement gamma émis par le produit radioactif.

Santé

# Extraire l'information utile

## Rayons X - Radiographie

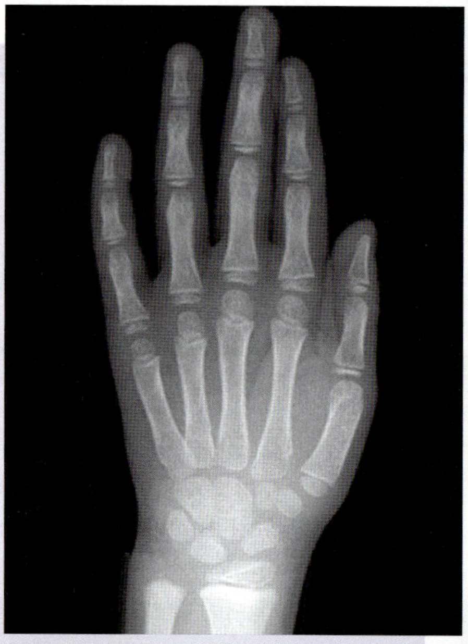
▲ *Radiographie de la main.*

### • *Détection des rayons X*

Les rayons X impressionnent les pellicules photographiques. Dans le cadre de la **radiographie**, l'image observée sur le film photographique est le négatif de l'image recueillie sur l'écran.

Du fait de l'énergie importante des photons, les rayons X provoquent l'ionisation de certains atomes, ce sont des rayonnements dits « ionisants ». Cette propriété donne naissance à un phénomène de fluorescence (ou émission de lumière lorsque le corps reçoit le rayonnement). Des écrans fluorescents sont utilisés dans les appareils de **radioscopie**.

### • *Propriétés des rayons X*

Les rayons X se propagent en ligne droite à travers tous les corps, mais ils sont plus ou moins absorbés par les substances qu'ils traversent.

L'**absorption** des rayons X par la matière :

- augmente très rapidement avec l'épaisseur de la substance traversée ;
- augmente très rapidement avec le numéro atomique Z de l'élément chimique considéré (plus son numéro atomique est élevé, plus l'élément est dense et opaque aux rayons X) ;
- augmente, pour une substance et une épaisseur donnée, avec la longueur d'onde $\lambda$ du faisceau X. Les rayons très pénétrants de longueur d'onde faible sont appelés « rayons durs », les rayons de longueur d'onde plus élevée sont facilement absorbés, ce sont les rayons « mous ».

*Données :*
- Le calcium ($Z = 20$) et le phosphore ($Z = 15$) sont particulièrement présents dans les os.
- Le carbone ($Z = 6$), l'hydrogène ($Z = 1$) et l'oxygène ($Z = 8$) sont les principaux éléments constitutifs des tissus de la main.

**Exploiter**

**1.** Quelle partie de la main a absorbé le plus de rayons X ? Justifier la réponse.

**2.** Donner une explication justifiant la différence d'absorption qui apparaît sur la radiographie en s'appuyant sur la composition chimique des os et des tissus.

**3.** Pourquoi la source de rayons X doit-elle être proche du patient lors d'une radiographie médicale ?

# La puissance d'un laser

**Objectif :** mettre en œuvre une méthode pour mesurer la puissance fournie par un laser

## Dispositif expérimental

- Une photodiode BPW34
- Une alimentation continue 9 V
- Une résistance $r = 250\ k\Omega$
- Un voltmètre
- Le laser utilisé est un laser « hélium-néon » (He-Ne) de longueur d'onde $\lambda = 632{,}8$ nm, et son rayon est cylindrique de section $s = 0{,}30\ mm^2$.

La photodiode BPW34 est placée dans le circuit ci-contre.

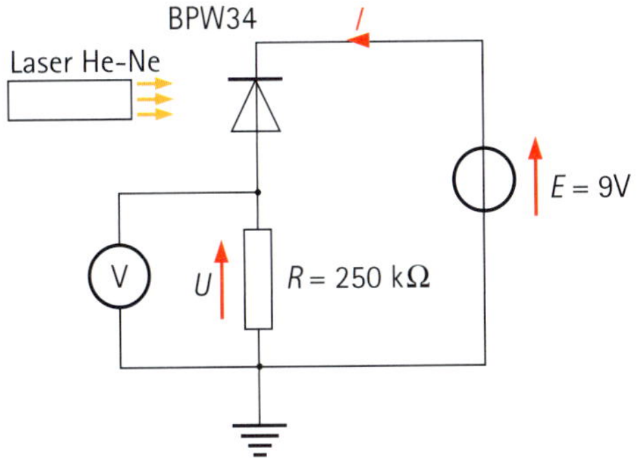

▲ *Circuit de mesure de la photodiode.*

## Réaliser et observer

L'intensité $I$ du courant est l'« image » de la puissance $P$ reçue par la photodiode dont la sensibilité $S$ est définie par : $S = \frac{I}{P}$ en $A \cdot W^{-1}$.

Sa valeur est maximale et égale à $S_{max} = 0{,}62\ A \cdot W^{-1}$ pour une longueur d'onde de 900 nm.

L'aire de sa surface sensible est $A = 7{,}5\ mm^2$.

La courbe ci-contre indique la sensibilité relative de la photodiode pour différentes longueurs d'onde du rayon incident.

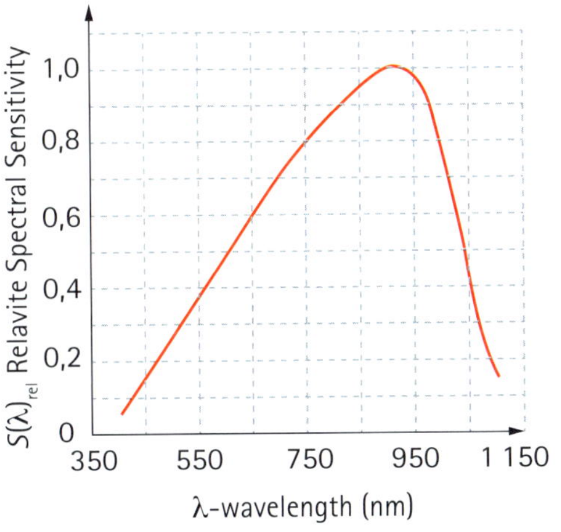


- Réaliser le circuit représenté ci-dessus.
- Placer la photodiode sur le trajet du faisceau du laser « hélium-néon », juste à sa sortie de façon à intercepter le faisceau.
- Mesurer la tension $U$ aux bornes de la résistance $R$.



### Exploiter

**1.** Déterminer la sensibilité $S_\lambda$ de la photodiode pour une longueur d'onde $\lambda = 632{,}8$ nm.

**2.** Calculer en microampères (µA) la valeur de l'intensité $I$ du courant généré par la photodiode.

**3.** Seule une fraction de la surface sensible de la photodiode est utilisée. La puissance émise par le laser et captée par la photodiode est obtenue par la relation : $P = \frac{I}{S_\lambda} \cdot \frac{A}{s}$.
Calculer la valeur de $P$.

**4.** En recherchant des informations sur la précision des différentes grandeurs mesurées, estimer la précision sur la mesure de $P$ et l'exprimer sous la forme $P_m \pm \delta P$.

# Testez vos connaissances

*Cochez la ou les réponses exactes.*

*Données :* $c = 3{,}00 \times 10^8\ m \cdot s^{-1} = 300\ 000\ km \cdot s^{-1}$ ;
constante de Planck : $h = 6{,}63 \times 10^{-34}\ J \cdot s$ ;
constante de Wien : $B = 2{,}9 \times 10^{-3}\ K \cdot m$ ;
$1\ eV = 1{,}6 \times 10^{-19}\ J$ ; $T\ (K) = \theta\ (°C) + 273$.

**1** **Parmi ces examens, lequel n'utilise pas les rayons X ?**

☐ **a)** l'échographie
☐ **b)** le scanner
☐ **c)** la radiographie

**2** **Le domaine d'imagerie médicale se basant sur l'injection d'isotopes radioactifs se fixant sur les organes à étudier est :**

☐ **a)** la radiothérapie
☐ **b)** la médecine nucléaire
☐ **c)** la thermographie

**3** **Sur une radiographie, on peut visualiser :**

☐ **a)** les os et les muscles
☐ **b)** les os, les muscles et les nerfs
☐ **c)** les os uniquement

**4** **L'énergie d'un photon associé à une radiation électromagnétique de longueur d'onde $\lambda = 600$ nm dans le vide est :**

☐ **a)** $4 \times 10^{-40}$ J
☐ **b)** $3{,}3 \times 10^{-19}$ J
☐ **c)** 2 eV

**5** **La loi de Wien a pour expression :**

☐ **a)** $\lambda_{max} = \frac{B}{T}$
☐ **b)** $\Phi = \sigma \cdot S \cdot T^4$
☐ **c)** $\Phi = \sigma \cdot T^4$

**6** **Un rayonnement électromagnétique est caractérisé par des photons d'énergie $E = 80$ keV. Il appartient au domaine :**

☐ **a)** des rayons visibles
☐ **b)** des rayons gamma
☐ **c)** des rayons X

**7** **Quelle est la longueur d'onde correspondant au maximum de rayonnement pour une personne dont la peau est à 33 °C ?**

☐ **a)** 87,9 µm
☐ **b)** 9,4 µm
☐ **c)** 1,7 mm

**8** **Un corps noir à l'équilibre thermique :**

☐ **a)** a une température constante
☐ **b)** absorbe toute l'énergie qu'il reçoit
☐ **c)** réémet autant d'énergie qu'il en reçoit

**9** **Parmi ces plaques métalliques d'égales épaisseurs, laquelle atténue le mieux les rayons X ?**

☐ **a)** la plaque de fer Fe ($Z = 26$)
☐ **b)** la plaque de plomb Pb ($Z = 82$)
☐ **c)** la plaque d'aluminium Al ($Z = 23$)

**10** **Lors d'un examen avec injection d'un produit de contraste :**

☐ **a)** vous devenez radioactif
☐ **b)** vous gardez le produit à vie
☐ **c)** vous éliminez le produit au bout de quelques heures

► **Corrigés p. 270**

# Comment résoudre un exercice

## ÉNONCÉ Atténuation des rayons X

Un cabinet d'imagerie médicale possède un appareil de radiologie émettant des rayons X d'énergie $E = 41,4$ keV. Le faisceau de rayons X traverse un matériau et y subit une atténuation. La loi de l'atténuation pour un faisceau d'intensité incidente $I_0$ est :

$$I(e) = I_0\,\mathrm{e}^{-\mu e} \quad \text{ou} \quad e = \frac{1}{\mu}\ln\left(\frac{I_0}{I(e)}\right)$$

$I(e)$ : intensité des RX sortants
$e$ : épaisseur du milieu traversé en mètres (m)
$\mu$ : coefficient d'atténuation linéique du matériau pour des rayons X de 41,4 keV par mètre ($m^{-1}$)

Valeurs de $\mu$ pour différents matériaux :

| | Carbone | Fer | Plomb |
|---|---|---|---|
| $Z$ | 12 | 26 | 82 |
| $\mu$ ($cm^{-1}$) | 0,25 | 25,50 | 144 |

| | Os | Muscle | Graisse |
|---|---|---|---|
| $\rho$ ($kg \cdot dm^{-3}$) | 1,7 | 1,1 | 0,92 |
| $\mu$ ($cm^{-1}$) | 1,58 | 0,32 | 0,25 |

**1.** On définit la couche de demi-atténuation (CDA) par la valeur de l'épaisseur du matériau qui absorbe la moitié de l'intensité incidente. Montrer que $\text{CDA} = \frac{\ln 2}{\mu}$.

**2.** Calculer les valeurs des CDA pour les différents matériaux présentés dans les deux tableaux.

**3.** Comment évolue la valeur de la CDA en fonction du numéro atomique $Z$ ? de la masse volumique $\rho$ ? Expliquer le principe de la radiographie.

**4.** On considère deux matériaux de même épaisseur et recevant la même intensité $I_0$ de rayons X.

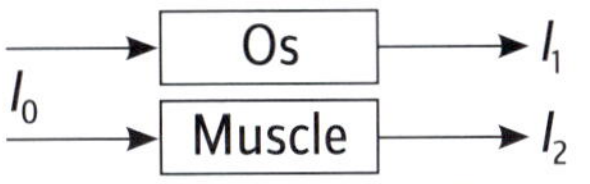


a) Calculer $I_1$ et $I_2$ pour une épaisseur $e = 2,2$ cm en fonction de $I_0$. **Méthode 1 ▸**

b) On définit le contraste $C$ par l'expression suivante : $C = \left|\frac{I_1 - I_2}{I_1 + I_2}\right|$. Calculer la valeur de $C$ et conclure sur la qualité de l'image radiographique obtenue.

**Méthode 1**
On compare l'épaisseur $e = 2,2$ cm traversée par les rayons X à la CDA pour le muscle, puis pour l'os, et on applique la définition. Pour chaque épaisseur égale à la CDA, l'intensité du faisceau est divisée par 2.

## SOLUTION

**1.** Pour $e = \text{CDA}$, on a : $\frac{I_0}{2} = I_0 \cdot \mathrm{e}^{-\mu e}$ soit $\mathrm{e}^{-\mu e} = \frac{1}{2}$ alors $-\mu e = \ln\left(\frac{1}{2}\right)$ et $\mu e = \ln 2$ donc $e = \text{CDA} = \frac{\ln 2}{\mu}$. **Conseil 1 ▸**

**2.** On applique la formule établie à la question 1 : **Conseil 2 ▸**

| Matériau | C | Fe | Pb | Os | Muscle | Graisse |
|---|---|---|---|---|---|---|
| CDA (cm) | 2,8 | $2,7 \times 10^{-2}$ | $4,8 \times 10^{-3}$ | 0,44 | 2,2 | 2,8 |

**3.** Plus le matériau a un numéro atomique élevé, moins il laisse passer les rayons X. Le plomb est le meilleur radioprotecteur.
Principe de la radiographie (voir cours).

**4. a)** L'épaisseur de 2,2 cm correspond à la CDA du muscle, alors $I_2 = \frac{I_0}{2}$.

L'épaisseur de 2,2 cm correspond à 5 fois la CDA de l'os, alors $I_1 = \frac{10}{2^5} = \frac{10}{32}$ A.

**b)** On obtient $C = \left|\frac{1/32 - 1/2}{1/32 + 1/2}\right| = \left|\frac{1 - 16}{1 + 16}\right| = \frac{15}{17} = 0,88$ soit un contraste de 88 %.

L'image radiographique sera alors de bonne qualité.

**Conseil 1**
La fonction ln est l'inverse de la fonction exp, soit : $\ln(\mathrm{e}^x) = x$.

**Conseil 2**
L'atténuation linéique est donnée en $cm^{-1}$ ; on obtient pour les CDA des valeurs en cm.

Santé

Exercice avec résultat (page 270)

## Applications directes du cours

*Données :* $c = 3{,}00 \times 10^8$ m·s$^{-1}$ = 300 000 km·s$^{-1}$ ;
constante de Planck : $h = 6{,}63 \times 10^{-34}$ J·s ;
constante de Wien : $B = 2{,}9 \times 10^{-3}$ K·m ;
constante de Stefan : $\sigma = 5{,}67 \times 10^{-8}$ W·m$^{-2}$·K$^{-4}$ ;
1 eV = $1{,}6 \times 10^{-19}$ J ; T (K) = $t$ (°C) + 273.

### 11 Rayons X : les durs et les mous

Les rayons X durs ont une énergie comprise entre 12 et 120 keV. Les rayons X mous ont une énergie comprise entre 120 eV et 12 keV. Calculer les différentes longueurs d'onde dans le vide associées à ces différentes énergies.

### 12 Verre et infrarouge

Les longueurs d'onde dans le vide du rayonnement infrarouge sont comprises entre 800 nm et 1 mm. Calculer les longueurs d'onde correspondantes dans du verre d'indice optique $n = 1{,}5$.

### 13 Fréquences pour le visible

Exprimer la bande de fréquences correspondant au domaine visible. Est-elle la même dans le vide, dans l'air et dans le verre ?

### 14 Lampe à incandescence

Le filament en tungstène d'une lampe à incandescence est porté à une température de 2 500 °C. Calculer la longueur d'onde dans le vide $\lambda_{max}$ pour laquelle l'intensité rayonnée est maximale. À quel domaine appartient-elle ?

### 15 Voiture noire, ça chauffe !

Une voiture de couleur noire est stationnée en plein soleil. Elle reçoit une puissance lumineuse surfacique de 1 000 W·m$^{-2}$. La surface exposée est égale à 2 m$^2$. Calculer la température de la carrosserie lorsqu'elle a atteint sa valeur d'équilibre en degrés Celsius.

### 16 Rayons gamma et absorption

Le flux d'un faisceau de rayons gamma d'énergie $E = 500$ keV est de $1{,}4 \times 10^{13}$ photons/s.

Un écran en plomb d'épaisseur 2 mm absorbe 85 % du rayonnement gamma.

**1.** Calculer l'énergie reçue par l'écran pendant une minute en joules.

**2.** En déduire l'énergie transmise par l'écran pour la même durée en joules.

### 17 Le bistouri laser

Le laser $CO_2$ est utilisé en chirurgie pour détruire la couche superficielle de la peau. L'énergie apportée par les photons vaporise l'eau de la couche superficielle du tissu et en assure l'abrasion. Un laser $CO_2$ fournit une puissance $P = 10$ W.

**1.** Il faut une énergie $E = 2{,}5$ J pour vaporiser 1 mm$^3$ d'eau à partir d'une température initiale de 37 °C. Quel est le volume d'eau vaporisé en 1 s ?

**2.** Le rayon du faisceau laser est $R = 5$ mm, il est déplacé parallèlement à la cornée avec une vitesse $v = 1$ cm·s$^{-1}$. Estimer la profondeur $L$ de l'« usure » provoquée. Commenter.

### 18 Rayons X et absorption

Le flux d'un faisceau de rayons X d'énergie $E = 20$ keV est de $2{,}5 \times 10^{14}$ photons/s.

Un écran en aluminium d'épaisseur 1 mm absorbe 58 % du rayonnement X émis.

**1.** Calculer l'énergie reçue par l'écran pendant 10 s en joules.

**2.** En déduire l'énergie absorbée par l'écran pour la même durée en eV.

### 19 Puissance rayonnée par une source

Une source radioactive, considérée comme ponctuelle, émet des photons d'énergie $E = 15$ keV ; son activité vaut $A = 2{,}5 \times 10^5$ Bq. Le rayonnement est isotrope, c'est-à-dire que la source émet dans toutes les directions. Un photon est émis à chaque désintégration.

**1.** Calculer le nombre $N$ de photons émis par la source en 10 s.

**2.** Calculer la puissance $P$ de la source.

**3.** Pour un milieu sans absorption, calculer l'intensité $I$ du rayonnement (W·m$^{-2}$) émise par la source à une distance de 10 cm, 20 cm, 40 cm.

## Exercices d'entraînement

### 20 Écran en aluminium

L'absorption d'un rayonnement électromagnétique par un écran dépend de son énergie, du matériau utilisé et de l'épaisseur de l'écran. Pour l'aluminium, on a les valeurs suivantes pour le pourcentage du rayonnement absorbé en fonction de l'épaisseur $e$ de l'écran et de l'énergie $E$ du rayonnement :

| $E$ (keV) | 1 mm | 2 mm | 10 mm |
|---|---|---|---|
| 10 | 100 | 100 | 100 |
| 20 | 58 | 82 | 100 |
| 50 | 8 | 16 | 57 |
| 100 | 4 | 8 | 35 |

Un appareil utilisé pour les mammographies utilise des rayons X d'énergie 20 keV. Il émet $10^{12}$ photons par seconde.

**1.** Quelle épaisseur d'écran faut-il choisir pour une atténuation au moins égale à 80 % du rayonnement émis ?

**2.** Une technicienne de masse 45 kg réalise 50 mammographies qui émettent chacune pendant une durée de 10 s. Calculer la dose $D$ reçue par la technicienne protégée par un écran en aluminium d'épaisseur 2 mm.

### 21 Les radiations ultraviolettes (UV)

Les UV se classent en trois catégories :

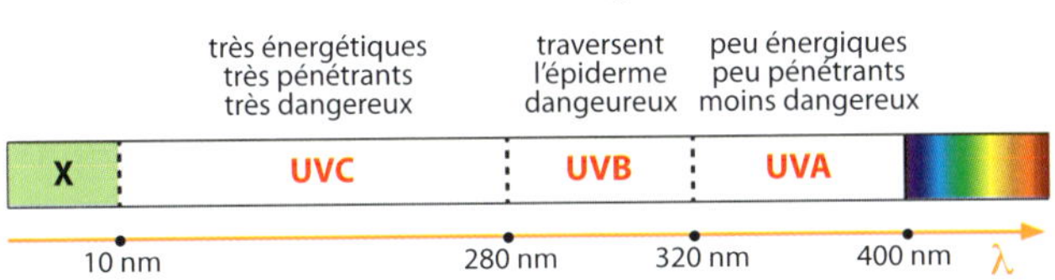


**1.** Quelle est la principale source naturelle de rayonnement UV ?

**2.** Quels sont les ultraviolets de plus basse énergie ?

**3.** Pour la stérilisation et la désinfection de l'eau et des instruments chirurgicaux, on expose ces éléments à des lampes à vapeur de mercure de longueur d'onde $\lambda$ inférieure à 280 nm. Expliquer pourquoi.

### 22 Atténuation des rayons X

Un rayonnement électromagnétique est constitué de photons d'énergie $E = 50$ keV.

**1.** Calculer la longueur d'onde $\lambda$ dans le vide de ces photons.

**2.** Rappeler les limites des rayons X et justifier que ces photons sont bien des photons X.

**3.** La loi d'atténuation d'un rayonnement d'intensité incidente $I_0$ par un écran d'épaisseur $e$ est donnée par : $I(e) = I_0 \cdot e^{-\mu \cdot e}$ avec $\mu$ coefficient d'atténuation linéique.

Que représente $I(e)$ dans cette expression ?

**4.** Dans le cas du plomb et pour des rayons X de 50 keV, on a $\mu = 55\ \text{cm}^{-1}$.

Calculer l'intensité $I(e)$ pour un écran en plomb d'épaisseur $e = 0{,}20$ mm et pour une intensité incidente $I_0 = 85\ \text{W} \cdot \text{m}^{-2}$.

**5.** Calculer l'atténuation relative $\varepsilon$ (exprimée en %) de l'intensité du rayonnement en sortie de l'écran :

$$\varepsilon = 100 \times \frac{I_0 - I(e)}{I_0}.$$

Commenter.

### 23 Radiateur thermique

Un radiateur cylindrique de rayon $R = 1$ cm et de longueur $L = 0{,}5$ m est utilisé pour chauffer une pièce. Il se comporte comme un corps noir et émet la puissance $\Phi_1 = 1$ kW.

**1.** Quelle est la température $T_1$ atteinte à l'équilibre par ce radiateur ?

**2.** Déterminer la longueur d'onde dans le vide $\lambda_1$ pour laquelle la puissance émise est maximale.

**3.** Quelle devrait être sa température $T_2$ pour que cette longueur d'onde soit $\lambda_{max} = 2\ \mu\text{m}$ ?

**4.** Quelle serait alors la puissance $\Phi_2$ rayonnée ?

### 24 Le laser Nd-Yag

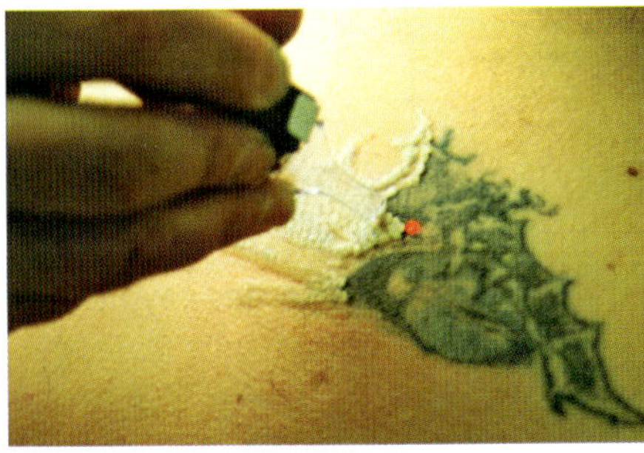

Le laser Nd-Yag fonctionne en mode continu. Il émet à une longueur d'onde $\lambda = 1{,}06\ \mu\text{m}$ et est utilisé, entre autres, pour effacer les tatouages.

**1.** La lumière émise par ce laser est-elle visible ? Dans quel domaine se situe-t-elle ?

**2.** Calculer l'énergie $E_{ph}$ d'un photon associé à cette onde en électronvolts.

**3.** Le laser rayonne une puissance constante $P_1 = 20$ W. Calculer le nombre de photons qu'il émet en 1 s.

**4.** Quelle est l'énergie $E_1$ transférée par le laser à un tissu humain en 0,1 s ?

Exercice avec résultat (page 270)

**5.** Sachant que le diamètre du faisceau laser cylindrique est $D = 0{,}1$ mm, calculer l'intensité lumineuse $I_1$ (ou puissance surfacique exprimée en $W \cdot m^{-2}$) reçue par la cible. Comparer ce résultat à la puissance surfacique solaire reçue sur le sol terrestre : $I_S = 1\ kW \cdot m^{-2}$.

## 25 Dangers du laser

Le laser He-Ne fonctionne en mode continu, il émet à une longueur d'onde $\lambda = 632{,}8$ nm. La puissance typique de ce laser est $P = 1$ mW. Le rayon laser qui sort par une fenêtre circulaire de diamètre $d = 0{,}6$ mm diverge faiblement d'un angle $\theta = \frac{\lambda}{d}$ ($\theta$ est exprimé ici en radians) suffisamment faible pour pouvoir écrire $\tan \theta = \theta$.

**1.** Calculer la valeur du demi-angle au sommet $\theta$ du cône divergent représenté ci-dessous :

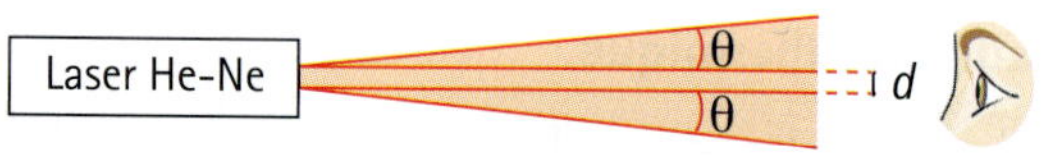


**2.** Avec ce laser, l'œil humain risque des lésions irréversibles si la puissance lumineuse qu'il reçoit par unité de surface est supérieure à $\Phi_s = 170\ mW \cdot m^{-2}$. Déterminer la distance minimale $L_{min}$ de sécurité permettant une vision du laser directe et de face. Conclure.

## 26 OBJECTIF BAC Production de rayons X

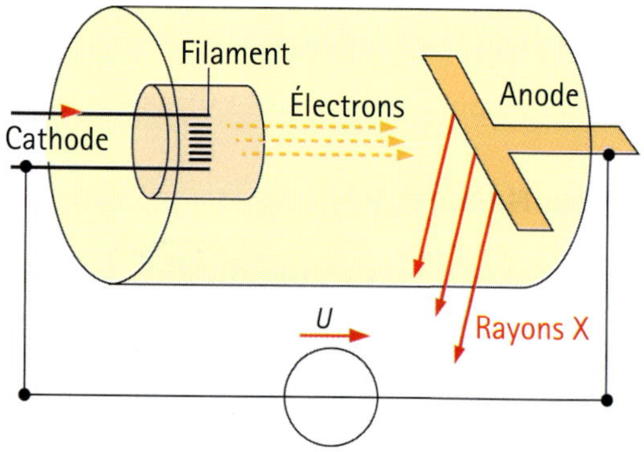


Pour produire des rayons X, on fait le vide dans un tube contenant une cathode chauffée par effet Joule qui émet un faisceau d'électrons par effet thermoélectronique. Ces électrons, émis sans vitesse initiale, sont accélérés entre la cathode et l'anode par une haute tension $U$. L'anode, le plus souvent en tungstène, est bombardée par le faisceau d'électrons et émet alors des rayons X.

**1.** L'énergie cinétique d'un électron qui atteint l'anode est donnée par $E_c = e \cdot U$ avec $e = 1{,}6 \times 10^{-19}$ C. Calculer sa valeur pour une tension accélératrice $U$ de 50 kV, en électronvolts et en joules.

**2.** L'intensité du courant correspondant au flux d'électrons entre la cathode et l'anode est $I = 150$ mA. Calculer la puissance électrique $P_e$ consommée par le tube à rayons X.

**3.** Une petite partie du flux d'électrons émis produit des rayons X en interagissant avec l'anode. Sachant que le rendement en puissance du tube vaut 1 %, calculer la puissance $P_X$ des rayons X émis.

**4.** La longueur d'onde la plus petite des rayons X est obtenue lorsque toute l'énergie d'un électron arrivant sur l'anode est convertie en photons. Calculer sa valeur $\lambda_{min}$ dans le vide.

**5.** Pour filtrer les rayons X de basse énergie, on utilise un écran en plomb d'épaisseur $e = 0{,}1$ mm. La loi d'atténuation du rayonnement X est donnée par : $I(e) = I_0 \cdot e^{-\mu \cdot e}$ avec $\mu$ le coefficient d'atténuation linéique.

Pour des rayons X d'énergie 50 keV, on a $\mu = 90\ cm^{-1}$. Calculer le rapport de l'intensité du rayonnement transmis $I(e)$ par $I_0$, et conclure quant à l'efficacité de l'écran choisi.

## 27 It's in English

An X ray beam, energy $E = 90$ keV, emits $7 \times 10^{10}$ photons/s.

A lead screen, thickness 0.6 mm, absorbs 50 % of the emitted X radiation.

**1.** Work out the power $P_0$ of the incoming beam.

**2.** Then compute, $P_T$, the power of the beam exiting the screen

**3.** What would be the new value of this power, $P_T$, if the thickness of the screen were to be doubled?

## Entraînement n° 1

# Les gaz à effet de serre

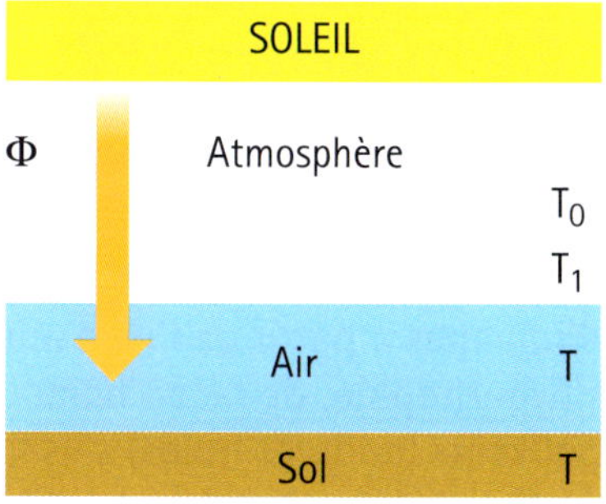


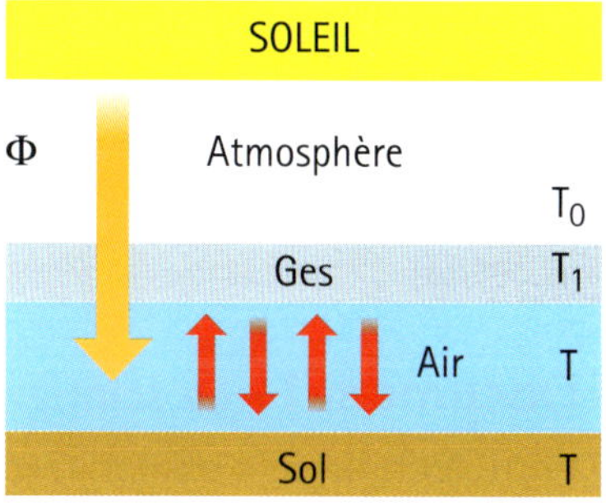


L'expression **effet de serre** est une généralisation du phénomène qui permet aux serres de maintenir les cultures à une température plus élevée. C'est un processus qui confère au corps qui reçoit l'énergie électromagnétique provenant du Soleil une température de surface supérieure à une situation « sans effet de serre ».

Ceci est dû à la présence de **gaz à effet de serre (GES)** contenus dans l'atmosphère. La plupart de ces gaz sont d'origine naturelle. Mais certains d'entre eux sont uniquement dus à l'activité humaine ou voient leur concentration dans l'atmosphère augmenter en raison de cette activité. C'est le cas en particulier de l'ozone ($O_3$), du dioxyde de carbone ($CO_2$) et du méthane ($CH_4$).

Une augmentation de la concentration des gaz à effet de serre dans l'atmosphère participe au réchauffement climatique.

### Document 1 - Loi de Wien

$$\lambda_m = \frac{B}{T}$$

$\lambda_m$ : longueur d'onde en mètres (m)
$T$ : température en kelvins
B = $2{,}9 \times 10^{-3}$ K·m (constante de Wien)

### Document 2 - Loi de Stefan pour le corps noir

$$\Phi = \sigma \cdot T^4$$

$\Phi$ : puissance surfacique rayonnée en $W \cdot m^{-2}$
$\sigma = 5{,}67 \times 10^{-8}\ W \cdot m^{-2} \cdot K^{-4}$ (constante de Stefan)

On considère que le Soleil se comporte comme un corps noir à la température $T_S$ (température de surface) et que la Terre se comporte comme un corps noir à la température $T_0$.

**1)** Calculer la température de surface du Soleil $T_S$ sachant que le maximum du spectre émis par le Soleil se situe à $\lambda_m$ = 520 nm.

**2)** On assimile le Soleil à une sphère de diamètre $d_S = 1{,}4 \times 10^6$ km. Calculer la puissance $P_S$ totale rayonnée par le Soleil.

**3)** On admet que le Soleil rayonne de façon isotrope (identiquement dans toutes les directions). Sachant que la distance Terre-Soleil $d = 1{,}5 \times 10^8$ km, montrer que la puissance surfacique $\Phi_T$ reçue par le Terre vaut 1 200 $W \cdot m^{-2}$.

**4)** En réalité, la Terre réfléchit une partie de l'énergie qu'elle reçoit et absorbe le reste. La fraction réfléchie s'appelle l'albédo qu'on note A avec A = 0,34. D'autre part pour tenir compte de l'alternance jour-nuit la puissance surfacique moyenne reçue par la Terre est divisée par 4.

En effectuant un bilan énergétique, montrer qu'en l'absence d'atmosphère, la température de la surface de la Terre $T_0$ à l'équilibre thermique serait alors égale à 244 K.

**5)** La température de surface de la Terre est en réalité égale à 288 K. Proposer une explication pour justifier cet écart de température.

**Entraînement n°2**

# Dysfonctionnement de la thyroïde et scintigraphie

La thyroïde est une glande dont la fonction principale est la fabrication d'hormones thyroïdiennes à partir de l'iode alimentaire qui s'y fixe temporairement. Lorsque la thyroïde s'hypertrophie, de façon homogène ou localement, il se forme des nodules qui sont hypofixants (nodules froids) s'ils fixent peu d'iode par rapport au reste de la thyroïde ou hyperfixants (nodules chauds) s'ils fixent plus d'iode que le reste de la thyroïde. Ces nodules sont détectables par scintigraphie thyroïdienne.

À partir des documents à disposition, il s'agit de comprendre et de justifier certains choix du protocole mis en œuvre lors de la recherche d'un dysfonctionnement de la glande thyroïde sur un ensemble de patients dans un hôpital.

### Document 1 - La scintigraphie

Cette technique d'exploration de médecine nucléaire consiste à injecter au patient de l'iode radioactif qui se fixe de façon passagère sur la thyroïde à la place de l'iode ordinaire et contribue à la fabrication des hormones. Ce traceur radioactif est émetteur de rayonnement $\gamma$, il peut ainsi être suivi dans l'organisme par un détecteur à scintillations : la gamma caméra. Les traceurs radioactifs à disposition sont les isotopes $^{131}_{53}\text{I}$ et $^{123}_{53}\text{I}$ de constantes radioactives respectives :

$\lambda_{131} = 1{,}001 \times 10^{-6}\ \text{s}^{-1}$

et $\lambda_{123} = 1{,}459 \times 10^{-5}\ \text{s}^{-1}$.

### Document 2 - Protocole d'injection

Solution mère : solution d'iode 123
Heure de livraison : 9h ;
Volume 50 mL
Activité : 28,5 MBq

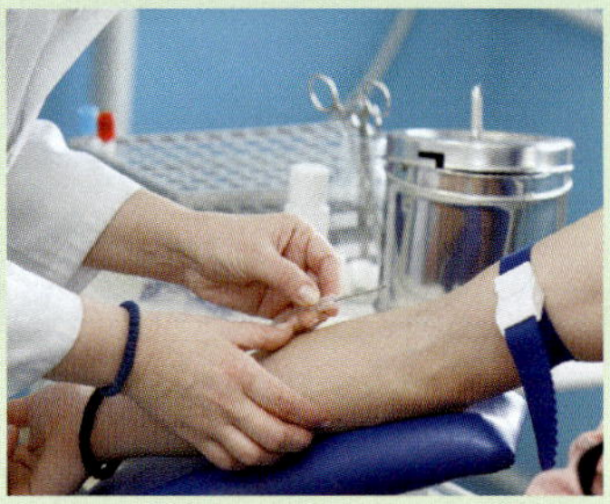

Faire la première injection à l'heure de la livraison pour le 1er patient.

Traiter ensuite un patient toutes les 30 minutes

Injecter une dose d'activité égale à 7 MBq.

*Donnée* : loi de décroissance radioactive : $A(t) = A_0 e^{-\lambda t}$

**1)** Déterminer toutes les caractéristiques de l'iode $^{123}_{53}\text{I}$ qu'il est possible d'obtenir à partir du document 1.

**2)** La lecture des deux documents montre que l'iode 123 est utilisé pour la scintigraphie. Comment justifiez-vous le choix d'utiliser l'isotope $^{123}_{53}\text{I}$ par rapport à l'isotope $^{131}_{53}\text{I}$ ?

**3)** Comment expliquez-vous que le volume à prélever n'est pas le même pour chaque patient ? Réaliser un outil pratique pour une infirmière afin qu'elle sache à chaque demi-heure le volume qu'elle doit prélever pour réaliser l'injection de 7 MBq.

**4)** Combien de patients peuvent être traités ? Quelle quantité est gâchée ? Dans le cadre du développement durable afin de ne pas gaspiller de solution, quelle(s) modification(s) du protocole proposeriez-vous ?

**5)** Vous êtes personnel soignant, quelles réponses faites-vous pour expliquer aux patients qui sont inquiets :
- Est-ce que le produit radioactif va rester en permanence dans mon corps après l'examen?
- Faut-il que je me déshabille pendant l'examen ?
- Faut-il boire après l'examen ?

**Sujet type bac**

# La curiethérapie

## Qu'est-ce que la curiethérapie ?

La curiethérapie est une technique de radiothérapie qui consiste à introduire une source radioactive au centre de la tumeur. L'irradiation par les rayons gamma ($\gamma$) permet de détruire les cellules cancéreuses en minimisant ses effets secondaires sur les cellules saines. Elle permet la préservation des organes mais aussi leur fonction.

## Pour quelles pathologies ?

La curiethérapie s'adresse à de nombreux cancers, pour le traitement des tumeurs de faible grosseur et aux contours précis :

- cancers gynécologiques
- cancers du sein
- cancers ORL
- cancers digestifs
- cancers pulmonaires
- cancers urologiques

Dans cet exemple, la source radioactive utilisée est l'iridium 192 : ${}^{192}_{77}\text{Ir}$ qui est radioactif $\beta^-$.

**Elle** est placée dans une bille sphérique d'un millimètre de diamètre enveloppée par une fine paroi de platine et est introduite sous anesthésie au centre de la tumeur supposée sphérique et de rayon $R = 5$ cm.

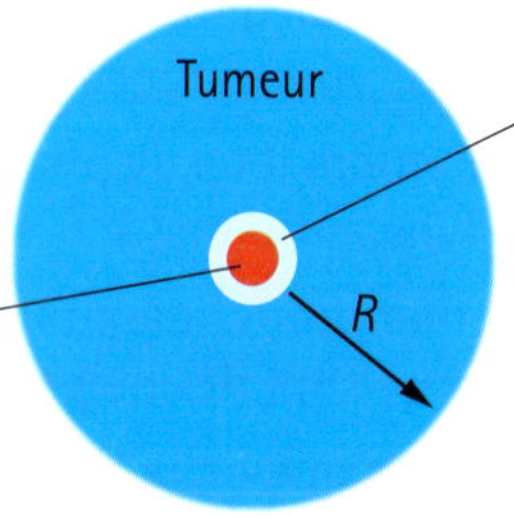


La connaissance de la dose absorbée est essentielle ; elle permet au médecin d'ajuster le traitement.

À l'aide des informations rassemblées dans les documents ci-dessous, on cherche à évaluer la dose absorbée au niveau de la tumeur.

### Document 1 - Caractéristiques de la source d'iridium

Le jour de l'intervention chirurgicale pris comme instant initial $t = 0$, l'activité de la source d'iridium est $A_0 = 27$ MBq.

L'évolution du nombre N($t$) de noyaux d'iridium restant dans la tumeur au cours du temps obéit à la loi exponentielle :

$N(t) = N_0 e^{-\lambda t}$ ou $\ln\left(\frac{N_0}{N(t)}\right) = \lambda t$ $\lambda = 9{,}35 \times 10^{-3}$ jours$^{-1}$ est la *constante radioactive.*

$N_0$ le nombre de noyaux radioactifs d'iridium implantés dans la tumeur initialement.

À chaque désintégration de l'iridium 192, un noyau de platine ${}^{192}_{78}\text{Pt}$, un photon $\gamma$ de 300 keV et une particule chargée sont émis.

Santé

## Document 2 - Absorption du rayonnement par la tumeur

Le tissu tumoral est considéré comme étant très proche de l'eau. Le **coefficient d'absorption** linéique du rayonnement gammas de 300 keV dans l'eau est $\mu = 0{,}11\ \text{cm}^{-1}$.
La loi d'atténuation du rayonnement dans la tumeur et à une distance r de son centre est : $N_0e^{-\mu r}$.
Le rayonnement $\beta^-$ ne participe pas au traitement de la tumeur.

## Document 3 - Dose absorbée et dose équivalente

- **La dose $D_R$ absorbée** est l'énergie reçue par unité de masse de la tumeur, elle s'exprime en gray (Gy).
- **L'équivalent de dose** $H = w_R \cdot D_R$ est la dose absorbée corrigée d'un facteur de pondération du rayonnement $w_R = 1$ (sans dimension) dans le cas d'un rayonnement $\gamma$. Son unité est le sievert (Sv).

**1)** Quelle particule est responsable de la dose absorbée par la tumeur ? Pourquoi est-il dit que l'autre particule ne participe pas au traitement de la tumeur ?

**2)** Quelle est la longueur d'onde $\lambda_0$ du rayonnement émis. Justifier qu'il s'agit d'un rayonnement $\gamma$.

*Données* : $h = 6{,}63 \times 10^{-34}$ J·s et $c = 3 \times 10^8$ m·s$^{-1}$ et $E(\text{J}) = E(\text{V}) \times 1{,}6 \times 10^{-19}$

**3)** Donner la définition de la demi-vie d'un radioélément. Calculer (en jours) la période radioactive de l'iridium 192.

**4)** Combien de noyaux d'iridium $N_0$ sont initialement contenus dans cette source ? Quelle est alors sa masse $m_0$ exprimée en nanogrammes (ng) ?

**5)** Quel est le nombre total de photons $\gamma$ émis par la source durant une durée de 100 jours à compter de l'instant initial ?

**6)** Quel est le nombre $N_\infty$ de photons $\gamma$ qui s'arrêtent dans la tumeur en supposant que tous les noyaux se sont désintégrés ?

**7)** La masse volumique de la tumeur est identique à celle de l'eau : $\rho = 10^3$ kg·m$^{-3}$ et son volume est $V = \frac{4}{3}\pi R^3$. Quelle est la dose $D_R$ et quelle est la dose équivalente $H$ absorbées par la tumeur ?

*Donnée* : masse d'un noyau d'iridium 192 : $m = 3{,}2 \times 10^{-25}$ kg

# Corrigés des exercices

## CHAPITRE 1

### QCM

1. c) ; 2. b ; 3. a) ; 4. a) et b) ; 5. c) ; 6. a) ; 7. a) ; 8. c) ; 9. b) ; 10. a)

### Exercices

**11** **1.** $E_{SR} = 9{,}5 \times 10^{17}$ Wh soit de l'ordre de $10^{15}$ kWh

**2.** $E_F = 3{,}02 \times 10^{12}$ kWh de l'ordre de $10^{12}$ kWh

**3.** le rapport est donc de 1 000.

**13** **1.** Un onduleur assure la conversion tension continue / tension alternative.

**2.** Le couplage permet de ne pas perdre de l'énergie. Le surplus de production est fourni au réseau qui alimente l'habitation lorsque les besoins ne sont pas couverts le réseau.

**15** **1.** $I_1 = 2{,}5$ A

**2.** Les cellules sont en en série ; 25 cellules sont utilisées.

**3.** $P_a = 243$ W

**4.** $\eta = 0{,}12$ (12 %)

**17** **1.** $T = 381$ K d'après la loi de Stéfan d'où $\theta_1 = 108$ °C

**2.** $\theta_2 = 30$ °C

**20** **1.** $I = 3{,}0$ A

**2.** Tension à vide : 24 V

**3.** Éclairement du panneau solaire : 200 $W{\cdot}m^{-2}$

## CHAPITRE 2

### QCM

1. c) ; 2. b) et c) ; 3. a) et c) ; 4. a) ; 5. a) ; 6. c) ; 7. a) et b) ; 8. a) et b) ; 9. b) ; 10. c) ; 11. c)

### Exercices

**12** **1.** $P = P_{atm} = 1{,}000$ bar

**2.** $P = 5{,}0 \times 10^5$ Pa

**3.** $P_{rel} = 4{,}0 \times 10^5$ Pa

**14** **1.** $D_V = 2\ {,}8\ L{\cdot}s^{-1}$

**2.** $D_m = 2{,}8\ kg{\cdot}s^{-1}$

**3.** Le débit de la pompe est supérieur au débit minimal : $D_{V'} = 3\ L{\cdot}s^{-1} > D_V = 2{,}8\ L{\cdot}s^{-1}$. La pompe convient.

**15** b) et c)

**21** **1.** $\Delta P = 1{,}5 \times 10^6$ Pa $= 15 \times 10^5$ Pa

**2.** La surpression due au coup de bélier est 5 fois plus importante que la pression relative du réseau. Un coup de bélier dans une canalisation peut entraîner d'importantes fuites.

**3.** La surpression due à un coup de bélier dépend linéairement de la vitesse d'écoulement : $\Delta P = \rho{\cdot}c{\cdot}v$. Or la vitesse augmente si le diamètre d'une canalisation diminue $v = \dfrac{4\ D_V}{\pi d^2}$.

Un tuyau de faible diamètre entraînera donc un coup de bélier plus important à débit volumique constant.

## CHAPITRE 3

### QCM

1. a) ; 2. a) ; 3.a) et b) ; 4. b) ; 5. c) ; 6. a), b) et c) ; 7. b) ; 8. a) et c) ; 9. b) et c) ; 10. b) ; 11. a)

### Exercices

**12** **1.**

| | |
|---|---|
| État solide | Grêle, neige, givre |
| État liquide | Pluie, buée, brouillard, nuages |

**2.** La vapeur d'eau est incolore puisque transparente.

**14** **1.** La courbe de vaporisation sépare l'état liquide de l'état vapeur (gaz).

**2.** La courbe de vaporisation indique que la température d'ébullition diminue lorsque la pression atmosphérique devient plus faible, ce qui est le cas en montagne.

**15** **1.** $\Delta E_1 = 1{,}5 \times 2{,}20 \times 10^6 = 3{,}3 \times 10^6$ J

**2.** $\Delta E_2 = 1{,}5 \times (-\ 2{,}20 \times 10^6) = -\ 3{,}3 \times 10^6$ J

**16** **1.** L'eau se trouve sous forme de vapeur.

**2.** Il faut indiquer le point pour $P = 1\,400$ Pa et $\theta = -\ 17$ °C. L'eau se trouve à l'état solide.

**3.** Il s'agit d'une condensation. Les deux courbes traversées sont les courbes de vaporisation et de fusion.

**4.** Par lecture graphique, on obtient que tout élément rencontré par la vapeur et dont la température est inférieure à 24 °C engendrera de la condensation d'une partie de la vapeur sur ce dernier.

**25** **1.** Dans le cas d'une hygrométrie de 100 %, la pression de l'eau sous forme de vapeur est égale à la pression de vapeur saturante : $P_{vap} = P_{vs}$. En remplaçant dans l'expression de l'énoncé, on montre que l'évaporation est nulle dans ce cas.

# Corrigés des exercices

**2.** $P_{vap} = \frac{30 \times 3\,166}{100} = 949{,}8$ Pa

**3.** $e = 2{,}36$ mm

Cette épaisseur est perdue sur toute la surface de la piscine, soit $V = 25 \times 12{,}5 \times 2{,}36 \times 10^{-3} = 0{,}737$ m$^3$

**4.** Masse évaporée : $m = \rho \cdot V = 737$ kg

On calcule ensuite l'énergie nécessaire à la vaporisation de cette masse : $\Delta E = mL_v$.

$\Delta E = 1{,}88 \times 10^9$ J = 1,88 GJ

## CHAPITRE 4

### QCM

1. c) ; 2. a) ; 3. c) ; 4. a) ; 5. c) ; 6. b) ; 7. a), b) et c) ; 8. b) et c) ; 9. a) ; 10 a) et c) ; 11 c)

### Exercices

**13** **1.** Polarisation linéaire.

**2.** $\ell = 75$ cm

**3.** Même direction que l'onde (parallèle à l'antenne émettrice).

**15** **1.** $\ell = 968$ m.

**2.** Pour la portée maximale, le temps de propagation de l'onde est $t = \frac{d}{c_0} = 5$ µs.

**20** **1.** Les ondes émises sont dans la gamme basse fréquence (LF).

**2.** Dans des conditions de mesure en un point donné, l'augmentation constatée de l'intensité $E$ du champ électrique est liée à l'augmentation de la puissance rayonnée par la plaque à induction.

**3.** $P_2 = P_1\left(\frac{E_2}{E_1}\right)^2 = 4\left(\frac{20}{16}\right)^2 \approx$ thermostat 6.

**4.** $B = 67$ nT

## CHAPITRE 5

### QCM

1. a) ; 2. b) et c) ; 3. a) et c) ; 4. b) ; 5. a) et c) ; 6. a) ; 7. c) ; 8. b) ; 9. a) et c) ; 10. a) et b)

### Exercices

**11** **1.** La grandeur d'entrée est l'accélération exprimée en m·s$^{-2}$.

**2.** La grandeur de sortie est une tension analogique.

**3.** $U = 1{,}4$ V (en valeur absolue)

**15** $x = 3{,}3 \pm 1{,}4$ mm

$t = 1\,234{,}6 \pm 5{,}3$ s

$\lambda = (533 \pm 3{,}2) \times 10^{-9}$ m

$i = 538 \pm 30$ nA

**17** **1.** $m_1 = 104{,}5$ g

$m_2 = 99{,}125$ g

**2.** $\sigma_1 = 1{,}6$ g et $\sigma_2 = 6{,}8$ g

**20** **1.** $S = 20$ µV/mbar

**2.** $V = 20{,}3$ mV

**3.** $A = 125$

## CHAPITRE 6

### QCM

1. a), b) et c) ; 2. a) ; 3. b) et c) ; 4. b) ; 5. b) et c) ; 6. c) ; 7. a) et b) ; 8. b) ; 9. c) ; 10. b) et c)

### Exercices

**11** **1.** Acide : HCOOH ; base : $HCOO^-$. Couple acide/base : $HCOOH(aq)/HCOO^-(aq)$

**2.** $HCOOH(aq) \rightleftharpoons HCOO^-(aq) + H^+(aq)$

**12** $HCO_3^-(aq)/CO_3^{2-}(aq)$

$H_2O(\ell)/HO^-(aq)$

$NH_4^+(aq)/NH_3(aq)$

$HClO(aq)/ClO^-(aq)$

$HF(aq)/F^-(aq)$

**15** **1.** Le vinaigre a un pH inférieur à 7, car il contient principalement une espèce acide en solution.

**2.** $CH_3OOH(aq) + H_2O(\ell) \longrightarrow CH_3OO^-(aq) + H_3O^+$

**3.** $CH_3OOH(aq) + CO_3^{2-}(aq) \longrightarrow CH_3OO^-(aq) + HCO_3^-(aq)$

**4.** $CH_3OOH(aq) + CO_3^{2-}(aq) \longrightarrow CH_3OO^-(aq) + CO_2(aq), H_2O$

Le dioxyde de carbone dissous ($CO_2(aq)$) qui est formé lors de cette transformation va s'échapper de la solution et former des bulles qui remontent à la surface. Lorsque la transformation est terminée on n'observe plus de bulles.

**17** **1.** L'ion carbonate est la base du couple $HCO_3^-(aq)/CO_3^{2-}(aq)$ et l'ion sodium n'a pas de propriétés acido-basiques, la solution obtenue est basique.

**2.** $CO_3^{2-}(aq) + H_3O^+ \longrightarrow HCO_3^-(aq) + H_2O(\ell)$

# CHAPITRE 7

## QCM

1. b) ; 2. c) ; 3. c) ; 4. b) ; 5. b) ; 6. a) ;
7. a), b) et c) ; 8. b) ; 9. b) ; 10. b)

## Exercices

**12**

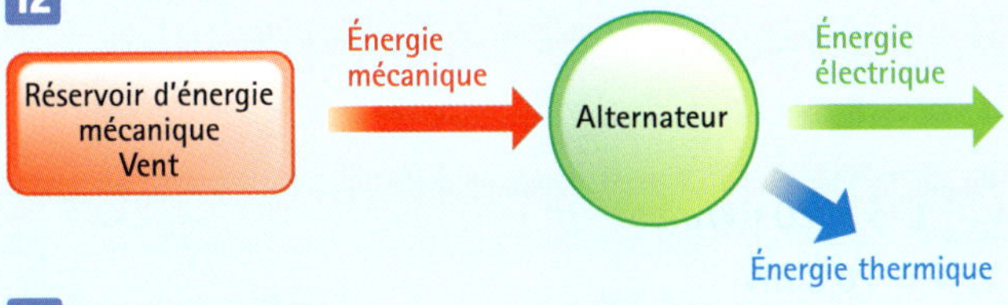


**13** $E = 2,8 \times 10^9$ J

**18** **1.** $P = 15$ W
**2.** $E = 8,1 \times 10^4$ J

**21**

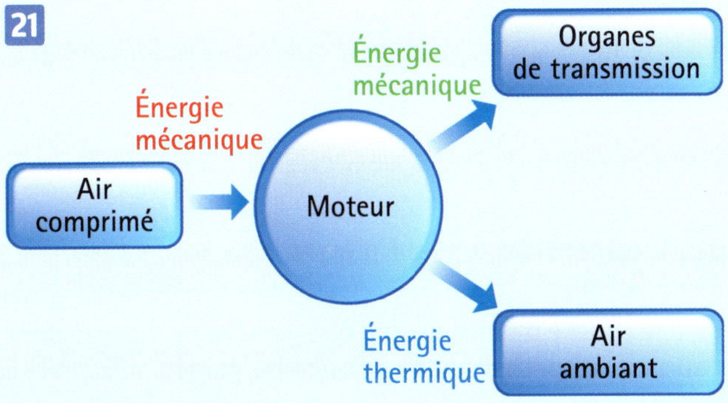


**2.** 27 MJ = 7,5 kWh ; 51 MJ = 14 kWh.

**3.** La plage d'énergie réellement produite par le réservoir va de 13,5 MJ à 25,5 MJ.

**4.** La plage de durée de fonctionnement varie de 675 s = 11 min 15 s à 1 275 s = 21 min 15 s.

**5.** La plage d'autonomie de la voiture varie de 150 km à 283 km.

# CHAPITRE 8

## QCM

1. b) ; 2. a) et c) ; 3. c) ; 4. a) ; 5. a) ; 6. c) ; 7. b) et c) ; 8. a) et c) ; 9. b) et c) ; 10. a)

## Exercices

**13** **1.** $W = 500$ J
**2.** C'est un travail moteur car il favorise la chute du solide.

**17** **1.** $P_m = 750$ W

**21** **1.** $\alpha = 2,1$ rad·s$^{-2}$
**2.** $C = 0,1$ N·m

**23** **1.** $P_1 = 1,5$ MW
**2.** $L_1 = 21,6$ km
**3.** $F_2 = 1,8 \times 10^5$ N
**4.** $P_2 = 1,5$ MW

# CHAPITRE 9

## QCM

1. a) ; 2. b) et c) ; 3. b) ; 4. b) ; 5. b) ; 6. a), b) et c) ; 7. a) et b) ; 8. a) et c) ; 9. b) et c)

## Exercices

**10** a)

**11** **1.** $\Omega_N = 173$ rad·s$^{-1}$ = 1 655 tr·min$^{-1}$
**2.** $P_a = 2,74$ kW

**13** **1.** $I = 260$ A
**2.** $\Omega_s = 1\,257$ tr·min$^{-1}$

**14** a)

**19** **1.** $P_{DC2} = 1,34$ kW
**2.** $P_{bat} = 0$ W
**3.** $P_{GEN2} = 49,5$ kW
**4.** $I = 152$ A
**5.** Manque de carburant, réacteur endommagé.

**21** $\eta_1 = 30$ %
$\eta_2 = 26$ %
**2.** En sortie du moteur (en basse vitesse) on a $C_{IN} = 8,1$ N·m.
En sortie du motoréducteur on a donc $C = \frac{108}{2} \times C_{IN} =$ 435 N·m

# CHAPITRE 10

## QCM

1. a) ; 2. b) ; 3. b) et c) ; 4. a) ; 5. c) ; 6. c) ; 7. a) ; 8. a) ;
9. b) ; 10. b) et c)

## Exercices

**11** **1.** $C_4H_{10}(g) + 13/2\ O_2(g) \longrightarrow 4\ CO_2(g) + 5\ H_2O(\ell)$

2. $\Delta_c H°(C_4H_{10},g) = 4\ \Delta_f H°(CO_2,g) + 5\ \Delta_f H°(H_2O,\ell) - \Delta_f H°(C_4H_{10},g) = -\ 2{,}9 \times 10^6\ J\cdot mol^{-1}$.

**13** **1.** Ce n'est pas une réaction de combustion : les produits formés ne sont pas $CO_2$ et $H_2O$. Il manque également $O_2$ dans les réactifs.

**2.** $Q_P > 0$ : c'est une réaction endothermique.

**18** **1.** $H_2O(g)$ est le seul corps composé, les autres sont des corps simples : c'est donc l'intrus.

**2.** Les enthalpies de formation positives correspondent à des réactions de formation endothermiques : le système absorbe de la chaleur. Les enthalpies de formation négatives correspondent à des réactions de formation exothermiques : le système fournit de la chaleur. Les enthalpies de formation des corps simples dans leur état le plus stable à la température considérée sont nulles par définition.

**3.** Seul le dioxygène ($O_2$) gazeux à 298 K est dans son état le plus stable à cette température car c'est le seul corps simple dont l'enthalpie de formation est nulle à cette température.

# CHAPITRE 11

## QCM

1. a) et b) ; 2. c) ; 3. a) et b) ; 4. a) ; 5. b) et c) ; 6. a) et c) ; 7. a) et c) ; 8. a) et b) ; 9. b) ; 10. a) ; 11. b) et c)

## Exercices

**13** a) et b)

**14** a) et b)

**16** **1.** 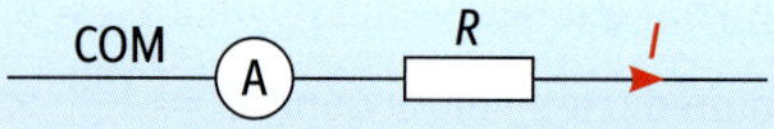


**2.** La borne positive est l'électrode d'argent, l'électrode négative est l'électrode de zinc. Les électrons vont du zinc vers l'argent. La borne moins est reliée à l'électrode de zinc, la borne plus à celle d'argent.

**3.** $U = 1{,}5$ V

**4.** $Ag^+(aq) + e^- \rightleftharpoons Ag(s)$ et $Zn(s) \rightleftharpoons Zn^{2+}(aq) + 2\ e^-$

**5.** $Zn(s) + 2\ Ag^+(aq) \longrightarrow Zn^{2+}(aq) + 2\ Ag(s)$

**18** Avec la pile saline, le poste va fonctionner 300 h. Avec la pile alcaline, le poste va fonctionner 760 h.

**22** **1.** Il permet de fermer le circuit (circulation du courant) et garantit l'électroneutralité des deux solutions électrolytiques.

**2.** $n^i_{Al} = n^i_{Zn^{2+}} = 0{,}05$ mol. Donc $\frac{n^i_{Al}}{2} > \frac{n^i_{Zn^{2+}}}{3}$ et l'ion zinc ($Zn^{2+}(aq)$) est le réactif limitant ($x_{max} = 0{,}017$ mol).

**3.** $Al(s) \rightleftharpoons Al^{3+}(aq) + 3\ e^-$ et $Zn^{2+}(aq) + 2\ e^- \rightleftharpoons Zn(s)$.

**On** choisit l'équation qui fait intervenir le réactif limitant et les électrons échangés ; la pile peut faire circuler $n_{e^-} = 2n^i_{Zn^{2+}} = 0{,}1$ mol d'électrons, ce qui correspond à une charge $Q = 9{,}6 \times 10^3$ C.

**4.** $W = 8{,}6 \times 10^3$ J.

**5.** $\Delta t = 9{,}6 \times 10^5$ s = 11 jours.

# CHAPITRE 12

## QCM

1. c) ; 2. b) ; 3. a) ; 4. a) et c) ; 5. a) et c) ; 6. a) et b) ; 7. a), b) et c) ; 8. a) et c) ; 9. a) ; 10. a)

## Exercices

**11** **1.** Le principal oxydant présent dans l'air est le dioxygène de l'air.

**2.** Une couche passivante doit être étanche au dioxygène de l'air pour empêcher toute corrosion du métal.

**14** **1.** $Cu \rightleftharpoons Cu^{2+} + 2\ e^-$

**2.** $Al \rightleftharpoons Al^{3+} + 3\ e^-$

**3.** $Fe \rightleftharpoons Fe^{2+} + 2\ e^-$ puis $Fe^{2+} \rightleftharpoons Fe^{3+} + e^-$

**18** **1.** Par lecture graphique :

- Le plexiglas peut subir : $\sigma_{Max} = 20$ MPa
- L'alliage d'aluminium peut subir : $\sigma_{Max} = 250$ MPa
- L'acier peut subir : $\sigma_{Max} > 300$ MPa

**2.** Le plexiglas ne peut supporter de façon cyclique une contrainte supérieure à $\sigma_{Max} = 40$ MPa. Il n'est donc pas utilisable pour $\sigma_{Max} = 100$ MPa.

**3.** Pour $\sigma_{Max} = 200$ MPa, la courbe de l'alliage d'aluminium sera coupée pour un nombre de cycles inférieurs à $10^8$. Seule la courbe de l'acier reste toujours au-dessus de $\sigma_{Max} = 200$ MPa, quel que soit le nombre de cycles. Le choix doit donc se porter sur l'acier.

**19** **1.** $Fe \rightleftharpoons Fe^{2+} + 2\ e^-$

**2.** $n_{Fe} = 18$ mol

Pour calculer la quantité de matière d'électrons libérés lors de la réaction, il faut faire un bilan chimique :

| équation de la réaction | | $Fe$ | $\rightleftharpoons Fe^{2+}$ | $+ \; 2\,e^-$ |
|---|---|---|---|---|
| état du système | avancement | $n_{Fe}$ | $n_{Fe^{2+}}$ | $n_{e^-}$ |
| état initial | 0 | 17,92 | 0 | 0 |
| état intermédiaire | $x$ | $17{,}92 - x$ | $x$ | $2\,x$ |
| état final | $x_{max} = 17{,}92$ | 0 | 17,92 | 35,84 |

D'où $n_{e^-} = 36$ mol

**3.** $I = 0{,}11$ A

## CHAPITRE 13

### QCM

1. a), b) et c) ; 2. a) ; 3. a) et b) ; 4. a) et b) ; 5. c) ; 6. a) ; 7. b) ; 8. a) et c) ; 9. b) et c) ; 10. a) et b) ; 11. c)

### Exercices

**14** **1.** Le signal périodique a la même fréquence que son fondamental, soit 1,5 kHz.

**2.** L'harmonique de rang 3 a une amplitude de 1,11 volts et celui de rang 4 a une amplitude nulle.

**3.** La valeur moyenne se mesure à la fréquence de 0 Hz, où il n'y a aucune raie. Elle est donc nulle.

**17** **1.** $A = 10$

**2.** $G = 20$ dB

**19** **1.** Un échantillonnage correct doit respecter la condition de Shannon qui impose $f_e > 2\,f_{max} = 880$ Hz. Cette condition est bien vérifiée.

**2.** On a $20 \times 10^3$ échantillons par seconde, soit $1{,}2 \times 10^6$ par minute. Chaque échantillon nécessite 8 bits pour son codage. On a donc besoin de $9{,}6 \times 10^3$ bits par minute.

**21** **1.** Un filtre passe-bas permettra de supprimer ces parasites haute fréquence.

**2. a)** $q = 305$ µV

**b)** l'erreur maximale de qantification est de ± 153 µV.

**3. a)** $s = 3$ mV·bar$^{-1}$

**b)** la plus grande tension enregistrée est de 3,7 volts qui correspondent à 1 233 bars.

## CHAPITRE 14

### QCM

1. b) ; 2. a) ; 3. a) ; 4. a) et b) ; 5. a) et c) ; 6. a) ; 7. c) ; 8. a) et b) ; 9. b) et c) ; 10. a) et b)

### Exercices

**11**

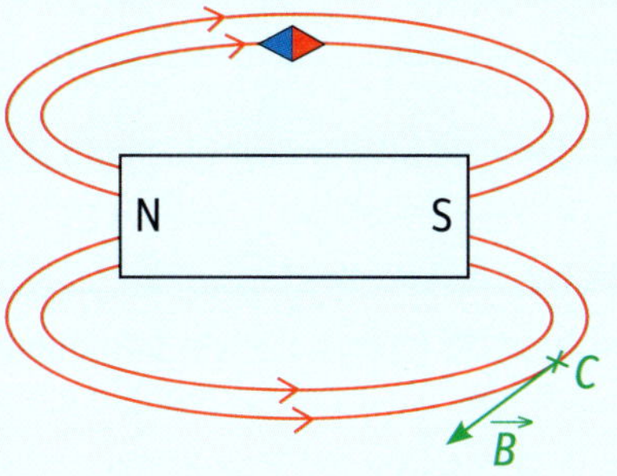


**13** $N_{min} = 1\,200$ spires

**14** $\alpha = \cos^{-1}(0{,}47) = 62°$.

**18** **1.** $B = 10$ µT

**2.** Champ magnétique terrestre environ 40 µT, c'est du même ordre de grandeur.

**3.** $B < 100$ µT alors $r > 10$ cm pour $I = 50$ A.

## CHAPITRE 15

### QCM

1. c) ; 2. aucune bonne réponse ; 3. b) et c) ; 4. b) ; 5. a) et b) ; 6. b) ; 7. b) ; 8. b) ; 9. b) 10.1. c) ; 10.2. b) ; 10.3. a) et c)

### Exercices

**11** b) et c)

**13** $^{15}_{7}N$ : 7 protons et 8 neutrons. L'atome correspondant possède 7 électrons. Nom : azote

$^{59}_{27}Co$ : 27 protons et 32 neutrons. L'atome correspondant possède 27 électrons. Nom : cobalt.

**15** $^{30}_{15}P$ : 15 protons et 15 neutrons.

$^{32}_{15}P$ : 15 protons et 17 neutrons.

$^{58}_{27}Co$ : 27 protons et 31 neutrons.

$^{58}_{28}Ni$ : 28 protons et 30 neutrons.

$^{30}_{15}P$ et $^{32}_{15}P$ sont des isotopes.

**19** **1.** À $t = t_{1/2}$, on a $N = \dfrac{N_0}{2}$.

**2.**

| date $t$ | 0 | 8 jours | 1 an | 30 ans | 300 ans |
|---|---|---|---|---|---|
| $N(^{131}I)$ | $N_0$ | $\dfrac{N_0}{2}$ | 0 | 0 | 0 |
| $N(^{137}Cs)$ | $N_0$ | $N_0$ | $0{,}97\,N_0$ | $\dfrac{N_0}{2}$ | 0 |

**3.** Le césium 137 car sa durée de vie est plus grande.

**4.** $\lambda(I)N(I) = \lambda(Cs)N(Cs)$

$$\frac{N(I)}{N(Cs)} = \frac{t_{1/2}(I)}{t_{1/2}(Cs)} = 1\,369$$

**22** **1.** Car la demi-vie du $^{99}$Mo est plus grande que celle du $^{99}$Tc.

**2.** Pas d'anémie : $A$ (2 mois) $= \frac{A_0}{4} = 9{,}3 \times 10^6$ Bq.

Anémie : au bout de 2 mois, il n'y a pratiquement plus de globules rouges donc l'activité est pratiquement nulle.

**3.** $^{132}$I a une demi-vie trop petite pour permettre une observation.

## CHAPITRE 16

### QCM

1. a) ; 2. b) et c) ; 3. b) ; 4. a) ; 5. b) ; 6. b) ; 7. a) ; 8. b) ; 9. a), b) et c) ; 10. b)

### Exercices

**11** **1**. Externe : dépôt de particules radioactives sur la peau ou irradiation.

Interne : inhalation ou ingestion de particules radioactives.

**2.** Ils proviennent de la désexcitation des noyaux fils.

**12** **1.** $D = 7{,}5 \times 10^{-2}$ Gy = 75 mGy

**2.** $H = w_r D$ avec $w_r = 1$ pour les particules β donc $H = 75$ mSv

**3** Oui les doses sont cumulatives, pour le public l'exposition est limitée à 50 mSv.

**16** **1.** Émission d'un photon gamma.

**2.** $E = 0{,}6$ MeV

**3.** $\upsilon = 1{,}45 \times 10^{20}$ Hz. Ce sont des rayons gamma.

**20** **1.** À chaque demi-période, la masse est divisée par 2 soit :

| | | | | |
|---|---|---|---|---|
| 0 | $t_{1/2}$ | 2 $t_{1/2}$ | 3 $t_{1/2}$ | n $t_{1/2}$ |
| $m_o$ | $\frac{m_0}{2}$ | $\frac{m_0}{2^2}$ | $\frac{m_0}{2^3}$ | $\frac{m_0}{2^n}$ |

**2.** Masse restante au bout de 2 semaines : 0,25 µg.

Au bout de 3 mois, elle est quasiment nulle.

**3.** $E_\gamma = 9{,}1 \times 10^{12}$ eV soit $1{,}45 \times 10^{-6}$ J

$D = 4{,}2 \times 10^{-4}$ Gy

## CHAPITRE 17

### QCM

1. a) ; 2. b) ; 3. c) ; 4. b) et c) ; 5. a) ; 6. c) ; 7. b) ; 8. a), b) et c) ; 9. b) ; 10. a) et c)

### Exercices

**12** $\lambda_{(milieu)} = \frac{\lambda_{(vide)}}{n_{(milieu)}}$

$\lambda_{(vide)} = 1$ mm ; $\lambda_{(verre)} = 667$ µm

$\lambda_{(vide)} = 800$ nm ; $\lambda_{(verre)} = 533$ nm

**16** **1.** $E = 67{,}2$ J

**2.** $E_t = (1 - 0{,}85)\ E = 10{,}1$ J

**22** **1.** $\lambda_{(vide)} = 2{,}5 \times 10^{-11}$ m = 0,025 nm

**2.** Les rayons X correspondent à des radiations dont les longueurs d'onde sont comprises dans l'intervalle 0,01 nm $< \lambda <$ 10 nm. Il s'agit bien de photons X.

**3.** $I(e)$ est l'intensité des rayons X sortants de l'écran de protection d'épaisseur $e$.

**4.** $I(e) = 28{,}3$ W·m$^{-2}$

**5.** $\varepsilon = 67$ %

## Crédits photographiques

**Couverture : h** Lexaarts/ Shutterstock ; **mh** Mihajlo Maricic/ Istockphoto ; **mb** Michael Bodmann/ Istock ; **bg** Richard Schmidt-Zuper/ Istock ; **bd** William Attard McCarthy/ Fotolia.

**7** Luftbildfotograf /Fotolia ; **8-1** Otmar Smit/Istockphoto ; **8-2** Seraficus/Istockphoto ; **8-3** Dinadesign/Fotolia ; **8-4** Patrick Allard/REA ; **8-5** Legrand 2012 ; **8-6** Nicolas Loran/Istock ; **9 et 10 b** Otmar Smit/Istockphoto ; **11** SC/DR/2012 ; **12 b** Khafizov Ivan Harisovich/Shutterstock ; **16** Paul Langrock/ Zenit-LAIF-REA ; **22** Camp/Fotolia ; **23 et 24 b** Seraficus/Istockphoto ; **27** Fotolia ; **28** Shuttertock ; **34 g** Nick Stubbs/Shutterstock ; **34 d** Julija Sapic/ Shutterstock ; **35** George Clerk/Istock ; **37 et 38 b** Dinadesign/Fotolia ; **38 h** Inside/DR ; **40** Berna Namoglu/Shutterstock ; **41** Foodinaire/Fotolia ; **42** Ventdusud/Shutterstock ; **44** Missing35mm/Istockphoto ; **49 h** Eric Bargis /Fotolia ; **49b** Dolci/ Fotolia ; **50** Jakez/ Fotolia ; **51 et 53** Patrick Allard/ REA ; **54** Neo Edmund/Fotolia ; **55** Didier Kobi/Fotolia ; **56** PhotoPQR/Le Républicain Lorrain/Brocard ; **61** Jörg Hackemann/Fotolia ; **62 h** Meailleluc. com /Fotolia ; **62 m** Still/Shutterstock ; **62 bg** Sergiy Baranov/Fotolia ; **62 bd** Yves Damin/Fotolia ; **63** Justinb/Fotolia ; **65 et 67** Legrand 2012 ; **75** Unclesam/Fotolia ; **76** Carlos Caetano/Fotolia ; **77 g** Mattieu Spohn/Plainpicture ; **77 d** La crosse/Fotolia ; **78** Ncn18/ Shutterstock ; **79 et 81** Nicolas Loran/Istock ; **86** Biosphoto/Michel Ribette ; **90 b** Valua Vitaly/Fotolia ; **91 g** St marc/DR ; **91d** Dobermaraner/Shuttertock ; **92** Studio/Photocuisine ; **99** virtua73/Fotolia ; **100-1** Piaggo ; **100-2** dr ; **100-3** Tomispin/Fotolia ; **100-4** Ferrari 2012/DR ; **100-5** Gilles Rolle/REA ; **100-6** William Attard McCarthy/ Fotolia ; **100-7** Renault ; **101 et 103** Piaggo ; **102** Car Free Kit/DR ; **104 h** Ifong/Shutterstock ; **104 b1** Pascal Sittler/REA ; **104 b2** Ermin Gutenberger/ Istock ; **104 b3** ImageSource/REA ; **104 b4** Maxwell ; **108** CB2/Zob/Wenn/SIPA ; **109 b** Dawa Productions ; **111** Remy S ; **112 h** Brian Jackson/Fotolia ; **112 b** Faraways /Fotolia ; **113** Stx/Shutterstcock ; **117** Louie Psihoyos/Corbis ; **119** Gravicapa/Shutterstock ; **120** Per Mikaelsson/Age Fotostock ; **122** Philippe Roy/Epicureans ; **125** Bifi/Fotolia ; **126** Steve Weinik/Istock ; **127** Brasil2/Istock ; **129 et 130 b** Tomispin/Fotolia ; **130 h** PhotoStocker/Fotolia ; **131 h** Xino/Shutterstock ; **140** Dominique Wagner/Fotolia ; **142 g** Dirk Ott/Istock ; **142 d** Graham Taylor/Shutterstock ; **143 et 145 b** Ferrari 2012/DR ; **144** Chad McDermott/Fotolia ; **145 h** mik111/Istock ; **146 m** Seraficus/ Istock ; **156 b** Natulrich/Fotolia ; **148 h** Paul Kane/Getty Images ; **148 b** Nikky/ Fotolia ; **150** Richard Damoret/REA ; **154** Alain Jocard/AFP ; **155** David Paul Morris/AFP ; **157 et 158 b** Gilles Rolle/REA ; **158 h** code6d/Istock ; **160** Tatiana Popova/Istock ; **161** Jean Claude Thuillier/REA ; **162** Rayvolt/DR ; **164 h** Rue des Archives/Tal ; **164 b** hp/coll. part ; **165 b** Car Free Kit/DR ; **167** Rayovac/DR ; **168 g** Shutterstock ; **168 d** Ooyoo/ Istock ; **169 g** GP/Fotolia ; **171 et 172 b** William Attard McCarthy/Fotolia ; **172 hd** Imago/Panoramic ; **172 mg** Ollo/Istock ; **172 md** Chauvet H./Urba Images Server ; **174** xpix/Fotolia ; **176 h** Philippe Minisini/Fotolia ; **176 b** Mecanorem/Fotolia ; **178 h** Thomas Ernsting/LAIF-REA ; **178 b** Franck Bichon/Epicureans ; **179 bg et bd** Pierre-François Thomas ; **182 hg** Sébastien Garcia/Fotolia ; **182 hd** PzAxe/ Fotolia ; **183** Dominique Szatrowski/ Fotolia ; **184 g** Serge Nouchi/Fotolia ; **184 d** Scanrail/Fotolia ; **185 et 187** Renault ; **189** Gismo/Fotolia ; **192** Gibus/ Shutterstock ; **196** Michel Ferchaud/Andia ; **197 g** Artpartnner/Andia ; **197 d** Michael Willems/Fotolia ; **198** Featurechina/ROPI-REA ; **199** Opel/DR ; **200** David Frazier/Corbis ; **203** Living Art Enterprises/BSIP ; **204-1** Garo/Phanie ; **204-2** Terre de Sienne/Fotolia ; **204-3** Castelli/Andia ; **204-4** Stockbyte/ Gettyimages ; **205 et 207 b** Garo/Phanie ; **206 b** Pierron/DR ; **210** Dynaset/Fotolia ; **216** Shutterstock/ZQFotography ; **217** Toyota ; **218** System/Fotolia ; **219 et 220** Terre de Sienne/Fotolia ; **222** Dino Fracchia/REA ; **231 g** Corbis/Bettman ; **231 d** Dominique Vernier/Fotolia ; **232** Xinhuanet/Andia ; **233 et 234** Castelli/Andia ; **235** CNRI / SPL/Cosmos ; **237** A. Bensoist/BSIP ; **241 b** Dawa Productions ; **244 hg** Fotogiunta/Shutterstock ; **244 hd** Glycan Group ; **244 b** Thomas Lehmann/Istock ; **246** Smileus/Shutterstock ; **247 et 248 b** Stockbyte/ Gettyimages ; **248 hg** Medical Body Scans/BSIP ; **248 hm** Photo Researchers/Phanie ; **248 hd** Arthur Tucker/SPL/Cosmos ; **248 bg** Belmonte/BSIP ; **248 bm** Zephyr/SPL/Phanie ; **248 bd** Cavallini James/BSIP ; **249** Cosmos/CNRI ; **250** Ted Kinsman/BSIP ; **252** CNRI/SPL Phanie ; **254** Living Art Enterprises/BSIP ; **258** foto-meurer.de/Fotolia ; **259** Laurent/BSIP ; **262** Dominique Vernier/Fotolia

Les photographies des expériences ont été réalisées par Dawa Productions.

N de projet: 10223215 - Dépôt légal: Juillet 2016
Imprimé en Espagne par Graficas Estella